城市基础设施规划方法创新与实践系列丛书

城市物理环境规划方法创新与实践

深圳市城市规划设计研究院 编著

司马晓　李晓君　俞　露　崔红蕾

U0264227

中国建筑工业出版社

图书在版编目(CIP)数据

城市物理环境规划方法创新与实践/司马晓等编著. —北京：中国建筑工业出版社，2020.6（2022.6重印）

（城市基础设施规划方法创新与实践系列丛书）

ISBN 978-7-112-25133-9

Ⅰ.①城… Ⅱ.①司… Ⅲ.①城市环境-物理环境-环境规划-研究-中国 Ⅳ.①X321.2

中国版本图书馆 CIP 数据核字(2020)第 080490 号

　　本书结合深圳市城市规划设计研究院低碳生态规划研究团队近 10 年的项目经验，比较系统全面地介绍了城市物理环境研究及在城市规划设计中的应用，主要包括理念篇、方法篇及案例篇三部分。理念篇介绍城市物理环境的理论基础、研究历程与作用定位。方法篇梳理城市物理环境规划分析研究体系，然后具体介绍风环境、热环境、声环境、光环境的研究与规划设计方法，包括物理环境各专业与城市规划之间的相互影响关系、规划流程与工具、评价标准与指标、常用模型及应用、规划成果、编制重点与规划方法创新等，为物理环境的规划研究提供技术路径参考，最后通过宏观、中观、微观不同尺度的丰富的规划设计案例展示城市物理环境研究在规划项目中的融合应用。以实用性为主，兼顾理论性。

　　本书可供生态规划、环境规划、城市规划领域的科研人员、规划设计人员、相关行政管理部门人员参考，也可作为相关专业大专院校师生的教学参考书。

　　责任编辑：朱晓瑜　张智芊
　　责任校对：张惠雯

城市基础设施规划方法创新与实践系列丛书
城市物理环境规划方法创新与实践
　　　　深圳市城市规划设计研究院　编著
司马晓　李晓君　俞　露　崔红蕾
*
中国建筑工业出版社出版、发行（北京海淀三里河路 9 号）
各地新华书店、建筑书店经销
北京红光制版公司制版
北京中科印刷有限公司印刷
*
开本：787×1092 毫米　1/16　印张：23½　字数：557 千字
2020 年 6 月第一版　　2022 年 6 月第二次印刷
定价：**215.00** 元
ISBN 978-7-112-25133-9
　　　　（35908）
版权所有　翻印必究
如有印装质量问题，可寄本社退换
（邮政编码 100037）

丛书编委会

主　任：司马晓

副主任：黄卫东　杜　雁　单　樑　吴晓莉　丁　年
　　　　刘应明

委　员：陈永海　孙志超　俞　露　任心欣　唐圣钧
　　　　李　峰　王　健　韩刚团　杜　兵

编　写　组

主　　编：丁　年　刘应明

执行主编：司马晓　李晓君　俞　露　崔红蕾

编撰人员：裴欣恬　李亚坤　房静思　郭秋萍　李炳锋
　　　　　邓立静　马倩倩　孙　静　戴　韵　曾小瑱
　　　　　张　亮　陈锦全　杨可昀　熊慧君　杨　鹏
　　　　　吴　丹　祝新源

丛书序言

　　生态环境关乎民族未来、百姓福祉。十九大报告不仅对生态文明建设提出了一系列新思想、新目标、新要求和新部署，更是首次把美丽中国作为建设社会主义现代化强国的重要目标。在美丽中国目标的指引下，美丽城市已成为推进我国新型城镇化、现代化建设的内在要求。基础设施作为城市生态文明的重要载体，是建设美丽城市坚实的物质基础。

　　基础设施建设是城镇化进程中提供公共服务的重要组成部分，也是社会进步、财富增值、城市竞争力提升的重要驱动。改革开放40年来，我国的基础设施建设取得了十分显著的成就，覆盖比例、服务能力和现代化程度大幅度提高，新技术、新手段得到广泛应用，功能日益丰富完善，并通过引入市场机制、改革投资体制，实现了跨越式建设和发展，其承载力、系统性和效率都有了长足的进步，极大地推动了美丽城市建设和居民生活条件改善。

　　高速的发展为城市奠定了坚实的基础，但也积累了诸多问题，在资源环境和社会转型的双重压力之下，城镇化模式面临重大的变革，只有推动城镇化的健康发展，保障城市的"筋骨"雄壮、"体魄"强健，才能让改革开放的红利最大化。随着城镇化转型的步伐加快，基础设施建设如何与城市发展均衡协调是当前我们面临的一个重大课题。无论是基于城市未来规模、功能和空间的均衡，还是在新的标准、技术、系统下与旧有体系的协调，抑或是在不同发展阶段、不同外部环境下的适应能力和弹性，都是保障城市基础设施规划科学性、有效性和前瞻性的重要方法。

　　2016年12月～2018年8月不到两年时间内，深圳市城市规划设计研究院（以下简称"深规院"）出版了《新型市政基础设施规划与管理丛书》（共包括5个分册），我有幸受深规院司马晓院长的邀请，为该丛书作序。该丛书出版后，受到行业的广泛关注和欢迎，并被评为中国建筑工业出版社优秀图书。本套丛书内容涉及领域较《新型市政基础设施规划与管理丛书》更广，其中有涉及综合专业领域，如市政工程详细规划；有涉及独立专业领域，如城市通信基础设施规划、非常规水资源规划及城市综合环卫设施规划；同时还涉及现阶段国内研究较少的专业领域，如城市内涝防治设施规划、城市物理环境规划及城市雨水径流污染治理规划等。

　　城，所以盛民也；民，乃城之本也。衡量城市现代化程度的一个关键指标，就在于基础设施的质量有多过硬，能否让市民因之而生活得更方便、更舒心、更美好。新时代的城市规划师理应有这样的胸怀和大局观，立足百年大计、千年大计，注重城市发展的宽度、厚度和"暖"度，将高水平的市政基础设施发展理念融入城市规划建设中，努力在共建共享中，不断提升人民群众的幸福感和获得感。

4

本套丛书集成式地研究了当下重要的城市基础设施规划方法和实践案例，是作者们多年工作实践和研究成果的总结和提升。希望深规院用新发展理念引领，不断探索和努力，为我国新形势下城市规划提质与革新奉献智慧和经验，在美丽中国的画卷上留下浓墨重彩！

原建设部部长、第十一届全国人民代表大会环境与资源保护委员会主任委员

2019 年 6 月

丛书前言

　　改革开放以来，我国城市化进程不断加快，2017 年末，我国城镇化率达到 58.52%；根据中共中央和国务院印发的《国家新型城镇化规划（2014—2020 年）》，到 2020 年，要实现常住人口城镇化率达到 60% 左右，到 2030 年，中国常住人口城镇化率要达到 70%。快速城市化伴随着城市用地不断向郊区扩展以及城市人口规模的不断扩张。道路、给水、排水、电力、通信、燃气、环卫等基础设施是一个城市发展的必要基础和支撑。完善的城市基础设施是体现一个城市现代化的重要标志。与扎实推进新型城镇化进程的发展需求相比，城市基础设施存在规划技术方法陈旧、建设标准偏低、区域发展不均衡、管理体制不健全等诸多问题，这将是今后一段时期影响我国城市健康发展的短板。

　　为了适应我国城市化快速发展，市政基础设施呈现出多样化与复杂化态势，非常规水资源利用、综合管廊、海绵城市、智慧城市、内涝模型、环境园等技术或理念的应用和发展，对市政基础设施建设提出了新的发展要求。同时在新形势下，市政工程规划面临由单一规划向多规融合演变，由单专业单系统向多专业多系统集成演变，由常规市政工程向新型市政工程延伸演变，由常规分析手段向大数据人工智能多手段演变，由多头管理向统一平台统筹协调演变。因此传统市政工程规划方法已越来越不能适应新的发展要求。

　　2016 年 6 月，深规院受中国建筑工业出版社邀请，组织编写了《新型市政基础设施规划与管理丛书》。该丛书共五册，包括《城市地下综合管廊工程规划与管理》《海绵城市建设规划与管理》《电动汽车充电基础设施规划与管理》《新型能源基础设施规划与管理》和《低碳生态市政基础设施规划与管理》。该套丛书率先在国内提出新型市政基础设施的概念，对新型市政基础设施规划方法进行了重点研究，建立了较为系统和清晰的技术路线或思路。同时对新型市政基础设施的投融资模式、建设模式、运营模式等管理体制进行了深入研究，搭建了一个从理念到实施的全过程体系。该套丛书出版后，受到业界人士的一致好评，部分书籍出版后马上销售一空，短短半年之内，进行了三次重印出版。

　　深规院是一个与深圳共同成长的规划设计机构，1990 年成立至今，在深圳以及国内外 200 多个城市或地区完成了 3800 多个项目，有幸完整地跟踪了中国快速城镇化过程中的典型实践。市政工程规划研究院作为其下属最大的专业技术部门，拥有近 120 名市政专业技术人员，是国内实力雄厚的城市基础设施规划研究专业团队之一，一直深耕于城市基础设施规划和研究领域，在国内率先对新型市政基础设施规划和管理进行了专门研究和探讨，对传统市政工程的规划方法也进行了积极探索，积累了丰富的规划实践经验，取得了明显的成绩和效果。

　　在市政工程详细规划方面，早在 1994 年就参与编制了《深圳市宝安区市政工程详细规划》，率先在国内编制市政工程详细规划项目，其后陆续编制了深圳前海合作区、大空港片区以及深汕特别合作区等多个重要片区的市政工程详细规划。主持编制的《前海合作区市政工程详细规划》，2015 年获得深圳市第十六届优秀城乡规划设计奖二等奖。主持编制的《南山区市政设施及管网升级改造规划》和《深汕特别合作区市政工程详细规划》，2017 年均获得深圳市第十七届优秀城乡规划设计奖三等奖。在通信基础设施规划方面，2013 年主持编制了国家标准《城市通信工程规划规范》，主持编制的《深圳市信息管道和机楼"十一五"发展规划》获得 2007 年度全国优秀城乡规划设计表扬奖，主持编制的《深圳市公众移动通信基站站址专项规划》获得 2015 年度华夏建设科学技术奖三等奖。在非常规水资源规划方面，编制了多项再生水、雨水等非常规水资源综合利用规划、政策及运营管理研究。主持编制的《光明新区再生水及雨洪利用详细规划》获得 2011 年度华夏建设科学技术奖三等奖；主持编制的《深圳市再生水规划与研究项目群》（含《深圳市再生水布局规划》《深圳市再生水政策研究》等四个项目）获得 2014 年度华夏建设科学技术奖三等奖。在城市内涝防治设施规划方面，2014 年主持编制的《深圳市排水（雨水）防涝综合规划》，是深圳市第一个全面采用模型技术完成的规划，是国内第一个覆盖全市域的排水防涝详细规划，也是国内成果最丰富、内容最全面的排水防涝综合规划，获得了 2016 年度华夏建设科学技术奖三等奖和深圳市第十六届优秀城市规划设计项目一等奖。在消防工程规划方面，主持编制的《深圳市消防规划》获得了 2003 年度广东省优秀城乡规划设计项目表扬奖，在国内率先将森林消防纳入城市消防规划体系。主持编制的《深圳市沙井街道消防专项规划》，2011 年获深圳市第十四届优秀城市规划二等奖。在综合环卫设施规划方面，主持编制的《深圳市环境卫生设施系统布局规划（2006—2020）》获得了 2009 年度广东省优秀城乡规划设计项目一等奖及全国优秀城乡规划设计项目表扬奖，在国内率先提出"环境园"规划理念。在城市物理环境规划方面，近年来，编制完成了 10 余项城市物理环境专题研究项目，在《滕州高铁新区生态城规划》中对城市物理环境进行了专题研究，该项目获得了 2016 年度华夏建设科学技术奖三等奖。在城市雨水径流污染治理规划方面，近年来承担了《深圳市初期雨水收集及处置系统专项研究》《河道截污工程初雨水（面源污染）精细收集与调度研究及示范》等重要课题，在国内率先对雨水径流污染治理进行了系统研究。特别在诸多海绵城市规划研究项目中，对雨水径流污染治理进行了重点研究，其中主持编制完成的《深圳市海绵城市建设专项规划及实施方案》获得了 2017 年度全国优秀城乡规划设计二等奖。

鉴于以上的成绩和实践，2018 年 6 月，在中国建筑工业出版社邀请和支持下，由司马晓、丁年、刘应明整体策划和统筹协调，组织了深规院具有丰富经验的专家和工程师编著了《城市基础设施规划方法创新与实践系列丛书》。该丛书共八册，包括《市政工程详细规划方法创新与实践》《城市通信基础设施规划方法创新与实践》《非常规水资源规划方法创新与实践》《城市内涝防治设施规划方法创新与实践》《城市消防工程规划方法创新与实践》《城市综合环卫设施规划方法创新与实践》《城市物理环境规划方法创新与实践》以及《城市雨水径流污染治理规划方法创新与实践》。本套丛书力求结合规划实践，在总结经验的基础上，突出各类市政工程规划的特点和要求，同时紧跟城市发展新趋势和新要求，系统介绍了各类市政工程规划的规划方法，期望对现行的市政工程规划体系以及技术标准进行有益补充和必要创新，为从事城市基础设施规划、设计、建设以及管理人员提供亟待解决问题的技术方法和具有实践意义的规划案例。

本套丛书在编写过程中，得到了住房和城乡建设部、广东省住房和城乡建设厅、深圳市规划和自然资源局、深圳市水务局等相关部门领导的大力支持和关心，得到了各有关方面专家、学者和同行的热心指导和无私奉献，在此一并表示感谢。

本套丛书的出版凝聚了中国建筑工业出版社朱晓瑜编辑的辛勤工作，在此表示由衷敬意和万分感谢！

《城市基础设施规划方法创新与实践系列丛书》编委会

2019 年 6 月

城市的建立与变迁跟随人类历史的发展变化，而城市气候与人居环境及城市的发展方式密切相关。对于城市的研究逐步呈现系统化，城市生态系统是从生态学的角度进行城市研究。城市物理环境是城市生态系统中不可或缺的一部分，城市生态系统的失衡导致城市弊病的出现，包括城市拥挤、城市热岛、城市通风不良、雾霾、城市噪声、建筑光污染等。根据 2019 年发布的中国主要城市交通分析报告数据，全国 361 个城市中，有 61% 的城市通勤高峰时处于缓行状态，有 13% 的城市处于拥堵状态，26% 的城市不受通勤拥堵威胁。根据 2019 年生态环境部发布的全国生态环境质量简况数据，全国 338 个城市中，有 121 个城市环境空气质量达标占比 35.8%，平均优良天数比例为 79.3%；监测的 2583 个县域中，植被覆盖指数为"优""良""一般""较差"和"差"的分别占国土面积的 45.4%、12.6%、8.5%、11.7% 和 21.8%；开展功能区声环境监测的 311 个地级及以上城市中，各类功能区昼间达标率为 92.6%，夜间达标率为 73.5%。随城市发展而出现的城市病大部分都会影响和反映到城市生态系统中的结构组分的状态，包括物理环境出现调节失衡等异常现象。城市物理环境对城市系统的可持续发展与自我平衡非常重要。一个环境质量较优、气候宜人、生物保护较好的城市，其社会、经济与生态相互融合，发展较为平衡。对于城市的发展研究，城乡规划和城市设计学科发展历史悠久，也是人类所探索到的能够系统指导城市建设的有效方法，生态城市规划研究是一种基于环境保护、生态优先、可持续发展理念下的已逐步发展为常规类型的规划。

在国家层面，近年来也非常注重生态规划，以及生态理念在规划中的落实，包括"美丽中国"建设要求，推进国土空间规划亦要求编制与保护生态相关的"资源环境承载力评价和国土空间开发适宜性评价"双评价。就现阶段国内生态相关规划而言，国土空间规划的五个层次对应的总体规划、详细规划都要求包含城市生态规划的有关内容，但是涉及城市生态系统中的城市物理环境的研究较少。此外，城市物理环境的优化直接影响着城市建筑室内用能水平，是我国实现"双碳"工作目标不可或缺的部分。近年来，一些城市也编制了诸如"城市风廊道规划""城市气候研究"等专业规划或研究报告，但其内容深度及表达形式仍属总体规划层面，主要是对一些大型绿色基础设施、河流水系廊道等生态格局结构方面的宏观控制和展现，其内容深度难以直接落实深化到详细规划，难以作为后续开展设计和建设工作的建议。部分城市在城市空间规划、生态专项规划、能源系统专项规划、低碳规划等内容上对城市物理环境规划进行了积极的尝试和探索。但是，目前城市物理环境规划的法律定位还不明确，其规划方法、工作内容、技术融合及规划管理等各个环节都亟待进行探讨和研究。因此有必要总结城市物理环境规划的编制经验，完善编制体系，为建设更舒适的城市物理环境发展添砖加瓦。

深圳市城市规划设计研究院低碳生态规划研究中心作为国内知名的生态环境规划与研究的专业团队，早在2010年就开始研究城市物理环境的相关项目，逐步形成和掌握了规划编制的理论和方法。涉及城市物理环境规划研究内容的多个项目获得国家级、省级、市级的规划奖项、科学技术奖项以及多项发明专利技术。本书结合我院低碳生态规划研究团队近10年的项目经验，比较系统全面地介绍了城市物理环境研究及在城乡规划设计中的应用，突出城市物理环境规划与研究的特点和要求，主要包括理念篇、方法篇及实践篇三部分。理念篇介绍城市物理环境的基础理论、研究历程与作用定位。方法篇梳理物理环境分析研究体系，紧跟城市发展新趋势和新要求，系统介绍风环境、热环境、声环境、光环境的研究与规划设计方法，包括物理环境各专业与城乡规划之间的相互影响关系、规划流程与工具、评价标准与指标、常用模型及应用、规划成果、编制重点与规划方法创新等，为物理环境的规划研究提供技术路径参考，期望对现行的城乡规划体系以及技术标准进行有益补充和必要创新，提供亟待解决问题的技术方法。最后在实践篇中通过宏观、中观、微观不同尺度的丰富的规划设计案例展示城市物理环境研究在规划项目中的融合应用。

本书编写重点在于以规划设计实用性为主，兼顾理论性。基于城乡规划、城市设计学科研究与发展，特别是规划设计与生态城市、生态文明、环境保护等理念结合的发展背景下，研究城市物理环境与城乡规划体系的融合路径与创新性应用的方法，偏重于城市物理环境规划设计的方法介绍，结合相关理论进行思路引导，以实际案例展示在具体规划项目中的融合方式。因此并没有太大的篇幅系统介绍城市物理环境相关的基础理论，若读者无相关学科背景，可先系统了解城市物理环境、大气环境等学科基础理论或进行同步补充阅读，以便在本书阅读过程中得到更好的启发。

本书从2018年底启动编写工作，历时1年多。由丁年、刘应明负责总体策划和统筹安排等工作，司马晓、李晓君、俞露与崔红蕾共同担任执行主编，负责大纲拟定、技术统筹及组织协调、文字审核等工作。其中理念篇主要由司马晓、李晓君、李亚坤、郭秋萍、邓立静、马倩倩等负责编写。方法篇中，第4章城市物理环境分析研究体系主要由司马晓、俞露、李晓君、房静思、李炳锋等编写，第5、6章风环境及热环境专业内容主要由裴欣恬、李亚坤、杨可昀、吴丹、祝新源等编写，第7、8章声环境及光环境专业内容主要由司马晓、崔红蕾、邓立静、孙静、曾小瑱等编写。实践篇选取了一些经典案例，第9～11章宏观及中观尺度案例内容由李晓君、崔红蕾、吴丹、房静思、戴韵等编写，第12章微观尺度案例内容由裴欣恬、邓立静、杨鹏等编写。附录包括术语、软件界面图片英文翻译对照、规划编制大纲及费用标准建议，主要由房静思、崔红蕾、裴欣恬、邓立静编写。在本书成稿过程中，裴欣恬、李亚坤、杨可昀、熊慧君、杨鹏、吴丹等负责完善和美化全书图表制作工作。房静思、李炳锋、马倩倩、孙静、曾小瑱、戴韵、张亮、陈锦全等多位同志完成了全书第二、第三次文字校对工作，刘应明负责整个文稿的审核工作。本书由丁年审阅定稿。

本书是编写团队对城市物理环境规划及研究工作经验的总结和提炼，希望通过本书与各位读者分享我们的规划理念、技术方法和实践案例。可为生态规划、环境规划、低碳规划、城乡规划领域的科研人员、规划设计人员、相关行政管理部门人员参考，也可作为相关专业大专院校师生的教学参考书。虽编写人员尽了最大努力，但限于编者水平以及所涉及专业内容创新性较强，因此书中疏漏乃至不足之处恐有所难免，敬请读者批评指正！

本书在编写过程中列举了我院多年的规划项目案例，感谢规划合作团队成员。并参阅了大量的参考文献，从中得到了许多有益的启发和帮助，在此向有关作者和单位表示衷心的感谢！所附的参考文献如有遗漏或错误，请直接与出版社联系，以便再版时补充或更正。

最后，谨向所有帮助、支持和鼓励我们完成本书编写的家人、专家、领导、同事和朋友们致以真挚的感谢！

《城市物理环境规划方法创新与实践》编写组

2020 年 6 月

目　录

第3篇　实践篇/233

第9章　宏观尺度：北方某城市群生态发展规划/234

第10章　中观尺度：北方中部城市新区低碳生态城规划/253

第 1 篇

理念篇

　　随着城市的发展、全球气候变化与城乡规划学科的研究发展，城乡规划设计以人为本，城市人居环境重视度上升，城市生态系统研究及保护逐步深入，对于生态系统中的生命体以外的因素开始给予关注，城市物理环境的研究开始出现并逐步发展。

　　城市物理环境是一个在城市系统理论中的概念，但是由于相关的研究较少，这个概念并非属于广泛认知的范畴。在本篇介绍相关理论的开篇部分，希望通过阐述城市物理环境的相关概念，能够给读者一个初步的印象，再逐步探讨城市系统、城市气候、人体感官、城乡规划与物理环境的关系，梳理理论基础，并从风环境、热环境、声环境、光环境的技术发展以及管理评价发展情况来介绍城市物理环境规划的研究发展历程，通过应用方式及重要程度、介入节点及效果、物理环境规划研究的总体特征等介绍城市物理环境规划在城乡规划中的定位与作用，有助于读者了解城市物理环境规划的基础理念、发展历程及规划特征。

第1章　城市物理环境理论基础

1.1　城市物理环境相关概念

1.1.1　城市气候学

城市气候是在区域气候的背景上，经过城市化后，在人类活动的影响下，而形成的一种特殊局地气候。城市气候所涉及的范围主要包括"城市边界层""城市覆盖层"及"城市尾羽层"三个部分。城市气候学是研究局地气候的学科，兼具理论科学与应用科学两种性质，主要包括城市气候观测、分析城市气候各要素的特征及其相互关联性，研究城市气候形成的原因和过程，研究并建立城市大气覆盖层和边界层数值模式，探讨改善城市气候条件的途径，以及进行城市气候应用领域的研究等任务。

传统的城市气候学研究集中在对城市大气污染、热岛效应、温度、湿度等问题的原理及数据观测、收集等方面。城市气候学和城乡规划联系日益紧密的新形势下，整合城市气候学研究与城乡规划设计，将理论化研究与城市空间结构相联系，是城市气候研究发展的重要方向。现阶段的城市气候研究，一方面可通过低空探空系统、测风仪、声雷达等仪器地面观测以及航空遥感、卫星遥感图像分析等来进行城市气候观测与数据收集，了解城乡区域的下垫面反射率、植被覆盖度、温度、水分可用量等特征，分析城市温度、风速、日照辐射、湿度、降水、气压及大气污染等，揭示其变化规律和地区差异，研究城市各个要素的特征、相互关联、相互制约的规律。另一方面，可用数值试验的方法，研究建立城市覆盖层及边界层的数学模型，通过控制物理过程和边界条件模拟城市风场、温度场、湿度场的变化来研究相关物理特性及污染物扩散规律。城市气候学研究城市气候的自然成因、人为成因及演变过程，广泛应用于城乡规划、建筑设计、城市水系建设、地下管网设计、环境保护、城市气候资源开发与利用、气象防灾等方面。

1.1.2　城市生态学

城市生态学是通过生态学的理论与方法来研究城市系统的结构、功能与调控机制。城市生态学将城市作为一个生态系统，不仅研究城市的空间结构，更注重研究城市生态系统中各个组分之间的关系，包括物质循环、能量流动、信息传递等过程，人类活动形成的城市格局以及形成过程。研究内容主要包括城市生态系统的组成与功能、城市人口、生态环境、城市灾害、城市景观生态、城市与区域可持续发展、城市生态学原理的应用。城市生态学基本原理与生态学的基本原理比较一致，包括城市生态位理论、多样性与稳定性理论、食物网食物链理论、系统整体最优理论、环境承载力理论以及自然演替理论。

在理论上主要研究其发生原因、形成机理、结构功能和调控机制；在实践上则应用于城乡规划设计，优化城市空间布局结构，提高物质循环利用及能量有效利用的程度，改善城市与周边生态系统的关系。城市生态学广泛应用于城乡规划、建筑设计、生物保护、环境修复、资源能源高效利用、清洁生产、低碳城市发展、城市景观设计等领域。

1.1.3　城市物理环境

一般来说，城市关注的物理环境主要包括风环境、热环境、声环境和光环境。

风环境，是指室外自然风在城市地形地貌或自然地形地貌影响下形成的受到影响之后的风场。

热环境，又称环境热特性，是指由太阳辐射、气温、周围物体表面温度、相对湿度与气流速度等物理因素组成的作用于人、影响人的冷热感和健康的环境。它主要是指自然环境、城市环境和建筑环境的热特性。

声环境，是指某个地区内一切和声音有关的概况，以听者为中心，主要关注某一位置的声音频率和声音强度，超过一定限值的噪声。

光环境，是由光源（照度水平和分布、照明的形式）与颜色（色调、色饱和度、颜色分布、颜色显现）在室内外建立的与空间有关的生理和心理环境。

1.1.4　流体力学

在城市物理环境领域，风、热环境的模拟计算通常以流体力学为基本原理。流体力学主要研究流体的平衡、运动状态、相互作用、机械运动规律以及在工程实际中的应用，流体包括液体和气体。流体力学是以牛顿运动定律、质量守恒定律、欧拉方程、伯努利方程、拉格朗日运动方程、纳斯-斯托克斯方程等为基础，通过建立数学模型进行流体静力学和流体动力学研究。流体力学广泛应用于城市水利工程、土木建筑工程、石油开采、化学工程、生物工程、机械制造、市政工程设计等领域。

1.2　城市系统与物理环境

城市是一个复杂的综合生态系统（图 1-1），该系统由生命体、非生命因素以及承担资源输入和废物输出的市政系统构成。生命体即人与其他生物。非生命因素即风、光照、声音、温度、降水等，其中，非生命因素构成了城市独有的气候。城市生态系统内部组分相互作用、相互影响、相互制约，城市生态系统的可持续发展离不开任何一个组分。城市的可持续发展不仅应关注土地、经济、文化和人，更应关注其他生命体和非生命因素，如城市气候问题、生态安全问题及动植物保护等。

所有生态组分都是密切相连的，其中一个出现失衡或者异常，都会直接或间接影响城市生态系统内部其他组分的正常运转。在超出生态系统的自调节、自恢复的阈值后，可能出现连锁反应，导致整个城市生态系统失衡，严重制约城市生态系统的可持续发展。

"物理环境"在城市生态系统中承担非常重要的基础外部介质作用，传递光、风、雨、

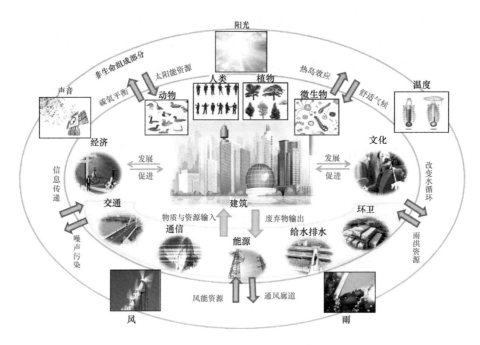

图 1-1　城市生态系统组分示意图

热、声等信息，影响城市气候。而"物理环境"这一传递介质出现异常可能导致信息传递功能受阻，进而导致城市生态系统失衡，产生"城市病"，如城市拥挤、城市热岛、城市通风不良、雾霾、城市噪声、建筑光污染等。这些"城市病"大部分都会影响和反映到城市生态系统中非生命因素的状态，使得城市气候出现调节失衡等异常现象。

　　城市物理环境分析主要研究城市中物理变化引起城市居民生存环境的改变、污染物迁移及分布的规律，以及研究环境问题时所采用的物理原理与方法。城市物理环境对城市系统的可持续发展与自我平衡非常重要。物理环境也在城市生态系统中承担着重要的系统信息传递介质作用，也影响着整个系统的空间气候状态，是城市系统组成和维系稳定发展不可或缺的部分。

1.3　城市气候与物理环境

　　气候是由大气圈、水圈、岩石圈和生物圈及其相互作用而组成的高度复杂系统，各圈层内部及相互间能量、动量的输送与交换过程，使气候呈现出多样性与复杂性。我国幅员辽阔，地理条件使我国自北向南包括寒温带、中温带、暖温带、亚热带、热带和赤道带等多种气候类型，各地区气候差异较大。总体来看，我国大部分地区为季风区，呈现雨热同季的气候特点，容易出现洪涝、干旱等自然灾害。20 世纪 70 年代以来，人们逐渐认识到，人类活动已经成为影响气候及其变化的重要因素，随着人类活动的不断增加，极端高温、极端寒冷、飓风等气象灾害发生频率明显增多。

　　城市气候是指在区域气候的背景下，在城市化、人类活动影响下而形成的一种局地气候。除所属的大气候背景条件影响以外，由于城市地区汇集了高密度的居住行为、高强度的经济活动、特殊性质的下垫面和城市布局形式等，下垫面及近地层的辐射、热力、水分、空气质量和空气动力学性质的改变，城市气候一般有别于城郊、农村地区的气候特点。其中最重要，也是最为大众普遍接受的理论之一即为分层理论（图 1-2），根据 Oke[1] 等人的研究，在城市建筑物屋顶以下至地面这一层称为城市覆盖层（Urban Canopy Layer，UCL），它受人类活动的影响最大，与建筑物密度、高度、几何形状、门窗朝向、外表面涂料颜色、街道宽度和走向、路面铺砌材料、不透水面积、绿化面积、建筑材料、空气中污染物浓度以及"人为热"和"人为水汽"的排放量等关系甚大，属于"微观尺度"的气候，并可细分为建筑物气候、城市街道峡谷气候（Urban Canyon，由一条街道和两旁建筑物墙壁形成的）、住宅区气候、商业区气候和工业区气候等。由建筑物顶向上到积云中部高度可称为城市边界层（Urban Boundary Layer，UBL），它受城市大气质量（污染物性质及其浓度）和参差不齐的屋顶的热力和动力影响，湍流混合作用显著，与城市覆盖层间存在着物质交换和能量交换，并受区域气候的影响，属于"中观尺度"气候。在城市的下风向还有一个"城市尾羽层"或称为"市尾烟气层"（Urban Plume），这一层中的气流、污染物、云、雾、降水和气温等方面都受到城市的影响。在"城市尾羽层"之下为"乡村边界层"（Rural Boundary Layer，RBL）。这个理论有利于研究城市与周边郊区乡村的气候差异。

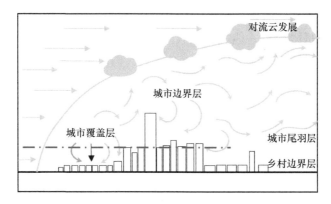

图 1-2　城市大气分层示意图

图片来源：Oke T R . The Urban Energy Balance. Prog Phys Geogr[J].

Progress in Physical Geography，1988，12(4)：474

城市气候的研究与描述需要采用特征因子来表达。物理环境一般是指城市气候的物理特征因子，用以表征城市的气候物理学状态和特征，包括自然的物理环境和人工的物理环境。自然的物理环境是指自然界中产生的声环境、光环境、热环境、风环境、电磁环境、辐射环境等；人工的物理环境是指因人类活动造成的人工声环境、光环境、热环境、风环境、电磁环境、辐射环境等[2]。一般城乡规划中所说的物理环境是自然物理环境和人工物理环境的组合。城市发展、产业布局、用地功能布局等将会对城市物理环境产生重要影响，进而影响城市的气候演变。

开展物理环境研究是研究城市气候的重要路径之一，这主要归因于物理环境的各因子均可测量，比如温度、风速、噪声强度等，因此能够对城市气候的特征、状态、周期性和地区差异进行量化分析、对比和评估。同时，借助物理环境因子的评估结果与流体力学、大气学、生态学、环境学、声光学等理论分析，能够认识各要素之间的关联性和相互影响方式，从而更为科学地认识城市气候及其影响因素，为寻找改善城市气候甚至减缓全球气候恶化演变找出更好的解决方案。

1.4 人体感官与物理环境

环境是围绕着人们且对人类生存有很大影响的物理、化学、生物和社会等条件的综合，处于连续不断的变化状态。从人类健康的角度考虑，有些环境变化是有益的，有些则是有害的甚至灾难性的。1972 年联合国人类环境会议宣言中提出，"人类既是他的环境的创造物，又是他的环境的塑造者，环境给予人以维持生存的东西，并给他提供了在智力、道德、社会和精神等方面获得发展的机会。生存在地球上的人类，在漫长和曲折的进化过程中，已经达到这样一个阶段，即由于科学技术发展的迅速加快，人类获得了以无数方法和在空前的规模上改造其环境的能力。"这一论述从本质上分析了人与环境的关系。

物理环境是影响人类健康的环境类型之一，人们受到的所处物理环境的刺激，主要是感觉的刺激（触觉、视觉、听觉、热觉、嗅觉等）以及动力学的刺激（冲击、振动等）[3]，任何刺激超过一定的低限值后才能被人们察觉或感受（图 1-3）。例如在暗室中的光必须达到一定的强度才能被识别，要区分两种红色光，它们的波长及与其他颜色光的波长均须有足够的数量差。在一个安静房间里发出的声音必须有一定的强度才能被听到，要判断出两个声音不是一样响，它们的强度须有足够的数量差。达到一定速度的空气的流动会刺激人体的毛发和皮肤感觉细胞，使得影响人体表层皮肤局部的热量散发状态，因此会使人产生凉爽或者寒冷的感觉。环境条件的绝对阈值是在没有感觉和引起感觉之间的临界点，而一定的阈值差则可以判断环境条件的差别。

根据应激理论，不同的物理环境带来的感官刺激会引起人们不同的心理感受和生理反

图 1-3 人与物理环境的关系

应，由于人们正常的生理、心理反应以及人们对于物理环境刺激的调节能力有一定的限度，所以我们要控制物理环境的刺激，使环境刺激处于最佳的范围，或即使环境刺激优化，保证人们处于适宜从事各种活动的舒适的物理环境（图 1-4）。人体感官中对于物理环境最为敏感的就是光照、温度、声音和气流，这些刺激往往使得人们产生明显的视觉、听觉和体感，极易触发神经条件反射，进而影响心理变化。所以，控制物理环境的刺激更多的应该聚焦在这些易感且易引起短时间心理反应的刺激上，使整个环境减少不良刺激，增加优良刺激。

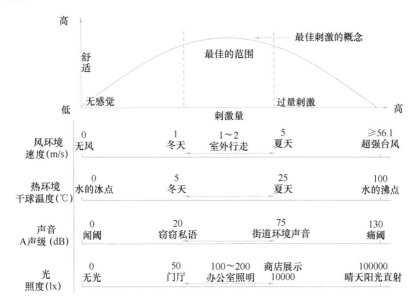

图 1-4　物理环境与人体舒适性

随着城市发展，人居环境逐步受到重视。人们更加关注体感舒适性，希望为城市营造宜居即市民感觉舒适的环境，使得市民愿意居住生活在城市，并且在舒适心情愉悦的同时创造更高的生产力，推进城市的发展。因此，城市环境的整治和优化研究等相关工作在近几年也成为国家重要的工作之一。在城市建设过程中，运用城乡规划、建筑设计等工程技术手段，尽可能使城市现有的物理环境条件更加优化，并逐步减缓传统城市发展模式带来的城市环境问题，或者说尽可能在满足城市高速高密度发展的同时，使得人类对城市物理环境的影响不致达到危害人体健康的程度。

1.5　城乡规划和物理环境

城市的主要服务对象是人。以人为本、健康城市等理念的提出，均体现了城市关注人的感受、提升人的宜居功能的诉求。城市物理环境对健康城市、人本城市的建设发展具有非常重要的作用，营造良好的城市物理环境是建设健康城市的核心内容之一。根据预测，到 2050 年全球将有超过 70% 的人口生活在城市地区[4]，因此城市地区的建设质量也成为影响未来人口生存品质最为重要的一个议题。

一个环境质量较优、气候宜人、生物保护较好的城市，其社会、经济与生态相互融合，发展较为平衡。在舒适的环境下，城市居民的生活幸福指数及工作效率也会较高，有利于城市的社会和经济发展。城市通风顺畅、绿地水景便捷可达、生态建筑低碳宜居等能够使得城市室内外物理环境都处于较为舒适的状态，能够非常有效地降低城市系统耗能和外来资源的供应量。通过城市自然通风可以降低城市系统能耗。城市系统能耗最大的部分来源于城市建筑物。根据国际能源署 2000 年的总结报告内容，在欧洲国家，办公楼通过采用自然通风的方法，相比于通过常规空调等机械方法通风几乎可以降低 50% 的建筑能耗[5]。每年每平方米可节省 14～41kWh 冷量，折合节省人民币为 8～21 元/(a·m²)[6]。通过建筑物垂直绿化等绿色建筑形式，在营造空中城市冷岛的同时降低建筑表面温度以减少室内温度调节的需求。

城市从跟随人口聚集和产业集聚的自然发展，逐步往按照城市管理者预想可控的规划发展转变。工业革命以后，城市地区人口不断增加，随着人们生活品质的不断提高，人们开始关注城市空间与布局规划、建筑设计和城市空间中的物理环境，以促进人们的生产、生活活动可以在舒适的环境中进行。直到现代，城乡规划越来越注重城市空间规划与生态环境保护及以人为本理念的实现。但随着城市的不断发展，物理环境条件不断叠加改变的同时，城市化地区物理环境的问题变成一个需要共同应对的问题。例如在城市化地区，人口增加导致建筑高密度化，带来潜在的热污染，在一定范围内阻挡或者改变了城市的主导风向；密集的高层建筑群显著改变了邻近的居住区和房屋建筑的日照、采光情况。城市化地区沿干道建筑的"障壁效应"也影响到城市交通噪声传播分布的某些特征。所有这些又使得城市建筑群的布局、单体建筑设计在一定范围内和一定程度上面临了新的物理环境条件。

城乡规划注重的是空间规划，而空间与物理环境紧密相关，两者相互影响。城市空间规划界定城市绿地、水系、建设地块与道路体系的空间布局，这些不同类型用地要素的组合在自然的风、光、声音、温度、湿度等因子的作用下，在城市三维空间内呈现不同的表现形式以及反作用力，使得生活在这些不同区域的人们产生不同于无建筑空间的物理体感，并且会因这些区域的用地布局对物理环境的反作用力及叠加作用力影响该区域周边的物理环境状态。虽然物理环境含义广泛多样，但是在城乡规划的空间范畴内，所有用地空间与布局均能够对物理环境因素起到直接影响以及产生反作用力，且易于量化控制调整的只有风、光照、温度以及声音，这些亦是人们最容易感知的物理环境因素。而对于电磁环境、辐射环境，仅与特殊类用地布局相关，这些更多与生产安全、生命健康有关。因此，通过研究分析风环境、光环境、热环境、声环境这 4 类物理环境在城市空间中的情况，能够评价不同尺度城市三维空间的规划宜居性与舒适性，有利于优化调整城市空间规划，通过影响小范围街区的物理环境作用力、反作用力以及叠加作用力，以达到更大范围城市区域形成整体良好物理环境格局的目的。城市物理环境的研究也逐步成为城市空间规划中不可或缺的重要专项研究内容之一。

第 2 章　城市物理环境规划的研究历程

城市物理环境包括风、热、声、光四大方面。风热环境研究在规划设计行业的应用，是从对城市气候的研究中衍生出来的，其研究大概归纳为三个阶段，即现场实测、实验室物理实验与计算机数值模拟。声环境是影响城市开放空间总体舒适度的主要因子，在环境影响评价中亦属于非常重要的一部分，目前，大部分城市声环境研究多以计算机建模和理论分析为主，针对城市空间尺度的噪声地图以及街区尺度的噪声控制等方面的研究也在不断推进之中，并构建出多种学科交叉综合的声环境评价体系，声景观的重要性得到越来越多的关注和认可。光环境的研究由来已久，在建筑设计与应用方面已有较为深入的研究，在改善居住环境、降低建筑能耗、合理利用土地资源以及优化居住空间布局方面，发挥着越来越重要的作用。

2.1　城市风环境

2.1.1　风环境技术发展历程

从 20 世纪中开始，国内外学者开始开展城市形态与城市风环境的关联性研究，其中针对风环境的具体化、可视化研究最为关键，是进一步讨论城市风环境内在关联的基本要素。目前，关于城市风环境的研究方法主要有 3 种，分别为实地监测、实验室物理模型实验以及计算机数值（Computational Fluid Dynamics，CFD）模拟研究（表 2-1）。

城市风环境的研究方法　　　　　　　　　　　　　　　表 2-1

研究方法	研究阶段	优势	劣势
实地监测	20 世纪 30 年代起	实用性高，数据是最真实的	获得的数据有限，难以充分反映研究对象的总体风环境
实验室物理模型实验	20 世纪 60 年代起	实验时间短、经济，可以有效地控制试验条件，研究对象比较广泛，外界干扰小，结果较精确	不能准确地重现边界条件，且试验标准不能适用于任何一种对象
计算机数值模拟研究	20 世纪 80 年代起	可模拟各种边界条件、不受外界影响、研究效率高、过程和条件可控、易于实现、节省成本和时间	大尺度模拟相对较复杂，对模拟设备要求较高

1. 实地监测研究

实地监测研究是指利用仪器直接监测街道流域流场分布和变化及污染物浓度的方法。

9

实地监测研究是一种直接掌握建筑物周围风环境情况，获得建筑物周围实际风速数据的直接方法。因此，实地测量数据往往是最实用的，可以用来指导和评价其他方法的研究。然而，由于研究对象的大小和地形有限，可以铺设的测量点数量有限，获得的数据有限，难以充分反映研究对象的总体风环境。如果大规模地进行实地测量，不仅对人力和物质资源造成浪费，而且时间也很长。实地测量数据是最真实的，它作为建筑设计初步分析的参数参考依据具有重要的价值。

采用实地监测的方式进行城市风环境的研究起源于城市热岛的研究。欧洲的科学家们在 20 世纪 30 年代用实地监测的方式发现在城市夜间存在热岛环流。直到 20 世纪 50 年代，在欧美国家的科学家们描述城市风及温度的状态都普遍采用可移动的观测技术，由此绘制出城市热岛的空间分布图。

在 20 世纪 70 年代，城市风环境的特征研究逐步成熟之后，实地监测的方法开始应用于研究建筑单体以及建筑群的风环境。1975 年 Wiren BG 在国际会议上发表关于简单的建筑外形及简单的建筑排列的风场研究，是通过实测连接两个建筑单体中间隔道中心线上的平均风速来实现的。在 1986 年，Stathopoulos T 与 Storms R 两位学者在野外地形条件下实测多个风向情况下不同高度建筑通道宽度中的风速，湍流条件下，发现风垂直于建筑通道中心线。同时，该通道宽度越大，风速度放大程度越低、湍流强度越高。同年，日本三位学者 Shuzo M 等长期观测到东京市区某高层公寓大楼周围强风引起安全问题，通过与当地居民合作研究，设置观测点来长期监测风速状态，总结出高层建筑周边风速特征、风速的感知、风对人体的影响之间的关系，评估建筑周边风环境状况，提出风环境分析标准并确定强风的可接受风速[7]。10 年后，亚洲两位学者通过在一排相同高度的高层建筑侧面设置光纤探头，在行人水平的高度上得到风速和风向的统计记录，得到分位数水平风速和有效风速结果，对不同风向条件进行研究，评估整排高层建筑在一排相同的建筑物的行人水平风的影响[8]。2008 年日本学者 Tetsu Kubota，Masao Miura，Yoshihide Tominaga，Akashi Mochida 则进一步研究建筑密度和行人高度的平均风速之间的关系，从现实的日本城市中选择 22 个住宅区进行风速采集，结果表明总建筑密度与平均风速比有较强的关系，并利用风洞试验的结果和日本城市的 16 个风向条件进行风环境评价，提出通过改变建筑密度来实现居民住宅小区营造风环境的方法。

城市风环境的影响因素非常复杂，包括外来边界条件、区域气候变化、当地地形地貌等，目前的监测技术仪器基本是安装在地表上进行监测，极易受到实际微地形的影响，较难控制，因此在研究范围较大的城市风环境研究项目中，较难进行全局的、长期的实地监测，同时大规模的项目对数据的观察点布局密度和数量有更高的要求，通过实地监测的方法实现可操作性较差。所以，现在城市风环境的实地监测数据主要用来提供风环境研究的现状边界条件基础数据，以及对模拟分析进行比对和校正。

2. 实验室物理模型实验

城市风环境的物理模拟法主要是指边界层风洞实验方法，结合常规气象资料来模拟研究城市风环境。其测量方法主要可以分为两种，一为"点"的测量，即对实验对象的模拟流场特性进行逐点测量、分析；二为"面"的测量，即对模拟流场的分布特征提供整体性和连续性信息。前者主要通过压力探针和全向风速计测量，后者则通过红外线热感应图像以及刷蚀技术来描绘相对风速大小的区域和轮廓[9]。风洞试验（图 2-1）是一种在人工模拟的大气环境下进行缩尺模型试验的方法，有实验时间短、经济、可以有效地控制试验条件、研究对象比较广泛、外界干扰小、结果较精确等特点，缺点是不能准确地重现边界条件，且试验标准不能适用于任何一种对象。

图 2-1　风洞实验

图片来源：顾朝林 . 气候变化与适应性城市规划[J]. 建设科技，2010(13)：28-29

从 20 世纪 60 年代开始，实验室开始将风洞实验用于研究城市风环境。风洞实验主要是基于实际的气象条件进行三维模型模拟，监测建筑模型周边气流运动情况。这种风洞实验方法能够更为准确、可控、便捷、快速地得到较大范围的多个风向和不同气象条件下的建筑群研究数据，为风环境的研究和学科进一步发展提供了新的技术方法，并逐渐得到广泛应用。

自 20 世纪 80 年代初，风洞实验开始运用于建筑风环境的研究。1983 年，B. G. Wirén 通过 1：100 的模型对独栋楼房建筑群进行风洞试验，测量建筑墙壁和屋顶共 122 个位置上的风压风速数据，得到的局部压力和建筑物表面的平均压力数据，可以计算空气变化速率和相应热损失，用以研究建筑室外风速和内外温度差的变化。1999 年，中国李会知建立了 1：300 的风洞实验模型，模拟了某高层建筑在 16 个来流风向下建设前后的周边风场情况，根据当地实际气象数据，分析了在建筑周边 26 个位置的行人高度风环境，评价在行人坐、站、行三种情况下的舒适性状况，并对某些区域提出局部风环境的改善建议和措施。2010 年，同济大学的关吉平也是运用风洞实验方法，模拟上海浦东高层建筑周边的风场，并评估了行人高度的风环境状态。2013 年湖南大学郝艳峰利用风洞实验方法进行测压和测力试验，通过研究高层建筑在不同风场下的抗风性能，得到高层建筑在不同风场条件下的风压分布、风压功率谱、剪力系数和弯矩系数等数据，并总结出普遍性规律，证实了风洞试验模拟在高层建筑设计中的必要性。另外，陈德江、楚劲、王劢年等学者都使用风洞实验方法对建筑群体风环境、高层建筑风环境进行过相关研究。

风洞实验运用于区域风环境的研究由来已久。1970 年，David Hutchinson 在伦敦 Vauxhall 地区的两座高层建筑正式建设前，首次应用风洞试验来预测建筑周围的风环境；在 1973 年即将兴建南部银行大厦之时，也通过风洞试验对建筑周围的风环境进行了模拟研究。1986 年英国 Canary Wharf 片区进行城市开发项目和 1990 年加拿大安大略省的某个城市开发项目均应用了风洞试验对城市行人高度的风环境及人体舒适度进行了相关研究。1992 年 White 以旧金山市为项目研究地点，通过风洞实验方法模拟了行人高度的风环境状态，并在论文中详细阐述了研究过程，证明了风洞实验运用于城市尺度研究的可行性。2004 年，北京大学王宝民等采用风洞刷蚀技术基于北京朝阳区气象站基础资料，对项目总面积约 4km²，最高建筑物超过 300m 的北京中心区 CBD 进行风环境研究，结果表明，冬春季高大建筑物附近有 0.114% 的概率出现局地 8 级以上大风，影响行人舒适度和安全，夏季则有 22% 概率出现通风不良，可能出现局地空气污染较严重的情况。

3. 计算机数值模拟研究

数值模拟方法（CFD），是随着计算机技术的发展而发展起来的一种模拟实验方法。该方法具有可模拟各种边界条件、不受外界影响、研究效率高、过程和条件可控、易于实现等优点。研究对象的外观复杂性和规模受计算机的限制，在建筑、机械、航天等领域应用范围非常广泛。此外，只要设定相关的初始条件，就可以获得多个数据。这种方法实现过程主要是在计算机上完成，大大节省成本和时间。一般来说，为了保证数值模拟的可靠性，实验者会在相同的条件下进行风洞试验，并通过比较结果来达到验证的目的。数值模拟方法由于其操作方便的突出优点，已广泛应用于城乡风热环境和污染物分布等研究课题。

国内外将数值模拟方法运用于建筑设计和城乡规划的研究主要包括以下方面：单体建筑设计、建筑群体布局、城市街道、城市中心区、城市开敞空间、植被情况、城市污染物扩散等研究。20 世纪 80 年代中期，国际上已经开始进行建筑风环境的数值模拟研究。20 世纪 90 年代 Stathopoulos 开发了 KBES 系统，该系统主要用于进行建筑风环境的初步设计，该系统整合了大量关于单体建筑和建筑群的风环境风洞试验的成果，成为风环境工程领域研究的重要工具。1996 年，Zhang 等学者通过 k-epsilon 湍流模型研究简化的单个立方体模型，模拟模型周边的空气流动和扩散，并用 Froude 数表示来流风的湍流程度。1998 年，Hassan 等学者也是通过 k-epsilon 湍流模型，模拟二维街道峡谷的风流动和污染物扩散，发现街道峡谷内有明显的流向涡旋以及最高污染物浓度和最低污染物浓度的具体出现位置。2001 年，E. Shaviv 等学者运用 SustArc 软件模拟城市光环境和 Fluent 软件模拟城市风环境，提出城市街道能够同时保证采光以及良好通风的最大可利用空间方案。同年，周莉和席光研究多栋一排及单体高层建筑物的风场和风压力，比对了两种情况在不同风向下的流场和风压力分布。同年，Chang 等学者研究比对 Fluent 软件的模拟结果和风洞实验结果，结论表明通过数值模拟与风洞实验的街道峡谷内风场和污染物浓度场的研究结果差异非常小。2003 年，Capeluto 等通过运用 Fluent 软件来评估拟建的城市 CBD 中心区的设计合理性。2004 年，KIM 等学者利用标准 k-epsilon 模型优化后的 RNGk-epsilon

湍流模型模拟城市街区下垫面的空气流动和扩散现象。同年，吕萍、袁九毅及张文煜利用数值模拟方法研究街道内流场及汽车排放污染物扩散规律，发现不同街道高宽比以及街道两侧建筑物对称性会对结果产生重要影响。2005 年，王菲和肖勇全通过 PHOENICS 软件对某建筑小区风环境进行模拟研究，结果表明 PHOENICS 可运用于建筑小区风环境的评估研究，并对方案的优化设计起到指导意义。华中科技大学的李保峰等学者，在 2006 年结合实地监测和数值模拟方法研究了香港石峡尾商住区不同尺度、界面以及风环境状态下对城市热环境的影响，同时提出微气候环境改善的措施和策略。2006 年，TsengYH 等三位学者使用大涡模拟研究城市下垫面的空气流动和污染物扩散，分析得出非流线体分布 6 ～8 个网格点，是能够真实反映城市下垫面内空气流动和污染物扩散的最小网格尺度，同时网格模型采用拉格朗日动态模型最优。2007 年，Smolarkiewicz 等学者也是通过大涡模拟对一个五边形复杂模型下垫面进行研究，评价比对浸没边界法及贴体坐标转换方法的计算精度，并提出两种方法均适用于研究平缓及复杂的下垫面模型。2007 年，华中科技大学的余庄在《城市规划 CFD 模拟设计的数字化研究》中系统介绍了 CFD 技术在城市环境模拟中的应用。日本学者村上周三在 2007 年的著作《CFD 与建筑环境设计》中，介绍了 CFD 计算方法的应用原理，并通过大量室内外建筑环境研究实例进行论述，提出应在建筑环境设计中使用 CFD 技术来优化方案。同年，马剑等三位学者利用 Fluent 软件，基于 Reynolds 时均 N-S 方程和 RNGk-epsilon 湍流模型，研究了单幢方形截面建筑和多幢矩形截面建筑组成的建筑群周围的风环境。2009 年，两位学者使用大涡模拟研究伦敦市中心区某一下垫面流动和点源扩散，探讨准确模拟所需的空间网格尺度和时间步长[10]。同年，史瑞丰等五位学者采用浸没边界和分布阻力元相结合的方法及拉格朗日动态亚网格模型模拟研究澳门某小区的风场和交通污染物情况。CFD 数值模拟技术还广泛应用到建筑小区的规划设计中，Samuel 等学者在 2009 年模拟建筑小区的室外风环境，基于实际气象数据设定相应的边界条件，优化建筑小区规划设计方案，并阐述了评价室外风环境的方法。2010 年张国强等学者基于 RS 遥感与 CFD 模拟技术，研究在武汉这种夏热冬冷地区的热环境变化，探索城乡规划中改善热环境的对策。2010 年，包毅及罗坤两位学者基于雷诺方程对杭州某居民小区的风环境进行数值模拟。同年，谢宜、葛文兰运用 BIM（建筑信息模型）与 CFD 技术对建筑内外风场进行模拟，分析建筑内外流体环境结果及成因。2011 年，谢宜基于 BIM 平台，采用 ECOTECT 软件对城市光环境及美国 FDS 软件对城市微环境进行数值模拟。2012 年，李美华等学者探讨了 BIM 技术用于城乡规划风环境模拟的可行性及列举相关应用案例。2013 年，尚涛、钱义两位学者基于武汉实际气象数据，通过 FluentAirpak 软件的 RNG 模型模拟武汉大学冬夏两季风环境，提出用于改善当地住宅小区规划设计和方案的相关建议。

2.1.2　风环境评价与管理发展历程

城市风环境评价标准是城市风环境研究的重要内容之一。通过确立一套合理有效的评价标准，可确定城市风环境的规划设计原则，制定相应的优化策略。目前，国内外对于城市与建筑的风环境进行了大量研究，提出不同的评价指标与评价角度。

1. 风舒适度评价

人作为风环境的感知主体，人行高度风环境是室外风环境重要的评价内容。针对人体舒适度的风环境要素主要包括风速等级、风速比、风速概率、环境气象条件等，通过对这些要素进行综合评定，可以有效判定不同条件下的风环境对人体造成的影响，并结合实际规划和设计要求，开展风环境的评估。

1805 年，英国的弗朗西斯·蒲福根据风对海面与地面物体的影响程度，定出的风力等级，称为蒲福氏风级（Beaufortscale、Beaufortwindscale）。蒲福氏风级（Beaufortscale）是根据风对炊烟、沙尘、地物、渔船、渔浪等的影响程度而定出的风力等级，常用来估计风速的大小。按强弱，将风力划为 0～12 级，共 13 个等级，即目前世界气象组织所建议的分级。后至 20 世纪 50 年代，人类测风仪器的发展使可量度到的自然界的风实际上可以大大地超出了 12 级，于是就把风级扩展到 17 级，即共 18 个等级。

人的舒适度与风力和风速大小有关，我国学者钱杰在风环境评价体系建立的研究中，结合蒲福氏风力等级划分标准，在调查问卷的基础上，增加了各级风力对人体影响的内容。为研究风力大小与人体舒适度的相互关系，奠定了一定的基础。1981 年，Deguchi K 和 Murakami 根据人的不同行为，提出评判风环境舒适性的标准，他们认为：当人坐着时，应小于 5.7m/s 风速；当人站着时，应小于 9.3m/s 风速；当人行走时，应小于 13.6m/s 风速。如果风速在 80% 的时间能达到上述条件，同时，每年出现的大于 26.4m/s 的风速次数没有超过 3 次，就能满足坐、站立以及行走的安全及舒适条件。

2. 生态城市风评价

马剑在中新生态城城市的课题研究中提出的风环境生态指标测评体系，将户外行人活动区域的风速指标、城市热岛区与城市污染区风速指标、生态景观区的风速指标等内容进行汇总后，并在综合考虑风环境安全、风与热舒适度、风速对热岛效应、空气污染扩散和扬尘等影响因素基础上，用理想下限值、理想上限值、警戒下限值以及警戒上限值这四组数值，表示其阈值范围，最终确定了区域风环境控制性指标和建议性指标（表2-2）。

城市风环境生态指标汇总表[11] 表 2-2

指标类别	指标简写	指标名称	警戒下限值	理想下限值	理想上限值	警戒上限值	指标说明
控制性指标	EIUWE-1	户外行人活动区风速指标	—	—	5m/s	7.3m/s	对户外行人集中区域采用理想上限值；对户外行人非集中区域或污染物浓度较高的区域采用警戒上限值；指标值为距地 1.5m 高度处风速值
	EIUWE-2	城市污染区风速指标	1m/s	—	—	7m/s	各类用地风速以接近警戒上限值为宜；指标值为距地面 10m 高度处风速

续表

指标类别	指标简写	指标名称	警戒下限值	理想下限值	理想上限值	警戒上限值	指标说明
控制性指标	EIUWE-3	城市热岛区风速指标	1m/s	—	—	—	对于日平均风速不足 3.5m/s 的区域，采用警戒下限值；冬季可不考虑此指标
	EIUWE-4	生态景观区风速指标	春季：3.15m/s；夏季：3.09m/s；秋季：3.03m/s；冬季：3.22m/s				生态景观区的风速以接近各季节理想风速值为宜，不宜偏离过大；指标值为距离地面 10m 处风速
	EIUWE-5	生态景观廊道宽度指标	30m	40m	100m	—	生态景观廊道宽度接近上限值时，应把绿化带分成若干窄条布置
	EIUWE-6	风能利用指标	有效风能密度 150W/m² 且年平均风速 3m/s	—	—	—	符合警戒下限的城市，特别是新的生态城市应合理利用风能，同时考虑城市美学效果与新能源利用方式，提倡景观风电一体化、建筑风电一体化等先进的风能利用方式
建议性指标	EIUWE-7	城市绿地形态指标	—	—	—	—	建议城市绿地采用立体多层次的绿化手段，提高乔木、灌木及草的复合型绿地面积比例；建议采用非规则形状绿地形式增加绿地边缘长度
	EIUWE-8	城市裸地率指标	—	—	—	—	在城市建设与维护时，除了施工用地以及特殊功能的沙池外，要杜绝裸地产生

3. 风灾防控评价

　　风灾，指的是由于暴风或飓风所造成的灾害，属于城市极端气候范畴。风灾与风力和风速大小、风向、风频等有密切关系，但一般以风速的大小作为评价标准。根据风灾发生的空间范围，绘制了风灾地域分区图。在风灾的地区分布图中，主要反映的是风速的地区分布，在风速越大的地区，风的破坏力越大，风灾就越严重；反之亦然。

　　在风灾等级中，大都采用蒲福氏风力等级标准。风灾的等级一般划分为 3 级：①大致相当于 6～8 级的一般性大风，主要破坏对象为农作物，难以对工程设施造成破坏性的后果；②相当于 9～11 级的较强大风，除对林木和农作物有破坏作用外，也会不同程度地破坏工程设施；③相当于 12 级及以上的特强大风：不仅会损毁林木和农作物，且会对工程设施及船舶、车辆造成严重的破坏，并严重地威胁人员的生命安全。

4. 大气污染防治评价

城市风环境影响和决定着污染物在大气中的输送和扩散，对避免空气高浓度污染具有重要作用。当污染源排放污染物速率一定的情况下，风速是影响空气质量优劣的关键因素。其中，TSP（Total Suspended Particulate，即总悬浮微粒）、SO_2、NO_2作为衡量空气污染的重要指标，在静风环境即风速≤1m/s时，上述三种污染物的平均浓度将会达到峰值，并与风速呈负相关现象，即随风速的加大，污染物的浓度将会减小；但当风速达到7m/s左右时，TSP浓度不减小反而会增大，风速与TSP开始变为正相关，即TSP浓度随风速增大而增大，这是由于大风导致扬沙所致，它增加了大气中颗粒物的含量，并导致TSP浓度的增加。

5. 国家与地方标准及规定

我国现有的评价标准中，涉及风环境相关内容的有《民用建筑绿色设计规范》JGJ/T 229："在建筑周边的行人区高度1.5m处，风速应小于5m/s；建筑前后的压差在冬季应保证不大于5Pa；同时，75%以上的板式建筑在夏季，应保证前后压差为1.5Pa，并避免局部出现通风死角和旋涡，使室内可以有效地自然通风。"《城市居住区规划设计标准》GB 50180则以满足日照要求为基础，通过综合考虑采光、通风、消防、防灾、管线埋设、视觉卫生等要求，提出了对住宅间距的具体规定；《中国生态住宅技术评估手册》通过在评估体系中加入对住区保障空气质量和改善住区微环境能力的因子，对生态住宅的风环境质量进行评估；在2018年7月，中国气象局颁布了《气候可行性论证规范——城市通风廊道》QX/T 437，针对构建通风廊道的风况、通风潜力、通风量、城市热岛强度、绿源空间分布亦做了具体要求，为城市总体或区域规划的风廊道确定提供了论证依据，并进一步对城市通风廊道气候可行性论证的资料收集与处理、论证内容和技术方法、报告书编制的要求进行了规定。另外，还有《绿色奥运建筑评估体系》及国内建筑节能评估标准和《民用建筑供暖通风与空气调节设计规范》GB 50736等。

2.2 城市热环境

随着经济不断发展，快速的城市化进程使得大量的植被生态区被城市硬质下垫面及建筑群取代，建筑排热及交通排热快速上涨，最终使得城市环境逐渐恶化，"热岛效应"及其副作用日渐凸显。据统计，2003年英、法、意等欧洲国家由于不适应夏季高温天气约有2万多人丧生。根据过去十年广州地区的死亡记录，由于室外温度过高所引起的死亡约占4%~12%，当室外温度高于34℃，死亡率将攀升至15.7%。

因此，室外空间作为人们进行生产、娱乐等文化活动的重要场所，随着生活水平的不断提高，人们不再局限于保障室外热环境的安全问题，开始对室外热环境的舒适性提出更高的要求。

2.2.1 热环境技术发展历程

城市热环境作为一个多尺度概念，可分为城市尺度、街区尺度、建筑尺度、房间尺度及人体尺度，且不同空间层次上热环境研究内容也不尽相同（图 2-2）。

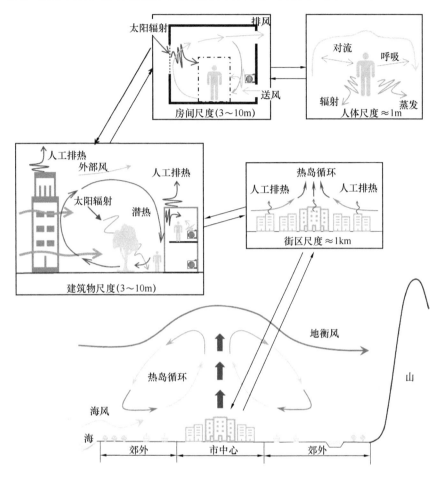

图 2-2　城市热环境的不同尺度特征及其涉及内容

图片来源：Ooka R. Recent Development of Assessment Tools for Urban Climate and Heat Island Investigation Especially based on Experience in Japan. International Journal of Climatology，2007(27)：1919-1930

　　城市热环境定量评价是深入揭示热环境形成机制的主要手段，也是应对城市热环境问题和制定减缓策略的重要依据。近年来，得益于现代气象监测设备和空间信息技术的发展，城市热环境定量评价技术也取得了长足进步，从最初的气象站点固定观测逐步发展到车载流动观测、卫星遥感观测、航空遥感观测、地面遥感观测及城市边界层模式、城市冠层模式、建筑群热时间常数模型、计算流体动力学等数值模拟方法对不同空间尺度上的热环境进行监测与评价，但综合起来仍可归纳为实地监测研究、卫星遥感和航空测量技术、计算机数值模拟 3 大类技术。

1. 实地监测研究

　　实地监测研究指在各种地面观测平台上，利用观测仪器对近地面的空气温度、相对湿度、风速、风向、辐射等热环境参数进行连续、系统的测量，然后利用对比分析和数理统计方法量化城市热环境的客观变化规律，是城市热环境定量评价最直接、最传统的技术手段。

城市热环境研究初期的主要内容以温度为主，法国学者瑞纳应用实地监测方法发现巴黎城中平均气温比郊区高，风速经常比郊区小。1927 年，W. Schmidt 等学者用汽车载着温度测量仪，对城市热环境进行了移动监测，创立了热环境研究动态观测方法。后来，日本、加拿大等多国学者都曾使用这种动态监测方法对城市的热岛现状做详细的观测研究。学者克拉克采尔对研究初期的有关研究结论做了详细的梳理和分析，于 1937 年出版了第一部通论性的城市气候专著《城市气候》。1956 年修订再版，增加了 20 世纪三四十年代的相关研究和资料，并进行了对比，更有利于阐明城市气候的一般规律。著作中阐述了城市气候相关概念、研究方法和技术手段，对城市大气、温度、风、降水、辐射、湿度等多个气象因素都做了系统的分析研究。

热环境的研究是从温度的静态测量向动态测量演变的，研究内容主要是较为单一的气候指标，还没有探讨空间分布与热环境的关系。1954 年，学者 Duckworth 将城市热环境的研究从平面扩大到三维，并对城市热岛效益进行了水平及垂直梯度研究，开始将城市热环境的研究与城市布局和建筑布局联系起来。

2. 卫星遥感和航空测量技术

热红外遥感技术指利用传感器探测、收集、记录地物的热红外信息，并通过这种热红外信息来反演地表热环境参数，如温度、湿度和热惯量等。近年来，随着对地观测卫星技术的发展，卫星热红外遥感器为城市热环境定量评价研究提供了新的技术平台。

运用遥感数据来研究城市热环境的空间分布特征是从 20 世纪 70 年代开始的。1972 年，Rao 首次通过使用环境卫星数据对地表城市热岛进行分析。此后，国内外许多学者通过遥感数据解译和地表类型温度反演的方法来研究城市热环境，并取得了一系列研究成果。Balling、Carnahan、祝宁等多位学者通过热红外遥感数据结果与城市土地利用类型、植被覆盖度结果相结合，研究热环境在城市空间中的分布特征与土地利用类型、植被覆盖情况的关系。胡远满、徐函秋等多位学者则通过分析不同时间的遥感影像，研究城市热岛随着时空改变而产生的变化并得出相应的规律。杨晓峰选择广州市作为研究对象，利用遥感技术和 GIS 通过相关统计分析方法，对比 1990 年、2000 年和 2002 年遥感影像，通过温度反演分析发现随着城市的发展，城市热岛效应越来越明显，主要原因是植被覆盖率的变化以及不透水面覆盖率的高低，城市热环境变化与下垫面覆盖类型有关。李海峰以西部中等城市——四川省绵阳市为研究案例，通过 GIS 技术，分析解译多源遥感影像，得出绵阳市多年、不同季节和昼夜三种不同时间尺度的城市热环境的时空演变规律，同时定量分析河流廊道景观、城市绿地景观和城市公园景观三种不同城市景观的热环境效应，得到热环境的成因和演变机制。朱婷媛通过 1991 年、2000 年、2010 年三年的 Landsat TM 遥感影像，提取土地利用类型以及下垫面覆盖分类等信息，计算地表反照率、地表温度、NDVI、地表比辐射率、MNDWI 等地表参数，并结合相应的气象数据计算空气动力学阻力、空气比辐射率、大气透射率、地表水汽扩散阻力等一系列参数，基于城市地表能量平衡方程，通过计算得出的遥感参数和气象参数，再计算得到潜热通量、地表净辐射、土壤热通量、显热通量等分析结果，形成关于不同年份的城市人为热通量排放的空间分布图像。王丽娟通过遥感技术手段，研究济南市 1997 年和 2005 年的遥感影像数据，并基于济南市区地形图、道路交通图和土地利用图等信息，着重分析了城市热环境空间格局、城市热岛剖面状态、热环境空间演变规律，并研究城市热岛效应与城市绿地、城市土地利用强度和结构的相关性，得到城市热岛效应与城市规划建设的联系，提出缓解城市热岛效应的相应对策。

卫星遥感主要数据源[12]　　　　　　　　表 2-3

传感器	卫星	光谱范围*（μm）	时间分辨率	空间分辨率(m)	数据起始年份
TM/ETM+	Landsat5/7	(6)10.4～12.5	16d	120/60	1999/1982
TIRS	Landsat8	(10)10.6～11.19 (11)11.5～12.51	16d	100	2013
ASTER	Terra	(10)8.215～8.475 (11)8.475～8.825 (12)8.935～9.275 (13)10.25～10.95 (14)10.95～11.65	16d	90	1999
AVHRR	Multiple NOAA	(4)10.5～11.3 (5)11.5～12.5	每天 2 次	1100	1979
AVHRR	MetOp	(4)10.5～11.3 (5)11.5～12.5	每天 2 次	1100	2006
MODIS	Aqua	(31)10.78～11.28 (32)11.77～12.27	每天 2 次	1000	2002
MODIS	Terra	(31)10.78～11.28 (32)11.77～12.27	每天 2 次	1000	2000
AATSR	Envisat	11 12	35d	3000	2005
SEVIRI	Meteosat-8	10.8 12	地球同步轨道	4000	2004
GOES Imager	GOES network	(4)10.2～11.2 (5)11.5～12.5	地球同步轨道	4000	1974
IRS	HJ-1B	(4)10.2～12.5	4d	300	2008
VIRR	FY3	(4)10.3～11.3 (5)11.5～12.5	5.5d	1100	2008
MERSI	FY3	(5)11.25	5.5d	250	2008

注：＊括号内数值为热红外光谱波段。

3. 计算机数值模拟

数值模拟技术指以气象实测数据与建成环境数据为基础，应用数值模式对城市热环境及其形成条件进行定量研究。计算机数值模拟首先是运用于风环境的研究，风热环境是直接相关的，在模型调整优化之后才逐步运用于热环境的分析，现在计算机数值模拟用于城市热环境的研究已非常普遍。2005 年，冯源对比分析研究热环境的多种技术方法，梳理用于室外热环境模拟的数学模型，在 PHOENICS 软件中设定与室外热环境模拟相关参数和模型，以重庆大学校园为例进行冬夏两季的热环境实测和模拟，分析水体、泥地、混凝土、草地、地砖和塑胶地面等不同下垫面对热环境产生的影响，同时研究高层建筑通过风场、建筑阴影和空调散热三方面对小区域热环境的影响，总结山地城镇的江边广场、街区、大梯道、冲沟和河谷地区等典型地形特征在热环境上的共性及特性，并提出了相应的地形改造和建设建议。2006 年，张辉运用 CFD 的模拟仿真技术研究城市在气候环境影响下的热环境、风环境以及舒适度的变化，以武汉市为研究对象，基于实际的调研分析，结合 CFD 的仿真模拟，对比分析城区内的热环境变化状况，并对旧城改造及城市设计提出优化建议。2011 年，高亚锋以城市住区热环境为研究对象，在英国 Reading 大学选取街谷型、半围合型、庭院型、开敞型四种不同建筑布局类型的建筑群，布置六个固定观测点，获取相应的空气干球温度、风速、水平太阳辐射强度、相对湿度、下垫面温度和建筑表面温度等实测值，为后续数值模拟提供参数与校正，并以建筑表面、空气、草坪和水体等为研究对象，对城市区域模型的空气流动与换热进行三维耦合求解，模拟数据与实测数据对比结果基本一致。2012 年，祝新伟通过 CFD 模拟技术研究整体空间模式与局部街谷模式两种小街坊城市空间模式在夏热冬暖地区的城市热舒适性，并以单一街坊的布置为基础，通过地块组合与功能布置设计出六种小街坊城市空间模式，通过模拟分析选择较优的空间模式，探索了小街坊空间模式及城市空间结构对城市热环境的影响。

2.2.2 热环境评价发展历程

热环境评价主要以人的舒适度为主，热舒适是人对周围热环境所做的主观满意度评价，主要分为三个方面：物理方面、生理方面、心理方面。物理方面是指根据人体活动所产生的热量与外界环境作用下穿衣人体的失热量之间的热平衡关系，分析环境对人体舒适的影响及满足人体舒适的条件。生理方面则主要研究人体对冷热应力的生理反应，如皮肤温度、皮肤湿度、排汗率、血压、体温等，并利用生理反应区分环境的舒适程度。而心理方面主要通过分析人在热环境中的主观感觉，用心理学方法区分环境的冷热与舒适程度。由于影响人体热舒适的因素与条件十分复杂，从 20 世纪 20 年代起经过大量的实验研究，综合不同因素的相互作用，已陆续提出若干评价热舒适的指标与热舒适范围。Bedford 在 1936 年提出热舒适的 7 级评价指标，即贝氏标度，热舒适的指标分别为：冷、凉、舒适的凉爽、舒适并不冷不热、舒适的温暖、暖、热。根据美国堪萨斯州立大学等长期研究结果，制定了美国供暖、制冷与空调工程师协会的 ASHRAE55—74 标准，即《人们居住的热舒适条件》，以及后来的 ASHRAE55.81 标准、ASHRAE55.1992 标准、ASHRAE55.2004 标准。在 1996 年开始使用 7 级热感觉指标：冷、凉、微凉、中性、微暖、暖、热。国际标准化组织（ISO）根据丹麦工业大学 POFanger 教授的研究成果制定了 ISO 7730 标准，即《适中的热环境——PMV 与 PPD 指标的确定及热舒适条件的确定》。在 ISO 7730 标准中以 PMV-PPD 指标来描述和评价热环境，该指标综合考虑了人体活动程度、衣服热阻

（衣着情况）、空气温度、空气湿度、平均辐射温度、空气流动速度等 6 个因素，以满足人体热平衡方程为条件，通过主观感觉试验确定出的绝大多数人的冷暖感觉等级。上述研究成果及相应的标准形成了舒适性热环境设计的依据（表 2-4）。

常用热舒适度评价指数简介[13]　　　　　　　　　　　表 2-4

名称		指数描述
经验指数	有效温度	通过受试者对不同空气温度、相对湿度、风速环境的主观反映得出具有相同热感觉的综合指标
	表观温度	与真实空气温度、相对湿度和太阳辐射条件所达到的舒适程度所对应的参照湿度水平下的空气温度值
	风冷指数	基于裸露皮肤的散热率，用于评价风速与空气温度对人体综合影响的指标。适用于低温环境热舒适度评价
	湿球黑球温度	用以评价人体的平均热负荷，单位为"℃"。采用自然湿球温度和黑球温度，露天情况下加测空气干球温度
	平均辐射温度	一个假想的等温围合面的表面温度，它与人体间的辐射换热量等于人体周围实际的非等温围合面与人体间的辐射换热量。平均辐射温度考虑了风速、气温、长短波辐射对人体的影响
机理指数	标准有效温度	是在有效温度基础上考虑不同活动水平和衣服热阻得到的指数。有效温度为达到与标准室内环境（$RH=50\%$；$T_{mrt}=T_a$；$v<0.15\mathrm{m\cdot s^{-1}}$）同等排汗率和体表温度所对应的气温
	室外标准有效温度	在标准有效温度基础上考虑太阳辐射强度得到的室外热舒适度评价指数
	预计热舒适指数	代表同一环境中大多数人的平均热舒适程度。通过空气温度、相对湿度、平均辐射温度及风速等 4 个气象因子和人体活动的代谢率和衣服热阻来估算
	生理等效温度	某一室内或室外环境中，人体皮肤温度和体内温度达到与典型室内环境（$T_{mrt}=T_a$；$vp_{蒸气压}=12\mathrm{hPa}$；$v=0.1\mathrm{m\cdot s^{-1}}$）同等的热状态所对应的气温
	通用热气候指数	为达到相同舒适水平的标准室内环境（$RH=50\%$；$T_{mrt}=T_a$；$v<0.15\mathrm{m\cdot s^{-1}}$；$vp_{蒸气压}<20\mathrm{hPa}$）所对应的气温

2.3　城市声环境

2.3.1　声环境技术发展历程

随着计算机技术的进步和资源的极大丰富，城市声环境领域的研究和实践在 20 世纪 90 年代前后有了许多重要的新发展：噪声地图绘制软件包的大量开发使得噪声地图在实践中得到广泛应用；根据城市片区内声传播的模拟预测提出了一系列噪声控制措施和设计方法；结合多种学科建立综合的声环境评价体系；声景观的重要性得到越来越多的关注和认可。其中，研究最为集中的四项内容为声环境舒适度评价、城市声环境模拟及预测、声景观及噪声监测。

1. 实地监测研究

环境噪声监测是城市噪声控制的基础和理论依据，它为噪声政策的制定和噪声控制提供了重要数据。而噪声测量方法的改进也是城市噪声控制的重要方面。长久以来，声压级（包括因为测量目的不同而采取等效声级、最大声级和统计声级等）和频谱一直是噪声测量中与主观评价相对应的物理指标，同时它们也是噪声政策制定的参考标准[14]。然而在噪声测量实际工作和理论研究中，很多问题是仅仅用声压级和频谱所无法解释的。目前的噪声测量方法与人实际的听闻体验有差距。在正常条件下人是双耳听声音的，而声压级或者传统的频谱分析都是通过单声道测量得到的，所得数据信息无法反应声音的空间特性（例如移动的声源与固定的声源引起的主观反应之间存在差异性）。实际上噪声作为一种声音信号应该是时间和空间两种特性的组合[15]。

由于国外尤其是发达国家城市化进程早于我国，噪声污染等环境问题的产生也较早，交通噪声控制和监测也得到了广泛的关注，相应的噪声监测研究开展已有 20 多年的历史，噪声自动监测系统已经在很多国家得到应用，对全世界噪声污染控制和治理起到了积极的推动作用。

日本、新加坡、法国、西班牙、希腊等国家都先后建设起由多个噪声监测子站组成的城市噪声自动监测系统，但是噪声自动监测系统的监测指标和噪声信号分析方式仍然沿用着传统人工监测时期的体系和方法，这些监测的共性是采用最大声级 L_{max}、最小声级 L_{min}、噪声的平均峰值 L_{10}、噪声的平均中值 L_{50}、噪声的平均本底值 L_{90}、等效 A 声级 L_{Aeq}、昼夜等效声级 L_{dn} 和频谱作为主要监测指标。

此外，如何对噪声数据进行更深入和准确的分析，进而对声环境评价提出更科学的参考标准也成为学者们关注的问题。其中，以日本学者 KenjiFujii 和 YoichiAndo 等人的研究最具创新性：以对噪声信号进行 ACF 和 IACF 分析为基础建立了一个能够识别各种类型噪声源的系统模型，并且在这个模型的基础上对噪声自动监测系统获得的数据进行分析，进而通过模型中物理因子的值来鉴别噪声源类型。这个模型有别于以往的噪声信号分析模型，它根据人的听觉特点将信号的单声道采集分析转变为双耳双声道信号分析，由此获得的噪声信号信息包含了时间和空间两个维度的内容，更好地反映了噪声信号的特征，也更符合人的听觉感受。

2. 计算机数值模拟

国外对于声环境模拟技术的运用主要集中于绘制噪声地图以及辅助城市设计两个方面。其中，英国率先完成了多个城市的噪声地图绘制，之后，德国、法国、西班牙、美国、日本等国家陆续将噪声地图绘制与 GPS、Google 卫星影像和航空影像系统相结合，完成了众多城镇的噪声地图绘制工作。而我国对噪声预测的研究起步较晚，台湾地区和香港地区首先完成了噪声地图的绘制。近年来，广州、深圳、杭州、武汉等地也开展了噪声地图的绘制工作，使用 GIS 平台与 Cadna/A 结合，使地图绘制得到迅速发展。Cadna/A（Computer Aided Noise Abatement）、Soundplan、Raynoise 为常用噪声预测软件，都可以计算、显示、评估、预测噪声暴露，所以目前广泛应用于城市的声环境预测。Italo C. Montalvão Guedes 运用 Soundplan 模拟软件，分析了巴西城市阿拉卡茹（Aracaju）的城市形态与环境噪声之间的关系，证明城市形态的物理特征如建筑密度、开放空间的有无、建筑位置布局等都对城市环境噪声的 L_{Aeq} 有显著的影响。国内有研究通过 Raynoise 模拟，提出旧住区改造策略[16]；利用 Cadna/A 的模拟结果提出住区空间结构声环境的影响因子，进而阐明物理环境特征与住区声环境评价的关联性[17]；通过 Cadna/A 对哈尔滨沿街院落进行声环境模拟，发现声压级分布会受到沿街围合建筑高度、开口宽度和建筑后退道路红线距离的影响，并提出相应的数值变化范围及趋势[18]；通过 Cadna/A 模拟三峡广场声环境，设定交通噪声与生活噪声两种噪声源，得到了高层建筑室外噪声垂直分布预测结果和高层建筑室外环境噪声最大值一般出现在 30m 到 80m 之间的楼层的结论；此外，还有利用模拟进行规划区选择、建筑规划、住宅设计等住区声环境优化措施的研究。

3. 声景观营造优化

声景观（Soundscape）的概念由加拿大作曲家莫雷·沙弗尔（R. MurraySchafer）首次提出，主要研究声音如何影响人的主观感受，不单纯以声压级大小为衡量标准，而是注重环境中所有类型声音与人的和谐。之后，在 1974 年，Mehrabian 和 Russell 将环境心理学引入声景观研究中，开启了物理测试与主观评价相结合的研究方向。

国外学者进行了一系列诸如城市环境背景声评价、声音对景观的价值影响、声环境与城市居民健康关系等的研究，其中，尤以康健对声景观的研究最为深入，涉及的方向也更为宽泛，包括声景评价、模拟、预测等多项内容，主要研究了城市公共空间的声传播与声景观，城市公共开放空间中的声景及声舒适，包含声音、听者和空间环境三个要素以及声景描述、评价和设计三个层次；分析了被周围反射性立面围蔽的城市街道和广场中的声场特性，以及建筑的变化和城市设计选择的作用，涉及因素有反射边界的形状、广场或街道的形状、边界面的吸收和相关的建筑参数等；在对中英两国的公共空间进行调查时采用了语义细分法评价和模拟相结合的手段，分析了两国居民对公共空间声环境的不同需求，并解释了造成这种影响的原因；发展了计算微观尺度城市区域的声场模拟模型和声场可听化技术，并运用人工神经网络提出预测声景质量的模型，其输入项包括设计的空间要素和声源情况要素（如衰减情况、季节、时间、年龄、组别、风速、视野、在区域中的位置、声压级评价、市内声压级评价）以及使用者的社会特征、人口行为特点等[19]。法国学者 Manon Raimbault 试图将声景观的概念引入城市规划中来，从评估日常生活中的声音现象入手，采用测量数据和问卷相结合的方法，对城市景观项目中的声景观进行分类和评价，证明简单地降低噪声暴露等级并不能对城市环境品质带来显著提升。在日本，声景观被译为"音风景"，是一门综合了社会学、人文科学及自然科学的学科。1996 年，日本环境厅评选出全国范围内具有人文内涵的"日本声音风景 100 选"，积极开展与声景观相关的活动。大阪市政府曾制定"提高都市的魅力，声音环境的设计"的方针，充分说明了日本对声景观的重视程度。

国内近几年有很多学者进行相关的研究，袁晓梅、吴硕贤致力于对中国古典园林声景观的研究，从环境特征和人文内涵等方面揭示了中国古典园林的声景特征，分析了造景手法与声景特征的联系。葛坚以日本森林公园为例，分析了城市开放空间声景观的构成要素，提出了城市公园声景观的设计要素和设计方法。余磊以深圳东门文化广场为例，研究了城市设计元素对声景的影响，并提出了具体设计方案，包括增加绿化设施、改善环境色彩一致性、增加自然声元素等设计手段。于博雅通过对天津滨江道步行街声景观进行问卷调查，发现 A 计权声压级对空间声景舒适度、放松性、交流性、强度感及空间感均有显著影响；混响时间可以影响交流性、空间感及舒适度；发现可以通过对步行街尺度和界面材质的设计提升声景质量，提出了相应空间信息的取值与声压级和混响时间之间的变化关系。骆丽贤运用室内听音的方法证明了在一定的背景噪声下加入各种声音元素对声环境舒适有很大改善，并提出了声景小品设计的模型。蒿奕颖采用听音测试和噪声图模拟的方法，选择出对声景中的声掩蔽现象产生明显影响的物理环境因素，发现可以通过调整城市形态参数如绿地总周长、绿地分散指数、首排建筑与道路间距离、建筑额叶面积指数等来增强积极声掩蔽效应，降低噪声的传播，这也是将声环境研究与城市设计结合的一次有益探索。

目前对声景观的研究较为宽泛，大部分还处于改善现有声环境的状态，还在不断扩充与主观评价相对应的物理指标体系，结合前期设计对声景观进行建造的研究不多，实践性较差，有待进一步系统化，使研究成果能与设计紧密结合，创造更大的实用价值。

2.3.2 声环境评价与管理发展历程

1. 声评价和声舒适研究

对声评价和声舒适的研究，针对不同的城市片区往往有不同的评价方法，其中最为典型的是对住区和历史街区的声环境评价，研究多从片区的声源及使用者的声喜好入手，通过实测、问卷、访谈等方法进行影响因素的提取，涉及的声学指标有 L_{eq}（等效连续声压级）、L_{min}（测量采样过程之中的最低声级）和 L_{max}（测量采样过程之中的最高声级）。周志宇对哈尔滨的四个典型历史街区进行了等效声压级实地测量，并以问卷形式调查街区内的声源种类及人们的声音喜好。结果表明交通噪声是非交通管制历史街区的主要噪声源；在交通管制区域，商业噪声为主要噪声源；在休闲区域音乐是主要声源；而人们喜欢自然声及文化意义丰富的声音，不喜欢工业噪声。刘晓希对天津五大道地区的声环境现状进行了调查，并依据《城市区域环境噪声标准》进行评价，提出声环境建设的建议措施。马蕙为解决在声环境评价中不同研究者采用的不同调查问题和反应尺度产生的结果难以比对的问题，在国际噪声组织 ICBEN 第六小组研究基础上，尝试建立中国语标准噪声调查问题和五级噪声反应言语尺度，并对天津市区以问卷调查的方式就居民对环境噪声群体性反应进行了研究，建立了居民对道路噪声群体反应关系曲线，同时证明噪声的主观评价会随被干扰活动的重要性强弱而不同。W. Yang 和 J. Kang 在对欧洲 14 个开放空间进行调查时发现，人们对环境声级的评价与 L_{Aeq} 有很强的相关性，背景噪声也非常重要，而且主观评价会随着声源种类的不同而变化，即便声压级较高，但如果声源种类受人欢迎，也不会觉得烦扰，另外，不同年龄的人群对同一开放空间的声舒适评价也不相同。国内有学者进行了基于声环境评价的城市交通规划优化[20]、公共交通优先设置形式选择[21]、交通利用率分析[22]和环境舒适性服务功能价值分析[23]等研究，国外也有针对城市区域内的交通噪声进行评价的研究，将声环境评价扩展到城市交通规划和环境科学领域。有众多研究表明，最多 30% 的主观烦扰变化可以归因于噪声参数，如噪声暴露水平 L_{eq}、发生噪声事件的次数和间隔时长。除此之外，其他方面包括社会、心理、经济等因素在噪声烦扰度评价中也起到重要的作用，例如涉及主观评价的心理声学量的指标有响度、起伏强度或粗糙度、音调高低和音调强度等。对噪声的烦恼度评价一般有一维和多维两种评价方法。前者主要包括对噪声源的分类及各成分所占比重等内容，描述的是声学参量与人的烦扰感觉之间的关系，常用的评价方法是语义细分法；后者会综合考虑各种感觉维度，如视觉、触觉、嗅觉等的交互影响，如对交通噪声的烦恼度感觉在夏季会比冬季严重；当视听觉交互作用时，对于视觉形式的注意会降低对声音的感觉；颜色对道路交通噪声主观评价具有显著影响，且颜色与声压级对噪声烦恼度存在交叉影响[24]；对物理环境因素如温度、相对湿度、风速、声、光的主观评价也会影响声舒适度评价[25,26]。学术界目前比较统一的观点是有六个因素与烦扰度相关：对可能引发不适的噪声的恐惧感、引起噪声的原因、对噪声的敏感程度、噪声发生时正在进行的活动类型、所选的生活习惯、环境中的其他要素。在对声舒适度进行评价时需要结合上述要素进行综合考量。

2. 声环境管理与法规

1）中国

我国 1996 年通过了《环境噪声污染防治法》，并于 1997 年付诸施行，该法规明确指出"在城市规划建设时，应该充分考虑噪声对居民生存环境的不利影响，合理安排城市道路系统、城市功能区分类和建筑布局，从宏观角度统筹城乡规划"，《环境噪声污染防治法》对于防治噪声污染，保护和改善生活环境，保障人体健康，促进经济和社会发展具有一定的推动作用。

2007 年，我国首次制定了《中华人民共和国城乡规划法》，该法规以改善人居环境为准则，鼓励城市规划部门采用先进的科学技术，以增强城市规划的科学性，但忽视了人居声环境这一要素，亦未考虑交通噪声污染所带来的严重问题，因此，未将其纳入必需的工作范围。近几年，由于交通噪声污染加重，环保部门引进国外先进技术，制作城市噪声地图，同时依据我国具体情况进行修正和研究，已取得初步成效，但因未能与规划部门有效沟通，尚需付诸具体实施。

我国城市层面尚无具体的噪声设计，主要体现在研究层面。近年来我国城市层面的声环境规划研究已有初步进展，包括道路声环境规划对于城市总体规划重要性的探讨、以互动式环评方式解决城市交通噪声污染问题的探索、城市规划对城市交通噪声防治统筹作用的提出[27]，以及以南方小镇交通噪声普查结果分析为依据而完成的区域声环境规划的初步阐述等[28]。

2）欧盟

面对交通噪声危害的严重性，2002 年，欧盟发布《环境噪声指令》（*Environmental Noise Directive*，END），明确指出交通噪声污染带来的不利影响，并提出相关防治措施。其要求城市规划部门制作城市噪声地图，制定噪声消减行动计划，并付诸实践，该指令有效推动欧洲噪声防治进入全新阶段。继《环境噪声指令》之后，2006 年葡萄牙批准了噪声指令细节文件——*Decree Law No. 146/2006*，其综合考虑了昼间、晚间、深夜三个阶段的交通噪声情况，并引入新的声学指标 L_{den}，进一步加深了城市规划层面交通噪声防治的理论和现实意义。

2007 年，葡萄牙《第三噪声法规》（*The Third Noise Code*）付诸实施，该法规引入了城区环境噪声报告（每两年更新一次）以及城区噪声衰减计划（Municipal Noise Reduction Plans，MNRP）。MNRP 是制定消声降噪行动的指引，其通过将区域噪声地图与声功能区地图进行重叠校验，并采用干预措施降低噪声（干预措施以噪声冲突较高、暴露人群较多为优先），最终确定噪声冲突区，即环境噪声水平高于声功能区噪声限值的地区。

3）美国

早于欧洲，1972 年美国国会通过了《噪声控制法》（*The Noise Control Act*），该法规授予联邦公路管理局（FHWA）实施降噪政策的权利。FHWA 优先考虑的噪声污染问题即为交通噪声污染，且相应降噪措施以城市规划入手，其对城市规划层面的交通噪声防治进行了大量研究，并于 1988 年提出与噪声兼容的土地利用总体规划（Noise Compatible Land Use Planning）[29]，该规划方案明确指出合理的城市规划对防治交通噪声污染的重要性及本质作用，并要求地方政府通过合理的规划、设计及建造等措施降低交通噪声污染。

美国城市总规层面的噪声防治设计主要依赖于"等噪声曲线图"，相比于欧盟，等噪声曲线图更侧重于宏观规划层面的控制，较少考虑现场特定的地理特征、环境特征、规划区特征等因素，制作较简单，等噪声曲线可辅助城市规划部门确定各类地块的噪声污染程度，并提出具体的降噪措施。全球多个国家及地区发布了声环境相关法规（表 2-5）。

全球主要声环境相关法规情况　　　　　　　　　　　　　　　　　表 2-5

国家或地区	法规名称	发布时间	意义
中国	《环境噪声污染防治法》	1996 年	对于防治噪声污染，保护和改善生活环境，保障人体健康，促进经济和社会发展具有一定的推动作用
欧盟	《环境噪声指令》	2002 年	有效推动欧洲噪声防治进入全新阶段
葡萄牙	《噪声指令细节文件》（Decree-Law No. 146/2006）	2006 年	进一步加深了城市规划层面交通噪声防治的理论和现实意义
葡萄牙	《第三噪声法规》（*The Third Noise Code*）	2007 年	引入了城区环境噪声报告（每两年更新一次）以及城区噪声衰减计划
美国	《噪声控制法》	1972 年	授予联邦公路管理局（FHWA）实施降噪政策的权利

2.4　城市光环境

2.4.1　光环境技术发展历程

众所周知，环境的空间、温度、噪声水平、照度水平、气氛等因素对人的生理、心理有着重大影响。室内热环境的好坏取决于室外建筑日照环境的好坏，好的日照环境可以为室内带来充足的阳光、足够的太阳能辐射、适合的室内温度以及干净的室内空气。阳光中携带着大量的光能，是完全免费且世间不可多得的光源，将其引入房间深处，既节约了电能，又使房间的光环境得到极大改善。

1. 基于实际的日照关系研究

20世纪五六十年代，国外开始深入研究日照、土地利用与建筑形式的问题。住区建设中，按太阳高度角建造的不同类型住宅建筑面积系数与层数之间的关系进行科学的分析。进而将这一成果上升到城市规划的高度，以阳光等高线的形式绘出建筑物容许高度的界限，并研究影响提高建筑密度的因素，提出了取得最合理建筑密度的城市建设概念和方案[30]。美国加利福尼亚大学建筑科学工作者成功研究制造了一套模拟太阳和地球上的建筑之间相对位置关系的装置——日照仪，利用这套装置能较直观、准确地确定出太阳位置的变化同建筑日照的关系。美国南加州大学的建筑光学研究者采用一种新型的光度量装置结合模型来进行日光建筑研究[31]。

20世纪50～80年代，清华大学、天津大学等在北方某些城市规划设计了大量太阳房住宅，最终在太阳能资源富足的地区得到普及。西安建筑科技大学高磊从住区的道路布置、绿化布置、室外活动规划区的布置这几方面的日照情况，阐述了室外日照环境设计的策略。重庆大学张棘提出了住区规划在建筑选址、微气候营造、居住模式等方面的阳光利用方式和策略，以及住宅单体建筑设计的阳光利用方式，并总结了长江流域地区城市住宅阳光利用策略及实施方式。河北农业大学张亭、李国庆分析了地区太阳运行规律及对居住区室外环境的影响，从阳光的遮挡和利用两方面总结了居住区室外光环境的设计对策。

2. 计算机数值模拟

如何充分利用既有的理论和数据，更为便捷地完成日照和日照环境的预测与评价成为国内外计算机技术相关应用与发展的研究重点。随着计算机和数字图像技术的发展，对日光的虚拟与再现获得了空前的发展。利用计算机的数值计算和图形图像处理功能，在研究直射和漫射日光时可做到光度计算的实时性、快捷性以及光度结果的可视化。在设计时设计师不再仅仅凭借经验和感觉预测光环境的实际效果。这有效地提高了设计者分析和利用阳光的准确性，有助于建造有效利用阳光的建筑。

20世纪80年代末，国外已经开始采用计算机对日影、遮阳以及辐射热进行辅助分析，其中以美国的伯克利大学和卡耐基梅隆大学的研究较为突出，并取得显著的效果，已经实现了AutoCAD软件和声、光、热、气流等计算软件的接口。

专用于日照研究的软件主要有3个：UK. SHADOWPACK、TOWNSCOPE和GOSOL。UK. SHADOWPACK，基于CAD通过软件生成建筑布局，可根据建筑布局来估算被建筑表面吸收的太阳直射辐射能量；TOWNSCOPE，可产生三维建筑布局，并计算指定日期或指定月被建筑表面吸收的太阳直射辐射能量，也可计算全年被建筑表面吸收的太阳直射辐射能量；GOSOL，允许输入建筑布局进行分析，可以计算建筑某个特殊面上的能量平衡，也可以在日照图表中生成遮挡轮廓线，直观地显示在建筑布局中某一点在一年中某一天可得到日照的时段。近年来，TOWNSCOPE软件正在增加比较接近真实的天空散射辐射计算功能。此外，Autodesk Ecotect软件能够分别模拟日照和采光情况。ECO-

TECT 是由 SquareOne 公司研发用以辅助生态设计的软件，其主要研发者安德鲁·马歇尔博士在西澳大利亚大学建筑与艺术学院的一篇博士论文中初次实现这一软件的构想。英国谢菲尔德大学建筑学院博士杜江涛与哈尔滨工业大学副教授陆明应用 Ecotect 并结合 Radiance 软件以哈尔滨城市住区为研究对象，针对全年的特殊日进行了高密度住区的天然光环境的研究。常用的光环境模拟软件具体见表 2-6。

全球主要光环境模拟软件情况   表 2-6

软件名称	主要功能
UK. SHADOWPACK	基于 CAD 通过软件生成建筑布局，可根据建筑布局来估算被建筑表面吸收的太阳直射辐射能量
TOWNSCOPE	可产生三维建筑布局，并计算指定日期或指定月被建筑表面吸收的太阳直射辐射能量，也可计算全年被建筑表面吸收的太阳直射辐射能量
GOSOL	允许输入建筑布局进行分析，可以计算建筑某个特殊面上的能量平衡，也可以在日照图表中生成遮挡轮廓线，在建筑布局中直观地显示某一点在一年中某一天可得到日照的时段
Autodesk Ecotect	能够分别模拟日照和采光情况，建模较为方便。能进行太阳辐射模拟，并根据模拟结果进一步分析建筑能耗；在室内采光方面也有着较强的模拟分析能力
WINDOW	专门用于模拟窗的光热性能，具有丰富的数据接口
Sunshine	建筑日照分析软件，是 AutoCAD 的外挂模块，其主要功能是对建筑日照进行全面的分析
Radiance	可对天然光和人工照明条件下的光环境进行精确模拟
Daysim	可利用全年的太阳辐射数据，通过设定各种照明控制模式计算全年的照明能耗

2.4.2 光环境管理发展历程

1. 基于健康卫生的日照保障管理

国外的日照管理不仅考虑到对室内采光的需要，同时对室内卫生以及进行户外活动时生理和心理对阳光的需求加以考量，形成了较为完善的管理机制。

在电灯发明以前，英国制定了历史上最早的《日照保护条例》来维护阳光权，保证室内的采光要求。18 世纪后期，由于室内照明技术的进步和房屋建筑技术的提高，日照标准也在发生变化。随着人口大量涌入城市，城市中建了大量缺少通风、日照的基本生活保障住宅楼，由此引发严重的环境和卫生问题，造成了灾难性的后果。因此在 19 世纪 60 年代以前，各国又从居室健康卫生学的角度来研究住房应获得的最少日照时间，1875 年英国颁布《公共卫生法》（*Public Health Act*，1875），规定地方当局有权制定规划实施细则，规范街道的最小宽度，以保证建筑物拥有基本充足的空气和日照。20 世纪 20 年代，现代医学肯定了自然光照对于保证人们生理及心理健康的重要意义。两次世界大战之间的那段时期，国外曾由于忽视了建筑中的日照问题，建造了一批密集的建筑群，卫生条件极为恶劣，并使成千上万的人失去了生命。战后，开始进行日照环境的改善，主要方法是降低建筑密度，再后来通过对建筑群的巧妙地规划设计，显著增加日照时间而不增大房屋间距。苏联国家卫生监督机构于 1963 年 3 月 21 日颁发实施《保证居住和公共建筑、城市居住建设和其他居民点的日照卫生规范》，从建筑卫生的角度对居民楼和民用建筑用地的日照状况提出并制定了建筑日照要求。但在苏联《住宅日照》一书中，指出紫外线杀菌效应是一开始住宅日照标准设置的依据，但需要长时间固定地方照射，才能满足照射区域的杀菌效应，由于室内日照区域在一直变化中，很难满足固定照射的要求，杀菌效果并不明显；但保证日照时数的要求对人体生理和心理有积极影响，因此根据杀菌效应制定的标准是积极有利的。美国市民关于日照的权利的争取在不断变化，城市建设中有关日照控制的内容也在不断调整。如 1996 年纽约市发生"黑雨伞运动"，2000 多人在纽约中央公园进行抗议，原因在于新建的高楼投下的阴影将影响公园里运动者的"日照权"。与我们所熟知的建筑日照标准不同，美国的日照标准是对日照、通风和景观进行了综合考虑，因此其采用的日照分析方法是近一个世纪实践演化而来的空间形态控制方法。在日本，政府积极推行日照权，《日本国宪法》第 25 条中规定的"国民有过着健康及文明生活的权利"，被用来作为支持"日照权"的根本法律依据。其日照规定的出发点都是为了满足周边用地的日照要求，合理维护相邻土地的日照权益，限制自身的日照妨害范围，而对于各类居住用地自身内部的日照条件，则只需要满足《建筑基准法》第 28 条中关于采光的要求即可，即满足 1/7 的采光率（窗户面积/房间面积）。日照对人体健康有重要的影响，大量的研究表明日照在杀菌、预防疾病等方面有着重要作用，进入室内的阳光可以调节室温、杀灭细菌等。因此建筑日照在各个国家都有相关法律进行约束和保护。联合国及一些发达国家均已制订法规条例，将"日照权"作为一种基本人权及公民权加以保障。根据联合国世界卫生组织的规定，个人在其住宅内每天应最少享有 3 小时的日照。

在国内日照分析目标方面，我国进入 20 世纪 80 年代后对日照问题有了进一步的认识和研究。哈尔滨医科大学的研究表明，冬季一层玻璃的南向居室每天需阳光照射 2 小时以上，两层玻璃窗则必须 4 小时以上才能达到必要的杀菌效果。在此基础上，参照苏联建筑日照标准，第一次开始结合我国的实际情况完善住宅建筑日照规范。1993 年，为满足室内杀菌的需求，钱本德提出中午前后的阳光紫外线辐照度强，可以基本满足室内卫生的要求，但许多现住宅为上下午日照，应适当折减，并提出增加日照时长和增大受阳面宽的要求，以及将累积日照照度和累积日照强度的乘积统称为日照指标。目前我国建筑日照标准的制定主要考虑的是健康卫生与日照的保障，1993 年发布《城市居住区规划设计规范》GB 50180 提出对于住宅设计阶段日照的保障要求，2005 年发布《民用建筑设计通则》GB 50352 对于所有民用建筑设计中的日照都提出要求，2011～2016 年出台《中小学校设计规范》GB 50099、《综合医院建筑设计规范》GB 51039、《托儿所、幼儿园建筑设计规范》JGJ 39 对中小学、托儿所、幼儿园、医院等特殊建筑也提出具体日照要求，另外 2013 年、2014 年单独出台了针对采光、日照的标准《建筑采光设计标准》GB/T 50033 及《建筑日照计算参数标准》GB/T 50947，近两年也对最早的 2 个标准进行了调整与修编，出台《城市居住区规划设计标准》GB 50180 与《民用建筑设计统一标准》GB 50352。

2. 基于光资源利用的管理

光资源利用的管理离不开国家相关政策的支持，这些政策使太阳能建筑的优势得以发挥。国外的一些国家较早颁布了相关政策，如德国的《可再生能源法》、美国的《太阳能供热降温房屋的建筑条例》、西班牙的《城市太阳能法令》等。各国都根据自己国家的需求，以及发展的不同阶段制定了相关的政策，来保证太阳能建筑的健康发展。

我国主要在被动式太阳能、太阳能光伏、太阳能热水三个方面应用管理制订了相关的政策。2008 年国务院颁布了《民用建筑节能条例》，要求政府引导金融机构对于采用被动式技术的民用示范工程项目提供支持，该政策也在不断完善发展。在太阳能热水系统发展初期并没有定期补偿机制，直到 2006 年颁布了《可再生能源建筑应用专项资金管理暂行办法》，太阳能热水系统才获得稳定的资金支持从而推动了太阳能建筑的迅速发展。

对于光伏建筑我国最初实施建安成本补贴政策。首先实施"太阳能屋顶计划"，以示范工程启动了国内光伏发展市场。2009 年国家颁布了《太阳能光电建筑应用财政补助资金管理暂行办法》及《关于加快推进太阳能光电建筑应用的实施意见》，根据我国光伏建筑发展的实际状况，对部分光伏发电工程实施补偿，来刺激太阳能光电技术的发展。2012 年发布了《关于组织实施 2012 年度太阳能光电建筑应用示范通知》，进一步加快了光伏产业的发展；同时，新的政策鼓励太阳能光电技术与建筑一体化相结合，并对示范建筑的光伏组件、并网等提出相应的要求，调动了人们对太阳能光伏建筑一体化的积极性。另外，国家对于太阳能资源评价发布了国家标准《太阳能资源等级　总辐射》GB/T 31155，对于建筑节约能源利用太阳能方面也发布了设计与评价标准《公共建筑节能设计标准》GB 50189 以及《绿色建筑评价标准》GB/T 50378。

第 3 章　城市物理环境规划的作用与定位

3.1　应用方式及重要性

3.1.1　多目标导向下重要性凸显

　　人类社会的发展推动城市的发展，对于城市发展的研究体系也在不断发展和完善，伴随着城乡规划学科的研究发展、对城市建设中出现的城市病等问题的研究及国土空间规划的提出，城乡规划逐步形成多目标导向的复合研究体系，除包含原有的基础经济发展、用地布局、综合交通、基础设施、公共配套等问题外，应同步考虑耕地保护规划、土地整治规划、产业规划、生态空间保护与修复、综合交通规划以及城市物理环境提升等问题，探索多要素叠加时更加科学合理的技术路径，制定可实现多目标的综合性规划方案。在多目标导向的城乡规划编制中，对于人居环境的关注以及通过科学技术手段分析模拟辅助规划方案的制定越发受到重视，因此，对城市风、光、声、热等物理环境进行量化分析及规划研究的重要性逐步凸显，能够在规划设计阶段优化传统规划方案，充分考虑避免或者减缓城市建设中再次出现物理环境相关城市病问题，进而避免多次修订或更改规划（图 3-1）。

图 3-1　多目标导向规划架构图

3.1.2 应用方式的变化

回顾城市物理环境的发展历程，研究包含实测、实体实验及软件数值模拟，研究领域从建筑单体逐步发展到街区层面及区域层面。传统的物理环境分析，多在建筑设计领域，称之为"建筑环境学"，研究内容主要包含建筑室内外的湿热环境、热舒适环境、空气环境、光环境、声环境等。在城乡规划领域，城市物理环境的研究应用历程较短，但应用的方式和效果却在不断变化发展。根据物理环境的研究在城乡规划中应用方式的划分，总体可以分为基础支撑、专题专项研究以及同步融合优化三类（表3-1）。

物理环境研究的规划应用方式对比表 表3-1

规划应用方式	对规划的意义	物理环境研究内容		对规划的作用
基础支撑	重要技术依据	风环境因素	风频	在规划前期进行研究，作为合理进行城市布局与城市设计的基础
			风向	
			风速	
		光环境因素	日照时长	
			日照遮挡	
专题专项研究	单一要素作为单独研究内容	风环境因素	风频	对单一物理环境要素进行预测、提供城市设计优化方案
			风向	
			风速	
		热环境因素	局域温度	
			热岛指数	
		声环境因素	噪声	
		光环境因素	日照时长	
			日照遮挡	
同步融合优化	研究成果融入规划方案	风环境因素	风廊道系统预留与构建	在规划制定过程中，融合物理环境研究成果，进行用地布局方案优化与调整
		热环境因素	冷岛热岛调节优化	
		声环境因素	声敏感区科学布局	
		光环境因素	光照资源利用	

基础支撑是指在城乡规划及建筑设计的初期阶段，将对规划区城市物理环境因素的研究成果作为方案设计的重要技术依据。物理环境中的风环境因素（包括风频、风向、风速

等）以及光环境因素（如日照时长、日照遮挡等）是布局用地性质、设计城市空间形态及建筑朝向等细部设计问题的重要依据，支撑并决定着规划设计方案的制定，例如考虑城市的风频、风向，合理布局城市的工业区与居住区。

专题专项研究是指在规划中将城市物理环境或其中的风、光、声、热某一要素作为单独的研究内容，制作专题专项规划报告。早期的专项大多尚未涉及物理环境的内容，但随着城乡规划学科发展，与城市环境相关的因素逐步受到重视，物理环境作为城市环境专项研究中的一部分而出现在环境专题专项文本报告中。随模拟及理论研究发展，城市物理环境逐步形成较为完善的独立研究体系，作为生态环境相关专题专项的组成内容或者作为独立的物理环境专题专项研究，重点研究物理环境的通风、热岛、噪声等问题以及预测分析，制定优化方案。

同步融合优化是指随着以人为本、宜居环境建设理念的深化，物理环境的研究也越来越受到重视。随着多目标导向的规划发展，用地规划的方案考虑多专业、多因素，物理环境研究成果可以提供风廊道系统预留与构建、冷岛热岛调节优化、光照资源利用、声敏感区科学布局等控制要求及方案建议，在制定规划的过程中同步融合物理环境研究成果，直接进行用地布局方案的优化和调整，最终形成实现构建舒适物理环境目标的方案。

3.2　介入节点及优化效果

3.2.1　介入节点的变化

随着物理环境研究在城乡规划中的应用变化，介入节点也不断发生变化，包括基础资料收集节点、方案稳定后评估节点以及初步构思节点（图 3-2）。作为基础支撑应用时，仅在基础资料收集分析节点对规划方案起作用。作为专题专项研究应用时，往往是用地等规划方案制定相对稳定或者确定的节点之后，才开始进行专项规划方案的分析和预测评估，提出优化存在问题的方案，为下一阶段的规划深化研究提供优化和建议。作为同步融合优化应用时，介入节点提前至用地等规划方案制定的初始阶段，即用地布局、城市设计方案构思的初期，就开始考虑城市物理环境的相关要求，包括水系、绿地等冷岛的布局，水系、主干道、条状绿化带等风廊道的布局，建筑高度与布局方式等对光照、通风的影响，港口、机

图 3-2　介入城乡规划节点的序列图

场、主干道、铁路等噪声源的布局，学校、医院、生物栖息地等噪声敏感区的布局等。在规划设计方案构思阶段进行合理设计与规划，大体格局基本符合舒适物理环境的理念与要求，有条件时可以在规划方案初具雏形时借助物理环境模拟软件进行分析，验证整体格局是否形成较舒适的物理环境，并识别待进一步调整完善的区域，例如风热环境情况较差的区域以及噪声影响严重的区域等，在规划方案深化编制的过程中进行同步调整优化。

3.2.2　早期阶段介入的优化效果

　　城乡规划在规划方案的构思阶段常用的科学支撑分析研究包括生态环境敏感性评估以及建设用地适宜性评估。通过地质敏感、水敏感、生物敏感等多因子识别出规划区的生态敏感性的分布，以支撑分析建设适宜性用地布局分析，为规划生态保护空间、划定城市增长边界以及建设用地布局提供本底分析。物理环境的研究用于规划构思阶段与前述两个评估的功能类似，通过规划区本底地形地貌条件的分析，识别合理的规划布局区域，为规划布局方案的格局确定提供本底骨架思路，预留出规划区重点的风廊道路径，避免在物理环境恶劣区域布局重要建设用地等。

　　例如西南某新区核心区的规划方案，考虑现状地形与风环境的情况，识别现有主要的风廊道系统路径与走向，以及重点的几条风廊道的交汇点，能够作为山谷区域的通风扩散的重要节点。在后续的规划方案制定中，充分考虑结合主要的交通路网系统、主要的中心绿地空间布局，衔接预留识别出来的风廊道区域，并考虑中部通风较差的区域不安排建设用地，预留为主要的绿地水系空间（图3-3）。

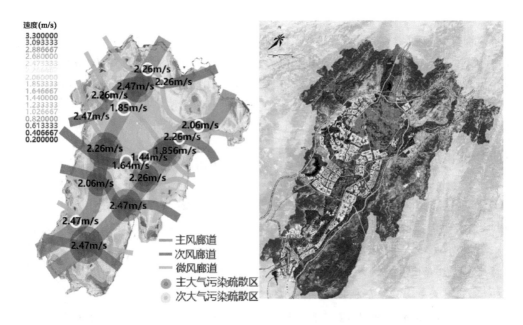

图3-3　现状风廊道系统分析图与最终规划方案

在规划构思阶段的介入，能够有利于直接在规划设计方案形成时满足舒适物理环境理念的方案。充分考虑城市冷岛的均匀分布、热岛现象的缓解以及水－路－绿多层级通风－防风廊道系统的形成，提出科学合理的建筑布局以及高度控制要求，控制噪声污染的影响范围以及合理调整对噪声敏感的区域布局，从而实现方案雏形的进一步优化。

例如某新区的生态城规划，模拟分析区域的整体热环境状态，在热岛较为严重的区域增加微型水体的布局设计，能有效降低城市热岛效应，调节区域微气候。夏季水体能显著降低地表总体温度，显著改善原本高温的西侧片区以及建筑群内部热环境，营造舒适的局部微气候，见图 3-4。冬季水比热容大，水体在冬季降温较建筑等硬化物体慢，利于冬季调节气温，见图 3-5。根据以上研究成果，该项目规划的最终方案在建设密集区域即预测易产生热岛效应的区域增加系列小型水系，用以调节该区域的微气候（图 3-6）。

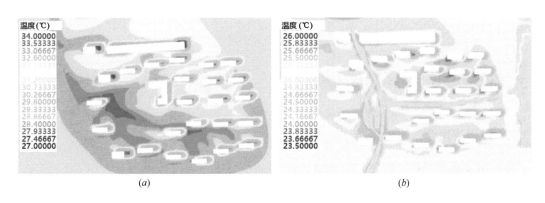

图 3-4　夏季地表 0m 温度云图
（a）无水体模型；（b）有水体模型

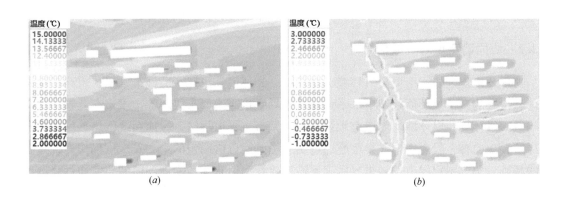

图 3-5　冬季地表 0m 温度云图
（a）无水体模型；（b）有水体模型

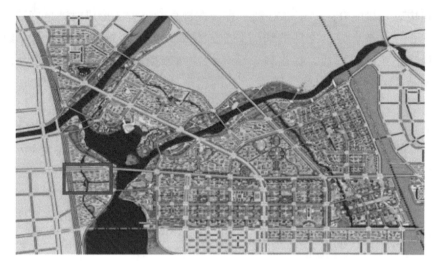

图 3-6　整体规划设计布局方案

3.3　物理环境规划研究的总体特征

3.3.1　规划应用介入时间提前

随着城乡规划学科的发展,对规划的科学分析、目标复合、生态优先等要求,促使环境相关的规划研究开始在规划构思的阶段介入,辅助制定规划方案,特别是直接与方案的形态布局、用地布局、整体格局相关的物理环境规划研究,在布局构思初期提供基本布局原则指导以及预留重要空间的分布情况。时间节点上,从规划方案稳定之后介入评估整体方案对物理环境影响情况,用以调整不良环境地区;提前到规划构思初期介入提供指引性规划设计原则及预控范围,进而在方案制定过程中同步评估、同步优化。

3.3.2　协同确定规划骨架格局

物理环境规划研究中涉及风环境、热环境、光环境和声环境。城市水系、道路、绿地布局直接影响城市风环境,城市水系、绿地布局直接影响城市热环境,城市交通布局直接影响城市风环境、声环境,而城市水系网络、城市主干道网络、绿地系统网络是城市形态布局的骨架内容。目前规划方案普遍通过生态敏感性分析确定的生态安全格局作为整体布局的基础骨架,划定城市发展边界后确定城市建设用地布局。物理环境的研究通过合理布局水系、绿地系统考虑构建舒适的通风廊道以及城市冷岛系统,进一步协同生态安全格局的内容确定预控保留的生态资源用地,构建城市发展的形态骨架格局,以利于进一步布局城市建设用地。

3.3.3　科学模拟与定量化研究

物理环境规划研究开始普及应用到城乡规划研究中最重要的原因是物理环境研究方法

的发展，从实测研究到实验室建模研究再到计算机模拟数据计算研究，使得物理环境的研究能够实现简单、快速又相对可靠地对未实际建成的规划方案进行预测分析。物理环境的影响因素是非常复杂的，例如风场与处于风场中的物体存在相互作用力，通过人工计算，无法完成分析，也无法获知整个计算区域内的立体三维空间的风速风向布局情况。计算机模拟计算基于科学原理研究成果以及数学计算公式，能够通过量化的数值分析和统计预测成果，实现原理分析的数据化呈现。使用计算机计算更为准确，也能实现三维立体大量数据的同步运算以及相互作用力的叠加运算，为进行规划方案的比对分析提供了依据。因此，科学模拟分析以及实现定量化可视化研究是物理环境规划研究的重要特点之一。

第 2 篇

方法篇

物理环境优化是城市规划可持续性发展的重要策略之一。通过调整城市空间形态改善通风不良、热岛效应、声光污染等"城市病"，可提升城市宜居性。城市物理环境规划是一种新型的规划研究，其研究体系、编制方法、编制内容及工作深度尚无相关规定。作为专项规划研究，城市物理环境规划应当在国土空间规划体系框架下，结合不同层次的规划，衔接总体规划及详细规划深度要求，在宏观、中观、微观三种尺度研究范围下，根据各尺度特征确定研究内容、工作重点及研究深度。

本篇首先系统介绍了规划研究体系，分别针对风环境、热环境、声环境、光环境不同专业体系进行介绍，阐述城乡规划的关系、规划意义、规划原则，对常见规划方法进行介绍，包括规划流程、分析工具、评价标准与评价指标、模型应用、规划成果，最后介绍编制重点并列举规划方法创新方向等内容，希望能够为规划编制及管理提供专业全面的建议和指导。

第4章　城市物理环境分析研究体系

4.1　国土空间规划体系概述

《中华人民共和国城乡规划法》（2015修正）以及《中共中央国务院关于建立国土空间规划体系并监督实施的若干意见》（中发〔2019〕18号）对传统的城乡规划以及新提出的国土空间规划体系及层次内容进行了阐述。《中华人民共和国城乡规划法》构建起了现行城乡规划体系，对各类规划的内容提出了明确的规定。但在2019年国务院打破现行规划体系，提出了"国土空间规划"这一概念。目前，全国统一、相互衔接、分级管理、责权清晰、依法规范、高效运行的国土空间规划体系基本形成。

我国国土空间规划体系框架为"五级三类"（表4-1）。"五级"是指按照"一级政府、一级事权、一级规划"的总原则，将规划层级分为五层，对应我国的行政管理体系，即国家级、省级、市级、县级、乡镇级。"三类"是指规划的类型分为总体规划、详细规划和专项规划。

国土空间规划体系框架 表4-1

总体规划	相关专项规划	详细规划	
全国国土空间规划	专项规划		
省级国土空间规划	专项规划		
市国土空间规划	专项规划	（边界内）详细规划	（边界外）村庄规划
县国土空间规划	专项规划	（边界内）详细规划	（边界外）村庄规划
镇（乡）国土空间规划	专项规划	（边界内）详细规划	（边界外）村庄规划

国土空间规划是国家空间发展的指南、可持续发展的空间蓝图，是各类开发保护建设活动的基本依据。中共中央国务院2019年5月发布的《关于建立国土空间规划体系并监督实施的若干意见》，提出国土空间规划是对一定区域国土空间开发保护在空间和时间上作出的安排，包括总体规划、详细规划和相关专项规划。国家、省、市县编制国土空间总体规划，各地结合实际编制乡镇国土空间规划。相关专项规划是指在特定区域（流域）、特定领域，为体现特定功能，对空间开发保护利用作出的专门安排，是涉及空间利用的专项规划（图4-1）。

国土空间总体规划是详细规划的依据，相关专项规划的基础；相关专项规划要相互协同，并与详细规划做好衔接。全国国土空间规划是对全国国土空间作出的全局安排，是全国国土空间保护、开发、利用、修复的政策和总纲，侧重战略性。省级国土空间规划是对全国国土空间规划的落实，指导市县国土空间规划编制，侧重协调性。市县和乡镇国土空间规划是本级政府对上级国土空间规划要求的细化落实，是对本行政区域开发保护作出的具体安排，侧重实施性。详细规划是对具体地块用途和开发建设强度等作出的实施性安排，是开展国土空间开发保护活动、实施国土空间用途管制、核发城乡建设项目规划许可、进行各项建设等的法定依据。涉及空间利用的某一领域专项规划，如交通、能源、水利、农业、信息、市政等基础设施专项规划，公共服务设施、军事设施、生态环境保护、文物保护、林业草原等专项规划，可在国家、省和市县层级编制，不同层级、不同地区的专项规划可结合实际选择编制的类型和精度。特别是对特定的区域或者流域，比如长江经济带流域；或者城市群、都市圈这种特定区域；或者特定领域，比如说交通、水利等；为体现特定功能对空间开发保护利用作出的专门性安排。

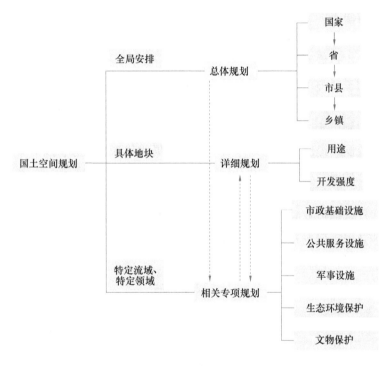

图 4-1　国土空间规划层次组成图

4.2　与各层次规划的关系与衔接

　　物理环境中的风、热要素是重要的城市气候要素，在城市气候学的研究中，分别对气候尺度进行分级，将城市气候分为宏观尺度（全球、气候带）、中观尺度（区域气候、城市气候）、微观尺度（局地气候、微气候）、微微观尺度（街道、建筑、室内）四类[32]。不同的气候尺度对应着不同的城市规划层级、不同的气候问题，决定着研究中不同的侧重点和不同的规划指引。因此，在物理环境规划工作中结合现有规划体系，同时参照城市气候尺度等级，将物理环境研究分为宏观、中观、微观三种尺度，并根据各尺度特征确定研究内容、工作重点及研究深度（表 4-2、图 4-2）。

城市规划与物理环境研究尺度 表 4-2

气候尺度	比例	管理水平	规划层次
宏观尺度	1:25000	城市	省级、市级国土空间规划,总体规划
中观尺度	1:5000	邻里	市级、县级专项规划,详细规划
微观尺度	1:2000	街区	城市设计,开放空间设计
	1:500	单栋建筑	建筑设计

常见的宏观尺度规划有省级、市级国土空间规划及其专项规划,例如珠三角全域空间规划、粤港澳大湾区发展规划、长江三角洲城市群发展规划、协同发展规划、深圳市总体规划等全国各地着眼于区域、城市发展的规划。在宏观尺度的规划中,物理环境规划基于区域、城市群、城市的研究范围,提出整体统筹及格局布局深度的分析及方案,重点研究风环境、热环境及声环境的内容。

中观尺度规划主要为市级、县级专项规划、详细规划,例如北方中部某城市规划区发展规划、西南某新区总体规划、深圳国际低碳城市空间规划等研究行政区、发展新区等研究涵盖多个开发控制单元、街区的综合性片区的规划。在中观尺度的规划中,物理环境基于规划区的研究范围,提出涉及空间及各类用地布局优化深度的分析及方案,重点研究风环境、热环境、声环境的内容,同时开始考虑光环境的相关研究。

微观尺度的规划有街区、地块等详细规划,例如城市更新单元规划等适合开展控制性详细规划及修建性详细规划的范围。在微观尺度的规划中,物理环境基于街区、地块的研究范围,提出涉及街区形态及布局,建筑布局、形态、高度等深度的分析及优化方案,重

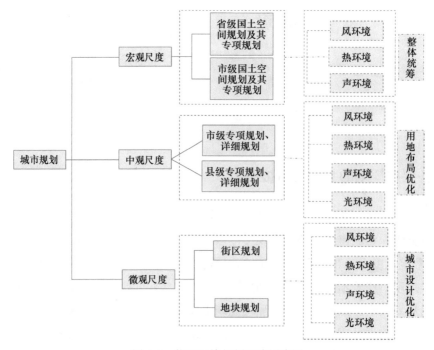

图 4-2 物理环境规划组成层次图

点研究风环境、热环境、声环境及光环境的内容，利于结合城市详细规划及城市设计进行研究。

而对于不同的研究深度，实际上与研究范围密切相关。针对宏观范围，研究深度通常为战略规划、总体规划、专项规划层面；针对中观范围，研究深度通常达到专项规划、概念规划，可以融合城市设计；对于微观范围，研究深度可以达到详细规划、建筑景观布局规划，更多面向为下一步开展初步设计方案及施工图设计服务。

研究方向与城市发展的各专业各方面结合，在传统的空间、社会、经济、环境、市政等领域的基础上，逐步发展出更多的专业运用和融合，例如，聚焦在信息科技服务的智慧城市规划；聚焦在水循环恢复与水环境提升的海绵城市规划；聚焦在人居环境改善及自然环境修复的"城市双修"规划等。

4.3　规划内容

近年来，物理环境优化作为城乡规划可持续性发展的重要策略之一，通过调整城市空间形态改善通风不良、热岛效应、声光污染等"城市病"，提升宜居性。物理环境作为一类专项规划，在不同研究范围中具有不同研究深度以及不同研究侧重点。物理环境的分析评估成果通常以图纸形式展现，如温度图、风速图、舒适度图、光照辐射量图、噪声分贝图等，图纸除展现空间上的分布情况外，也同时反映出相关的指标、数据。通过研究及分析，将物理环境图示结论和数据进行转化，与不同深度的规划方案进行融合分析，以辅助不同尺度的空间规划，提出规划方案优化所能运用的指标和策略[33]。

4.3.1　宏观尺度物理环境规划

宏观尺度的省级、市级国土空间规划及其专项规划中，物理环境研究的重点为风环境、热环境及声环境。风、热环境的研究通过模拟分析大区域的主要风场情况、地表温度、归一化植被指数等现状基本情况，识别规划范围主要的宏观尺度通风廊道以及冷岛、热岛分布情况；通过调整区域或城市生态格局，特别是绿地、水系以及道路系统，进一步规划更为宜居舒适的城市走向与形态，促进夏季散热、冬季防风以及大气污染疏散，同时合理布局用地类型，充分利用舒适宜居的区域布设公共空间或者居住用地。声环境的规划研究内容主要是建立城市级的噪声地图。通过噪声模拟等方法分析主干道等重要噪声源，分析噪声影响范围以及影响程度，并对噪声敏感点、动植物保护区做出噪声控制保护规划范围的划定。在宏观的规划尺度上，重点强调的是整体生态与物理环境格局的优化，特别是重要的水绿生态资源与空间的识别与预留，为整个区域的大环境的舒适提供本底条件（图 4-3）。

以西南地区某新区总体规划中的风热环境研究为例，该新区面积约 $1200 km^2$，城区位于四面环山的谷地内，通过建立现状地形与现有村庄建筑模型，经软件模拟可得现状风、热环境情况，进而可分析得出人类活动舒适度、热环境格局、冬季风速适宜区、夏季风速适宜区等结果。在模拟结果基础上，结合当地特殊的地形情况，构建主、次、微三级风廊

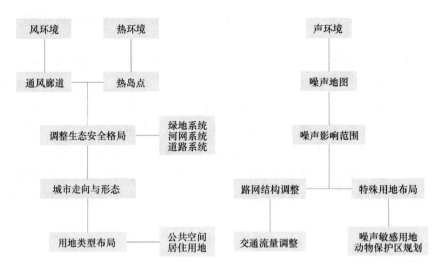

图 4-3　物理环境分析在宏观尺度规划的应用思路

道系统，划定针对山体谷地的主、次大气污染疏散区。风、热环境研究成果对城市空间形态设计与用地布局规划提供了有力支撑，使规划方案在设计阶段就构建起路网、水网、绿网结合的通风廊道系统，预留并保护冷空气生成区、大气污染疏散区，营造良好的风环境。合理规划建设用地布局及道路结构，构建具有宜居舒适风热环境的城市区域，同时促进通风疏散，减轻谷地大气污染的聚集与形成（图 4-4）。

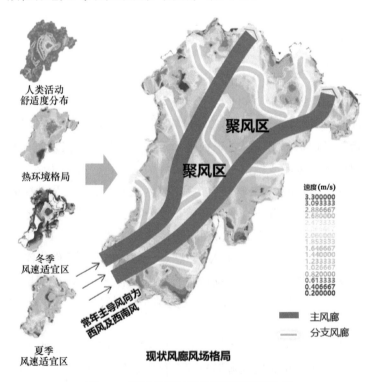

图 4-4　某西南新区风热环境舒适度分析

规划以形成利于温度调节与空气交换的风廊格局为总规划理念，并提出了五大策略。

第一，尊重并保留现状风廊风场格局。形成城市级主风廊道-组团级次风廊道-街区级微风廊道三级通风廊道和片区级大气污染疏散区-街区级次大气污染疏散区两级疏散区。

第二，小夹角导入城市微风系统。沿河谷方向的风环境较好，应在保留自然主风廊的基础上，采用小夹角导入的方式，打造风廊-风道-微风系统，并与聚风区互相贯通，保证规划区自然通风。风廊系统应与楔形绿地、集中生态绿地或水面、主要街道、开放空间等互相结合，保留原生态的物理环境系统，并加以合理利用。

第三，控制河谷地区可能形成的大气污染。规划区呈四周高中间低盆地地貌，海拔差约为 1000m，易形成山谷风。白天暖空气沿山坡向上爬升并重新补充回谷底，形成热力环流，即谷风；夜晚冷空气顺山坡流入谷底后汇合上升，形成相反的热力环流，即山风。大气的循环往复式环流对于规划区这种较宏观尺度的山谷，会加重大气污染。此外，规划区西南端有现状焦化厂处于上风向，烟囱尾气及扬尘对规划区造成一定程度的大气污染。

第四，结合大气疏导系统布局城市组团。基于主-次-微三级风廊道，通过合理的布局，将绿地、水体、风廊等构成的线性通风要素穿插布置于城市建设区中。研究表明，在城市高温区内，增加相同水平的植被所实现的降温效果要大于处于热岛低温区的郊区，即增加相同的植被覆盖，在建成区的降温要比在自然区域内的降温显著。同时，考虑从各方向连通城区风廊，将风廊交汇区域、舒适度较高区域等较利于大气污染扩散、人类活动的区域用于布局工业、居住、商务、办公等用地，有利于大气污染物特别是 $PM_{2.5}$ 的尽快疏导，避免由于河谷地区纵深方向通风不畅而造成的污染沉积。

第五，基于物理环境布局人类活动适宜区。规划区四周环山，西北角及东南角虽然属冬季风速适宜区，但在热环境格局中属于温度过冷区域，温度适宜区域分布于规划区西南角及中部。基于风、热环境模拟，规划的人类主要活动区域（居住、工作、娱乐、生活）宜分布在规划区中部及西南部。

宏观尺度的声环境研究主要集中在区域、城市等宏观尺度噪声地图的制作与应用，中国科学院在 2009 年绘制了北方某城市主要城区的城市噪声地图共 12.7km²，范围为西直门桥-德胜门桥-马甸桥-健翔桥-学院桥-荆门桥-西直门桥。深圳市是中国首个完成全市所有行政区域噪声地图绘制的城市。在 2012 年修订颁布的《深圳经济特区环境噪声污染防治条例》中提出噪声地图的绘制，通过采集道路交通及车流量、建筑物、高程以及卫片影像地图等，结合噪声实测数据、模拟软件结果以及 GIS，在 2015 年实现了全市范围的二维以及福田中心区的三维道路交通噪声地图绘制工作，并研制相关的配套查询、实时显示、数据统计和管理的系统，实现环境噪声污染防治、管理决策以及交通规划优化技术支持功能[34]。

4.3.2　中观尺度物理环境规划

中观尺度规划主要为市级、县级专项规划及详细规划，例如行政区、经济开发新区、空港新城等涵盖多个地块、街区的综合性片区。在中观尺度的规划中，物理环境基于区的研究范围，提出涉及各类用地布局及空间形态的分析及方案，重点研究风环境、热环境、声环境的内容,开始考虑光环境的相关研究。主要内容为基于三维地形、建筑建模以及当地的气候特征,以软件模拟为主要辅助手段,分析风速、风舒适性、温度、噪声值、光照强度等模拟结果,构建中观尺度区域多层级通风系统、调整用地布局改善热岛区域营造舒适微环境、科学利用太阳能资源、预防光污染[35]、合理布局噪声敏感点等。在城市设计、详细规划等成果中提出对地块容积率、建筑控制高度、建筑退线、路网格局、绿地布局、水系水景布局、太阳能技术运用、噪声控制措施运用、噪声防护要求等优化要求;还可针对项目的物理环境特征问题提出对应的特殊建议,例如针对沿海地区的极端气候台风提出对于地块建设布局的建议,针对产业园烟气排放与静风区建设适宜性的建议,针对区域重点保护物种对于噪声的敏感度提出交通系统布局降噪的建议等。在中观尺度的物理环境研究,重点强调的是通过城区地块、道路、水绿布局方式以及城市设计布局方式,优化地块建设及地块之间的物理环境影响关系,优化片区风、热、光、声环境品质,调节当地微气候,以对生态环境形成有益影响。通常在中观尺度研究中,为了更好地提出顺应当地气候特征的物理环境优化措施,例如建筑间距、布局模式等,往往会结合典型地块进行建筑形态等微观尺度的研究分析,从而更好地在详细规划层面提出相关的优化建设指引要求。如图 4-5 所示。

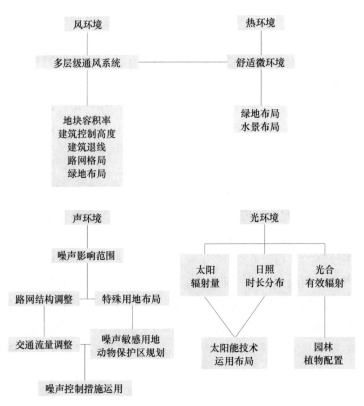

图 4-5 物理环境分析在中观尺度规划的应用思路

以某新区核心区规划项目为例,该新区核心区规划研究(约 5km²)中,通过城乡规划与城市设计,得出初步的地块控制指标及建筑形态。在物理环境研究中建立核心的建筑模型，根据前期主要物理环境预测（如多层级风廊道系统等）评估方案的建筑布局形态对于通风廊道空间预留、微环境热岛缓解、光照舒适度等影响，以及水体布局对新区微气候的调节影响，并辅助分析水体生态风险防控与修复规划措施，对于评估与调整初步城市设计与规划方案起到较为重要的作用，如图 4-6、图 4-7 所示。

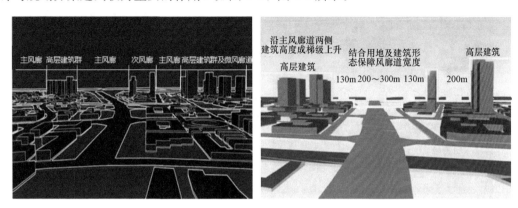

图 4-6　某新区核心区风廊道构建分析

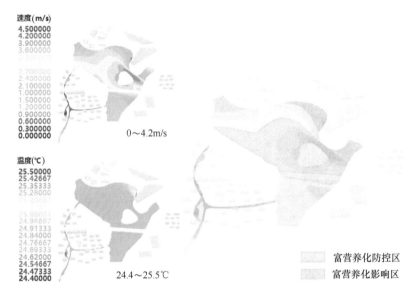

图 4-7　某新区核心区水体风、光、热与生态风险分析

另外，光环境研究方面，通过辐射量及采光率整体判断太阳能利用的可能性，计算地表每月各小时平均辐射量及全年累计地表太阳辐射量，判断整体太阳能利用条件较好的区域，识别太阳能光伏（太阳能路灯）在路网系统上的运用适宜性（图 4-8）。

对于声环境的分析，一般应用于规划环评的噪声评估内容，可用于辅助合理布局城市用地、调整交通结构以及合理划定生态保育区。某江南新区规划核心区研究中（图 4-9），通过对道路网、铁路网的交通噪声模拟分析，结合城市现状生物栖息地分布与生物种类进行研究，分析评估交通路网对于重要的生物保护区域的影响，得出路网调整建议、重要区域降噪措施方案、生物保护区域保留或者新增划定的建议[36]。

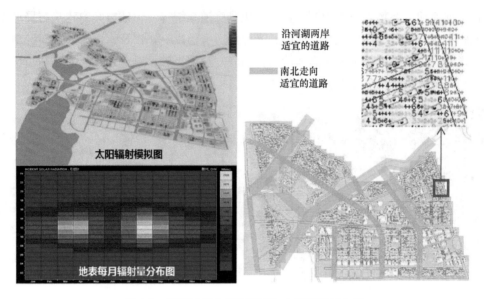

图 4-8 某新区核心区光环境与太阳能利用分析

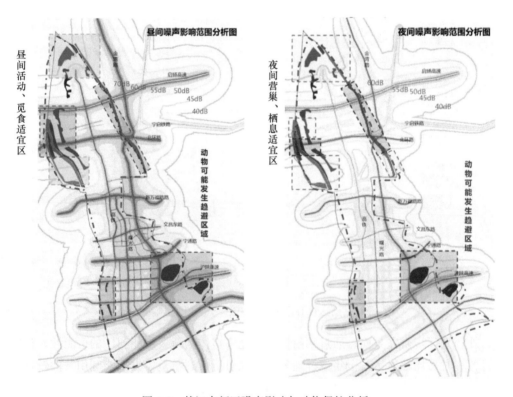

图 4-9 某江南新区噪声影响与动物保护分析

4.3.3 微观尺度物理环境规划

微观尺度规划主要为街区、地块等详细规划，例如，城市更新单元规划等适合开展控制性详细规划及修建性详细规划的范围。城市更新规划是最为常见的微观尺度的规划，通常为一个或者数个地块规划。2018 年深圳发布了《深圳市拆除重建类城市更新单元编制技术规定》,规定中在全国率先提出了"编制物理环境专项研究"的要求,这一要求明确了微观尺度中开展物理环境研究的重要性。微观尺度的物理环境规划,研究深度可以达到详细规划、建筑景观布局规划,更多开始面向为下一步开展初步设计方案及施工图设计提供服务,这个尺度的规划最接近建筑单体设计,风、热、光、声环境的规划内容都将衔接建筑方案进行研究,但不涉及建筑室内物理环境,仅研究室外环境。主要内容为基于建筑平面以及设计方案,特别是建筑形态与建筑布局方式,提出较为具体的建筑外观优化、建筑排列方式、建筑物间距、太阳能技术运用位置、建筑最佳朝向、降噪措施、园林植物配置建议等,直接衔接落实在城市更新规划、棚户区改造等相关规划的城市设计、建筑设计内容中。在微观尺度的物理环境研究中,重点强调的是建筑及相关构筑物与周边微环境之间的关系,特别是建筑布局形式、建筑形态、建筑立体绿化应用、地面铺装类型以及水景、绿地分布等。这些直接关系到微气候的风场以及热力情况分布,直接关系市民常规活动区域的舒适性;光照的分析与日照要求影响建筑光能利用;周边交通系统的噪声分析能为后续建成后的建筑噪声污染控制提供预警和处理方案。如图 4-10 所示。

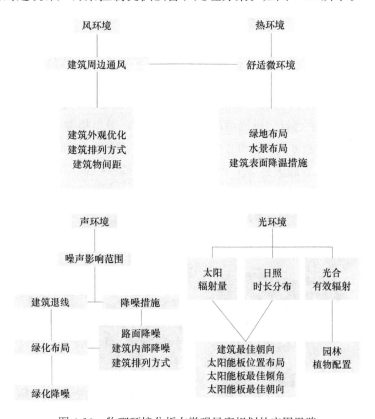

图 4-10　物理环境分析在微观尺度规划的应用思路

以某南方滨海城市临海新区地块规划为例(详见案例篇第 11 章),虽然该片区整体规划属于中观尺度规划,但是其中为了更好地提出具体的地块控制要求,结合城市设计方案进行了微观尺度和深度的研究(图 4-11)。通过风环境分析评估地块规划方案,通过建筑底层架空形态及布局间距的调整，能够有效提升城区人活动高度通风及风速舒适程度，为规划方案提出更细致的设计要求。可以看到建筑设计模式调整优化之后对整个街区的风场情况（①~⑥号位置）起到明显的优化作用（图4-11）。

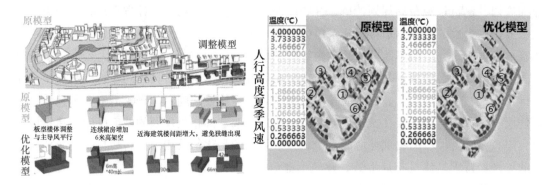

图4-11 某南方滨海城市风环境与建筑布局优化分析

另外，光环境模拟分析方面，通过模拟计算规划方案日照与遮挡情况，指导建筑朝向、太阳能光电利用设施布局及地块内部植物配置等，能够有利于降低地块小区的生活耗能、节水以及达到因地制宜地设计，有利于城市的可持续发展以及"双碳"目标的实现。

城市更新规划的物理环境专项研究，主要通过分析规划区气候基础数据特征，基于建筑方案建立模拟模型，分析人行高度及重要空中平台高度风速、风压、风舒适度等，分析整体方案下垫面铺装类型布局的温度影响情况，分析周边高架、隧道、道路的昼夜及高峰噪声影响，分析建筑间距与日照遮挡情况等（图4-12），得出相关的分析图、结论及优化建议，能够在地块开发建设层面起到考虑项目对地块以及周边物理环境影响的作用，避免出现一些城市物理环境不良的区域，例如峡谷效应、旋风区、光照不足区、噪声严重区等。

图4-12 更新案例光照分析图

第 5 章　风环境的研究与规划设计方法

传统城市规划要求考虑风向、风频对城市用地布局的影响,规划基本原则之一为"主导风向原则",即:基于城市风玫瑰图和污染系数玫瑰图,将工业区安置在年合成风向的下风侧,安居区则安置在上风侧。其侧重点为在城市布局的角度上寻求最利于污染物扩散的功能区布局方式,降低工厂大气污染对市区人民健康的影响。该原则由德国学者施茂斯(Schmauss)于 1941 年提出,在第一次世界大战后西欧和美国的重建工作中得到了广泛的应用。苏联十月革命后,采用了西欧的理论,利用"主导风向原则"对城市进行规划和布局。中华人民共和国成立初期,这一原则传入我国,"把某一年中最大风向频率的风向定为主导风向,并在其上风向布置居住区,下风向布置工业区"是多年来我国城市规划的基本原则[37]。

然而,近年来的研究表明,主导风向原则并不能很好地适应我国的城市规划情况[38]。一方面,根据杨吾扬等人的研究,与西欧相比,我国的气象环境更为复杂。在气象学中,盛行风向为某地年风向频率最多的风向,而西欧和苏联在城乡规划中采用的主导风向,是一种单一的盛行风向。欧洲大部分地区全年盛行风向皆为偏西,尤以西或西南频率最多,因此在欧洲,特别是西欧和北欧,将这种单一的盛行风向称作主导风向并应用于城乡规划布局中,与它的气候条件基本相符。而我国的风向地理分布可划分为三个大区,位于东部季风区内的多数城市拥有两个随季节交替、风频相近、方向相反的盛行风向;西藏高原风区静风频率高、大风日数亦多;西北内陆风区风向混乱,各城市风向受局部地形影响显著。由于我国风场情况复杂,且部分地区静风频率高,如果只是简单地选取某一风向作为盛行风向并笼统用上风、下风原则指导城乡规划布局,无论将工业区布置在哪个盛行风向的下风侧,都不可避免产生严重污染。

由此可见,不同城市的背景风环境存在较大差异,在规划城市用地布局的过程中,针对不同的地区,应采取不同的风环境规划原则,不能一概而论。风环境研究是城乡规划中重要的环节,对风环境的研究及其对城乡规划的影响的探索经历了由浅到深、由定性研究到定量研究的过程。在过去,因为条件限制,风环境情况无法定量、细致地模拟与呈现,对风环境研究的深度不够。随着科学与科技的发展,风环境研究与城乡规划的关系探索逐渐深入,同时风环境研究的定量化可行性大大提高。因此,直观、可靠的风环境规划也为合理的城乡规划布局提供了更准确的支撑。除了为合理安置工业区和居住区的位置提供依据外,风环境规划还能解决由城市高速发展及扩张造成的一系列问题,例如:合理规划的风廊道可以缓解城市热岛效应、促进空气污染物扩散;分析风环境状态、优化小区内建筑形态和布局可以有效提高人行走其中的舒适度,降低由于建设密度过高造成的不适感;基于当地背景风环境进行建筑设计,增加建筑通风、减少耗能,进而减少碳排放。

5.1　风环境研究与城乡规划的关系

风环境与城乡规划相互影响、相互作用[39]。一方面，背景风环境是城乡规划的基础条件。在规划过程中，要充分考虑当地背景风环境，设计适应当地气候条件的城市布局，以创造舒适的人居环境。另一方面，城乡规划布局、建筑朝向布局及其体量也将在不同的层面对当地风环境造成影响。风环境受地面粗糙度影响，因此下垫面的建设会影响风速。从整体区域来看，城市对盛行风有削弱作用，而在微观层面，建筑的布局与形态也可以在一定程度上对局域风速和风场造成影响。除此之外，局域的空气温差也能引起空气运动，如城市中一些大型的绿地、水体等景观温度比建筑、道路等人工构筑物温度低，这种局部环境温差容易形成地方风，影响风场。

5.1.1　风环境因素对城乡规划的影响

建筑和城市都是人类适应自然环境的产物，区域内城市功能区划布局、城市用地类型规划、建筑形态和布局都在极大程度上受当地背景风环境因素的影响。在城乡规划过程中，背景风环境因素分析是重要环节，通常包括盛行风向、主导风向、最大/最小风频风向、软轻风、山谷风及海陆风等方面。

1. 盛行风向

盛行风向指根据多年气象资料统计，某地一年中风向频率较大的风向，一个地区盛行风向可以为一个或两个。但是否存在多个盛行风向，则需要具体分析。因为风向数目越多，则每个风向的对应风频率则不会太大[37]。另外，在制作风玫瑰图时，对于静风频率的统计方式也将影响规划者对盛行风向的判断。比如，根据杨吾扬和董黎明的研究，对于静风频率较高的地区，将静风频率分摊给各风向比忽略静风频率更能反映当地大气中污染物扩散方向的实际情况。盛行风向的分析会影响城乡规划的用地类型及整体布局。

2. 主导风向

主导风向亦称为单一盛行风向，即该地区只有一个风向频率较大的风向。主导风向的分析与盛行风向的分析对城乡规划用地布局的影响作用基本类似。主导风分为季节变化型、双主型、无主型、准静风型。

3. 最大/最小风频风向

最大/最小风频风向指某地风向频率最大或最小的风向。对城乡规划的影响也是主要聚焦在协助确定最优的城市用地布局。

4. 软轻风

风速在 0.3～3.3m/s 之间的风，风力为 1 级和 2 级。目前在城乡规划宏观尺度层面暂不考虑软轻风的影响，但是在中观及微观尺度的规划，会进行考虑，并对城乡规划的空间结构布局产生影响。

5. 山谷风

山谷风指因山顶和谷底附近空气之间的热力差异引起的山谷与附近空气间的风变化，

其风向具有日变性，循环往复式的环流。白天山坡受阳光辐射，升温比山谷快，风从谷底吹向山顶，称为谷风（Valleybreeze）；到夜晚，山坡上形成的冷空气流向山谷，称为山风（Mountainbreeze）[40]。通常在山地城乡规划中需要进行分析，对城乡规划方案的制定产生影响。

6. 海陆风

海陆风亦是受热力因素作用形成。海陆风指由于海洋和受到热辐射时的升温幅度不同，在两者边界形成的风。海陆风周期为一昼夜。在白天，地面与海洋受到太阳辐射，陆地增温剧烈，陆地上空暖空气流向海洋上空，而海面上冷空气流向陆地近地面，形成海风。夜间陆地地面向大气进行热辐射，其冷却速度比海洋快，于是海洋上空暖空气流向陆地上空，而陆地近地面冷空气流向海面，形成陆风。由于白天受太阳短波辐射，海陆的温差大于夜晚，海风通常比陆风强[41]。通常在沿海城市规划中需要充分考虑海陆风对城市布局、城市人居舒适度的影响。

7. 过山风和下坡风

通常在山脉的背风面往往因为山脉的阻挡，风速会较小，但在某些情况下，风在山的迎风面堆积沿迎风坡上升，形成正压区，过了山顶形成负压涡流区，沿山坡下滑，山的背面会出现局地强风，从山上吹下来的强风为下坡风，往往速度较大，需注意大气污染物的堆积，以及高风速对于山下建设区域的影响。

5.1.2　城乡规划因素对风环境的影响

城市风场形成的原因较为复杂，由当地背景风的风速风向、地形地貌、海陆温差、太阳辐射、城市街区走向和建筑布局等多因素相互叠加和影响，热力紊流和机械紊流都比较强，最终形成具有独特特征的城市风场。其中，在城乡规划过程中，会通过城市规模、城市扩展模式、街道路网形式、街道界面密度/建筑密度、街道高宽比、建筑布局、建筑高度与形态等多方面对城市风场的形成产生影响。

1. 城市规模

城市规模大小是影响城市风场特征的重要因素。高度城市化的区域中，下垫面类型中建筑占比较高且密集，当自然风吹过城市时，气流主要从建筑上方通过，只有少量气流进入建筑与街区下层空间，因此建筑界面上下是两个环境特征差别极大的系统。城市内部风场有两个显著特点，一方面是流经城市的盛行风被大幅度削减[42]；另一方面是盛行风与城市内部热力环流之间互为生消关系[43]，当盛行风微弱时，城市内部温度不均产生局地热力环流，形成的空气流动较为明显。基于这两个特点，城市规模越大，下垫面建筑对自然风的阻碍越大，盛行风进入城市建筑街区空间就越微弱，同时其内部不同尺度的热力环流也越明显，因此，风场也越表现出复杂性和多样性[44,45]。城市内部风环境见图 5-1。

2. 城市扩展模式

城市扩展模式指城市空间发展过程中表现出的共同形态特征和规律。通常，城市扩展模式可分为：圈层蔓延扩展模式、轴向扩展模式和组团结构模式等。

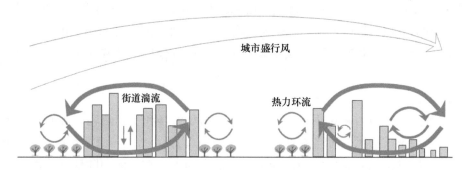

图 5-1　城市风环境示意图

　　圈层扩展模式是基于同心圆理论的城市空间连续开发，典型城市如北京（图 5-2）。研究表明，这一类城市的城市风场表现为典型的城市与郊区辐合热岛环流[46]。随着城市规模增大，城市风场的环流特征逐渐消失，并表现出复杂的、由局地环流主导的特性[47]。尤其是当高层建筑在城市外围时，由于其挡风作用，城市中心可能会因为无风而频发污染[48]。

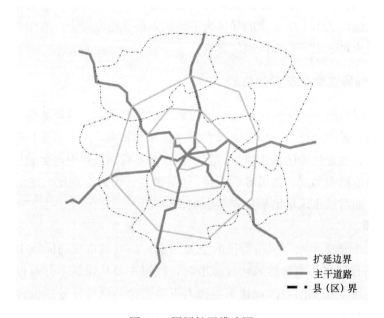

图 5-2　圈层扩展模式图

　　轴向扩展模式指城市范围以城市扩展轴为中心向外扩散。城市扩展轴可分为自然和人工两大类，自然的扩展轴指河流、山脉等，人工的轴线主要是道路。对于轴向扩展模式（图 5-3），城市顺风规模、城市顺风向角度、城市发展轴类型均可影响城市风场。当盛行风风向与城市发展轴垂直时，城市与流动空气的交互面积大，而其相对较小的纵深使郊区自然风易于到达建成区内部；与之相对的是，当盛行风风向与城市扩展轴平行时，顺轴向扩展规模越大，城市内部通风越不畅。当扩展轴为山林和河流时，河流和山林能在城市内部形成山风或河风。

图 5-3　轴向扩展模式图

组团发展城市指一个城市分成若干块不连续的用地，城市组团之间通常被农田、山地、比较宽的河流、大片森林等分割（图 5-4）。对于组团发展的城市群来说，其内部的风场模式和其组团规模、组团分隔方式密切相关。当城市规模较大时，上风向组团与下风向组团的风场状况存在差异，盛行风对上风向组团影响显著，对其他组团影响不显著。组团内部局地热力环流的性质由组团的分隔方式决定。组团由山体、绿带、水面开阔的河流等分隔时，每个组团能产生适宜的河风、林源风等环流，有利于城市环境的改善。同时，组团模式由于具有多个热场中心，能将中心幅合的热力环流分解为若干局地环流，有利于缓解老城中心的污染集聚。

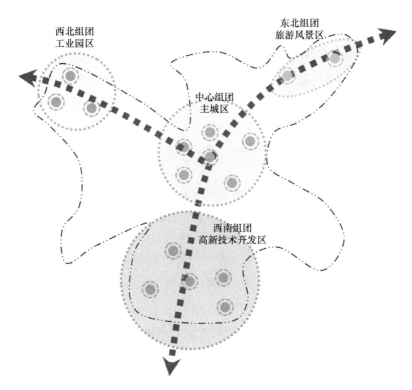

图 5-4　组团发展模式图《东莞市城市总体规划 2016—2030》

3. 街道路网形式

城乡规划通常以交通系统建构城市骨架与结构，其中路网与地块形成街道布局，不同的路网形式会对城市风环境产生不同影响，也具有不同地形的适用性（表 5-1）。

不同路网的功能特征与微气候适应特点[49]　　　　　表 5-1

序号	路网形式	功能特征	通风特点与效率	气候与地形适用性
1	方格网式	方向性强、建筑布局规整、土地使用效率高	较适应于主导型风向或季风区，通风效益较高	适用于平原地区，避免用于山地城市，需注意道路与盛行风的夹角
2	中心放射式	交通效率高、易形成三角地	主导风向或盛行风向区适应性差	适用于静风频率大或无主导风向型的区域，避免用于山地和水网城市
3	环形放射式	易形成三角地、用地效率低、放射性交叉口易交通拥堵	主导风向或盛行风向区适应性差，难于进行优化微气候设计	适用于静风频率大或无主导风向型的区域，可用于地势平坦的大中城市，比较不适用湿热地区
4	自由式	交通效率低，用地布局灵活但占地面积较大	有较强的微气候和地形风的适应能力，通风效益高	适用于地形风、海陆风丰富、主导风向影响小的地区

4. 街道界面密度/建筑密度

城乡规划特别是地块规划尺度的项目中，会提出街道界面密度/建筑密度的规划要求。街道界面密度值是指街道一侧建筑物沿街道投影总面宽（N）与该街道的长度（M）之比[50]。街道界面密度与建筑密度呈近似正相关关系，应小宇等人对于杭州商业街道的研究表明，街道界面密度对风环境影响明显，随着界面密度的不断减小，街道中行人将感受到强烈的风速变化，导致其舒适度大为下降。

街道界面密度值＝街道一侧建筑物沿街道投影总面宽(N)/该街道的长度(M)

5. 街道高宽比

当城市街道与盛行风向平行时，气流可以沿着街道流动很长一段距离，此时气流受到沿街建筑的摩擦阻力最小，风速仅有微小的减弱，且街道宽度越宽，通风效果越好。当城市街道与盛行风向垂直时，气流从建筑物的上方通过，而街道上的气流主要是气流经过城市上空时与街道的建筑物发生碰撞所产生的二次气流，这些二次气流一定程度上也能改善街道上的通风状况，若街道的高宽比小于 1 时，街道上的通风效果理想，若街道的高宽比大于 1 时，则不理想。街道高宽比的计算公式如下：

$$街道高宽比＝\frac{(建筑 A 的高度＋建筑 B 的高度)/2}{相邻建筑的距离}$$

6. 建筑布局

在城乡规划设计中，对于规划地块的建筑布局形式会提出一定的要求。建筑布局决定了建筑群内风场的性质。当风垂直吹向两栋或多栋并列布置的建筑时，建筑的迎风面对气流有一定的阻挡作用，一部分空气从建筑上空流过，另一部分从两栋建筑之间流过。此时可能受到狭管效应的作用，建筑物之间的风速可能高于来风风速。根据刘加平等人对三种不同宽度建筑的间距空间内的气流速度进行实测，结果显示三种宽度的建筑均表现为离地面越近风速越大。另外，当两栋建筑并列间距相对于建筑宽度非常小时，建筑群对气流形成的阻力过大，使绝大部分受阻空气从建筑上方流过，并列间距空间不会出现强风区；当并列间距相对建筑宽度较大时，狭管效应不显著，并列间距空间的风速与来风风速基本一样。

7. 建筑高度与形态

在地块尺度范围的城乡规划及城市设计项目中，会对建筑形态特别是建筑限高提出相应的要求及方案。高层建筑会极大地影响当地的局域风场。高层建筑周围风环境的形成机理十分复杂，如图 5-5 所示，当空气流过建筑物时，由于建筑物对气流的阻挡，建筑周边风场会发生极大变化。

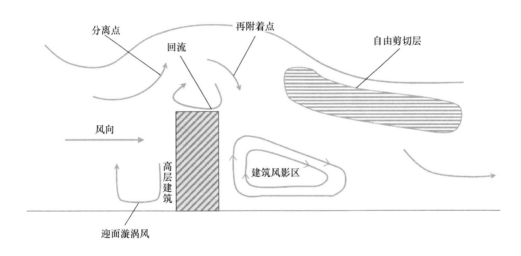

图 5-5　高层建筑物周边风环境的形成机理

图片来源：冯元 . 改善室外风环境的高层建筑形态优化设计策略 [J] . 绿色环保建材，2016（11）：49

由于高层建筑阻挡了自然来风的流动与方向，在和高层建筑碰撞时，一部分风越过建筑顶部和侧边，流向建筑后部。另外一部分风向下流动，形成下冲风；下冲风风速较快，会形成迎风面涡流区，对地面人行高度处风环境产生影响。同时建筑周边不同区域形成了风压差：在迎风面上由于空气流动受阻，速度降低，风的部分动能变为静压，使建筑物迎风面上的压力大于大气压，从而形成正压；在背风面、侧风面（建筑屋顶和两侧），由于气流曲绕过程形成空气稀薄现象，该处压力小于大气压从而形成负压，这两种气压差造成气流快速流动。因此，高层建筑物较大程度改变了建筑物周围的局地风场，从而形成高层建筑风。

根据气流流动方向，可将高层建筑风分为两类：分流风和回流风。其中分流风（图 5-6）可分为边角侧风、下冲风、开口部风和穿堂风；回流风（图 5-7）可分为迎风面逆风和风影区涡流。

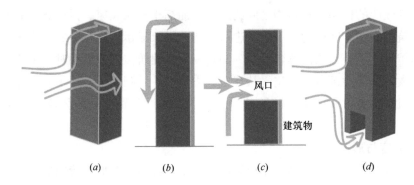

图 5-6　高层建筑物周边形成分流风

(*a*) 边角侧风；(*b*) 下冲风；(*c*) 开口部风；(*d*) 穿堂风

图片来源：冯元. 改善室外风环境的高层建筑形态优化设计策略[J]. 绿色环保建材，

2016(11)：49

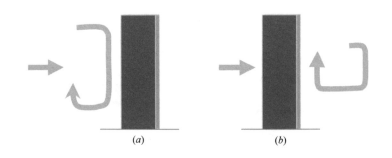

图 5-7　高层建筑物周边形成回流风

(*a*) 迎风面逆风；(*b*) 迎风面逆风

图片来源：冯元. 改善室外风环境的高层建筑形态优化设计策略[J]. 绿色环保

建材，2016(11)：49

5.2　风环境规划的意义

风环境和城乡规划存在相互作用与影响。因此，在对当地风环境全面了解的基础上，科学的风环境研究可以为城乡规划提供更好的依据。因风环境的变化受诸多因素的影响及具有区域差异显著的特征，所以在城乡规划中，常常出现宏观尺度规划层面风环境难以定量简单评估的问题，从而无法直接确定细致的建筑、道路布局的最佳方案。因此，开展不同规划尺度的风环境的模拟与评估对逐步细化优化规划方案十分必要。

根据规划项目范围尺度不同，风环境研究对城乡规划方案优化的程度也不同。

在宏观尺度，对城市群或城市的风环境研究可以为城乡规划与扩展模式优化提出建议，同时在城市内或城市群内识别及构建风廊道系统可以在一定程度上提高当地大气质量、缓解热岛效应、提高人居舒适度。

在中观尺度，对区级风环境的研究可以为街区布局及路网优化、绿地水体用地布局提出建议，从而达到构建中观尺度区域的舒适风场的目的。

在微观尺度，风环境研究可以调整地块内部建筑布局、形成良好的局地风场和舒适的微气候。地块内的空气流通对传染病的防治也有积极作用。在 2003～2005 年"非典"疾病暴发期间，段双平的研究表明，空气传播是香港淘大花园 SARS 感染事件中 SARS 传播的重要途径，而风力和热羽的作用是引起空气流动的诱因。因此，合理的建筑间风环境的设计和建筑内自然通风技术的有效利用对控制有害颗粒物（如含 SARS 病毒颗粒物）的传播具有理论和实际意义[51]。

5.3　风环境规划的原则

5.3.1　因地制宜

在城乡规划中，不同城市的基础风环境不同，面临的与风环境相关的环境问题也不同。例如，对于北方地区，冬季污染物扩散及强风防风是城市通风主要问题，因此冬季城市通风状况为风环境规划首先需要解决的问题；对于南方地区，夏季漫长闷热，因此优化城市结构布局，促进夏季城市冷岛和热岛间的空气流畅交换成为风环境规划时首先需要考虑的问题；而对于易受台风影响的沿海城市地区进行极端风环境模拟，划定易受灾区域范围作为灾害预警分析优化规划布局成为首要考虑问题。

综上，在进行风环境规划研究时，需要因地制宜，根据规划区的基本特点确定研究侧重点，选取计算参数，并根据侧重点制定优化方案。

5.3.2　关联周边

城市内部风场复杂，局地差异性大，不同地点以及同一地点不同垂直高度的风向风速情况均有所差异。造成这种现象的原因主要有两个：第一是由于建筑朝向及道路走向不同，各地接受的太阳辐射能有明显差异，而这种差异在盛行风速微弱或无风时会导致局地热力环流，使城市内部不同地点产生不同的风向风速；第二是因为盛行风吹过城市中参差不齐、鳞次栉比的建筑时，因垂直方向建筑阻碍摩擦产生的动力效应不同，风场和风速被改变。实际上自然风经过城市，受到城市下垫面的物体的影响，风场变化情况极其复杂，相互关联相互作用，上风向的下垫面情况直接影响下风向的风场变化。

因此，在风环境研究分析时，要以规划区为中心，同时考虑分析四周区域的风环境。特别是通过三维模型软件数字化模拟分析，建立的分析模型应以规划区为中心在三维上扩展区域，合理考虑周边下垫面情况的影响，还原和模拟当地来流风场情况。

5.3.3　科学辅助

城市内部风场自身的特殊性在于城市内建筑的布局、朝向情况复杂，而风环境受热辐射、下垫面摩擦作用的影响大，风作为流体具有复杂的三维差异，因此难以对区域内风环境进行人工计算分析和绘图表达。随着科技的发展，数据仿真模拟计算的成熟，借助流体力学计算模型，可以模拟风场情况并直观地呈现三维空间内的模拟结果。在得到结果后对模拟结果进行科学的校正和进一步分析应用，并以此支撑制定优化的建议方案。

这种科学技术和人工分析应用技术结合的方法可以避免由于参数设置偏差、软件运行失误或模型建立漏洞所导致的错误，确保分析结果和优化方案的正确性，且软件作为辅助性工具，支撑规划从业人员进行深入的分析和设计，并可验证方案的优化效果。

5.3.4 尊重结果

经过三维数学模型的模拟分析，能够有效分析规划方案的风场情况，根据预测结果做出判断和评估，识别规划方案存在的风场不良问题，辅助优化规划方案。分析结果可识别建筑布局和道路规划的不尽合理之处，应当尊重分析结果，进行规划方案的优化调整。

5.4 规划流程

风环境规划的主要思路为：识别问题、分析问题、寻求解决方法。其具体操作步骤与流程如图 5-8 所示。

图 5-8　规划流程图

5.4.1 分析项目背景

每个城乡规划项目均有各自的特征，包括项目区位、地形地貌、气候特征、环境质量、生态系统特征、经济发展条件等。这些特征能够为风环境的分析提供基础判断。

1. 项目区位

通过了解项目的地理区位，能够对规划区的风环境提供初步的判断。初步推测大区域中规划区的来流风的风速、流通及受到阻挡的情况，了解不同地理区位地区风环境的常见问题，譬如风灾、大气污染等。另外，需了解项目区在城市中的区位，城市郊区或者是中心区、周边建筑及路网情况以及下垫面类型影响着规划区的风环境。

2. 地形地貌

了解高程、地形起伏走势、山体、水系走向，可以帮助风环境预判。例如在平原地区易形成较为均匀分布的风场；而在丘陵地区，山丘起伏较为均匀的情况下，风场分布也较为整齐有规律；在高山谷地区域，山谷区域通常分布河流、湖泊，由于水体的吸热放热系数与山体不同，产生自然热力环流，形成山风和谷风，同时山谷区域也容易成为较为明显的风廊道。

3. 气候特征

基于气象局的相关数据统计，了解项目所在区域的常年气候特征，包括常年以及四季的平均气温、风向风频、太阳能辐射量、相关气象灾害以及频率等，得到较为明确的基础气象参数。

4. 环境质量

根据各地环保部门的环境监测数据，了解规划区的大气质量状态，是否存在大气污染，了解污染来源以及预判分析风场对污染扩散的能力。

5. 生态系统特征

了解绿地生态系统的植被类型，植物的高度和形态会一定程度影响风的摩擦动力效应。

了解规划区土壤生态系统。土壤结构单一、蓄水能力较差的区域，也较有可能存在水土流失和风沙的问题，对确定规划区强风防风、风沙减缓等问题具有参考意义。

6. 经济发展特征

根据规划区所在城市是否发展风能利用产业，可判断城市风场风量。

7. 明确重点分析对象

综合以上信息，明确需要重点分析解决的风环境问题后，确定模拟分析的规划区对象，为工作后期明确分析路径和研究对象。

5.4.2　收集数据

通过计算流体力学（Computational Fluid Dynamics，CFD）建模分析，最重要的前期准备工作就是相关的原始数据的收集，数据的准确性直接影响模型计算结果的准确性（表 5-2）。进行规划区风环境分析所需的原始数据包括下垫面地形数据、下垫面物体物理特性数据以及气候数据。

建模需要数据　　　　　　　　　表 5-2

数据类型	序号	数据内容	数据形式	数据要求	数据来源
地形地貌	1	等高线	.shp/.dwg	涵盖周边对风环境有影响的地区	当地自然资源管理（国土）部门、地理信息数据共享平台
气候特征	2	平均气温	.xlsx	符合规划区尺度	当地气象部门
	3	风向风频	风玫瑰图	统计值、可靠	当地气象部门
	4	太阳能辐射量	.xlsx	具有代表性的日期	当地气象部门
	5	相关气象灾害以及频率	.docx/.jpg	最新、可靠	当地气象部门、防灾部门

数据类型	序号	数据内容	数据形式	数据要求	数据来源
环境质量	6	大气污染情况	.xlsx	最新、可靠	当地环保部门
生态系统特征	7	植被类型、土壤结构	Word/PDF/JPG	详细	当地自然资源管理（林业）部门、农业部门
城市用地数据	8	周边建筑模型	.dwg/.skp	最新、可靠	当地自然资源管理（规划、国土）部门
规划区域路网结构	9	规划区域路网模型	.dwg/.skp	最新、可靠	项目团队、当地自然资源管理（规划）部门
其他资料	10				

1. 地形地貌数据

地形地貌数据主要为等高线数据，一般可获得 CAD 模型或 shapefile 文件。经过简单的处理生成三维模型后可用于建模计算。数据应涵盖规划区周边对风环境可能产生影响的范围，包括建筑、山体、水体以及植被。

2. 气候特征数据

气候特征数据主要用来对项目所在地的气候特征进行初步判断，并确定物理环境模拟的边界参数。根据中国气象局 2014 年发布的《城市总体规划气候可行性论证技术规范》QX/T 242，在收集气候资料时，应收集规划区周边气象站 30 年以上的观测数据，数据年限若达不到 30 年，应不少于 10 年，并进行数学统计分析，主要包括：

（1）年平均风速、年风向频率、年最大风速、年大风日数；

（2）年平均气温、年最高和最低气温、探空站的气温探测数据；

（3）年平均降水量、年小时最大降水量、年日降水量大于或等于 50mm 出现的日数；

（4）雷电、雾与霾、沙尘天气、大风等灾害性天气日数；

（5）太阳辐射观测数据。

3. 环境质量数据

环境质量数据可指导对当地污染物扩散季节、时间的判断。根据各地环保部门的环境监测数据，了解规划区的大气质量状态，是否存在大气污染，了解污染来源以及风场对污染扩散的能力。通过水环境以及土壤环境的监测数据，可以得到水体以及土地的温度变化数据，有助于设定热环境模拟的参数。

一般地，建议收集规划区近 5 年（宜 10 年）的包括污染类型、主要污染物平均浓度、污染等级等空气质量状况的数据。另外，也可收集与气候环境关系密切的重大工程项目的可行性研究报告、环境影响评价报告及其他有关的文献资料。

4. 生态系统特征

分析生态系统特征的目的，是在简单下垫面类型分类（水体、绿地、建设区）分析的基础上，更深入了解各类下垫面的详细情况。

规划区土壤生态系统腐殖质含量、落叶层厚度、水分含量、砂石空间结构与组分、土壤种类、渗透系数等特征和状态会直接决定地面植物的种类和水体的蓄存状态，对风环境问题的优化和改善产生影响。土壤结构较为完善、蓄水能力较好的区域，对植物的配置选择可以较丰富，通过种植高郁闭度的植物来达到降低风速、遮阴降温的效果可行，微型水景的营造改善局地环流也较为容易。但是对于土壤结果单一、蓄水能力较差的区域，较可能存在水土流失和风沙的问题，对优化通风、降低强风、散热驱霾等风环境优化目标，在植物物种的选择和水景的营造上都需要采取更有针对性的措施。

5. 城市用地数据

主要为现状和规划方案用地分类信息化数据，带比例尺的现状和规划用地分类图，以及地形图中的现状建筑分布信息。将现状和规划用地分类图纸或地理信息系统（GIS）电子图纸处理成数值模拟可识别的格点化的资料，明确规划区内的用地类型、地块限高、容积率，以及现状用地的建筑朝向、建筑形态和建筑布局。

6. 规划区域路网结构数据

规划区内路网结构数据，一般为 CAD 模型或 shapefile 文件，经过简单的处理生成三维模型后可用于建模计算。

5.4.3　建立计算模型

根据收集到的数据，建立三维仿真计算模型。因为风相互作用复杂，在建立模型时要考虑到周边的山体、水体以及植被对规划区风场的影响，因此，建议在规划区的基础上考虑周边风场影响适当扩展，以规划区为中心形成"九宫格"模式外扩得到建模范围。

5.4.4　分析计算结果

分析结果前应首先检查模拟结果的控制监测结果、数据计算的收敛情况、发现计算结果发散，有明显错误，应重新检查模型与参数设置，调整后重新进行模拟运算。分析风环境模拟的结果，根据项目需求不同，分析的着眼点也不同。如对于微观尺度的地块更新规划，重点分析风影区及局部风速放大区，提高区域内人体舒适度；对于中观尺度片区级的规划，重点分析风廊道的布局和走向，提升空气流通能力；对于极端气候灾害模拟，重点分析风速、风压较大区域，以提出建设预警区域。

5.4.5　提出优化建议

根据分析结果，聚焦项目重点问题，提出可行的规划方案调整优化建议。

5.5　分析工具

风环境的定量分析与计算除了风洞实验外，规划设计阶段使用最为广泛的就是计算流体力学（CFD）软件。市场上有多种 CFD 商业软件，均涵盖多种优化的模型算法，针对不同领域的流体研究特点，都有适合的数学模型算法。经比对和调查众多高校与设计研究机构得知，在城乡规划领域对于风环境的模拟研究，主要选择的软件为 PHOENICS 和 Fluent。

5.5.1 CFD 常用软件

自从 1981 年英国 CHAM 公司首先推出求解流动与传热问题的商业软件 PHOENICS 以来，迅速在国际软件产业中形成了通称为 CFD 软件的产业市场。到今天，全世界至少已有 50 余种这样的流动与传热问题的商业软件，在促进 CFD 技术应用于工业中起了很大的作用。下面介绍当今世界上应用较广的 5 款 CFD 商业软件（表 5-3）。

CFD 常用软件 表 5-3

序号	软件名称	适用领域	优点	缺点
1	Fluent	辐射传导热、声学与噪声、燃烧与化学反应、流固耦合	湍流模型及辐射模型种类多样、计算方法较先进、前后处理功能较强大。工作流程自动化、网格灵活、稳定高效、计算速度快、支持二次开发	前处理器格式封闭、并行能力弱、操作复杂。燃烧模型设置比不上 STAR-CD，不能模拟植被对风场的影响，同时运算收敛较慢
2	CFX	泵、水轮机、风机等流体机械的数值模拟	物理模型丰富、精度较高、并行能力强，适用性广，自动时间步长控制，二次开发简单	计算速度慢，功能不强大，可选模型最少，较难解决复杂模型，输出结果类型较少
3	STAR-CD	汽车/内燃机领域	可与 CAD、CAE 多软件接口，解算器效率高，收敛快，可解决大空间复杂模型	安装复杂，较难学习，软件帮助文档严谨有余可读性差，湍流模型可选择性不多，输出结果类型较少
4	PHOENICS	能源动力、航空航天、化工、船舶水利、建筑和暖通空调、冶金、环境工程、燃烧和爆炸、流体机械	自带 20 多种数学模型、先进的数值方法以及强大的前后处理功能，操作界面简单，帮助文档详细易懂，案例多样，开放性较好，可以对软件现有模型进行修改、增加新模型以及输出结果进行二次开发	运算收敛较慢
5	WRF	气象模拟与预测	多维动态内核、合理的模式动力框架、先进的三维变分资料同化系统、可达几公里的水平分辨率及集合参数化物理过程方案	仅适用于中观尺度和宏观尺度

1. Fluent

ANSYS Fluent 软件由美国开发，包含了多种物理模型，能模拟工业应用中的流动、传热和反应，这些工业应用涵盖了从飞机机翼的空气外流到锅炉的燃烧，从塔内气泡流到钻井平台，从血液流动到半导体制造，以及从洁净室设计到污水处理厂。一些特殊的模型如内燃机燃烧、气动噪声、旋转机械和多相流系统也进一步扩大了软件的应用范围。通过采用差异化的离散方式和数值方法，使得计算在运算速度、运算稳定性及精确度等方面形成较优的组合，可以较为高效地解决多个领域的复杂流动问题。能够模拟物体传热、化学反应、流体流动及其他复杂物理现象，应用范围包括湍流现象、化学反应、混合、传热、激波及旋转流等。能够精确地模拟所研究对象内的传热、空气流动和污染等物理现象，以及通风系统的空气流动、传热、污染、空气品质和舒适度等问题，输出舒适度、PMV、PPD 等衡量室内空气质量的结果。

2. CFX

CFX 是一款采用全隐式耦合算法的大型商业软件，由英国 AEA 公司开发。先进的算法、丰富的物理模型和前后处理的完善性使 ANSYS CFX 在结果精确性、计算稳定性、计算速度和灵活性上都有优异的表现。除了一般工业流动以外，ANSYS CFX 还可以模拟诸如燃烧，多相流，化学反应等复杂流场。运算网格系统包括直角、柱面、旋转坐标系等多方式，适用于模拟稳态、瞬态、不可压缩或者可压缩流体，浮力流，多相流，大气二次化学反应，辐射发射，非牛顿流体，燃烧现象，多孔介质及混合传热过程。ANSYS CFX 还可以和 ANSYS Structure 及 ANSYS Emag 等软件配合，实现流体分析、结构分析及电磁分析等的耦合。ANSYS CFX 也被集成在 ANSYS Workbench 环境下，方便用户在单一操作界面上实现对整个工程问题的模拟。

3. STAR-CD

Computational Dynamics 公司开发的 STAR-CD 是一款采用完全非结构化网格生成技术和有限体积方法来研究工业领域中复杂流动的流体分析商用软件包。网格生成工具软件包 Proam 软件利用"单元修整技术"核心技术，可以生成和使用任意可以想象的贴体网格，如棱柱体、金字塔形和其他任意多面体，使得各种复杂形状几何体能够简单快速地生成网格。该软件采用 Trim 网格有助于解决大空间中的复杂模型。可与 CAD、CAE 软件进行转换，其解算器效率较高，收敛比 Fluent 快。CD 公司还开发了各种特殊用途的网格工具软件：用于发动机内部热分析的 es-ice 软件、汽车空气动力学分析 es-aero 软件等 es 系列软件，用于曲面分析、非结构化网格生成的专业软件 ICEMCFD Tetra，适用于涡轮机械流体分析的旋转体网格自动生成工具软件 TIGER，以及用于搅拌器内流体分析的专业网格生成软件 Mixpert。

STAR-CD 能够对绝大部分典型物理现象进行建模分析，并且拥有较为高速的大规模并行计算能力，还可以应用到工业制造、化学反应、汽车动力、结构优化设计等其他许多领域的流体分析，此外 STAR-CD 可以同全部的 CAE 工具软件数据进行连接对口，大大方便了各种工程开发与研究。在湍流模型方面，软件自带标准、RNG、Chen 等模型，能够计算稳态及非稳态、多孔介质、牛顿或非牛顿流体、多项流等问题。

4. WRF

WRF（The Weather Research and Forecasting）是由 Mesoscaleand Microscale Meteorology Division of NCAR 以及美国其他气象组织联合开发和支持的大型开源气象预报软件。WRF 包括多重区域、从几公里到数千公里的灵活分辨率、多重嵌套网格，以及与之协调的三维变分同化系统 3DVAR 等。WRF 数值模式采用高度模块化、并行化和分层设计技术，集成了迄今为止中观尺度方面的研究成果。

WRF 为中宏观尺度研究和业务数值气象预报提供共同框架，设计用于 1～10km 格距的模拟，与一般计算平台上典型的实时预报能力相适应。它也为理想化动力研究以及完整物理的数值气象预报与区域气候模拟提供共同框架。WRF 的优点有多维动态内核、更为合理的模式动力框架、先进的三维变分资料同化系统、可达几公里的水平分辨率及集合参数化物理过程方案。WRF 是可用于大气研究和实际应用的新一代中宏观尺度天气预测系统，由两个重要核心组成：一是数据同化系统；二是支持并行计算和系统扩展的软件。该模型具备几十米到几千公里的不同尺度的气象应用程序。

对于研究者，WRF 可以提供基于观察和分析实际气象环境状况的模拟或在理想状况下的气象模拟。对于气象应用预测者，WRF 可以提供灵活和高效计算的平台，在计算过程中将结合物理、数值库和数值模拟进行最新研究。

5.5.2　PHOENICS 软件介绍

PHOENICS 是最常用的风环境模拟软件，英国 CHAM 公司开发。它是世界上第一个投放市场的 CFD 商业软件，经过 20 多年的发展，非常成熟完善，可以有效输出相关风环境、热环境的相关指标。该工具本身自带了建模工具，可以实现多种形状模型的建立；对外来的数据具有多种接口，能够实现与 CAD、SketchUp、Revit、GIS 等数据的对接，实现各种形状模型的导入，模型网格划分中可以采用直角、多重网格、加密网格、圆柱、曲面等多种方式。对于较复杂的植物模型，可先利用其他工具建模，再导入 PHOENICS，建模以及模型简化性能较好，具有很强的实用性。

PHOENICS 软件的一些基本算法，如 SIMPLE 方法、混合格式等对后续开发的商业软件有较大的影响。近年来，PHOENICS 软件在功能、方法方面做了较大的改进，包括纳入拼片式多网格及细密网格嵌入技术，同位网格及非结构化网格技术；在湍流模型方面开发了通用的零方程、低 Reynoldsk-E 模型、RNGk-E 模型等。应用这一软件可开展城市污染预测、叶轮中的流动、管道流动等计算工作。根据项目所需的输出结果进行模型选择，以 PHOENICS 2019 版本为例，模型包括湍流模型（Turbulence Models）、湿度模型（Solve Specific Humidity）、舒适度模型（Comfort Indices）、污染物扩散模型（Solve Pollutants）、求解方程公式（Equation Formulation）、拉格朗日粒子追踪（Lagranglan Particle Tracker）、速度与压力求解方程（Solution for Velocities and Pressure）、风机性能曲线（System Curve）及烟气模型（Solve Smoke Mass Fraction），每种模型均有其适用的运算条件及特点。对于研究风环境，主要适用的模型包括湍流模型、污染物扩散模型、舒适度模型及速度与压力求解方程[52]。可输出风速、风压、温度、PMV、PPD、PPDR、相对湿度、空气龄等多种结果，便于使用者进行多种分析。

1. 湍流模型

PHOENICS 自带多种湍流模型，包括以下多种自带模型、标准模型及标准模型的变形。

LVEL 湍流模型是 PHOENICS 特有的自带模型，模型的适用性条件是只有当模型中有屏障出现时，通过斯伯丁定律计算屏障的 ENUT，包含整个层流和湍流的计算。模拟计算液体夹杂着很多固态颗粒流经某个空间的时候是适用于使用这个模型的，而在这种情况下，固体附近的网格密度往往过于粗糙，使用 k-ε 模型无法得到有意义的计算结果。

THEKE-EPMODEL 属于双方程模型，该模型提供了一个良好的方式去解决计算流体力学问题过程中的通用性和经济性。该模型具有一定的局限性，主要是因为只能创建简单的模型，以及通过最小二乘确定变量会造成一定程度的误差。迄今为止，双方程模型只有在高湍流雷诺系数的情况下是有效的，因此，在受近壁黏度影响的地区是无效的。

The Yap KE-EP Model 是基于 KE-EP 模型进行优化的，用于解决标准的 KE-EP 模型在计算分离和再附流时遇到的困难，还有很多种基于 KE-EP 模型的发展和变形方程用于解决类似的标准方程无法解决的问题。

The RNG KE-EP Model 也是 KE-EP 的变型，标准模型计算回流的湍流黏度往往偏高导致出现阻尼涡。RNG k-ε 模型通过使用略有不同的常数，并通过增加体积源项试图纠正标准模型的这个缺陷。虽然这个模型对于计算流体的分离和再附和很好，但其对于射流的预测劣于标准模型。

The Chen-Kim KE-EP Model 是另一个修正标准模型耗散性质的优化模型。该模型使用稍微不同的计算常数以及在 EP 方程中引入一个附加源项，在预测再附流和涡流方面与 RNG 模型模拟符合度相当，也保留了对射流计算结果的优化。

Two-Scale KE-EP Model 将湍流能谱分为两个区域，即"生产"（对）区域和"转移"区域。该模型包括平衡或非平衡壁面函数。该模型相对于标准 k-ε 模型的优势在于能模拟湍流动能的级联过程以及解决复杂湍流的详细过程。缺点是需要计算 4 个湍流方程，标准 k-ε 模型仅包括 2 个方程。

Low-Reynolds-Number Models 用于计算与标准 k-ε 模型不同的适用状态，在近壁黏度较高的情况下，该模型系数适用于局部湍流的雷诺兹数函数，模型优点在于它提高了收敛控制，需要较少的网格点，就能计算出较好的近壁黏度分布结果。该模型的缺点是每个近壁区需要设立非常精细的网格，因此，对于计算机存储和运行的硬件要求较高（图 5-9）。

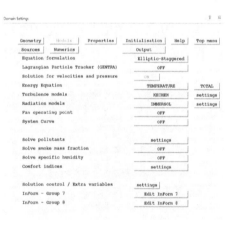

图 5-9　模型选择页面图❶

2. 污染扩散模型

污染扩散模型可以最多同时计算 5 种污染物的扩散状态，但是只能进行简单的随着流体（气体与液体）运动的扩散模拟，可以设置考虑气体密度的扩散计算，但不能模拟二次化学反应的发生和扩散。在开启污染扩散模型后，在物体的参数设置里面会增加相关污染

---

❶　图片英文翻译对照表见附录 3。

物初始浓度的参数，单位为千克污染物/千克介质，一般的污染物参数设置都要经过单位统一及换算（图5-10）。

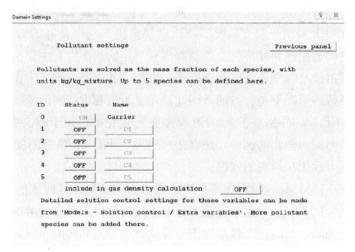

图5-10　污染物扩散结果输出设置页面图❶

3. 舒适度模型

开启舒适度模型后，可以设置一系列与人体舒适度有关的结果计算与输出，与风有关的舒适度指标有吹风感系数、湍流强度和平均空气龄。吹风感系数（Draught Rating，PPDR），是人能感觉到风的比例值。湍流强度（Turbulence Intensity，TINS），是湍流强度涨落标准差和平均速度的比值，是衡量湍流强弱的相对指标，以百分数表示。平均空气龄（Mean Age of Air，AGE），单位为秒，表示风从出风口运动到某个位置所需的时间，通常用于评估暖通工程中的出风情况，在室外大区域中可以表征某个区域的空气扩散情况（图5-11）。

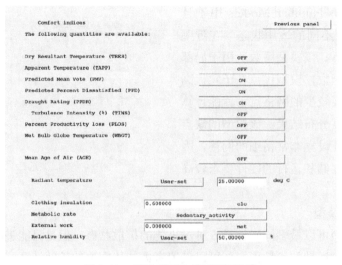

图5-11　舒适度评价设置页面图❶

---

❶　图片英文翻译对照表见附录3。

5.6　评价标准与评价指标

在对规划区的风环境进行分析评价时，不同地区依据的评价标准不尽相同，常用的评价指标有风速、风压、风舒适度与空气龄。根据规划区尺度大小和亟待解决问题的情况，采用其中一种或几种指标来表征区域内风环境的状态，有助于找到区域内风环境存在的问题并提出优化方案。

5.6.1　常用评价标准

在城乡规划设计行业，大范围、高精度的风环境定量模拟的研究历史较短。随着科学技术手段的发展和对城市气候问题的重视加深，近年来，我国多地政府开始要求将风环境的研究成果应用于指导城市的空间结构发展研究。

据 2013 年媒体报道，杭州为吹走城市上空的灰霾，准备建设巨大的城市风道，希望能够把郊外的风引进主城区。具有"火炉"称号的武汉在城市内外规划六条 2～20km 连通绿地，依靠这六条生态型"风道"，希望使武汉夏季最高温度下降 1～2℃。此外，上海、南京、贵阳、绍兴、株洲、福州等多个城市也正在开展城市风廊道相关规划，希望通过风道缓解大气污染。北京从 2014 年开始也进行风道的研究，希望能将郊区的新风引入缓解雾霾污染。

中国香港地区与深圳于 2005 年就开始研究风环境，并率先把相关控制措施结合到城市规划的指引中，希望通过政府可控的城市空间规划设计来保障风环境的合理布局和预留空间。

中国香港地区在 2005～2012 年出台了一系列关于空气流通、通风评估的研究、标准及指南。2005 年香港规划署发布由香港中文大学研究的《香港空气流通评估方法可行性研究》及《香港空气流通评估方法技术指南》。此后一系列用以改善空气流通的规划指引被纳入香港规划署发布的《香港规划标准与准则》的第十一章城市设计指引。2006 年香港前房屋及规划地政局和前环境运输及工务局联合颁布《香港空气流通评估技术通告》给出行政指引，要求所有主要政府工程应把空气流通评估纳入规划与设计考虑。2012 年香港规划署发布由香港中文大学研究的《香港都市气候图及风环境评估标准可行性研究》，对香港地区的所有建设项目都要求进行风环境影响评估，并明确了相关的评估技术及评估标准。

深圳市在 2005 年编制的《深圳城市总体规划修编（2006—2020）》及其气象专题研究中提出促进城市自然通风的布局和通风廊道设置原则；2009 年的深圳市质量技术监督局发布的《深圳市绿色建筑评价规范》SZJ 30 和深圳市建筑科学研究院研究的由深圳市规划和国土资源委员会发布的《深圳绿色住区规划设计导则》均提出了城市通风的目标性和策略性要求，在深圳生态城市建设中得到实际应用；2011 年，由深圳市城市规划设计研究院有限公司、中国城市规划设计研究院深圳分院研究，深圳市规划和国土资源委员会发布的《深圳市绿色城市规划导则》从绿色机能、物理环境、绿色交通和绿色市政等方面提出面向过程控制的规划导则和设计指引，并提出针对路网和空间布局的策略，从不同的角度和层面对城市自然通风进行研究；深圳市规划和国土资源委员会也于 2011 年开展《深圳城市通风评估办法研究》，对风环境评估的技术导则与管理办法、深圳近地风场以及城市空间模型生成方法等内容进行研究。深圳市人民政府 2014 年施行的《深圳市城市规划标准与准则》第 8 章城市设计与建筑控制中明确提出"为适应低碳生态的城市发展要求，从城市物理环境舒适性角度，提出街区通风、地块透水率等环境控制指标要求"。对街墙宽度和高度形式、建筑布局、建筑间口率、建筑底层形式、建筑立面、绿化覆盖率、透水率等提出明确的条文要求。2018 年发布的《深圳市拆除重建类城市更新单元编制技术规定》提出"编制物理环境专项研究"。

海南省气象局在 2015 年出台《海南省气候可行性论证管理办法》，要求："气象主管机构应当根据规划编制需要，组织对城镇体系规划、各类总体规划、控制性详细规划、修建性详细规划、工程规划，以及农业、旅游、水利等专项规划开展气候可行性论证""建设单位在组织与气候条件密切相关的建设项目时，应当进行气候可行性论证。建设单位组织的其他建设项目，可以根据需要开展气候可行性论证"。气候可行性论证报告需要包括：建设项目可能遭受台风、暴雨、雷电、寒冷等气象灾害风险评估，避免或减轻气象灾害的措施和方法；建设项目所在区域的气候背景分析，极端天气气候出现的概率，气候适宜性评估；建设项目可能对局地气候产生影响的分析、评估；建设项目应对气象灾害预防或者减轻灾害的对策和建议。

5.6.2 常用评价指标

1. 风速与舒适度

风速，是指空气相对于地球某一固定地点的运动速率，常用单位是 m/s。风速没有等级，风力才有等级，风速是风力等级划分的依据。一般来讲，风速越大，风力等级越高，风的破坏性越大。

在城市物理环境模拟中，风速是人体舒适和污染物扩散难易度的重要指标。一般在近地面，风速小于 0.5m/s 为静风区，过小的风速不利于污染物扩散；在冬季，风速大于 5m/s 时，人体舒适度差。1805 年，英国的弗朗西斯·蒲福定出了蒲福氏风级（Beaufort Scale、Beaufort Wind Scale），它最初根据风对地面物体或海面的影响大小将风力划为 0～12 级，共 13 个等级，即目前世界气象组织所建议的分级；1946 年以来，由于测风仪器进步，可测量风级大大超出 12 级，于是风力等级被扩充到 18 个（0～17）。不过，世界气象组织航海气象服务手册仍使用 0～12 级分级方式，扩展的 13～17 级并非建议分级。

蒲氏风力等级与对人体影响分析表   表 5-4

风级	名称	10m 高处风速 （m/s）	1.5m 高处风速 （m/s）	陆地地面物象	对人体的影响
0	无风	0.0～0.2	0.0～0.1	静烟直上	无感、闷促
1	软风	0.3～1.5	0.1～1.0	烟示风向	不易察觉
2	轻风	1.6～3.3	1.0～2.1	感觉有风	扑面的感觉
3	微风	3.4～5.4	2.1～3.4	旌旗展开	头发吹散

续表

风级	名称	10m 高处风速 （m/s）	1.5m 高处风速 （m/s）	陆地地面物象	对人体的影响
4	和风	5.5~7.9	3.4~5.0	吹起尘土	灰尘四扬
5	劲风	8.0~10.7	5.0~6.7	小树摇摆	为陆上风容许的极限
6	强风	10.8~13.8	6.7~8.6	电线有声	张伞难、走路难
7	疾风	13.9~17.1	8.6~10.7	步行困难	走路非常困难
8	大风	17.2~20.7	10.7~12.9	折损树枝	无法迎风步行
9	烈风	20.8~24.4	12.9~15.2	小损房屋	—
10	狂风	24.5~28.4	15.2~17.7	拔起树木	—
11	暴风	28.5~32.6	17.7~20.3	损毁重大	—
12	飓风	32.7~36.9	20.3~23.0	损毁极大	—
13	—	37.0~41.4	—	—	—
14	—	41.5~46.1	—	—	—
15	—	46.2~50.9	—	—	—
16	—	51.0~56.0	—	—	—
17	—	56.1~61.2	—	—	—

相对舒适度评估标准是根据不同活动类型、不同规划区域、不同的风发生频率等因素进行舒适度等级划分的评价标准。例如，某些地方偶尔会产生很强的风力，但是由于频次较低，所以人们觉得它可以被接受；某些地方因为需要从事某种特定活动，虽然风速不大，但是风频次高，对风环境要求较高，因此舒适度偏低，被定义为不能接受。界定不同程度的风环境相对舒适度准则，风速概率统计是以瞬时风速和平均风速的大小，评价风速与人体舒适度之间数值关系的一种评价方法。具体情况如表 5-5 所示。

风速概率数值评估法（Davenport 据蒲福风级所做的相对舒适度评价标准）　　表 5-5

活动类型	活动区域	相对舒适度（BEAUFORT 指数）			
		舒适	可以忍受	不舒适	危险
快步行走	行人道	5	6	7	8
散步、溜冰	停车场、入口溜冰场	4	5	6	8
短时间站或坐	停车场、广场	3	4	5	8
长时间站或坐	室外	2	3	4	8
可以接受的标准（发生的次数）			<1 次·周	<1 次·月	<1 次·年

注：相对舒适性标准由蒲氏风力等级表示。

如表 5-6 所示，行人舒适度与风速相关。需要说明的是，实验证明，人对风的敏感程度与空气温度呈反相关。例如，在夏季，当人的体感温度低于环境温度时，由于风会增加人体的蒸发率从而提高人体的散热率，因此，即使是比大气温度稍高的热风吹过，人也会觉得清爽；而在冬季，人的体感温度高于环境温度时，在相同的空气温度下，由于风使人体的散热率增加，因此在有风时人体感觉比无风时冷。

行人舒适度和风速的关系[53]

表 5-6

风速（m/s）	舒适度
$V<5$	舒适（$1m/s<V<2m/s$ 感觉最为舒适）
$5<V<10$	不舒适，行动受影响 （$V=6m/s$ 时开始感觉不舒适；$V=9m/s$ 时影响行动）
$10<V<15$	很不舒适，行动受到严重影响
$15<V<20$	不能忍受（$V=15m/s$ 时影响步履的控制）
$V>20$	危险，人的生命受到威胁

《绿色建筑评价标准》GB/T 50378 中也有对于风速的要求，在对绿色建筑类项目规划区风环境状态进行打分评估时，对规划区内风环境有利于室外行走、活动舒适和建筑通风的评价总分值为 6 分，并按照下列规则分别评分并累计：

① 在冬季典型风速和风向下：建筑物周围人行区风速小于 5m/s，且室外风速放大系数小于 2，得 2 分；除迎风第一排建筑外，建筑迎风面与背风面表面风压差不大于 5Pa，得 1 分；

② 过渡季、夏季典型风速和风向条件下：规划区内人活动区不出现涡旋或无风区，得 2 分；50％以上可开启外窗室内外表面的风压差大于 0.5Pa，得 1 分。

在一些特殊案例中，极端气候条件下的风速情况可以为城乡规划提供指导性原则。如可通过风环境模拟，确定台风情况下风速由于地形原因导致具有放大效果的区域，在规划时尽量避免高而密集的建筑或提出其他的建设管控建议。

2. 风压

由于建筑物的阻挡，使四周空气受阻，动压下降，静压升高。侧面和背面产生局部涡流，静压下降，动压升高。和远处未受干扰的气流相比，这种静压的升高和降低统称为风压。

风压主要应用于微观尺度分析，如建筑表面风压差可以体现建筑的通风情况，当通风情况较差时，建议调整建筑形状或角度，进而通过调整建筑表面风压差优化建筑自然通风状态。

3. 空气龄

空气龄指空气在某地停留时间的长短，主要用于体现污染物扩散能力。空气龄越高的区域空气停留时间越久，污染物扩散越不容易。

4. 风速比

风速比的评估是以基地内的风速与某一风向的风速大小的比值作为衡量指标，并判定风速放大是否已到某一极限的考察方法，并据此评估风环境质量。由于风速比反映的是因建筑的存在而引起风速变化的程度，在一定风速范围内风速比是一定的，并不随来流风速而改变。作为无量纲的参数，更加有利于讨论不同区域不同风速的室外风环境的舒适性。

5.7　模型应用

风环境规划研究重要的方法之一为通过软件数学模型模拟计算，得到上述相关指标的模拟数值。模型的选择与构建过程最为重要，直接关系仿真模拟结果的科学性。虽然市面上有多种商业软件可以进行模型模拟计算，但是从三维模型的构建流程上来算，一般包含模型参照、模型范围、模型格式、模型概化、模型设置、结果监测几个技术步骤。涉及模型设置的界面展示以 PHOENICS 为例来讲解。

5.7.1　模型参照

三维模型应能够相对真实呈现研究的项目特征，所以模型建立必须确定参照物，在城乡规划设计项目中，以制定的规划方案为初始模型参照，确定道路、绿地、水体、构筑物等规划实体元素的具体位置、形态、布局与规模，借助 SketchUp、3DMAX 等三维建模软件建立能够真实呈现规划方案的三维立体模型。

5.7.2　模型范围

城市风场非常复杂，自然风进入城市区域后，不断受到城市下垫面的影响，每个项目区域的风场边界条件都是由上风向经过的城区特征决定的，同时项目区域对于风场的影响也会成为下风向区域的边界条件，城市风场在空间上是存在相互影响的，因此在建模时应充分考虑项目区域外围的建筑状态和布局对该规划目标区域的风场的影响。通常是以规划区（项目区域）为中心，至少纵、横向外扩展两倍得到构建三维模型的区域，根据项目情况，可以在上风向区域考虑建立更大范围的模型，以期在模拟计算的时候可以尽量还原自然风经过城市区域到达规划区边界时的风场状态（图 5-12）。

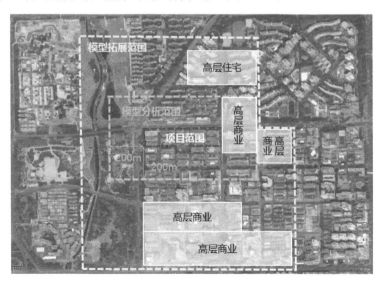

图 5-12　模型范围与规划区域关系示意图

5.7.3 模型格式

不同的模拟软件有其自身的文件存储格式，也有对于模型的特征要求。以 PHOE-NICS 为例，三维模型的运算过程对于实体密封具有严格的要求，模型必须简洁、封闭，是避免计算结果出错的基础要求之一。应根据不同模拟软件的需求，生成相应格式的三维模型导入模拟软件中。

5.7.4 模型概化

研究对象的概化是仿真模拟研究中常用的方法，概化指对研究对象的模型进行简化处理，适当忽略对分析结果不产生重大影响（可接受范围内）的模型细节。模型概化是模型构建的关键，直接影响模型模拟精度。在城乡规划项目中，规划研究范围较大的时候，风环境分析评估主要关注的是风廊道结构等内容，单体建筑细节对整体片区的风环境分析评估结果影响就相对较小；规划研究范围逐渐变小，风环境分析评估的关注点就会逐步聚焦在规划范围内的局域风场，单体建筑的外部形态等细节会对局域风场产生较显著影响。因此，可以根据规划片区的大小和风环境分析评估的主要关注内容确定对模型概化的程度。城市、区域级别的大体量模型需涵盖数平方公里的建筑模型，建筑通常可以概化为简单的长方体、立方体或者圆柱体体块，一般建筑的楼顶小型附属物、连廊、外立面装饰、住宅阳台、斜屋顶等小型外立面的变化在进行较大范围分析时可以忽略不计。

《深圳城市自然通风评估办法研究》建议针对公顷级别的小面积的区域，研究目标区域的建筑概化精确应按照 2m 精度概化，对于非研究目标区的建筑概化精度可以按照 4~5m 精度概化。针对数平方公里大面积的区域，应当将建筑按照简单体块进行概化。如图 5-13~图 5-15 所示。

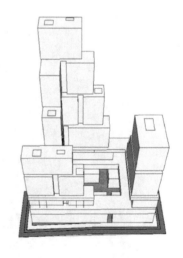

图 5-13 概化前单体模型图　　　　图 5-14 概化后单体模型图

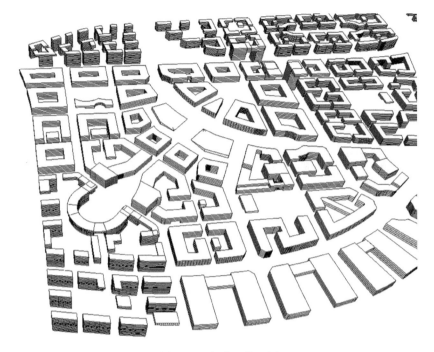

图 5-15　大片区模型图

5.7.5　模型设置

1. 计算域

利用计算机仿真技术模拟片区的风环境情况,建模运算的时候需要设立计算域,计算域指的是运算网格覆盖的区域。目前的流体力学模拟软件可以模拟自然风在三维空间的计算域中的分布情况,计算域的大小直接影响计算流体(风)与模型中实体的相互作用的范围,因此,计算域在一定程度上的扩大更有利于模拟自然风场分布状态。建议计算域应当以三维实体模型的大小为参照,计算域的长、宽、高的设置应向外扩展至少两倍,相当于在模型的俯视角度,将计算域划分为九宫格,实体模型位于中间一格(图 5-16)。需要注意的是,在一些特殊情况下,周边的山体会对风环境产生严重影响,则需将整个山体包含在内构建实体模型,因此,计算域将相应扩大。

2. 气象条件参数设定及模型设定

模型气象条件参数包括风相关参数、太阳相关参数、下垫面物体相关参数。其中风相关参数包括风速、风向、风速监测高度、风速温度和湿度、来流风的下垫面粗糙系数;太阳相关参数主要包括规划区纬度数据,某个典型日的正午太阳直接辐射和间接辐

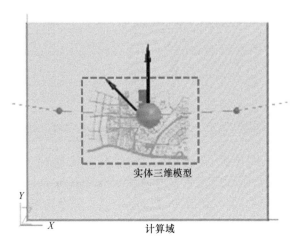

图 5-16　计算域与实体三维模型的关系

射数据，典型日通常设置为夏至日及冬至日；下垫面物体相关参数包括建筑、道路、水体、绿地的温度，及太阳辐射吸收系数、热传导系数、辐射发射率等。其参数设定界面见图 5-17、图 5-18。

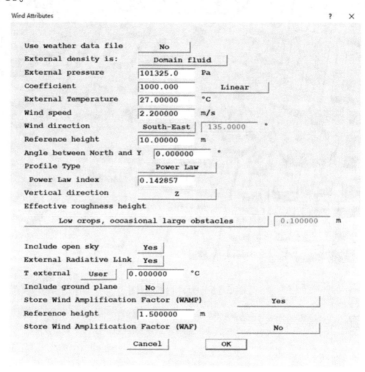

图 5-17　风速风向的参数设定[1]

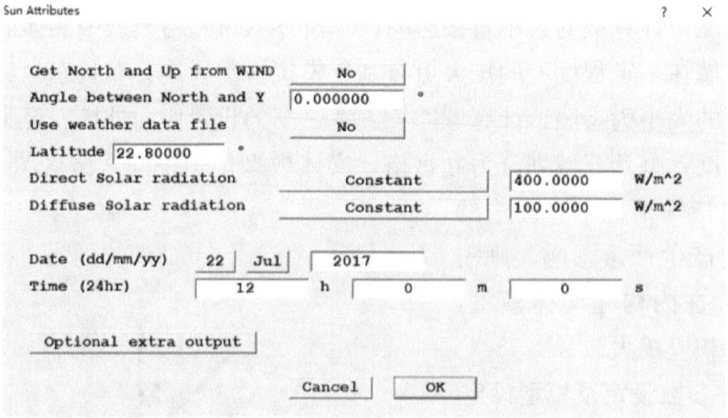

图 5-18　太阳辐射参数设定[1]

以 PHOENICS 为例，设置上述参数后，选择相应计算数学模型，包括能量方程（Energy Equation）、辐射模型（Radiation Models）、湍流模型（Turbulence Models）、湿度模型（Solve Specific Humidity）、舒适度模型（Comfort Indices）、污染物扩散模型

---

[1]　图片英文翻译对照表见附录 3。

(Solve Pollutants) 和求解方程公式 (Equation Formulation)。

3. 网格设置

模型计算需要通过网格划分来进行
迭代计算，网格划分直接影响计算收
敛、结果准确度以及运算速度。网格划
分包括整个计算域中的水平面及垂直面
网格划分。要进行合适的网格划分，对
重要的分析区域进行网格加密设置，对
周边的影响区域或者空白区域网格进行
稀疏处理，网格的疏密交接区域通过赋
予渐变比 (Power/Ratio) 来进行衔接。
根据项目经验，为了能够对物体进行较

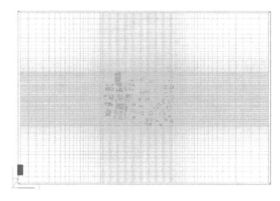

图 5-19　网格设置示意图（俯视）

好的边界识别，分析区域的每个物体内部应至少包括 2 个分析网格，分析网格越多物体的
识别越准确，但是同时计算量大幅增加，会影响整体运算速度（图 5-19、图 5-20）。

图 5-20　网格设置示意图（正视）

5.7.6　结果监测

仿真模拟计算是采用网格系统来概化实体模型和划分计算区域的，网格是否能有效识别
实体模型关系到计算是否可以正常进行。一旦网格的设置不能有效识别实体模型的大小，则
会出现计算错误，即发散。以 PHOENICS 为例，计算过程中可用 Monitor Plot 来监测计算
结果是否发散。如果收敛曲线较为平稳并不断下降，则结果收敛较好，结果较准确，如果收
敛曲线不断振动、起伏较大则结果在迭代计算中差异较大，则可能是网格识别不好，出现发
散，结果会出现偏差，需要停止运算，对模型进行修正和重新计算（图 5-21、图 5-22）。

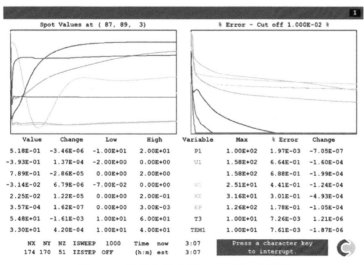

图 5-21　结果收敛时 Monitor Plot 监测图

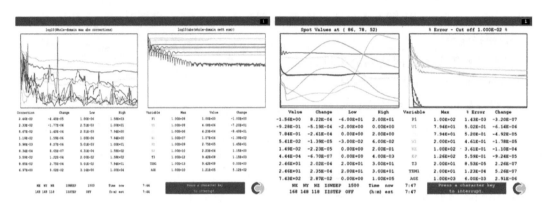

图 5-22　结果发散时 Monitor Plot 监测图

5.8　规划成果

风环境规划研究的成果主要为规划研究文本报告，通常以图文结合的形式直观展示各评价指标的大小和不同区域的变化情况，进一步深入分析模拟成果的展示结果以及出现的原因，评价规划区域、规划方案的风环境特征以及存在的问题，提出规划方案中建筑、道路、水体或绿地景观布局的优化建议。

5.8.1　成果框架

风环境规划成果主要由三部分组成：项目基础条件分析、风环境数值模拟分析、针对模拟结果提出规划方案优化建议（表 5-7）。

成果内容列表　　　　　　　　　　　　　　表 5-7

分项	章节内容		内容主要形式	重点
基础分析	地形地貌基础分析		Dem 地形图＋SketchUp 模型＋文字	山体、水体、绿地等特殊地形要素分布
	气候条件分析		Excel 表格＋文字	最大风频风速
	首要需解决问题分析		Excel 表格＋文字	规划区对通风、散霾、舒适风速等要素的要求
数值模拟	风模拟结果分析	云图分析	地表、近地面风模拟结果云图 建筑表面风模拟结果云图	识别风廊道、风速放大区和静风区
		矢量图分析	地表、近地面风模拟结果矢量图 建筑竖向风模拟结果矢量图	识别气流在经过特殊地形和建筑后速度和方向的改变
		等值线分析	地表、近地面风模拟结果等值线图	识别区域内风速的大小及其变化趋势

续表

分项	章节内容	内容主要形式	重点
优化意见	针对结果的优化意见	文字	提出对解决区域内主要存在问题的优化意见
	根据优化意见建立模型	SketchUp 模型、风模拟模型	优化后的建筑、水体及绿地模型
	优化模型验证	地表、近地面风模拟结果云图建筑表面风模拟结果云图	对比分析优化前后工况下风环境的改变

5.8.2　成果内容

1. 分析图

风环境规划研究中展示模拟结果的分析图主要有云图和矢量图两种，用于表现风速、风压等分析指标的变化情况。以 PHOENICS 软件分析图为例，两种图的区别在于，云图以不同的颜色表现不同区域同一观察要素的数值大小，而矢量图的主要表现形式为带有方向的线段，以其颜色表现观察要素的大小、以其方向表现流体的方向。云图常常用于表现观察要素数值大小的变化情况，而矢量图往往用于说明观察要素方向的变化情况。

在实际应用中，云图可应用于风速、风压、空气龄的模拟结果展示，而矢量图往往只用于表现特定观察区域风速风向的变化。参见表 5-8。

规划分析图及规划范围适用性一览表　　　　　　　　　　　　表 5-8

指标	图片		地块尺度	区级尺度	城市尺度
风速	人行高度（1.5m）	云图	✓	✓	✓
		矢量图	✓		
	近地面（10m 或者地表面）	云图	✓	✓	✓
		矢量图	✓	✓	
		等值线图	✓	✓	
	垂直立面	云图	✓	✓	✓
		矢量图	✓		
	建筑表面	云图	✓	✓	
风压	建筑迎风面	云图	✓		
	建筑背风面	云图	✓		
空气龄	近地面（20m）	云图		✓	✓
吹风感	吹风感系数分析图	云图	✓	✓	✓

（1）云图，见图 5-23、图 5-24。

（2）矢量图，见图 5-25、图 5-26。

（3）等值线图，见图 5-27。

2. 分析内容

通过模拟分析得到分析图后，应当根据规划区的范围、特征确定不同的分析侧重点，

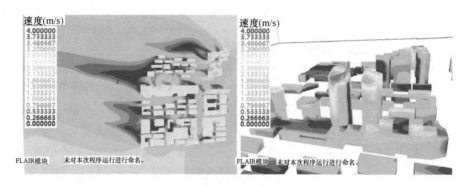

图 5-23　近地面微观尺度风速云图

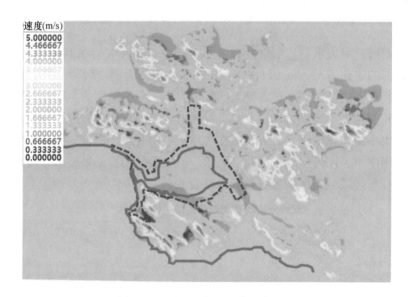

图 5-24　近地面宏观尺度风速云图

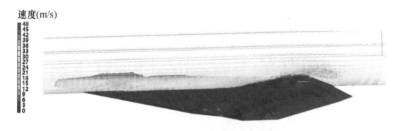

图 5-25　垂直立面中观尺度风速矢量图

进行夏季、冬季典型季节工况的分析，通过风速、风压、空气龄、吹风感等指标和结果进行深入解读和分析，识别不同季节存在的主要风环境特征与问题。

（1）风速

风速是风环境规划研究中最为重要的分析指标，通过风速的分析主要识别通风廊道的布局情况、风场内部的局域差异情况，分析形成差异特别是造成局域风环境舒适度较差的原因。常见的城市局域风环境较差的情况包括风影区、狭管效应及分离涡群。风影区指气

图 5-26　建筑草图方案风速矢量图

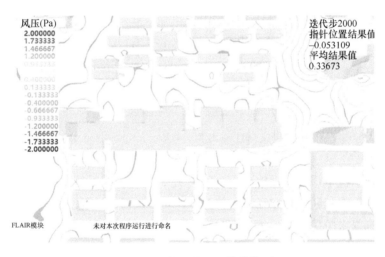

图 5-27　地块尺度风压等值线图

流通过地形、地物障碍时，障碍物背风侧由于流线辐射、风流急速减弱的空间范围；通常，风速放大区形成是由于狭管效应，也称峡谷效应，就像峡谷里的风总比平原风猛烈一样，城市高楼间的狭窄地带风力也特强，易造成灾害。一些楼间窄地的瞬间风力就大大超过七级，以至于行驶的汽车都会打晃。城市"峡谷风"是各大城市面临的新问题，有关国际组织早已将其列入大都市面临的 20 种新的城市灾害中。大气边界层内的风在绕经摩天大楼时会产生不同频率的分离涡群，涡群相互诱导和干扰形成复杂的涡群，可能激发某些高层建筑物或高耸构筑物的风致振动[54]。在分析风速时通常会选取距离地面 10m 处及 1.5m 处风速图，离地 1.5m 处为人行高度，体感舒适度与风速有关，分析这一高度的风速可以有效了解当前规划下各区域的人体舒适度，为优化规划方案提供直接数据；10m 处风速可以直观表现区域内的空气流通水平，风速越大则空气流动越畅通，也越利于近地面的污染物扩散。风速分析图包含云图和矢量图，从风速云图上，可以明显看出风速较小区域与风速较大区域；从风速矢量图上，可以明显看出空气流动的方向与速度。

① 风速云图

对于地块微观尺度片区，风速云图的主要作用在于识别风影区和风速放大区，并针对问题提出优化建议。

分析地块微观尺度人行高度风速云图，识别人行高度的明显风速放大区和风影区，可以通过调节建筑布局或形态，提高人体舒适度。风影区为风速低于 0.5m/s 的蓝色区域，多出现在建筑的背风面；通常将风速放大区域定义为建筑之间的区域出现风速明显大于周边区域且接近 5m/s 临界的不舒适风速明显的区域（图 5-28）。同步分析建筑表面风速情况，识别垂直方向上的建筑表面风速变化情况，特别是一些需要加强抗风的区域（图 5-29）。

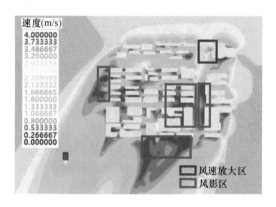

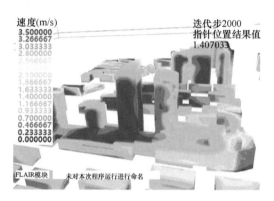

图 5-28　人行高度微观尺度风速云图　　　　　　图 5-29　建筑表面风速云图

中观尺度的项目中，分析近地面 10m 的风速云图，识别近地面的风速放大和风影区，可以量化、直观地展示区域内空气流通状况，并可以通过调节建筑布局或形态，调节局部风速，或对建筑提出防风要求。（图 5-30），在主导风东南风的作用下，可以看出在距离地面 10m 处的风场情况：在距离地面 10m 处，区域内鲜少静风区，有个别风速较大的区域，但其风速远低于 5m/s，对城市安全不构成威胁。

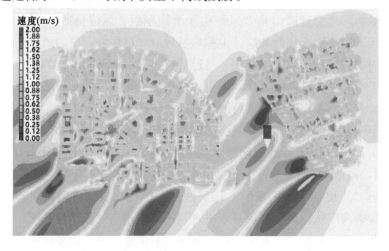

图 5-30　中观尺度项目近地面（10m）风速云图

中观、宏观尺度近地面（10m）以及地表风速云图主要用于识别和构建城区以及近地通风廊道。以图 5-31 为例，在主导风西南风的作用下，明显看出形成 2 条主风廊道和 4 条次风廊道，风廊道沿主要河流水系及丘陵间空地形成。由于该项目地处南方滨海城市，夏季通风为主要的关注点。

② 风速矢量图

风速矢量图主要用于分析风速变化方向，能有效显示局部地区风速大小及方向变化。在中观尺度项目中，可用垂直立面风速矢量图分析展示地形摩擦对风速的影响，以图 5-32 为例，展示了在极端风环境下地形对风环境的影响，在海拔较低处，由于地形的摩擦作用，近地面风速相对减弱；在中高空，风速依然较强，尤其是在山体顶部及背风面，风速被明显放大，风向也有明显的变化。

在微观尺度项目中，可利用风速矢量图分析项目建筑对于整体区域空间上的风场的变化影响。模拟地面风场状态，分析近地面的主要通风廊道以及存在风漩涡区

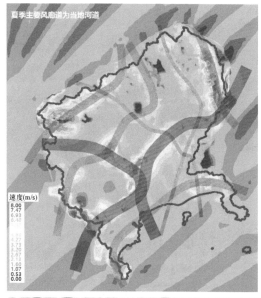

图 5-31　表面、近地面、高空中观尺度风速云图

的区域；模拟裙房顶部整体风场状态，分析区域来流风被高层阻挡的情况；模拟建筑周边的风场变化，分析建筑布局对于局部风场的影响。如图 5-33～图 5-35 所示。

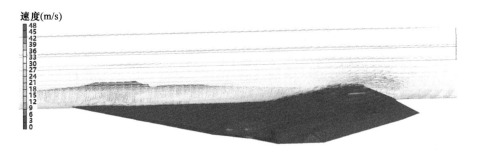

图 5-32　垂直立面中观尺度项目风速矢量图

（2）风压

建筑迎风面与背风面风压差是评价建筑风环境的重要指标之一。在夏季，调节建筑迎风面和背风面压差使其达到合理范围，可为室内营造自然风，降低空调耗能。

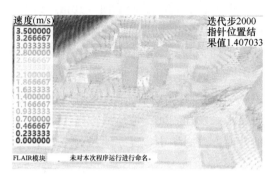

图 5-33　地表风速矢量图　　　　　　　　　　　图 5-34　28m 风速矢量图

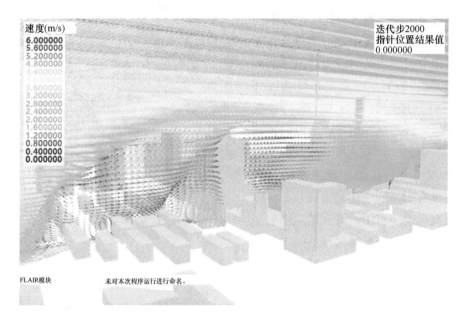

图 5-35　立面西侧视流场矢量图

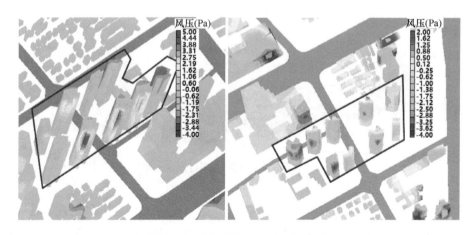

图 5-36　建筑迎风、背风面风压图

以图 5-36 为例，这两张图是冬季典型风向和风速下建筑表面风压模拟云图。从图中可以看出建筑群迎风面 75% 的面积风压大于 2.19Pa，而其背风面 75% 的面积风压小于 —1.38Pa，压差 3.57Pa。

以图 5-37 为例，这两张图是夏季典型风向和风速下建筑表面风压模拟云图。可以明显看出建筑群迎风面 75% 的面积风压大于 0.50Pa，而其背风面 75% 的面积风压小于 —1.09Pa，压差 1.6Pa。

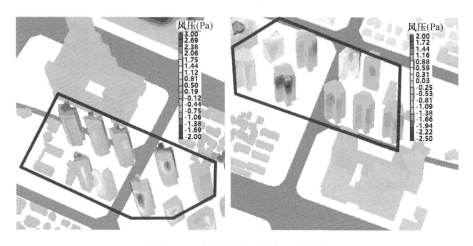

图 5-37　建筑迎风、背风面风压图

（3）空气龄

空气龄是衡量空气流通度的重要指标之一，从空气龄云图上可以明显看出空气在一处停留的时间长短：空气龄越高，说明空气在此地停留的时间越长，相应地，此地的空气流通性则越弱；反之，某地的空气龄越低，说明空气在此地停留的时间越短，则空气流动性较强。如图 5-38 可见，规划区沿海，接受海洋来风，空气扩散速度较快，空气龄小，清新度高。

（4）吹风感

吹风感系数属于风环境舒适性评估指标，软件开发公司基于统计调查数据将数据导入算法模型，进行模拟计算后显示不同风速下人体感觉到有风占总调查人数的比例。吹风感可以直接表征处在该规划区中人体的舒适感，并影响人对热感受的评价。在夏季，较高的吹风感可以降低人体的体感温度，增加舒适感；而在冬季，较低的吹风感可以减少人体散热，帮助保暖。

以图 5-39 及图 5-40 为例，规划区内夏季吹风感系数较高，在地块之中的主、次干道中吹风感系数均高于 70%，即这些区域人体感觉有风比较舒适规划区；冬季基本所有区域吹风感系数为 100%，实际上在冬季很微弱的风速人体都能敏感地感知。

3. 分析结论

风环境规划研究的结论主要对上述提到的风速、风压、空气龄及吹风感系数结果进行分析总结，总体判断规划区的风环境状态和问题，提出优化方案。

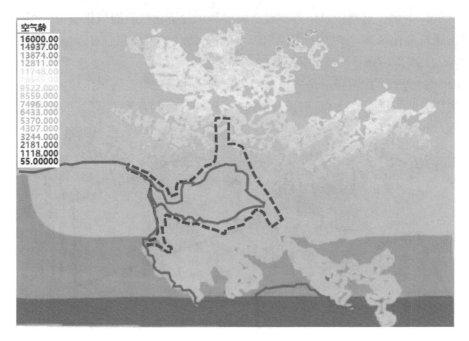

图 5-38　中观尺度近地面空气龄图

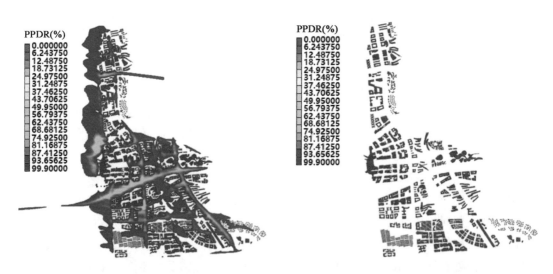

图 5-39　夏季东南偏东风吹风感系数分析图　　　　图 5-40　冬季东风吹风感系数分析图

风速评估标准为一般在近地面,风速小于 0.5m/s 为静风区,过小的风速不利于污染物扩散;而在冬季,风速大于 5m/s 时,人体舒适度差。以此判断得出微观尺度项目规划区局部的风影区、强风区及涡旋区的结论。在中观及宏观尺度项目中,风速分析主要得出通风廊道系统的构建、通风重要节点、风环境不良的节点等结论。

风压分析主要应用于微观尺度项目,与建筑设计专业结合更为紧密。《绿色建筑评价标准》推荐在冬季典型风速和风向下,除迎风第一排建筑外,建筑迎风面与背风面表面风压差不大于 5Pa;在过渡季和夏季典型风速和风向下,50% 以上可开启外窗室外表面风压差大于 0.5Pa。

空气龄的分析主要应用于中观尺度的规划项目，对污染物扩散能力起指示性作用，通过计算与比较区域内的空气龄，可以定性、定量地判断具体区域内污染物扩散的能力强弱，其结果可用于指导具有潜在严重空气污染的工厂的选址。在对一些空气污染严重的工厂进行选址时，需尽量避开空气龄较大区域。值得注意的是，由于空气龄高低受建筑布局的影响极大，在为工厂选址时应结合风速图与风廊道图，并适当扩大研究范围进行分析。

吹风感系数的分析主要应用于中观尺度的规划项目，具有舒适的吹风感的区域适宜布局公共空间、公共建筑等；吹风感系数较低的区域说明人体感受不够舒适，应当调整周边的用地布局，提高通风效果，或者适当布局能够影响局地微气候的绿地和水体等。

5.9　编制重点

风环境规划研究根据不同规划项目的尺度、区位、气候特征等不同，应当进行不同侧重点的研究分析。根据项目经验，风环境分析与规划项目方案结合最为紧密，可能影响整体方案调整的主要分析聚焦点在于风廊道系统、风屏障系统、风舒适度以及极端风环境分析。这些重点内容在一定程度上会影响规划方案的调整方向，能够有效提出对规划方案的优化建议。

5.9.1　构建风廊道系统，优化规划方案整体空间布局

城市通风廊道指由粗糙度较低、气流阻力较小的城市开敞空间组成的空气引导通道。中观、宏观尺度的规划项目中，风廊道系统识别和构建有助于规划区城市发展扩张的同时保障物理环境的舒适性，保障城区空气流通及周边区域冷、热岛空气交换。保持风廊道畅通可以有效缓解城市热岛效应，创造更利于污染物扩散的气候条件。

在宏观及中观尺度规划项目中，构建通风廊道的主要原则是：常见热岛主要是建成区，常见冷源主要是水体及绿地。识别研究范围内的主要热岛和冷源，通过规划道路、水系与地块布局，顺应主导风向预留最大通风潜力的路径，贯穿打散城区原有热岛，避免新区形成新热岛，将周边冷源与规划区冷源连通，促进通风疏散，将外围冷源清新空气引入城区，降低热岛效应，并协助奠定区域主要生态骨架与格局。

《气候可行性论证规范—城市通风廊道》QX/T 437 提出，城市主通风廊道宜贯穿整个城市，应沿低地表粗糙度区域和通风潜力较大的区域进行规划，应连通绿源与城市中心、郊区通风量大与城区通风量小的区域，打通城市中心通风量弱、热岛强度强的区域。在用地上，增加通风廊道，宜依托城市现有交通干道、河道、公园、绿地、高压线走廊、相连的休憩用地以及其他类型的空旷地作为廊道载体。构建主通风廊道的最优方案为：城市主通风廊道与区域软轻风主导风向近似一致，两者夹角不大于 30°，廊道宽度宜大于500m，宜将通风量大的区域与冷源或通风量小的区域连通；而次优方案为：城市主通风廊道与区域软轻风主导风向近似一致，两者夹角不大于 30°，廊道宽度宜大于 200m，将绿源与城市热岛强度高的区域进行连通。

次通风廊道应连通绿源与密集建成区以及相邻的通风量差异较大的区域，弥补城市主通风廊道没有贯穿的热岛强度较高、通风量较小的区域。次通风廊道走向应尽可能辅助和延展主通风廊道的通风效能，宜将城市现有街道、河道、公园、绿地以及低密度较通透建筑群等作为廊道载体。构建次通风廊道的最优方案为：城市次通风廊道与局地软轻风的主导风向夹角小于45°，廊道宽度宜大于80m，廊道内垂直于气流方向的障碍物宽度应小于廊道宽度的10%，廊道长度宜大于2000m，通风潜力等级值不小于3，宜将等级值不大于3的绿源区（或通风量处于规划区最大通风量40%范围的区域）与城市热岛强度等级值不小于5（或通风量处于规划区最小通风量40%范围的区域）连通；而次优方案为：城市次通风廊道与局地软轻风的主导风向夹角小于45°，廊道宽度宜大于50m，廊道内垂直于气流方向的障碍物宽度应小于廊道宽度的20%，廊道长度宜大于1000m，通风潜力等级值不小于2，宜将等级值不大于4的绿源区（或通风量处于平均值以上的区域）与城市热岛强度等级值不小于5（或通风量处于平均值以下的区域）连通。

在中观以及微观尺度的规划项目中，构建通风廊道时要注意，建议以道路和河流为中心，对规划区内建筑布局进行优化。相同建筑密度和容积率条件下，为保证通风，应该采取错列式布局。疏而高低错落的建筑有利于通风，密而高度一致的建筑不利通风。阶梯状的高度错落能够改善建筑群的通风环境，建筑群体内不宜采用无组织的高低错落，越接近主导来风方向的建筑物高度应越低，成梯级控制，建筑高度逐渐增高。如当规划区所在地常年无明确主导风，宜采用外低内高的建筑布局。从建筑设计的层面上讲，要增加建筑底层的通透度，较长的迎风面采用弧线设计（表5-9）。

表 5-9

建筑布局形式与通风

布局形式与通风	图示	布局形式与通风	图示
平行行列式：建筑的主要迎风面与风向成45°为佳		错列式：可增大建筑的迎风面，易使气流导入建筑群内部及建筑室内	
疏密相间式：即适当利用"狭管效应"，密处风速较大，可以改善通风效果		豁口迎风式：后排建筑若为迎主导风风向，前面布顺风向长条形建筑或布点式以形成豁口利于通风	
短结合式：长型住宅利于冬季阻挡寒风，短型住宅利于夏季通风		周边式：应将四角敞开，围而不合，开敞处与主风向斜交，可增强通风效果	

《深圳城市通风评估办法研究》指出，当利用街道作为通风廊道时，应设计集中而宽阔的主要街道，减少分散且狭窄的街道；城市高密度发展区域或地块尺度超过100m的区域，宜使主要道路方向与夏季主导风向成约30°~60°的夹角，并使地块长边与此方向平行；相同建筑密度和容积率条件下，为保证通风，应该采取错列式布局（图5-41）。

下面以某市某中观尺度规划项目中的现状风环境分析为例。某市位于湿润的季风环流

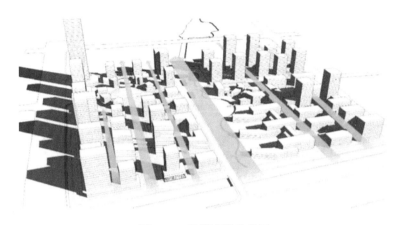

图 5-41　通风廊道示意图

区域，盛行风向随季节有明显的变化，春季主要是东南风，夏季主要是从海洋吹来的湿热的东南偏风，秋季主要是东北风，冬季主要盛行干冷的东北偏东风，多年平均风速 2.4m/s。近年由于城市建设加快，建筑密度加大，经向与纬向风有明显减弱趋势。

　　通过流体力学模拟软件评估，规划区现状通风状况良好。区域风廊道基本与主导风向一致，这是因为当地主要为村镇，建筑分布较分散，房屋低矮，建筑对来流风阻挡效应不明显（图 5-42）；从图中可以看出，通风廊道主要沿村落之间的农田空间及道路空间形成，在夏季形成东南-西北向通风廊道，在冬季形成东北偏东-西南偏西通风廊道（图 5-43）。在后续的城乡规划方案制定中，将遵循现状风廊道的路径，通过布设水系、绿地、道路等保障风廊道的构建。

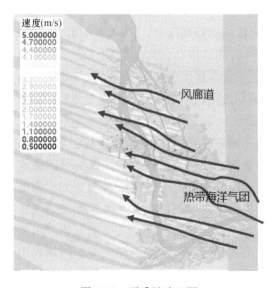

图 5-42　夏季风速云图

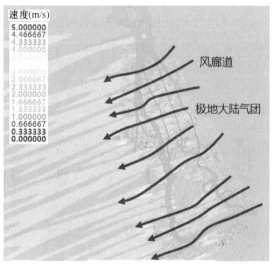

图 5-43　冬季风速云图

　　风廊道除沿绿地空间、道路空间形成外，还可沿河流形成。以海南某市风环境规划研究为例（图 5-44），由于该地夏季盛行风向与规划区内主要入海河流方向一致，因此该城区河流承担主风廊道功能。在此基础判断上，进行城乡规划布局时，主要路网系统与风廊道系统构建相协调，规划组团间留有次级风廊道空间，规划街区及地块预留三级风廊道以及微风廊道，形成主风廊道、次级风廊道、三级风廊道、微风廊道多级通风系统，利于夏季散热，城区物理环境舒适度高。

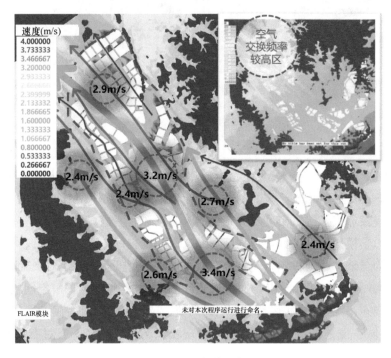

图 5-44　风廊道示意图

若规划区处于山脉交汇区域，被山体包围，来流风沿谷地流动，一部分受到山体的阻挡后再进入规划区，形成回流山谷风。以湖北省西南部某市新区规划为例（图 5-45）城区位于山脉交汇处谷地的区域通风情况较差，可能造成雾霾出现频率较高，大气如果受到污染则不易扩散。因此，在这种情况下应充分考虑通过风廊道的预留和构建充分利用山谷风及回流风。

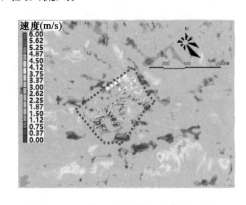

图 5-45　位于山脉交汇处规划区域
风环境模拟图

基于地形、山体、河流及建筑三维模型，经过对规划方案仿真模拟分析，以矢量图模式分析通风路径与方向（图 5-45 和图 5-46）回流风从周边山体向规划区中心水体汇聚。通风廊道路径与道路走向、街区公共空间、建筑组团之间空间布局较为一致。一般来说，通风廊道的建构模式主要是通过绿地、水体、公共开阔空间以及建筑空间布局来保留风道空间，回流风通风廊道的形成机制也如此。在此项目规划方案中，保障回流风的流通空间，通过控制回流风道风口处的建筑布局形态，特别是周边山体与规划区相衔接处的建筑布局状态，在城市设计方案中设计形成喇叭状导风口，同时基于现状地形模拟分析存在现状通风廊道的区域布局绿地、水体等用地类型，保障预留现状通风廊道空间，主要的山谷来风及回流风通风廊道宽度在 50m 或以上能够更好地起到通风导风的作用，地块间的微风道宜保留 20m 或以上的空间，在城市设计方案中

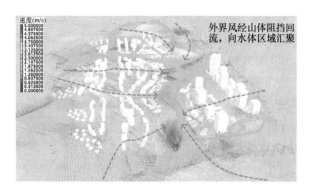

图 5-46　东北偏东风向条件下区域风环境模拟图

通过设置主风道两侧的建筑进行退线或者使用裙楼退台等方式保留空间。

5.9.2　调节局域风速，增加体感舒适度

城市局域的风环境会由于复杂的下垫面产生升降气流、涡动、绕流和强风。特别是局域强风会造成行人的活动不便，如行走困难、呼吸困难以及吹倒行人等，还可能造成房屋和设施的损坏，恶化环境，冬季感觉更冷，排风口等排风作用丧失，扬起大量灰尘等危害。因此，调节局域风速和风场状态是微观地块尺度规划项目进行风环境模拟的重要目的之一。通过对人行高度处（离地面1.5m）的风速进行数值模拟，可以量化显示当地风速，并通过调整建筑布局或设计来调节风速，减少涡流现象的出现，进而达到增加体感舒适度的目的。结合行人舒适度和风速关系表、《绿色建筑评价标准》看出，风速小于 5m/s，处于体感舒适区内，尤其当风速处于 1～2m/s 时人体感觉最为舒适。但在具体分析时还需考虑当地的特征与通风需求：比如在北方地区，除了考虑冬季通风外还需考虑保暖需求，因此最低适宜风速应略低；而在南方地区，夏季的通风为主要考量标准，因此最低适宜风速可以略高。

1. 调整建筑布局优化风场

如前所述，建筑的布局对风速产生极大影响。在微观地块尺度的规划项目中，通常项目地块内规划不止一栋建筑，需要形成排列布局方式或者有多栋塔楼。建筑布局、建筑间距离等影响局地的风环境，而根据风环境数值模拟结果，对建筑布局方案进行适当调整，包括建筑排列方式、排列位置、高低布局、裙房与塔楼位置关系等，可以在一定程度上优化项目范围室外风环境。

2. 调整建筑形态优化风场

在微观地块尺度的规划项目中，需要编制建筑设计专篇的内容；在中观尺度的规划中，需要制定不同地块的控制指标，可以提出不同的城市设计的要求；这些都可以在规划层面影响控制后续深化设计的建筑形态。从建筑形态的角度来说，在建筑物的边角地带容易发生"边角强风"、在建筑迎风面容易产生"迎风面漩涡"、在建筑物的背面容易产生"建筑风影区"。依据风环境数值模拟结果，适当地改变建筑布局或形态，可以对优化建筑周边风环境起到积极作用[55]。削弱高层建筑对风场的影响、使建筑周边风速处于体感舒

适区内，在风环境规划中，可依据风环境模拟数值结果，针对不同类型的预测会出现的建筑高层强风，对高层建筑的形态提出优化建议。

（1）削弱"边角强风"

边角强风发生在建筑的边角处，会产生涡旋分流的现象，造成建筑物边角两侧有较强的风速。削弱"边角强风"的根本在于通过高层建筑边角的形态来弱化气流或增加表面阻力[56]。

① 建筑边角圆润化

从弱化气流、对外界微气候环境影响程度最小的角度出发，建筑物边界越是圆润、光滑，建筑背风向形成的压力越趋于稳定，边角强风影响程度也就越小。高层建筑应具有符合空气动力学的圆弧状轮廓，并尽可能将窄边面向冬季的主导风向或预期形成一定的角度。

② 扭转的形体

扭转的形体可以引导边角强气流的走向，依附于形体盘旋上升，从而化解了周边强气流对于建筑的冲击。

③ 切割的形体

建筑设计采用切割的形体，比直线形式的建筑在弱化风速上更强，切割的形体能够将对面的风分散到不同的方向，避免气流过于集中，切割的形体同时具有导向性，能显著化解强风[57]。

（2）化解"迎面风涡旋"

化解"迎风面涡旋"措施的核心在于将迎风面的建筑形状设计成错落的形态，由此有效地缓冲涡旋气流，减弱风力[58]。

① 改变建筑迎风面形态

迎风面如果设计成凸平面，该类建筑的风面的平面呈现出外凸或者内凹的形态，可能会出现不同的涡旋气流方向。如果高层建筑的设计迎风面采取外凸的方式，则其能够有效地将建筑物周边的气流进行转移，化解很多迎风面的气流形成。

② 高层建筑做好退台设计

高层建筑的设计为了减小强风阻挡，避免风力下行，影响地面或者街道秩序，其建筑形体需要按照高度做好退台的处理。沿街建筑需要根据街道的宽度来确定合适的高度，满足一定的比例关系。随着建筑物设计的楼层不断升高，因此建筑可以采用退台的设计，减少高层建筑物设计对街道形成的压力。退台设计的形式能够有效地缓解建筑物面对的风面涡旋气流，下风向受到退台的不断阻止，其前进的力量不断变弱。高层建筑的上部建立退台之后，街道底部承受的风力会不断降低，能够有效地化解建筑周围街道的风环境问题。

③ 加入绿化带

绿化带的加入能够显著提升高层建筑物对于地表气流的阻碍。粗糙的建筑物表面质感显著提升了建筑对于气流运行的摩擦力和阻力，将气流反射到不同的方向，对于高层建筑上部强气流的流动形成缓冲力量，缓解迎面的涡旋，不影响人们的正常生活和工作。

（3）减小"建筑物风影区"

① 倾斜面的设计

利用倾斜面设计的形体是对高层建筑形体塑造的一种常见方式，斜面能够为建筑物的设计带来良好的动感和设计韵律感，舒展整个建筑物设计的外观，提升建筑设计的流畅性和个性化。倾斜面的形体设计一般采取下大上小的形式，随着高度的不断增加，平面的面积特征显著，整个高层建筑设计的形体形成一种内收的特点，由此减小高层建筑物的风影区范围。

② 增加建筑物通透性

由于高层建筑高度和宽度增加，封闭形体会受到风振效应和背部涡流的影响，可在高层建筑物的形体上留出通透空间，化解从正面不同方向吹来的气流，弱化强气流对于高层建筑的破坏，缩短建筑物的风影范围，强化空气的流动，从而显著改善局部的微气候环境。

以深圳市某更新单元规划中的建筑方案分析为例。图 5-49 为该更新单元原方案与调整方案三维示意图。此规划项目为大型综合体，绿地主要设置为屋顶绿化，因此对近地面风场产生影响的主要是建筑外形，包括高度、通道、立面边界形态等。

由于建筑方案上盖于市政道路，建筑底层设计华航道、工业路、君业路三个架空通道（图 5-47）。根据狭管效应，建筑物之间的间距空间内的风速可能高于来流风速，形成局部强风区。项目建筑方案体量大、道路架空宽度相比建筑总宽度较小，在初步模拟结果中发现原建筑方案由于道路架空形成较明显的狭管效应（图 5-48），导致工业路、君业路两个架空通

图 5-47　地块建筑与路网关系

道出现较大的南北向风速，影响南北两侧部分建筑正常的偏东向季风风场，特别是冬季在项目地块南侧出现较大面积无风区，因此对工业路、君业路两个架空通道宽度进行模型调整模拟优化。

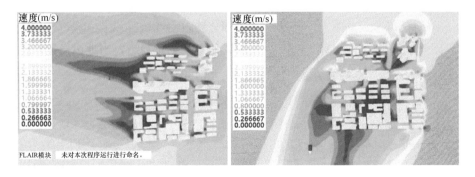

图 5-48　原方案 1.5m 风速云图（依次为夏季、冬季）

　　风环境模拟评估中设计两个方案调整模型（遵循道路红线分别对工业路、君业路两个架空通道进行双向拓宽与缩窄处理，高度不变），并与原方案以及现状建筑进行比较。三个模型的华航道、工业路、君业路三个架空通道宽度具体数值及模型见图 5-49 及表 5-10。

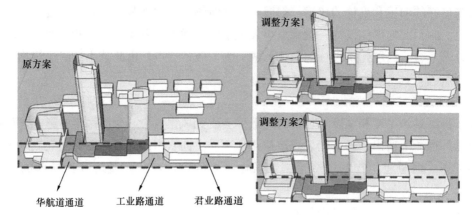

图 5-49　原方案与调整方案的三维模型示意图

原方案及两个调整方案模型通道宽度数值　　　　　　　表 5-10

模型	华航路通道宽度	工业路通道宽度	君业路通道宽度
原方案	24m	34m	24m
调整方案 1（拓宽）	24m	46m	32m
调整方案 2（缩窄）	24m	24m	19m

　　对不同方案下规划区内的风环境进行数值模拟，其结果显示，将工业路、君业路两个架空通道宽度缩窄，使得项目地块及周边通风比原方案或者拓宽方案更优。原方案与两个调整方案对比分析，显示三个方案在夏季对人行高度 1.5m 处的风场影响基本无差别，调整方案 2 使得项目地块内通风更优，平均风速增大；在冬季对 1.5m 高度的风场影响，调整方案 1 与原方案相差不大，调整方案 2 能够明显优化项目地块内的通风情况，结果见表 5-11 和表 5-12。

　　对比分析原因可能缩窄后的道路通道宽度相对于建筑总宽度低于形成明显狭管效应的阈值，建筑群对气流形成的阻力过大，使绝大部分受阻空气从屋顶上方流过，狭管效应减弱，并列间距空间不会出现大风区。说明按照调整方案 2 布局后，当地风场得到优化。

原方案及两个调整方案模型风速对比　　　　　　　表 5-11

模型	夏季风速（m/s）				冬季风速（m/s）			
	平均风速	华航路通道最大风速	工业路通道最大风速	君业路通道最大风速	平均风速	华航路通道最大风速	工业路通道最大风速	君业路通道最大风速
原方案	1.37	2.0	1.8	1.2	1.46	2.93	3.46	2.4
调整方案 1	1.29	1.96	1.96	1.12	1.73	2.93	3.46	2.13
调整方案 2	1.53	2.0	1.6	1.0	2.01	2.93	3.20	1.86

原方案及两个调整方案模型人行高度风速云图对比　　　　　　　表 5-12

原方案	调整方案 1	调整方案 2

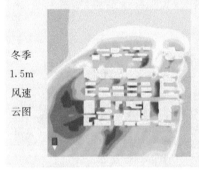		

（左侧标注）
夏季
1.5m
风速
云图

冬季
1.5m
风速
云图

另外，对建筑方案进行夏季工况模拟发现，西侧建筑由于为"L"形，且东侧有两座较高塔楼阻挡，导致西侧建筑华富路侧风影区较大，空气龄较高，不利于交通废气扩散（图 5-50）。因此，提出对西侧建筑进行镂空设计调整，促进华富路空气流通，建筑方案调整后模拟结果显示风影区明显缩小，空气龄降低，通风明显增强（图 5-51）。

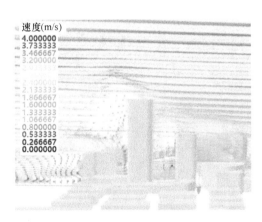

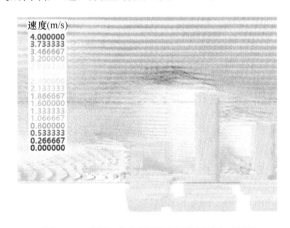

图 5-50　调整前建筑草图方案风速矢量图　　　图 5-51　调整后建筑草图方案风速矢量图

通过上述的分析研究，确定对规划方案进行调整。并通过夏季、冬季工况分析，模拟建筑方案风场情况，对比分析建筑方案周边风场状态，建筑表面风速及风压状态，并比对了架空调整后对周边风场的改善情况（表 5-13、图 5-52、图 5-53）。

建筑方案冬、夏季风场对比 表 5-13

工况	通风廊道	1.5m 风速	地表风速	建筑表面风速	建筑前后压差	架空调整
夏季	红荔西路	1. 项目地块内部及周边风速在 2m/s 以下，没有超过节能评估标准所规定的 5.0m/s，能满足人体舒适度要求 2. 南侧现状建筑之间存在小面积无风区，西北侧现状建筑存在涡旋，但因风速很小，对人体舒适度影响较弱	均在 2m/s 以下，不易吹起地面上的尘土，有利于提高建筑群周围的空气质量	最大位于建筑东北角，为 4.5m/s（红色区域），均低于 5m/s，对人体舒适度及安全影响不大	规划一期建筑前后压差达 17Pa，二、三期为 3～6Pa，应充分利用建筑压差保证室内自然通风	1. 二期建筑通过架空调整后，华富路侧风影区明显变小 2. 空气龄变低，更利于交通废气扩散
冬季	红荔西路	1. 项目地块内部不存在无风区或超过 5m/s 大风区，满足人体舒适度 2. 项目南侧现状建筑之间存在小面积无风区 3. 华富路与振华路交界处由于现状密集建筑遮挡出现较大面积无风区	均在 2m/s 以下，不易吹起地面上的尘土，有利于提高建筑群周围的空气质量	1. 一、二期建筑表面东侧楼体风速最大达 5.5m/s，若在这片区挖空，局部冬季寒风风速过大，可能会造成室内人行危险，舒适度下降，可以采取避开冬季风大的区域或者种植较多植物进行遮挡。 2. 倾斜向上楼顶部局部点风速达 5.5m/s	1. 一期塔楼西北侧风压差最大可达 27Pa，外立面建筑选材建议选用符合抗风压的材质 2. 规划一期建筑前后压差最大达 27Pa，二、三期为 19Pa，应充分利用建筑压差保证室内自然通风	1. 二期建筑与一期建筑间形成涡旋及无风区 2. 空气龄较高，可能不利于局部污染物扩散

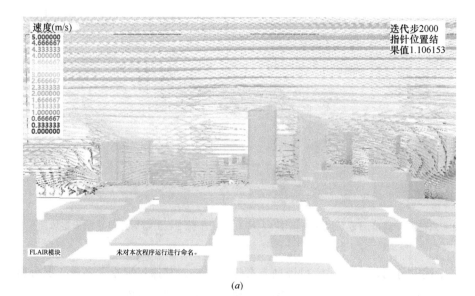

(a)

图 5-52 建筑方案夏季风场分析图（一）

(a) 立面后视流场矢量图

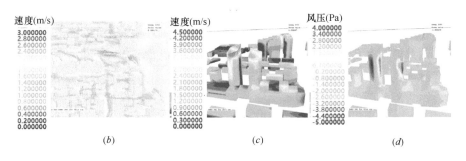

图 5-52　建筑方案夏季风场分析图（二）

（b）1.5m 风速云图；（c）建筑表面风速云图；（d）1.5m 风压云图

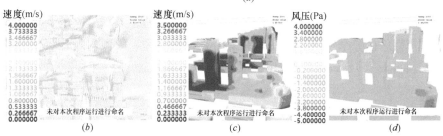

图 5-53　建筑方案冬季风场分析图

（a）立面后视流场矢量图；（b）1.5m 风速云图；（c）建筑表面风速云图；（d）1.5m 风压云图

5.9.3　构建风屏障，创造适宜的户外活动环境

风屏障顾名思义就是控制风，特别是控制风速以及风向。极端强风天气对城市建设具有危害性，另外在寒冷地区冬季的寒风、雾霾以及春季的强风沙气候也是城市建设发展需要考虑解决的风环境问题。在南方沿海地区，强风（台风）的影响主要在于引发沿海地区的高海浪及淹没部分区域，这种极端风环境的影响可以通过控制建设区域以及天然防风林

等方式减缓，具体在"5.9.4 识别易受强风影响区域增加安全性"章节进行详细阐述，本小节重点聚焦在我国北方及西北城市的冬季、春季常规风环境产生的问题。

北方、西北城市在冬季普遍面临雾霾问题，因此在进行北方、西北城市风环境规划研究时，需考虑通风，另外还需考虑冬季保暖、春季防风沙的问题。因此，在构建风廊道时需综合考虑多方面的因素。从控制雾霾的角度来看，城乡规划区的雾霾来源于自身的汽车尾气污染、工业大气污染以及冬季的烧煤供暖，在规划时重点保障舒适季风廊道（如东部海洋来风）以及主要通风廊道的通畅，利于雾霾的扩散；但是部分城市雾霾是由周边城市产生随风影响规划区，则要考虑规划区周边的减缓雾霾风屏障，特别是近地面绿化风屏障，有利于净化雾霾污染。从控制寒流提高舒适度的角度来看，规划区需控制寒流风速，使风速位于体感舒适度之内，即人们主要活动区域风速小于 5m/s，减少恶劣风环境对寒地城市舒适度造成的影响，营造舒适的室外出行环境，可以通过适宜城市街区空间、绿化空间、建筑形态的设计来完成。从减缓春季风沙的角度来看，西北来风经常席卷风沙而来，在宏观及中观尺度项目中通过在规划区西北方向设置防风林带之类的风屏障，能够有效控制减缓风沙的影响。风屏障总体分为人工风屏障和天然风屏障两大类。

1. 人工风屏障

人工风屏障即利用建筑特殊的形态和结构，阻挡来风或降低来风风速。"风屏蔽"概念是由英国著名建筑设计大师拉尔夫·厄斯金提出的，如应对强风影响下的城市气候应对策略，即在设计场所的迎风面建设高大挡风建筑物，规划区中间布置公共活动区域，形成多边围合的院落式屏蔽空间，有效阻挡了冬季寒风。厄斯金认为寒风和背阴处严重影响了冬季室外活动的舒适度，充足的阳光和挡风空间是居住区设计的必要条件。

以某北方城市冬季风环境规划研究为例，图 5-54 为该城市规划设计图，图 5-55 为当地冬季风环境模拟结果图。该城市冬季静风频率高，且为满足供暖需求，冬季大量燃烧煤炭采暖，这对当地大气环境形成较大的压力。因此，该城市对冬季风环境的要求主要是帮助污染物扩散和建筑保暖。由图 5-54 中可以看出，当地的建筑多采取围合式结构；而根据图 5-55 对规划区内冬季风环境的模拟结果可见，在冬季，区域内既有明显的主风廊道和次风廊道，同时，围合式建筑内部风速低于来风风速，适宜在其中进行户外活动。从空气龄的分析结果图 5-56 看到，大部分区域在冬季雾霾吹散效果较好，但是局部区域仍可能受一定程度的影响。

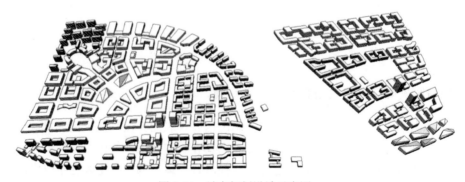

图 5-54　城市规划设计示意图

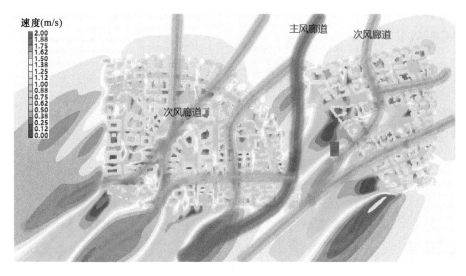

图 5-55　风廊道示意图

图 5-56　空气龄示意图

2. 天然风屏障

林带及绿植常被作为天然风屏障来降低风速、净化近地面空气以及阻挡风沙。日本札幌市曾实践过"绿带规划"，其结果证明，街区尺度内的绿化适当进行密植可以帮助降低风速[59]。研究指出，当居住区内树木面积增加 10% 时，能够减小风速 10%～20%，如果树木面积增加 10%～20%，则能够减小风速 15%～35%。除了单纯地降低来风风速外，林带及绿植作为风屏障的另一重要作用是阻挡扬尘和降低污染。如图 5-57 所示，当来风气流中裹挟有沙石时，林带等天然屏障可以在一定程度上阻截风沙，提高环境中的人体舒适度，且部分品种的植被具有吸收大气污染物质的作用，能够净化部分雾霾污染成分，形成近地面净化屏障。在实际规划设计研究中，PHOENICS 软件建模中可以设置植被的模块，在物体信息中可以根据不同的植被品种、植物群落的类型进行植被叶孔隙率及通风系数的设置，然后建立不同宽度、不同高度的植被带，即可模拟分析在规划方案中，需要设置天然风屏障时，采用不同宽度、高度、植物品种、植被配置模式的防风林带能够起到的对风力的削减效果。

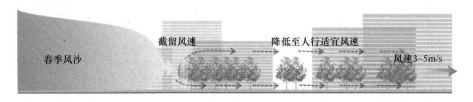

图 5-57　植被屏障示意图

然而，使用林地和植被作为风屏障的局限之处在于，当其用于寒地城市时，由于冬季气候恶劣，植物落叶无法起到有效屏障作用，特别是控制污染的作用，仅有部分物理阻挡削弱风速的作用，在植被品种的选择上也应充分考虑所起的作用在时间上的有效性。

5.9.4　识别易受强风影响区域，增加安全性

在全球气候变化背景下，极端气候灾害发生的风险上升，尤其是滨海城市，与其他内陆城市比起来，遭受极端气候灾害的风险更大、造成的损失更严重。我国处于西北太平洋风暴盆地西北缘，是世界上台风最频发的地区之一，每年产生台风的数量占全球总数的三分之一，是世界上受台风影响最严重的地区之一。而在台风发生时常伴随暴雨、巨浪、风暴潮等类型的次生灾害。近年来我国气象灾害的检测与预报技术的提升，使得在对台风进行有效预警的前提下，台风灾害造成的人员伤亡数量下降，但仍容易对东部沿海城市造成巨大的经济损失。

在城市规划过程中，防灾的研究聚焦在如何有效评估与预测这些自然灾害的风险以及如何在气候灾害发生之前进行有效的风险控制。虽然极端风灾风场、风力、风向情况比常规风场更为复杂，通常为旋风而非单一风向，目前的评估软件在城乡规划阶段较难进行旋风破坏性准确模拟分析，但是探索模拟单一风向极端强风对城乡规划布局的潜在影响仍具有意义。以期通过单一风向强风速模拟，识别规划区内在强风状态下可能发生风速放大的区域，在同等来流风力下，这些区域受到风灾影响损坏较大，提出建设开发布局的控制。

以 2018 年的台风"山竹"为例，最高风速曾达到每小时 162km，据彭博社报道，山竹造成农作物受灾面积达 79.8 万亩、倒塌房屋 121 间、死亡 4 人，此次台风对广东省带来的直接经济损失达 42.49 亿元。深圳市东部西涌是深受台风"山竹"危害的地区之一。西涌海滩是深圳最长的海滩，长达 10km，主要产业为旅游业。但山竹过境后，西涌海滩岸上多家民宿受损、成片木麻黄防风林折断（图 5-58）。

随后，政府主导开展灾后重建城市规划工作，对于极端天气带来危害的风险控制成为规划方案重点考虑的问题之一。在合理确定发展定位、城市建设方式的同时，分析规划区的常规及极端风场情况，结合其他风暴潮等灾害历史信息，综合预测面临极端气候时可能的影响区域。因此，在对规划区进行基础条件分析时，进行风环境模拟分析。

夏季、冬季模拟结果表明，由于规划区整体地形为中间低四周高的山体，中部较为平

图 5-58　风灾过后的西涌

坦，规划区的适宜建设用地范围内风场状态较为均一，其风速主要受初始风速影响，鲜少风速放大区与静风区（图 5-59、图 5-60）。

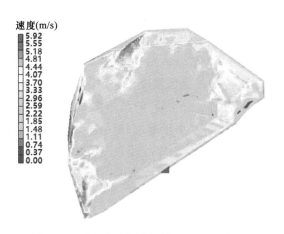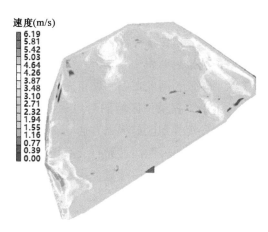

图 5-59　夏季风环境模拟结果 25m 处俯视图　　　图 5-60　冬季风环境模拟结果 25m 处俯视图

对此设置了极端强风的工况，参考山竹的风速强度为 48m/s，即 15 级风，模拟结果如图 5-61 显示，局部区域受极端风环境影响程度与海拔呈正相关。通过分析极端风环境模拟结果纵剖图发现（图 5-62），在海拔较低处，由于地形的摩擦作用，近地面风速相对减弱，为 20～27m/s，即 9～10 级风；在中高空，风速依然较强，尤其是在山体顶部及背风面，达到 30～40m/s，即 12～13 级风。边缘海拔较高处受台风影响大，研究区域内受台风影响最大的地区为海拔最高处，即北侧山顶，几乎没有减弱，仍然为 40～48m/s，达到 14～15 级；而中心海拔较低处对台风削弱效果明显，在西南山坳处甚至出现局部静风区。

结合模拟结果在进行城乡规划方案制定

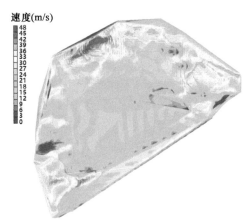

图 5-61　极端风环境模拟结果 25m 处俯视图

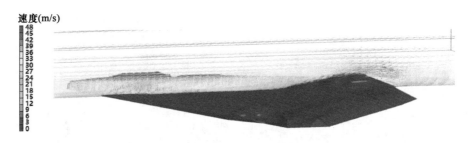

图 5-62　极端风环境模拟结果纵剖图

时，应使主要建设用地布局于极端强风模拟下风速较小的区域，即低海拔区域及山坳处。需要注意的是，风模拟结果仅显示区域内受台风影响相对较大和较小的区域，但台风常伴有风暴潮，需结合风暴潮灾害风险评估考虑易被淹没地区，避开淹没区综合考虑进行规划用地布局，以及考虑在沿海淹没区种植防风林。

广东省的汕尾区域也是常年受台风影响的沿海区域。2011 年 5 月 21 日，深汕特别合作区正式成立，位于粤港澳大湾区最东端的汕尾市海丰县，下辖鹅埠、小漠、鲘门、赤石四个镇，陆地总面积 468.3km²，此区域常年受台风影响，农业发展受到影响，目前整体经济水平较低。因此在编制城市总体规划时，尝试模拟分析强风情况下区域的风场状态。参考常年历史登录该区域的台风强度，设置风速为 19m/s（8 级）的从南海吹过来的强风，模拟发现规划区局部风力达到 22～32m/s（9～11 级），由于地形作用呈现局部风速较大的现象，沿海鲘门与赤石交界往北至赤石河明热河交汇、鹅埠北部为台风影响较强烈的区域，这些区域在后续城乡规划方案中对于建设用地布局以及建设密度、高度、外立面抗风性等应进行控制（图 5-63）。

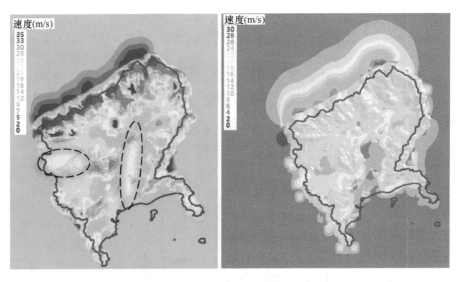

图 5-63　深汕片区现状地形极端风环境分析图

5.10　规划方法创新

风环境规划与研究主要内容为通过上述常规的风速、风压、风场、风舒适度等分析，提出规划方案整体生态框架、用地布局建议、建筑设计方案调整等。风环境的状态与区域的大气污染密切相关，除了可以简单提出潜在产生污染工业用地的布局建议之外，还可针对大气污染控制的视角进行深入研究与创新，包括结合风廊系统构建污染疏散系统，模拟污染物影响范围识别建设适宜性，分析道路线形污染源的疏散控制等。另外，关于宏观尺度项目需要构建模拟整个区域风环境状态时，除了目前常用的 GIS 最小路径法研究区域通风潜力[60]外，还可以进行城市级建筑模型概化适用性研究。

5.10.1　污染控制视角下的区域风廊道规划

在宏观尺度规划项目中，生态规划往往是重要的组成内容，其中大气污染问题是重点之一。特别是内陆城市现状大气污染问题更为严重，在进行新区规划时特别重视大气污染的防控方案。以我国西南某城市新区规划竞赛为例，西南地形多山，山地风环境比沿海平原城市更为复杂，容易产生山谷风、过山风和下坡风等。规划区位于云贵高原，大气污染问题严重，雾霾频发。因此在编制规划方案的时候，考虑到新区未来的产业布局，结合当地的地形与气候条件，进行风环境的模拟研究，提出构建利于温度调节、空气交换及污染物扩散的风廊道格局。

1. 识别现状风廊风场格局

规划区常年主导风向为西风及西南风，通过针对现状地形进行模拟，分析得到冬季风速适宜区、夏季风速适宜区、人类活动舒适度分布以及热环境格局等多个模拟成果，这些成果能有效辅助判断区域风场的舒适性在规划区内的分布差异，综合分析风廊道的状态与整体舒适性的关系。在规划过程中，尊重并保留现状风廊风场格局的基础上，将流动空气沿小夹角导入城市。规划区主风廊为东西两侧近山南北向风廊，东侧廊道与河流走向接近，西侧廊道主要沿山谷地势，风速 2.0～3.0m/s；与主风廊成 20°～45°角，形成分支风廊，风速 1.4～2.8m/s；规划区中部河流汇集区及湖泊区形成聚风区，风速 1.8～2.0m/s。沿河谷方向的风环境较好，舒适性较高，规划方案在进行用地布局时应在保留自然主风廊的基础上，采用小夹角导入的方式，打造风廊—风道—微风系统，并与聚风区互相贯通，保证规划区自然通风。风廊系统在空间上应与楔形绿地、集中生态绿地或水面、主要街道、开放空间等方式结合，保留原生态的物理环境系统，并加以合理利用（图 5-64）。

2. 污染控制与大气疏导系统

规划区呈四周高中间低的盆地地貌，海拔差约为 1000m，易形成山谷风。白天暖空气沿山坡向上爬升并重新补充回谷底，形成热力环流，即谷风；夜晚冷空气顺山坡流入谷底后汇合上升，形成相反的热力环流，即山风；大气的循环往复式环流对于规划区这种较宏观尺度的山谷，会加重大气污染。此外，规划区西南端有现状焦化厂处于上风向，烟囱尾气及扬尘对规划区造成一定程度的大气污染。在上述现状风场风廊分析的基础上，聚焦在

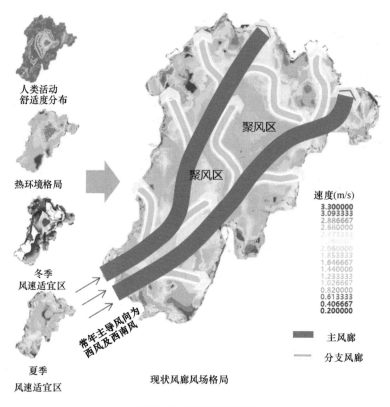

图 5-64　风廊道示意图

规划区大气污染控制，构建的风廊道可控制及减缓河谷地区可能出现的大气污染。

在规划方案制定过程中，我们提出结合大气疏导系统布局城市组团。基于主—次—微三级风廊道，通过合理的布局，将绿地、水体、风廊等构成的线性通风要素穿插布置于城市建设区中。同时，考虑从各方向连通城区风廊，将风廊交汇区域、舒适度较高区域等较利于大气污染扩散、人类活动的区域用于布局工业、居住、商务、办公等用地，有利于大气污染物特别是 $PM_{2.5}$ 的尽快疏导，避免由于河谷地区纵深方向通风不畅而造成的污染沉积。

如图 5-65 所示，经过风环境规划研究后，规划构建区域内 2 条城市级主风廊道、4 条组团级次风廊道、5 条街区级微风廊道、7 个片区级主大气污染疏散区和 10 个街区级次大气污染疏散区。不同级别的风廊道交汇处形成重要的污染疏散区节点，节点的建设用地类型规划极为重要，需保障节点的联通顺畅，才能真正保障整体大气污染疏散系统运行。

另外，在舒适性考虑上，可以基于物理环境布局人类活动适宜区。规划区四周环山，西北角及东南角虽然属冬季风速适宜区，但在热环境格局中属于温度过冷区域，温度适宜区域分布于规划区西南角及中部。通过综合模拟风热环境，得出人类活动舒适度分布图，舒适度在 50% 以上（人体感觉较为舒适）的区域分布于规划区西南部、中部及东北部，舒适度在 30% 及以下（人体感觉较不舒适）的区域主要位于四周山区及现状机场区域。基于风热环境模拟，规划的人类主要活动区域用地，包括居住、工作、娱乐、生活等，宜分布在规划区中部及西南部。这些区域也是前面识别出来的重要的聚风区，周边布局重要的大气污染疏散节点。

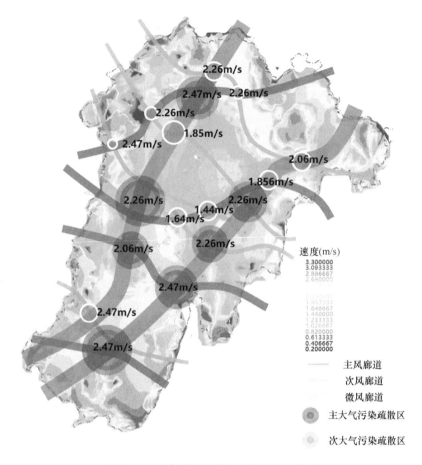

图 5-65　风廊道与污染物疏散系统示意图

5.10.2　污染控制视角下的园区用地适宜性分析

风环境研究污染物控制在一些特殊的中观尺度规划项目中可进行一些探索。例如产业园区用地布局规划，考虑园区内潜在的大气污染风险模拟分析可能的影响范围，在建设用地布局上进行调整优化，避开污染潜在影响较大的区域。在进行风环境模拟时，可以结合当地风场条件、地形地貌对污染物的扩散进行模拟，并以此为依据为城乡规划设计过程中的用地规划选址提供意见建议。以某垃圾焚烧发电厂总部基地规划项目为例，该项目焚烧发电厂采用先进的控制技术，能够保证排放污染物的浓度严格于国标及欧盟的污染物排放标准，虽然正常运行状态下大气污染基本可以忽略，但是考虑到突发情况，在进行整体厂区选址以及规划围绕厂区设置的该企业总部基地的选址，仍考虑潜在的污染影响。

1. 风环境舒适度分析

规划区常年主导风向为偏北风，平均风速 2.6m/s。属于丘陵起伏地形，对来流风形成阻挡及局部加强。绝大部分区域风速为 0.8～5.0m/s，根据《深圳市绿色建筑导则》中关于室外环境部分对于风环境的要求，符合人体风速舒适度范围，无风区（<0.5m/s）及强风区（>5m/s）呈分散型分布于山谷低地及小山顶。

由于企业总部基地要求选址与垃圾焚烧电厂毗邻，为保证突发状态下污染物的快速扩散，不宜选址在无风区；但考虑正常状态下居民安全及舒适度，也不宜选址在强风区（图5-66）。

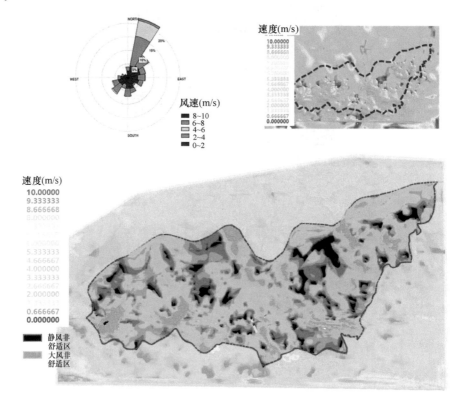

图 5-66　项目地风环境舒适度分析图

2. 污染物扩散影响分析

根据该项目垃圾焚烧厂初步可行性研究报告相关设计值及厂界标准，烟气标准高于国标要求。因此在进行污染物通风模拟时采用《可行性报告》相关数值作为预测初始值，对规划区进行污染物扩散模拟，识别可能存在臭气、污染物的影响范围。尽管符合相关国家排放标准，考虑居民心理承受要求，仍需将产业园区选址在大气污染影响最小的区域。相关标准见表5-14～表5-16。

《恶臭污染物排放标准》GB 14554 厂界二级标准　　　　　表 5-14

序号	控制项目	单位	二级
1	氨	mg/m³	1.5
2	三甲胺	mg/m³	0.08
3	硫化氢	mg/m³	0.06
4	甲硫醇	mg/m³	0.007

续表

序号	控制项目	单位	二级
5	甲硫醚	mg/m³	0.07
6	二甲二硫	mg/m³	0.06
7	二硫化碳	mg/m³	3.0
8	苯乙烯	mg/m³	5.0
9	臭气浓度	无量纲	20

《工业企业设计卫生标准》居住区大气中有害物质的最高容许浓度　　　　表 5-15

序号	物质名称	最高容许浓度（mg/m³）	
		一次	日平均
1	二硫化碳	0.04	—
2	汞	—	0.0003
3	氨	0.2	—
4	硫化氢	0.01	—
5	苯乙烯	0.01	—

生活垃圾焚烧炉排放烟气中污染物限值　　　　表 5-16

序号	污染物名称	单位	《生活垃圾焚烧污染控制标准》GB 18485		本工程保证值	
			日平均	小时平均	日均值	小时均值
1	烟尘	mg/Nm³	20	30	8	10
2	HCl	mg/Nm³	50	60	8	10
3	HF	mg/Nm³	—	—	1	2
4	SOx	mg/Nm³	80	100	30	50
5	NOx	mg/Nm³	250	300	80	150
6	CO	mg/Nm³	80	100	30	50
7	TOC	mg/Nm³	—	—	10	10
			测定均值			
8	Hg	mg/Nm³	0.05		0.02	
9	Cd	mg/Nm³	—		—	
	Cd＋Tl	mg/Nm³	0.1		0.04	
10	Pb	mg/Nm³				
	Pb＋Cr 等其他重金属	mg/Nm³	1.0		0.3	
11	二噁英类	ngTEQ/Nm³	0.1		0.05	

　　垃圾焚烧发电厂位于规划总部基地选址区域的南侧谷地，两侧有山体遮挡，同时在规划区盛行风向东北偏北风的下风向区域，对北侧总部基地的选址影响极小，但考虑到常年其他风向的变化，对垃圾焚烧发电厂可能影响的范围进行相关的预测和模拟。预测结果与其他已

有环境园如白鸽湖环境园、坪山环境园、老虎坑环境园环境影响评价预测结果较为接近。

东部环保电厂大气污染预测与其他环境园的对比表　　　　表 5-17

名称	空气Ⅱ级标准	最大落地浓度（mg/m³）2.6m/s 风速条件下			
		本项目焚烧发电厂	白鸽湖环境园	坪山环境园	老虎坑环境园
SO₂	0.5	0.016	0.014	0.011	0.011
NO₂	0.24	0.022	0.020	0.018	0.018
HCl	0.05	0.004	0.004	0.004	0.003
出现距离（m）（距离排放口）	—	2300	2060	2200	1840

本次研究分别模拟静风工况和可能影响北侧选址的南风工况影响范围。结果显示，静风条件下垃圾臭气影响范围为 40m，包括垃圾运输路径及存放点；南风条件下，烟囱污染物最大落地浓度与深圳市其他环境园预测值接近，距离排出口 2300m，位于规划区范围东西两侧小范围用地。

SO_2、NO_2、HCl 污染物初始浓度设置按照《可行性研究报告》相关设计值及厂界标准值。模拟得出的污染物扩散最大落地浓度分别为 SO_2 0.016mg/m³、NO_2 0.022mg/m³、HCl 0.004mg/m³，均为距离烟囱为 2300m 的点。具体扩散浓度及分布见 SO_2、NO_2、HCl 污染物扩散浓度截面（图 5-67）。

臭气扩散方面，《工业企业设计卫生标准》居住区大气中有害物质的最高容许浓度标准中，硫化氢要求为 0.01mg/m³，软件模拟达到 0.012mg/m³ 的时候，水平影响距离为距垃圾

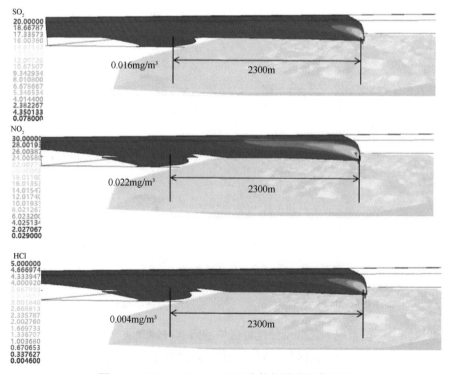

图 5-67　SO_2、NO_2、HCl 污染物扩散浓度截面图

放置池 40m，垂直距离为 80m，具体扩散浓度及分布见臭气扩散浓度截面图（图 5-68）。

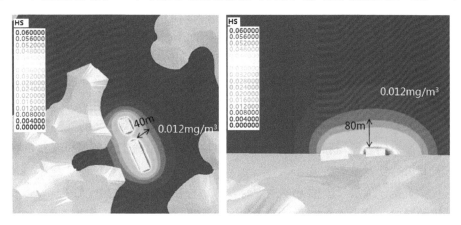

图 5-68　臭气扩散浓度截面图

3. 大气环境综合分析

规划区风环境非舒适区呈零散分布，项目选址宜尽量避开这些区域（图 5-69）。

垃圾臭气影响范围为垃圾运输路径及存放点周边 40～60m；烟囱污染物最大落地浓度距离排出口 2300m，影响规划区范围东西两侧小范围用地，为高度不宜选址的区域，并在后期建设采取适宜的防臭措施。结合污染物扩散模拟，本项目选址应在大气环境因素较为适宜的中部沿北区域。

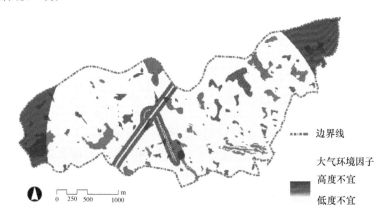

图 5-69　大气环境综合影响分析

5.10.3　汽车尾气污染控制视角下的街区规划

国内已有相关学者研究交通尾气污染的仿真模拟分析，但暂时未发现有将汽车尾气模拟与街区设计结合分析的研究。国内彭龙 2016 年从不同角度研究道路尾气排放的影响因素、排放模型，研究道路的空间线形对道路尾气排放的影响，拟合出基于空间线形的道路尾气排放模型，采用排放量化模型及仿真平台两种研究手段，选择了 MOVES 排放模型作为计算道路尾气排放的工具，并利用其与 VISSIM 交通仿真模型的集成使用，建立计算交叉口的道路尾气排放的仿真模拟方法，依据大量仿真数据拟合出了交叉口的道路尾气排放仿真模型，分析影响交叉口尾气排放的典型因素对排放的影响规律。2001 年李修刚、

杨晓光、王炜等通过进行城市开阔道路的现场实验，在道路断面监测 CO、NO、NO₂、
O₃的浓度，同时进行交通参数、现场地形、气象参数的观测。与规划设计、通风研究最
接近的研究是苏晓峰对建筑设计结合的分析，基于 Fluent 模拟软件，对地下车库通风气
流组织和污染物浓度场分布进行数值模拟分析，并提出变频控制技术在通风系统中的可行
性，以达到改善室内空气环境和实现通风系统节能的目的，用各种不同的公式来计算地下
停车场通风系统的排风量，并将其结果与换气次数法进行了比较，仿真结果验证各方法的
正确性，以 Fluent 计算软件为基础，对地下车库在机械通风状态下的气流分布作数值模
拟，获得了车库内的气流场和 CO 浓度场的分布特征，提出地下车库通风系统的变频控制
技术，探索其可行性及节能潜力。

在进行微观街区地块尺度的城乡规划时，考虑构建舒适、健康的人居环境，在保障街
区地块通风的同时，对道路汽车通行带来的尾气污染进行研究，可以通过通风疏散控制汽
车尾气污染。汽车尾气的污染属于线形污染，可以通过软件模拟线形污染的扩散，耦合风
向风速分析可以得到街区布局与交通量控制对于控制该区域尾气污染之间的关系，对规划
区地块形态与布局、交通流量设计等提供优化建议。在制定规划方案的过程中，街区走向
应与主导风向接近平行或者小于 30°夹角，有利于主导风顺畅通过街道疏导尾气。部分街
道方向难以满足的情况下，可以通过街区公园、街角广场等节点营造微气候影响热力环流
方向，通过沿街建筑高度控制、街道转角处设置导风构筑物等方式将主导风导入方向与主
导风非平行的街区道路中。在交通车流量规划的时候，除了充分考虑地块车流出入的需
求，也可结合街区尾气扩散时间、扩散浓度、影响范围等模拟结果，分析影响人体健康或
体感舒适度阈值的尾气浓度与车流量限值在该道路通风条件下的关系，充分考虑汽车尾气
在该街区道路中的扩散难易程度，适当调整交通流向以及车流量组织。

5.10.4 城市级风廊道建模技术创新展望

1. 城市级风廊道规划中的典型分类用地模型概化方法创新

在现代城市，城市通风廊道规划已成为必须考虑的问题。在城乡规划领域最常见的方
法是 CFD 模拟法。CFD 是"虚拟"地在计算机做实验，用以模拟仿真实际的流体流动情
况。而其基本原理则是数值求解控制流体流动的微分方程，得出流体流动的流场在连续区
域上的离散分布，从而近似模拟流体流动情况。CFD 能很好地反映微观的流体动态过程，
对于城乡规划方案中的建筑布局、城市空间形态优化起到良好的指引作用。CFD 具有成
本低、速度快、结果可靠性较好等优势，对于小尺度模拟有较好的适用性。但在城市层
面，由于建筑众多、城市下垫面情况复杂等因素，在硬件设施上较难满足 CFD 精细化的
模拟要求。因此对建筑设计布局、城市空间形态进行优化、简化，可实现在有限的硬件条
件下，完成对较大规模尺度的城乡规划环境的数值模拟。

基于城市形态学、城市微气候学、流体力学等理论，通过对规划区功能定位及土地利用
规划等的深入研究，确定几种典型地块建筑模型。根据不同典型地块的边界形态、建筑布
局、高度、面积占比等要素进行模型概化，并分冬、夏两季主导风向与原始模型进行拟合度
分析，通过对比风场形态偏差及不同风速面积占比等方式，得出拟合结论；对多组研究模型

进行特性分析，构建模型概化性能比对图表，确定基于典型分类用地的概化模型组合。

2. 基于街区尺度条件的模型概化拟合度验证分析

依据用地分类与密度分区等指标，选择某一片区构建街区尺度的理想化中观模型；将概化模型组合于街区用地进行关联性复制，形成概化组合模型，对比街区尺度的理想模型与概化组合模型的计算机运行时间与效率。通过比对风模拟结果，进行拟合度及差异化分析，根据验证结果对模型构建方法和参数进行调整，确定最优计算效率与结果拟合度的概化模型。

3. 城市级规划层面的模型验证

基于以上街区尺度的研究结果，利用最优概化组合模型，研究总规层面仅确定用地分类与密度分区情况下的风廊道模拟状态，并与现状风环境模拟状态进行比对，研究规划前后对风环境的影响情况，为城市形态与用地布局提出优化建议（图 5-70）。

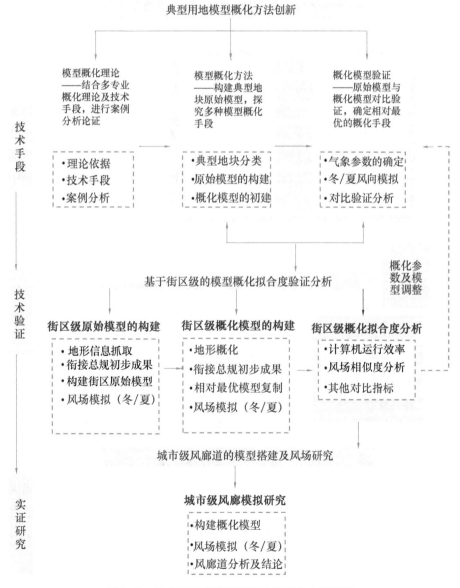

图 5-70 城市级风廊道模型概化研究技术路线图

第6章　热环境的研究与规划设计方法

　　近年来，随着经济的快速发展和人口的大量增加，人口迁移与城市化进程并驾齐驱，城市建设迅速扩张。与此同时，城市原有的土地空间格局也产生了极大的改变，大量的自然生态下垫面被人工重塑，水体、湿地、绿色空间等自然下垫面占比逐渐减少，取而代之的是随处可见的多样化、多类型的人工建筑构造及非透水性路面铺装等。城市空间格局的变化带来了城区热环境发生变化，改变了居民空调使用频率习惯和建筑冷热负荷，最终导致城市空间的热环境、大气组分、下垫面性质结构等方面发生改变。

　　城市大气结构中城市冠层是人们活动发生的主要空间，即从地面延伸到建筑平均高度之间的垂直范围空间。由于用地功能不同要求的建筑密度（地块容积率）、绿地率、水体分布等的差异，用地独立性所要求的建筑形态和建筑布局模式组合的差异，以及构筑物本身的热物特性如建筑人为热、材料的热容性、热反射性等的差异，城市冠层内部不同下垫面的用地空间结构和类型分布具有高度的异质性。在空间尺度上，城市地块规划设计及建设一般考虑水平方向 $10^2 \sim 10^4$ m 范围内的下垫面构造，这个尺寸属于局地区域范畴，也是城区规划建设的常规设计单元范围。在局地区域内，人们生活所在空间的下垫面受到各类生产建设的影响，与周围的空气与环境进行着多样化的传热传质过程，下垫面中不同的结构形态及材料构成会对城区冠层内部的热环境产生不同的影响，主要体现在：一是建筑的空间形态会直接影响局地空间大气环境中的空气流动和太阳直射辐射量；二是多元化的建筑功能导致其对局地空间的人为排热量的不同；三是对于不同的下垫面类型，由于其材料属性的不同影响了对长/短波辐射的吸收和反射。以上所有的因素和条件都会影响局地空间的表面能量平衡，使得局地空间的热量储存不同，从而形成多样化的局地热环境状态。城市局地区域热环境会直接影响该区域的人类活动、人类健康、工作效率和生产效率。

　　长期以来，对城市空间热环境、热舒适的环境研究工作与城市局地尺度空间配置的规划设计工作是相对独立的，造成区域热环境研究的成果未能很好地应用到城市的规划设计与建设中。建筑设计师近几年才开始研究室内外热环境的舒适性设计，但目前城市设计规划项目中仍较少考虑室外局地空间的热环境。近年来，城区的高温天数明显增多，局部城区可高出郊外 6℃。尤其在炎热的夏季，甚至会使暴露在高温中的人员出现中暑等症状，极大地影响了人体舒适度以及健康。此外，局地区域热环境同时也极大地影响着建筑的热湿负荷和建筑能耗。对于建筑物采暖通风空调系统而言，其所处的局地室外空间温度的不同，会使得通过围护结构消耗和获得的热量也不同，从而极大地影响着建筑能耗的需求量。自从城区按照传统模式建设，区域热岛、体感舒适性差以及建筑耗能高等问题的出现，城乡规划研究者们才开始分析原因，寻找应对措施。

　　现在，随着对城市生态环境的重视，绿色生态城市的研究及建设呈现出蓬勃发展的趋势，构建可持续的城市空间在国内外已经成为城乡规划建设的热点议题。对此，我国亦相继出台了多项关于生态城市建设、绿色建筑、绿色生态城区发展的政策文件，目前国内已经涌现落实绿色与生态发展城区理念的规划设计样本及建设示范项目。绿色生态城区体现在健全的社会公共服务、健康的空气质量、节能型基础设施建设、舒适的室外空间设计等多个方面。营造舒适友好环境是基本要求，其中构建人体舒适的城区热环境，以及与局地室外空间相协调的节能型建筑能源系统属于常规要求。城市局地空间的热环境与热舒适是保证人们生产生活以及身体健康的必要条件，对局地区域热环境和热舒适的深入研究和量化评估是构建健康型、舒适型绿色生态可持续城区的必要环节，也是新时代城乡规划发展与低耗能绿色城市建设的要求。

6.1　热环境研究与城乡规划的关系

热环境与城乡规划的关系与风环境类似，相互影响、相互作用。由于全球气候分区不同，城市所在的区域具有独特的热环境背景特性。在规划过程中，要充分考虑当地背景热环境，结合规划区对于散热或防寒的要求，设计适应当地气候条件的城市布局，以创造舒适的人居环境。而城乡规划不同用地与公共空间布局、街区形态、绿化形态与布局、建筑密度等，也将在不同的层面对当地热环境造成影响。不同的城市下垫面在太阳辐射的影响下对近地面大气温度产生不同的影响，下垫面总热量输出包括红外辐射能量、对流换热能量、潜热能量输出等能量都能被大气所直接吸收，从而导致城市热环境的改变[61]，进而影响局地热环境。另外，城市发展会导致城市冠层中风场变化，影响城市热力环流，进而对热环境产生联动影响，国内也有学者开始研究城市建设中通风廊道与热环境的关系[62]。

6.1.1　热环境因素对城乡规划的影响

从城市发展历程上看，城市的布局与建筑形态都是人类为适应当地气候逐步发展形成的。城市用地类型规划、建筑形态和布局都极大程度上受当地背景热环境因素的影响，应因地制宜地规划建设舒适的城区环境。在城乡规划过程中，背景热环境因素分析是重要内容，通常包括气候区、热力环流等内容。

1. 城市气候区

根据《民用建筑设计统一标准》GB 50352 中对我国进行的气候区划分，包括 7 个主气候区及 20 个子气候区。不同气候区具有独特的热环境，因严寒地区、寒冷地区、夏热冬冷地区、夏热冬暖地区、温和地区等不同地域以及时间变化产生温度差异，城乡规划中对处于不同气候区的地区进行规划方案制定时，必须考虑背景气候条件的影响，特别是城市整体格局、街区尺度空间形态、用地类型的布局、公共空间与绿地水体用地的布局等方案，应因地制宜结合基础气候条件进行考虑，包括常年平均温度、历史最高温、历史最低温、每月温度、湿度等信息。

2. 区域背景值

城市、城区的发展离不开区域，规划区周边及所在区域的背景热环境具有重要作用。

现代城市发展普遍会形成城市群，城市群具有空间发展和产业联动的先进性和重要性。从热环境考虑的角度，经研究发展，相近的城市群由于各联系要素的不断密集，在空间上也逐渐融为一体，过剩热量通过地表能量平衡过程表现为地表城市热岛，形成城市群中大面积的高温地区在空间上聚合，另外城市群边缘区中大量零散建设用地和城镇使得城市群中原本互不干扰的城市热岛产生了连接甚至叠加[63]，也就是规划区所处的城市群及周边区域，热环境背景值较高。另外区域现状自然生态系统对于整体热环境的调节作用显著，特别是大型河流、湖泊、水库、林地、湿地等生态系统，能够起到显著的冷岛作用，则会降低区域背景值。

研究区域冷源状态常用植被覆盖度及水体覆盖度表征。植被指数可用 NDVI（归一化植被指数）来衡量，从植被覆盖度的角度来说，当植被覆盖度越大，缓解热岛效应的效果越好；从植被布局的角度来说，植被布局的紧凑度与地表温度成负相关。也就是说，植被越密集，其降温效果越明显[64]；而植被布局与地表温度的这种关系在夏季白天最强，冬季晚上最弱[65]。水体覆盖度可用 MNDWI（归一化差异水体指数）衡量。研究表明，MNDWI 指数越高，对城市地表的降温作用越明显[66]。以上所述均属于规划区区域背景的信息，在城乡规划时应重点考虑，以更全面判断规划区的热环境背景状态。

6.1.2 城乡规划因素对热环境的影响

热环境和风环境一样在城市空间中极易受到影响，热环境的改变与空间差异是由城市下垫面差异对于热量的不均匀吸收及释放而形成的。热环境变化受到太阳辐射强度、太阳辐射时长、下垫面热吸收特征、下垫面类型及组合情况、风场状态等多因素相互叠加和影响。城市热环境主要体现在大气温度的变化、大气中的热传导较迅速，因此空间温度差异不及风环境复杂。在宏观尺度规划中区域冷源和热岛会影响区域热环境的差异，在中观尺度规划中城区用地类型的布局及风廊道会影响局地温度的舒适度变化，在微观尺度规划中小型绿地水景布局、遮挡效应会形成微气候的差异。在城乡规划过程中，通过用地类型布局与下垫面特征、建筑布局方式、街区断面形态及布局、城市风环境与热力环流等多方面对城市热环境产生影响。

1. 用地类型布局与下垫面特征

城乡规划主要的内容之一就是不同用地类型的空间布局，除了绿地与水体两种用地之外，居住、商业、教育等其他用地通常是通过控制绿地率等方式，在地块内根据项目情况建设绿地及水体，因此，所有地块均会涉及多类型的城市下垫面。下垫面可被分为不透水下垫面和透水下垫面，不透水下垫面主要为建筑、道路等人造结构，通常为水泥、金属等吸热放热性强的材质构成；绿地、水体是城市的主要透水下垫面，为植物、泥土、水体等吸热放热性相对弱的材质构成。这些下垫面的不同类型材质覆盖面积比例和布局方式都能形成不同的吸热、放热的总体效应，影响下垫面对应的上空大气温度的热量情况，进而呈现出不同的城市热环境。因此，在判断城市背景热环境的基础上，通过城市用地布局的调整，增加透水下垫面的面积，可有效调节区域已存在的热岛效应。

2. 建筑布局方式

在中观以及微观尺度的规划中，可以在控制性详细规划中通过控制地块容积率对建筑密度进行控制，从而有效控制新建区域未来的热环境影响。蓝玉良对武汉市城市热环境进行了研究，采用局部莫兰指数（MB）描述建筑布局的紧凑程度。其结果表明，建筑布局对空气温度影响较大，特别是高温天气，建筑布局越紧凑，就会导致空气温度越高。在微观尺度的规划中，可以通过建筑平面布局、建筑形态、建筑排列等进行调整。建筑布局排列方式对于微气候温度的影响，特别是人体温度、舒适度的影响较大，主要由于建筑物对于阳光直射的遮挡作用而形成的局部阴影区域，在炎热的夏季能够形成较舒适的微气候环境。

3. 街道断面形态及布局

在中微观尺度的规划以及城市设计中，城市街道断面类型非常重要，通常会提到道路的绿化覆盖率、林荫道的比例等指标，街道是否有绿化及树木遮阴会对局部热环境起到重要影响。当街道断面类型是简单的无绿化带的方式，可以由街道两侧建筑提供荫蔽，通过建筑群的走向、排布以及街道走向布局相结合，在不同的光照时间可提供遮阴面，从而影响人在其中活动的体感热舒适度[67]。

4. 城市风环境

城乡规划与建设对于城市热环境的影响重要途径之一是城乡规划可以形成合适的城市风环境来进行调节。城市中人流活动的高密度区易形成高温区，除控制一定的热释放外，加强城区自然通风是最为有效的方法之一。据研究表明，通风是仅次于遮阳的改善热环境途径[64]。良好的通风可以改善城市热岛现象和夏季室外闷热的情况，并帮助污染物扩散，提高大气质量。2m/s以上的风速能带走建筑外墙面上一定厚度的暖空气，给建筑降温；风速每增加1m/s，热岛强度就相应地降低0.3K[68]。

另外，城市形成热力环流从而对城市风场造成影响。城市中建筑物周围气流的分布受到热力因素和动力作用两个方面的制约。由于城市中建筑物密度大，盛行风风速相对较小，在某些风环境状况欠佳的区域，甚至会出现静风区，此时，因不同方位受热不均而形成的热力环流会对建筑周围的气流运动起主导性作用。以东西向街道为例，白天屋顶受热升温最快，热空气从屋顶上升，与屋顶同一高度街道上空的空气遂流向屋顶以补充其位置，街道上空又被下沉的气流所代替。这样在屋顶上空就形成一个小规模的空气环流。在街道上从背阴的一面到向阳的一面也产生热力环流，向阳的一面空气上升，背阴的一面空气下沉，期间有水平的气流来贯通。在夜间，屋顶急剧变冷，冷空气从屋顶降至街道，排挤地面上的热空气，使其上升，因此形成与白天不同的街道空气环流[37]。

6.2 热环境规划的意义

热环境和城乡规划存在相互作用与影响，在对区域背景热环境全面了解的基础上，科学的热环境研究可以更好地为城乡规划和城市设计提供依据。采取合理的城市发展模式，合理布局水体、公园等景观，可以使热岛碎片化、降低区域温度，有效改善城市热岛效应。在不同尺度城乡规划中，开展热环境的模拟与评估对优化规划方案十分必要。

根据规划项目范围尺度不同，热环境研究在城乡规划方案优化中的作用与侧重点也不同。

在宏观尺度，对城市群或城市的热环境研究主要是识别区域热岛效应情况以及可利用的自然冷源分布情况，为城乡规划与扩展模式优化提出建议，可以在一定程度上缓解当地热岛效应、提高人居舒适度。

在中观尺度，对区级热环境的研究主要是对街区布局、道路布局、绿地水体用地布局、绿建技术应用等提出建议，从而达到构建中观尺度区域的舒适热环境的目的。

在微观尺度，风环境研究可以调整地块内部景观绿化、水体布局、建筑布局、建筑垂直绿化应用等，形成良好的局地舒适的微气候，如水体对周边有明显的降温缓释作用。

6.3 热环境规划的原则

6.3.1 因地制宜

由于不同规划项目所处地域的气候本底条件、经济发展情况、历史文化与自然资源条件不同，对热环境的要求及采取的优化措施也不同。例如，南方城市常年夏季闷热且降雨充沛，城市经济发展较高，居民对于环境的美化程度及舒适性要求较高，因此夏季的降温成为主要诉求。为优化热环境，在规划时可以考虑增加开放空间，特别是水景水系的增加、绿化景观的设计与连通。在传统建设中也有村落建筑前后有风水塘以及风水林的建设习惯，这些都有利于居住区、聚集区的热环境调节。而在北方城市降雨较少，冬季保暖成为主要问题，因此城区规划设计主要考虑建筑布局等，参考传统模式，采用围合式建筑排列方式，而大型水体在部分区域、部分季节可以起到调节微气候的影响，因水的比热容大而使得周边区域冬季昼夜温差缩小。热环境的调节主要与规划区本底自然资源分布有关，当地地形地貌中是否有自然大型水体、林地，能够有效调节热环境，再进行城乡规划与设计。

6.3.2 关联周边

城市内部由于下垫面特征差异导致近地面以及局地温度存在差异，而大气温度在一定范围内是相互影响的。在热环境研究分析时，要以规划区为中心，同时考虑分析四周区域的冷源、热岛情况。特别是中微观尺度规划时，通过三维模型软件进行数字化模拟分析时，建立的分析模型应以规划区为中心在三维上扩展区域，合理考虑周边下垫面大型水体水系、林地、密集城区情况的影响，还原和模拟当地区域热环境情况。热环境的优化措施除了通过景观、城区建筑密度控制外，还可通过构建通风廊道，增加规划区外围以及内部冷岛与热岛的空气流动达成。

6.3.3 科学辅助

区域热环境与下垫面种类、材质高度相关，不同材质的热传导系数不同，相应地，其热辐射也不同，因此需要借助模拟软件定量研究。尺度不同的规划区关注重点也不同，因此可用不同的软件进行模拟。对宏观尺度区域的土地利用对热环境影响的研究常借助遥感影像，结合其下垫面变化和红外辐射情况进行分析；对中观尺度区域城乡规划对热环境影响的研究一般需要建立 3D 模型使用专业软件进行分析；而对微观尺度下建筑设计或景观绿化对热环境影响的研究，对 3D 模型的精细度要求更高，并且需要明确建筑材质和绿化植物的品种及高度。

6.3.4　尊重结果

借助科学手段进行量化的热环境模拟后，能够有效分析规划方案的热环境情况，根据预测结果做出判断和评估，识别规划方案存在的热岛等问题，辅助优化规划方案。分析结果可识别用地布局、建筑布局的不合理之处，应当尊重分析结果，进行规划方案的优化调整。

6.4　规划流程

热环境规划的主要思路为：识别问题、分析问题、寻求解决方法。将其拆分为具体的操作步骤与流程，如图 6-1 所示。

图 6-1　规划流程图

6.4.1　分析项目背景

不同规划项目均有各自的特征，包括项目区位、下垫面类型、气候特征、生态系统特征、经济发展与产业、建筑历史文化等。这些特征能够为热环境的分析提供基础判断。

1. 项目区位

通过了解项目的地理区位、所处的气候分区，能够对规划区的大区域热环境提供初步的判断。另外，项目区与城市（城市群）的区位关系，是位于郊区或者是中心区、周边建筑情况、水体林地等自然资源的距离、下垫面类型等影响着规划区的基础热环境状态的判断。该区域降雨是否丰沛，是否适合布局大水面及水系水网，也同样影响规划方案调节热环境采用的策略。

2. 下垫面类型

规划区无论尺度大小，均会具有建筑物、绿地、道路等不同类型下垫面，部分还包含水体、湿地等。下垫面极大地影响着环境温度，例如水体、植被、沥青马路、水泥混凝土马路的热辐射系数不同，它们对热环境特别是近地面及周边大气温度造成人体可感知、可监测到的影响。

3. 气候特征

气候特征是影响热环境的决定性因素，因此，在进行区域热环境模拟时要将气候特征作为基础数据应用于模型中；另外，在分析热环境模拟结果与提出优化建议时也要充分考虑当地的基础气候特征，提出符合当地气候特征的建议。

4. 生态系统特征

通过生态系统特征分析，了解水体生态系统的水域面积、水域深度、水体动植物情况、来水水源情况等，有助于初步判断水体对城市热量的吸纳能力以及可能对水体生态产生的热影响。了解绿地生态系统的植被类型，包括乔木、灌木、草本、藤本的群落状态，根据植物的覆盖率以及郁闭度的差异，有助于更好地确定绿地下垫面的热传导系数、太阳辐射吸收系数、材料表面辐射特性、能量来源等的参数设定，能够更准确地模拟绿地对城市热环境的影响。建设区生态系统，包括传统建设类型以及生态型建设类型，传统建筑采用的是传统的钢筋混凝土建筑材料；而生态型建筑在建材方面采用热容较低、隔热较强的材料，同时加入垂直绿化、空中花园等生态元素，改变传统建筑的外立面吸热与辐射性质，建筑周边的硬化路面也可能加入低影响的可渗透路面技术，改变路面的吸热性质；因此，建设区生态系统的形态对城市热环境可能产生差异较大的不同模拟结果。

5. 经济发展与产业

规划区经济发展情况，人们对于居住环境要求及满意度的高低，往往与该区域是否适合将更多的土地用于布局公共空间、水体、绿地等。另外，分析主要产业的类别，是否有释放大量热能的产业进而影响城区本底大气温度。

6. 建筑历史文化

规划区传统建筑风格与文化的研究，可以综合其他因素一起判断该区域的热环境舒适性的关键点。例如，建筑前后通风、风水塘、风水林的布局，亦或是建筑结构上的围合保暖等，都能体现该区域的舒适热环境侧重于散热还是防寒。

6.4.2 收集数据

城市热环境主要受气候要素和城市因素的影响，其中气候因素为直接影响因素，城市因素为间接影响因素。城市因素包括城市空间结构、通风廊道和下垫面（建筑、绿地、水体、道路）等，影响热环境的城市因素主要包括：建筑形态布局、容积率、绿地率等。因此在模拟中主要考虑背景气候状况及下垫面（建筑、绿地等）对热环境的影响（表6-1）。

建模需要数据　　　　　　　　　　　　　　　　表 6-1

数据类型	序号	数据内容	数据形式	数据要求	数据来源
下垫面	1	建筑模型、各类型物理特性参数	.skp	精确程度符合规划区尺度	设计单位
气候特征	2	规划区平均气温	.xlsx	符合规划区尺度	当地气象部门
	3	项目所在城市郊区平均气温	.xlsx	最新、可靠	当地气象部门
	4	风向风频	风玫瑰图	最新、可靠	当地气象部门
	5	太阳能辐射量	.xlsx	具代表性的日期	当地气象部门
生态系统特征	6	植被类型、水体分布	.shp .dwg .skp	涵盖研究区域	当地自然资源管理（国土）部门、地理信息数据共享平台
卫星遥感图像	7	规划区的 MODIS 图像	.hdf	精确程度符合规划区尺度	地理信息数据共享平台

1. 下垫面

在热环境模拟中，需要明确下垫面的类型与布局，主要为建筑、道路、绿地、水体的位置与布局，以及建筑、道路、水体、绿地的材质物理特征参数。研究表明，不同材质的建筑对热辐射的吸收和反射程度有很大差异，因此对周边热环境的影响也不同。而建筑与街区的形态和布局对风环境有很大影响，风环境将进一步影响区域热环境，因此要对区域热环境进行数据模拟，需掌握规划及周边建筑和街道的布局和材质资料。

2. 气候特征

收集规划项目所在地区的气候特征数据有助于对当地气候进行初步判断，并确定建模设置的初始条件。根据《城市总体规划气候可行性论证技术导则》的建议，在进行热环境模拟时，需要收集规划城市及周边气象代表站 30 年以上的观测数据。数据年限若达不到30 年，应不少于 10 年，数据主要包括：年平均气温、年最高和最低气温、探空站的气温探测数据；太阳辐射观测数据；年平均风速、年风向频率、年最大风速、年大风日数等。需要注意的是，为计算规划区的热岛强度指数，需根据附近气象站的数据，分别计算规划项目所在城市和郊区的年平均气温。

3. 生态系统特征

植物、水体等景观会在不同尺度影响城市微气候。例如，道路两旁的行道树对街区热环境的影响微乎其微，但行道树可以使树下人的体感温度有效降低；湖泊、河流等大型水体对热环境的影响的尺度也会随着水体尺寸的增大而增加。此外，大面积林地对热环境的调节作用明显，不同类型的植被对热环境的影响也不同。针对居住区绿化的研究表明，乔一灌一草绿化模式和乔一草模式对人体热舒适调节最佳，草地和灌一草绿化模式的调节作用较弱。另外，在植物种类的选择上，叶面积指数越大对热环境效果越佳[69]。因此，在进行城市热环境模拟时，了解当地生态系统特征十分必要。

4. 卫星遥感图像

在通过地表温度反演算法计算地表热环境时，需要收集精度不小于 30m 的卫星遥感影像进行校准。卫星遥感影像可以在地理信息数据共享平台上获取。

119

6.4.3 建立计算模型

根据收集到的数据，建立三维仿真计算模型。因为大气温度的热传导等相互作用复杂，在建立模型时要考虑周边的山体、水体对规划区温度的影响。因此，建议在规划区的基础上考虑周边影响适当扩展，以规划区为中心形成"九宫格"模式外扩得到建模范围。

6.4.4 分析计算结果

分析结果前应首先检查模拟结果的控制监测结果，数据计算的收敛情况，发现计算结果发散，有明显错误，应重新检查模型与参数设置，调整后重新进行模拟运算。分析热环境模拟的结果，根据项目尺度不同，分析的着眼点也不同。对于宏观尺度的项目，主要分析土地利用对区域热环境的影响、热岛的分布规律；对于中观尺度的项目，主要分析水体、公园绿地等大型景观对区域温度的影响和建筑设计的合理性；对于微观尺度的项目，主要分析建筑材质和绿化树种对热环境的影响。

6.4.5 提出优化建议

根据分析结果，首先聚焦要解决的问题，提出可行的优化调整建议。

6.5 分析工具

热环境数值模拟主要有分布参数法与集总参数法，分布参数法主要在 CFD 技术的基础上发展而来，通过计算流体力学的理论对城市微气候热环境的导热、对流和辐射换热效应进行耦合计算[70]；集总参数法则是一种忽略物体内部热阻的简化算法，认为物体的温度仅是时间的一元函数而与其空间位置无关，其研究对象主要是建筑物与周边空气，将建筑周围的空气看成一个内部不存在温差的物体，简化空气流动对传热的影响，重点在于分析热平衡，在于预测平均温度随时间变化的规律。分布参数模型的特点是计算量大、运算速度慢，适用于风热环境耦合研究；而集总参数法模型的特点是计算速度快、简明实用、针对性强，适用于热环境计算。

6.5.1 热环境分析常用软件

基于分布参数法的 CFD 类工具主要有 Fluent、PHOENICS 和 ENVI-MET，在利用这些软件进行模拟时，需要耦合风环境模拟，取得综合的热环境结果；而基于辐射模型的 RayMan 和 SOLWEIG、基于 CTTC 改进的模型 DUTE 可进行相关热辐射和人体舒适度的模拟（表 6-2）。

热环境分析常用软件 表 6-2

序号	软件名称	适用领域	优点	缺点
1	ENVI-MET	城市气候学、建筑设计风景园林和环境规划	操作简单、可预测污染物扩散、可进行风模拟预测、可考虑微环境中植物的作用	常用于微观尺度热环境模拟

序号	软件名称	适用领域	优点	缺点
2	PHOENICS	暖通工程、建筑设计、环境工程、燃烧和爆炸、流体机械	操作简单、指标全面、计算速度快、支持二次开发	运算收敛较慢，对于建模参数要求细致
3	Fluent	辐射传导热、声学与噪声、燃烧与化学反应、流固耦合	可二次开发、物理模型丰富而先进、模型可视化且易调控、模拟精准度高	操作复杂
4	SOLWEIG	建筑设计	可设置植物种类	对输入的数据要求过高、缺乏对空气流动对热环境的影响效应的考虑、对绿化对微气候的影响效应模拟结果的精确度欠佳
5	RayMan	中微观尺度范围	界面简洁、相对友好	较难处理复杂地形
6	ENVI	城市群区域等宏观尺度数据解译	可进行城市群等宏观尺度气象数据获取及分析，展示历史多年温度变化	仅有展示历史数据作用，无模拟，无法预测未来，不常用于微观尺度

1. ENVI-MET

ENVI-MET 是由德国的 Michael Bruse（University of Mainz，Germany）开发的一个三维气候模型，以 $0.5 \sim 10m$ 的空间解析度和 $10s$ 的时间解析度来模拟城市环境中的实体表面—植物—空气的相互作用。ENVI-MET 平台在数据输出和输入性上有相对完善的指标体系，能充分根据地面、植被、建筑以及大气的变化对城市风热环境做出数值模拟，并且其输出指标相对完整，后期数据处理的信息后处理模块使得数据后处理更加系统化、可视化。

2. Fluent

对 Fluent 的介绍请见第 5.5.1 章节。

3. SOLWEIG

SOLWEIG（Solar and Longwave Environmental Irradiance Geometry Model）是一款辐射模拟软件，该软件能模拟白天时段复杂城市环境下的辐射通量和 T_{mrt}[71]。建立的是 2.5 维的模型，即在计算模拟 T_{mrt} 时，运用了数字高程模型（Digital Elevation Model，DEM）数据，除了平面位置信息 X、Y 以外，还有高度信息 h。

SOLWEIG 工具输出的指标包含与太阳辐射相关的系列指标及部分热舒适性指标，其他类的输出还包含天空开阔度 SVF，包括建筑模型的 SVF、植物模型的 SVF，涉及热舒适性的指标包含 T_{mrt}，PET 与 $UTCI$。

4. RanMan

RanMan 工具（Radiation on the human body）全称为人体热辐射评估软件，是由德国弗莱堡大学的气象研究所开发的一款城市生物气象研究软件，其核心为以德国工程师协会（The Association of German Engineers）的 VDI 准则建立的 RayMan 辐射模型，该模型可以用来计算太阳辐射通量，以及云层、建筑、山体、地形等遮挡物对短波辐射的影响。

该工具中的舒适性输出指标有研究人体能量平衡所需的平均辐射温度 MRT，还能计算出应用于热舒适性评价的 PMV、PET 及 SET 等指标；其他的指标还包括在不同的天空可视因子影响下的日照持续时间、日出日落时间、树木阴影区、太阳辐射逐日总量、日平均值最大值等。

ENVI 及 PHOENICS 为规划设计中最为常用的研究宏观尺度、中微观尺度项目热环境的软件，详细介绍见下文。

6.5.2 ENVI 软件介绍

对规划区的热环境进行评价时可使用卫星遥感法。卫星遥感法的优点是可结合土地利用变化，结合对当地季度、年度温度的测量，进行宏观尺度、大时间跨度的地表温度分析。可以用于城市群热环境研究，识别城市热岛范围。

在使用地表温度反演法进行宏观尺度的热环境评价时，可使用 ENVI（The Environment for Visualizing Images）。该软件是一个完整的遥感图像处理平台，应用覆盖了图像数据的输入/输出、图像定标、图像增强、纠正、正射校正、镶嵌、数据融合以及各种变换、信息提取、图像分类、基于知识的决策树分类、与 GIS 的整合、DEM 及地形信息提取、雷达数据处理、三维立体显示分析。需要注意的是，在使用 ENVI 进行热环境评价时，其网格尺寸较大，计算精度不高且该模型无法通过导入的方法输入建筑信息。

ENVI 提供了专业可靠的波谱分析工具和高光谱分析工具。还可以利用 IDL 为 ENVI 编写扩展功能。其可扩充模块有：

1. 大气校正模块（Atmospheric Correction）

校正了由大气气溶胶等引起的散射和由于漫反射引起的邻域效应，消除大气和光照等因素对地物反射的影响，获得地物反射率和辐射率、地表温度等真实物理模型参数，同时可以进行卷云和不透明云层的分类。

2. 立体像对高程提取模块（DEM Extraction）

可以从卫星影像或航空影像的立体成像中快速获得 DEM 数据，同时还可以交互量测特征地物的高度或者收集 3D 特征，并导出为 3DShapefile 格式文件。

3. 面向对象空间特征提取模块（ENVIEX）

根据影像空间和光谱特征，从高分辨率全色或者多光谱数据中提取特征信息。包含了一个人性化的操作平台、常用图像处理工具、流程化图像分析工具、面向对象特征提取工具（FX）等。

4. 正射纠正扩展模块（Orthorectification）

提供基于传感器物理模型的影像正射校正功能，一次可以完成大区域、若干影像和多传感器的正射校正，并能以镶嵌结果的方式输出，提供接边线、颜色平衡等工具，采用流程化向导式操作方式。

5. 高级雷达处理扩展模块（SARscape）

提供完整的雷达处理功能，包括基本 SAR 数据的数据导入、多视、几何校正、辐射校正、去噪、特征提取等一系列基本处理功能；调焦模块扩展了基础模块的调焦功能，采用经过优化的调焦算法，能够充分利用处理器的性能实现数据快速处理；提供基于 Gamma/Gaussian 分布式模型的滤波核，能够最大程度地去除斑点噪声，同时保留雷达图像的纹理属性和空间分辨率信息；可生成干涉图像、相干图像、地面断层图。主要功能包括：SLC 像对交叠判断、多普勒滤波、脉冲调节、干涉图像生成、单列干涉图生成等；对极化 SAR 和极化干涉 SAR 数据的处理；永久散射体模块能用来确定特征地物在地面上产生的毫米级的位移。

6. NITF 图像处理扩展模块（Certified NITF）

读写、转化、显示标准 NITF 格式文件。

6.5.3 PHOENICS

该软件适用于城乡规划与设计的中微观尺度项目，研究尺度通常为城区、街区、地块等，该模型基础简介信息见 5.5.2 节。在热环境模拟时主要适用的软件内设数学模型如下。

1. 能量方程

进行热环境分析模拟时，在能量方程模块选择温度模型，温度模型主要是辐射放热能量方程，计算辐射热通量矢量，进行模型的热力学计算。在温度模型开启的情况下，模型的参数设置页面要求输入包括热传导系数、太阳辐射吸收系数以及辐射发射率等参数(图 6-2)。

2. 辐射模型

PHOENICS 用于计算暖通的 Flair 模块内置的辐射模型为 Immersol 模型。Immersol 模型是 1995 年 Spalding 教授基于斯蒂芬—波尔兹曼定律提出的，可以计算处于流体中的固体表面之间以及流体间的辐射换热。通过 Immersol 模型可以计算固体表面的辐射温度与流体中的辐射温度，同时经实践证明该模型具有较高的准确性和经济性。

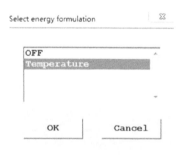

图 6-2 能量方程选择页面

在 PHOENICS 的 Immersol 模型中可以设置吸收系数（Aborption Coefficient）、散射系数（Scattering Coefficient）以及储存辐射能量通量（Store Radiative Energy Fluxes）等相关参数（图 6-3）。

3. 湿度模型

软件开启湿度模型后，默认计算湿度结果为 MH_2O，表示的是水蒸气的混合状态，单位是千克水/千克空气。同时，可以通过设置计算输出与湿度相关的其他常用结果（图 6-4），包括湿度率（Humidity Ratio，HRAT），单位为千克水/千克空气，直接表征空气的含水量；相对湿度（Relative Humidity，RELH），以百分数表示；湿球温度（Wet Bulb

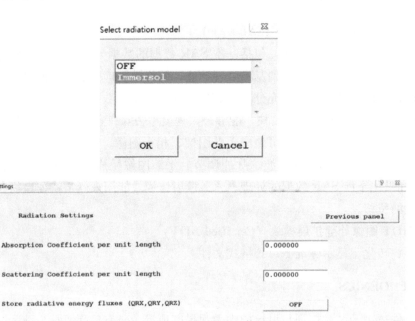

图 6-3　辐射模型设置页面图❶

Temperature，TWET），单位为℃，是指同等焓值空气状态下，空气中水蒸气达到饱和时所对应的空气温度，在空气焓湿图上表示为由空气状态点沿等焓线下降至100％相对湿度线上所对应点的干球温度；露点温度（Dew Point Temperature，TDEW），单位为℃，指空气在水汽含量和气压都不变的情况下，空气中的水蒸气变为露珠时所对应的温度称为露点温度。当空气中水汽含量达到饱和的时候，气温与露点温度相同；当水汽含量未达到饱和的时候，气温会高于露点温度。露点温度与气温的差值可以表示空气中的水汽的饱和程度。

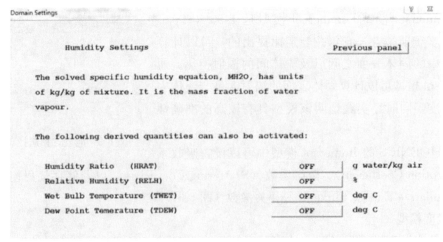

图 6-4　湿度模型及结果输出设置页面图❶

---

❶　图片英文翻译对照表见附录 3。

4. 舒适度模型

与热有关的舒适度指标有：干燥温度（Dry Resultant Temperature，TRES），单位为℃，表示采用一定热源可以提高到一定的温度，促进水分蒸发从而达到干燥的目的；表观温度（Apparent Temperature，TAPP），单位为℃，指自然状态的表面温度；预测平均热感觉指数（Predicted Mean Vote，PMV），表示根据人群实验对冷热程度的感觉分级得到的投票结果相对应的冷热舒适度，通常用于评估环境的人体感觉舒适度，结果范围为 -3 冷、-2 凉、-1 较凉、0 适中、＋1 较温暖、＋2 温暖、＋3 热共 7 个等级，没有单位。该指数是根据人体热平衡计算的，可通过估算人体活动的代谢率及服装的隔热值获得，同时还需要空气温度、平均辐射温度、湿度及风速等环境参数；预测不满意百分数指数（Predicted Percent Dissatisfied，PPD），表示根据人群实验对环境的综合感觉，对热环境表示不满意的人进行定量分析，即感觉 PMV 评价中为过暖或者过凉所占的百分数；吹风感（Draught Rating，PPDR），结果以百分数表示，通常用于室内暖通工程中关于人体感知程度，表示空调房间内人员受空气流动影响的人数；热损失率（Percent Productivity Loss，PLO），表示人体或建筑物向外散失的热量，人体的热损失指从人体散发到周围环境的热量，包括蒸发散热、对流散热、辐射散热和少量的热传导；全局湿球温度（Wet Bulb Globe Temperature，WBGT），与湿度模型中的湿球温度含义一致（图 6-5）。

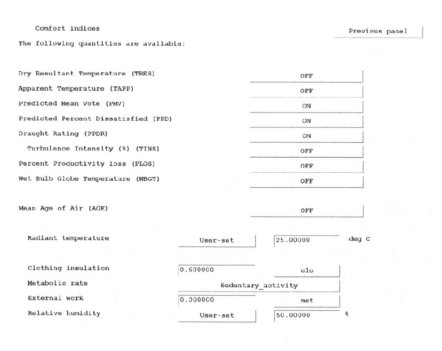

图 6-5 舒适度模型设置页面图❶

---

❶ 本图片英文翻译对照表见附录 3。

6.6 评价标准与评价指标

6.6.1 常用评价标准

现阶段我国对城市热环境的评价标准为区域的热岛强度指数。从 2014 年 3 月 1 日起实施的《城市居住区热环境设计标准》JGJ 286 中采用逐时湿球黑球温度和平均热岛强度对热环境评价指标做出规定：居住区夏季逐时湿黑球温度不应大于 33℃、居住区夏季平均热岛强度不应大于 1.5℃；另外，该标准对活动规划区的遮阳方式做出了规定，要求居住区合理采用绿化或构筑物遮阳。

《绿色建筑评价标准》GB/T 50378 从建筑小区控制的角度对室外热环境的评价指标做出规定：采取措施降低热岛强度，评价总分值为 4 分，其中红线范围内户外活动规划区有乔木、构筑物遮阴措施的面积达到 10%，得 1 分；达到 20%，得 2 分；超过 70%的道路表面、建筑屋面太阳辐射反系数不小于 0.4，得 2 分。

6.6.2 常用评价指标

1. 温度

温度是表示大气或物体表面冷热程度的物理量。在进行热环境研究过程时，通常需要研究人行高度温度及建筑表面、道路表面的温度。

2. 城市热岛强度

一个地区（主要指城市内）的气温高于周边郊区的现象，可以用两个代表性测点的气温差值（城市中某地温度与郊区气象测点温度的差值）即热岛强度表示。

3. 热场强度指数

对各年年均地表温度进行归一化处理后，根据结果对规划区进行分区，一般分为低温区、较低温区、中温区、较高温区、高温区。

4. 相对湿度

相对湿度，表示空气中的绝对湿度与同温度下的饱和绝对湿度的比值，也就是指在一定时间内，某处空气中所含水汽量与该气温下饱和水汽量的百分比。

只要不是低于 5% 相对湿度（Relative Humidity，RH）或者高于 95%RH，一般人体都能很好地承受。对于普通城市居民来说，不宜长期待在湿度过高的地方，因为长期在此环境下易患关节炎等疾病。而长期湿度较低的环境会使皮肤变得粗糙、开裂，但不会有很严重的疾病。不过，从人体的体感角度来说，湿度的舒适度与温度有关。

① 0~8℃，大气湿度偏低较好，20%RH~50%RH 为宜，人体感觉不是太寒冷，但是皮肤容易失水。湿度高的情况下，会有又阴又冷的感觉。

② 8~28℃，只要大气相对湿度是 30%~80%，人体均可接受。50%RH 左右比较适宜。湿度较小有干燥的感觉，湿度过大会感觉潮湿。

③ 28℃以上，湿度随气温升高减小，有利于人体排汗，发散热量。湿度过小会很干

燥，快速让皮肤变的失水粗糙，湿度过大会让人有闷热的感觉，使排汗变得困难。

地表湿度与下垫面性质、通风情况有密切关系。下垫面的性质由于吸热系数、蒸发系数等物理性质不同，会影响近地面的大气湿度情况。下垫面是水体、草地、林地等，通过植物的蒸腾和水体的蒸发，可以增加近地面的空气湿度，同时吸热降温。下垫面是建筑、道路等硬质材料，具有较强的吸热系数，导致温度上升，加速附近空气中水分的上升，会降低近地面的湿度。

5. 热舒适度指标

热舒适度指标最早被用于评价室内热舒适度，后来被延伸为室外热舒适度指标，用于评价规划设计方案并为改善城市微气候提供规划设计指引。在国际上，目前常用的热舒适度指标有：标准有效温度（Standard Effective Temperature，SET）、生理学等价温度（Physiological Equivalent Temperature，PET）和通用热气候指标（Universal Thermal Climate Index，UTCI）等。在我国，自从 20 世纪 90 年代"人体舒适度指数"概念被引进后，该概念被直接采用或将公式进行本地化修正后以此评价区域的气候人体舒适度。另外，我国的《城市居住区热环境设计标准》（JGJ 286）选取湿黑球温度（Wet-Bulb Glob-al Temperature，WBGT）作为室外热舒适评价指标。以上指标常被用作研究与规划设计的参考指标，但总体来说，我国尚无规范和指引规定适用的室外热舒适评价指标。

（1）生理学等价温度 PET

生理学等价温度 PET 是针对室外环境开发的热舒适度指标之一。PET 指当人体（男，身高 180cm，体重 75kg，衣物热阻 0.9clo，代谢率 80W）处于某一环境，他的核心温度和皮肤温度与其处在一个典型房间（平均辐射温度等于空气温度，水蒸气压力等于 12hPa，气流速度等于 0.1m/s）时相等，那么这个典型房间的空气温度就等于所评价环境的生理学等价温度 PET。PET 指标不能评价不同活动量和服装热阻所带来的热舒适影响。

PET 需在稳态环境中使用，常被用于季节性温差较大的热环境评估及城乡规划与设计中。

（2）人体舒适度指数

人体舒适度是判断热环境的重要指标，一般情况下可将人体舒适度指数分为 10 个等级：极冷、很冷、冷、凉、舒适、暖、热、炎热、暑热、酷热。常用的预测和评价人体舒适度的公式如下：

$$SSDI = (1.818T_a + 18.18)[0.88 + 0.002RH + (T_a - 32)]/(45 - T_a) - 3.2V + 18.2$$

式中　$SSDI$——人体舒适度指数；

　　　T_a——平均温度（℃）；

　　　RH——相对湿度（%）；

　　　V——风速（m/s）。

人体舒适度受到多种因素的影响，主要是人对外界环境的一个主观量度，其外在表现可以描述为感觉温度。寒地城市的人体舒适度感受与温暖炎热地区有所不同，低温和强风对其影响较大。当外界的温度高于人体本身的温度时，人体无法向外界散发出热量，此时人体会感觉到热；当外界温度低于人体本身表皮温度时，人体会散发出大量热量来维持平衡，这时人体会感觉到冷。感应温度对人体舒适度的影响如表 6-3 所示。

感觉温度对人体热感觉的影响[72]   表 6-3

感觉温度（℃）	热感觉	生理作用	机体反应
10	寒冷	手脚麻木	肌肉疼痛妨碍表皮血液循环
15	较冷	鼻子和手的血管收缩	黏膜、皮肤干燥
20	凉快	利用衣服加强显热散热调节	正常
25	舒适	靠肌肉的血液循环来调节	正常
30	暖和	以出汗的方式进行正常的温度调节	排汗
35	较热	影响呼吸	焦躁
41~40	炎热	强热影响出汗和血液循环	危及并妨碍心血管血液循环

太阳辐射是影响空气温度的主要因素，也可以舒缓人的心情，充足的日光照射可以改善人的健康状况，在没有阳光照射的情况下，人在一定程度上会感到心情压抑，导致工作效率降低等一些负面影响。

（3）预测平均评价 PMV 和不满意者百分数 PPD

预测平均评价（Predicted Mean Vote，PMV）指数是以人体热平衡的基本方程式以及心理生理学主观热感觉的等级为出发点，考虑了人体热舒适感诸多有关因素的全面评价指标，该指标最早被用于评价室内热舒适度，后被延伸评价室外热舒适度。PMV 指数是丹麦的范格尔教授（P. O. Fanger）综合了近千人在不同热环境下的热感觉结果而提出的表征人体热反应（冷热感）的评价指标，代表了同一环境中大多数人的冷热感觉的平均值。由于热感觉的主观性，即使对于大多数人表示满意的热环境，仍然会有人感到不满意，因此引入 PPD 指标，用于预测处于热环境中的群体对热环境不满意的投票平均值。

PMV-PPD 模型提出的指标表示大多数人对热环境的平均投票值即热感觉投票（Thermal Sensation Vote，TSV），是 20 世纪 80 年代得到国际标准化组织（ISO）承认的一种相对全面的热舒适指标，用问卷的方式直接询问受试者对环境的冷热感觉程度。在进行热感觉调查时，将冷热感设置成某种等级标度，让受试者根据这些标度结合实际感觉进行投票。心理学研究表明，一般人可以不混淆地区分的感觉标度不超过 7 个。所以，热感觉的评价指标通常采用 7 个分级。目前，通用的是 ASHRAE 的七级指标。共有七级感觉，即冷（-3）、凉（-2）、稍凉（-1）、中性（0）、稍暖（1）、暖（2）、热（3）。ISO 7730 推荐，对某一热环境的 PPD 值应<10%，所以其热环境舒适应为-0.5<PMV<+0.5。

需要注意的是，该评价适用于稳态环境，PMV 为-2~2，并且影响 PMV 的 6 个参数应处于下列范围：新陈代谢率（46~232W/m²）、服装热阻（0~2clo）、空气温度（10~30℃）、平均辐射温度（10~40℃）、风速（0~1m/s）、空气水蒸气分压（0~2.7kPa）[73]。当 PMV 小于-2 或大于+2 时会产生较大偏差，尤其在热端。也有研究指出，采用 PMV 评价室外热舒适度时，室外的不舒适状态会被高估[74]。实际上，现代对于 PMV 的等级进行优化，采用 9 级评价等级（表 6-4）。

冷热感指标　　　　　　　　　　表 6-4

热感觉	很冷	冷	凉	微凉	适中	微暖	暖	热	很热
舒适度指数	<25	26～38	39～50	51～58	59～70	71～75	76～79	80～85	86～88
PMV 值	−4	−3	−2	−1	0	+1	+2	+3	+4

舒适度指数 86～88，PMV 4 级人体感觉很热，极不适应，需注意防暑降温，以防中暑；

舒适度指数 80～85，PMV 3 级人体感觉炎热，很不舒适，需注意防暑降温；

舒适度指数 76～79，PMV 2 级人体感觉偏热，不舒适，可适当降温；

舒适度指数 71～75，PMV 1 级人体感觉偏暖，较为舒适；

舒适度指数 59～70，PMV 0 级人体感觉最为舒适，最可接受；

舒适度指数 51～58，PMV −1 级人体感觉略偏凉，较为舒适；

舒适度指数 39～50，PMV −2 级人体感觉较冷（清凉），不舒适，需注意保暖；

舒适度指数 26～38，PMV −3 级人体感觉很冷，很不舒适，需注意保暖防寒；

舒适度指数 <25，PMV −4 级人体感觉寒冷，极不适应，需注意保暖防寒，防止冻伤。

（4）湿黑球温度 WBGT

WBGT 是重要的室外热环境评价指标之一，通过国际 ISO 7243 认证推荐，可以定量评价环境的热舒适性，计算公式如下所示：

$$WBGT = 0.7T_w + 0.2T_g + 0.1T_a$$

式中　T_w——自然通风下的湿球温度；

　　　T_g——黑球温度；

　　　T_a——干球温度。

6.7　模型应用

热环境规划研究重要的方法之一为通过软件数学模型模拟计算，得到上述相关指标的模拟数值。软件模型的选择与构建过程最为重要，直接关系仿真模拟结果的科学性。虽然市面上有多种商业软件可以进行模型模拟计算，中微观尺度的项目适宜采用 PHOENICS 软件。当使用 PHEONICS 模拟热环境时，模型应用方法与风环境模型应用方法基本相同（图 6-6），见 5.7 节，以下本书以 PHOENICS 为例介绍相关案例。但要注意设置模型参数时，关闭部分固形处理模型（Partial Solid Treatment）。对于宏观尺度的项目，本书在以下内容中以 ENVI 为例进行模型应用的介绍。

大范围研究的温度值及其时空分布，可以利用热红外遥感技术显示。热红外遥感技术能获取热红外波段的辐射能量，根据地表物体的发射率特性反演得到其温度，实现大范围的温度信息获取，因而热红外遥感在地表温度反演方面有着重要的作用。现有的地表温度反演算法大致有以下四种：大气校正法、单通道算法、劈窗（分裂窗）算法和多波段算法。

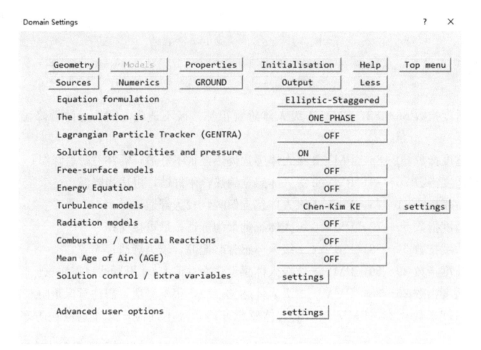

图 6-6　参数设置界面图❶

大气校正法和单通道算法需要大气实时剖面数据。单通道算法适用于只有一个热红外波段的数据，如 Landsat TM/ETM 数据，因其为具有较高的空间分辨率，所以适用于小范围的地表温度反演；单通道的四种算法中，多数研究认为 MW 精度最高，RTE 精度最低，Artis、SC 精度居中。当影像同步大气参数可得时，采用 MW 算法的精度最高；当影像同步大气的参数不可得时，也可采用 Artis 算法。劈窗算法适用于两个热红外波段的数据，如 MOAA-AVHRR 和 MODIS。多波段算法适合于多个热红外波段的数据，所需参数多，运算复杂且需要白天和晚上的两景数据，反演难度较大，不适用于 Landsat 系列卫星地表温度反演；就成熟程度而言，多波段算法还在发展之中。到目前为止，劈窗算法是目前发展比较成熟的地表温度遥感反演方法。这一算法需要两个彼此相邻的热红外波段遥感数据来进行地表温度的反演。劈窗算法主要是针对 NOAA-AVHRRR 的热红外通道 4 和 5 的数据来推导。在 MODIS 的 8 个热红外波段中，第 31 和第 32 波段最接近于 AVHRR 通道 4 和 5 的波段范围，因而最适用于分裂窗算法。MODIS 数据波谱分辨率高、时间周期快、容易获得，可被用于获取大范围的地表温度数据[75]。

6.7.1　遥感图像收集

城市下垫面的不合理布局和人为活动过度密集是产生热岛效应的主要因素。宏观尺度项目研究时，可在地理数据共享平台上收集规划区的卫星遥感图像。选择数据时注意，根据研究尺度的大小选择适合的精度，根据研究的时间跨度选择最接近研究时间的数据。利

---

❶　本图片英文翻译对照表见附录 3。

用 MODIS 影像，对宏观尺度下城市或区域的地表温度进行反演，可获知地表温度变化情况，从空间上识别出热岛分布情况，再结合热岛比例指数等数值计算可进一步获知热岛强度情况。可在"地理空间数据云"网站（http：//www.gscloud.cn/）获取 MODIS 地表温度系列产品。数据产品包含各经纬度坐标下的逐日日间、夜间温度。

MOD11A1 1km　地表温度/发射率产品
详细信息　数据列表

MOD11A1 1km　地表温度/发射率产品
详细信息　数据列表

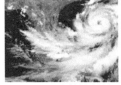
MOD11A2 1km　地表温度/发射率8天合成产品
详细信息　数据列表

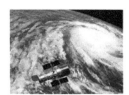
MOD11A2 1km　地表温度/发射率8天合成产品
详细信息　数据列表

图 6-7　遥感影像图

图片来源：MODIS 陆地标准产品示意［Online Image］.［2019-9-9］.
http：//www.gscloud.cn/sources/? cdataid＝265&-pdataid＝10

6.7.2　模型计算方法确定

根据收集的卫星图遥感图像类型，确定模型计算方法。此处介绍用 ENVI 对 MODIS 的 LST 图像进行模型校正，参考潘莹对重庆市热岛分析的方法[76]。

MODIS 地表温度产品（LST）是反映热场最直接、最重要的定量指标。但由于各年年均地表温度获取的遥感数据时相不同，难以用绝对温度值来直接进行比较分析。因此，对地表年均温度进行归一化处理，其公式如下：

$$H_i = \frac{BT_i - BT_{\min}}{BT_{\max} - BT_{\min}}$$

式中：H_i——第 i 个像元对应的热场强度指数；

　　　BT_i——第 i 个像元的地表温度；

　　　$BT_{\min}$——图像范围内最低地表温度；

　　　$BT_{\max}$——图像范围内最高地表温度；

　　　H_i——0～1，其值越大，高温现象越明显。

6.7.3　结果处理

参考潘莹的结果处理方式，将热场强度指数分为 5 个等级，如表 6-5 所示。

热场强度指数分级表　　　　　　　　　　　　　　　　表 6-5

热场强度指数	热场强度等级
0～0.1	低温
0.1～0.3	较低温
0.3～0.7	正常
0.7～0.9	较高温
0.9～1.0	高温

131

6.8 规划成果

热环境规划研究的成果主要为规划研究文本报告，通常以图文结合的形式直观展示各评价指标的大小和不同区域的变化情况，进一步深入分析模拟成果以及出现对应展示结果的原因，评价规划区域、规划方案的热环境特征以及存在的问题，提出规划方案中建筑、道路、水体、绿地景观布局或者是宏观区域下整体城市格局的优化建议。

6.8.1 成果框架

热环境规划成果主要由三部分组成：对项目的基础分析，在考虑其气候和冷热源分布的情况下对区域内热环境进行数据解译或数值模拟，以及针对模拟结果提出的对规划方案的优化建设（表6-6）。

成果内容列表　　　　　　　　　　　　　　　　　　　　表 6-6

分项	章节内容	内容主要形式	重点
基础分析	冷、热源分布分析	Dem 地形图＋基础资料＋SketchUp 模型＋文字	山林、河流、湖泊、大型湿地等特殊地形要素分布
	气候条件分析	Excel 表格＋文字	季节平均温度、最高温、最低温
	首要需解决问题分析	Excel 表格＋文字	规划区对热环境的要求
数值模拟（中微观尺度）	热模拟结果云图	地表、近地面热模拟结果云图	识别由于不同下垫面材质导致的温度空间差异
		建筑表面热模拟结果云图	识别综合因素导致的建筑表面热的情况
数值解译（宏观尺度）	解译分析图	地表温度等级图	对地表温度进行分级，识别判断区域热岛情况，重要的冷源分布
优化建设	针对结果的优化意见	文字	提出规划区域内主要存在的热环境问题的解决和优化方案
	根据优化建设建立模型（中微观尺度）	SketchUp 模型、热模拟模型	
	优化模型验证（中微观尺度）	地表、近地面热模拟结果云图 建筑表面热模拟结果云图	

6.8.2 成果内容

1. 分析图

热环境模拟的分析图纸主要有规划区评价指标云图和地表温度等级图，评价指标云图可广泛应用于宏观、中观和微观尺度热环境的分析，而地表温度等级图则常应用于宏观尺度热环境分析（表6-7）。

规划分析图一览表　　　　　　　　　　　　　表 6-7

指标	图片	微观尺度	中观尺度	宏观尺度
温度	地表温度等级图			√
	人行高度云图（1.5m）	√	√	
	建筑、道路表面云图	√	√	
	水体表面温度分析云图	√	√	
湿度	人行高度湿度分析云图（1.5m）			
舒适度	人行高度冷热度分析图（1.5m）	√	√	√
	人行高度不满意度分析图（1.5m）	√	√	√

（1）评价指标分析云图，见图 6-8～图 6-12。

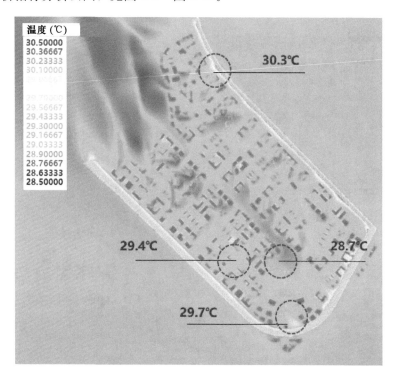

图 6-8　人行高度 1.5m 处温度分析云图

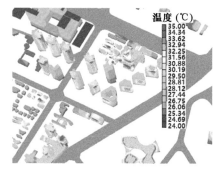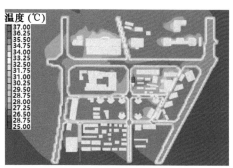

图 6-9　建筑、道路表面温度分析云图

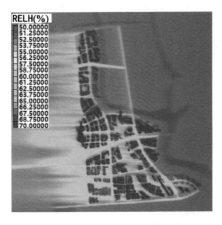 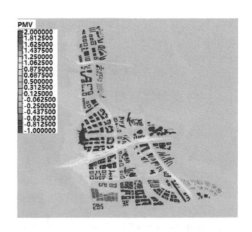

图 6-10　人行高度 1.5m 处湿度分析云图　　　图 6-11　人行高度 1.5m 处冷热度分析云图

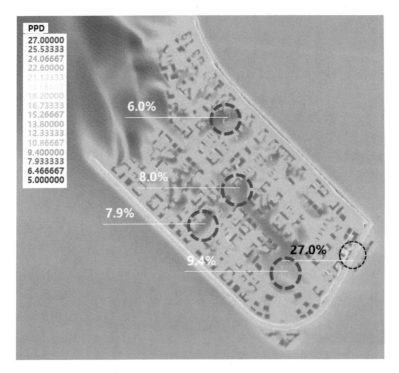

图 6-12　人行高度不满意度分析云图

（2）地表温度等级图，见图 6-13。

2. 分析内容

中观和微观尺度项目的热环境分析内容相对类似，下面结合一个中观尺度的案例来介绍热环境分析的主要内容，并基于 PHOENICS 软件分析模拟结果。

（1）温度

在城市中，建筑和道路是主要的地表热辐射源，建筑和道路的表面温度决定了人在环境中所感受到的温度，该温度直接影响人体的舒适度。从建筑、道路表面温度云图可以看出其表面温度，并通过人行高度温度云图得到人体感受温度，从而分析人体舒适度，进而在必要的时候提出局部降温措施。

① 地表温度等级图

为了避免由于时相上的不同导致的误差，采用密度分割法对归一化处理后的 MODIS 地表温度图进行温度等级划分，采用 ArcGIS 软件进行归一化处理及温度划分，以图 6-14、图 6-15 案例所示，将某市日间和夜间的地表温度划分为 5 个等级。由图可知，西部地区总体日间及夜间的温度均高于东部地区，主要原因是东部地区植物覆盖度高，生态环境好，是重要的城市冷源。由于西北部地区工业用地密集，工厂分布较多，因此日间该区域的温度最高，是城市热岛所在片区。在夜间，居住用地较多的西南部城区温度升高。

② 人行高度温度云图

利用人行高度中观、微观尺度风速，可以评价在规划区内的人体热环境舒适度。如图 6-16 所示，图中显示的是在夏季典型风热条件下，规划区人行高度（距离地面

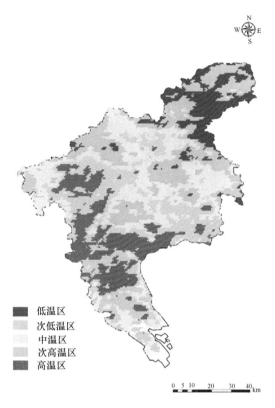

图 6-13　地表温度等级图

1.5m）的热模拟云图。当地夏季盛行东南风，平均温度 27℃。从图中可以看出，热环境受风环境影响明显，具体表现在建筑迎风面温度低于背风面高度，即风速与温度成反比；另外，靠近建筑处温度明显较高，表明建筑为该区域大气温度主要热源之一。

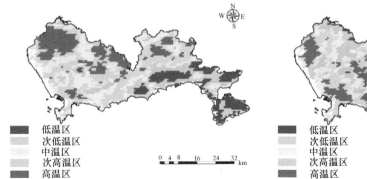

图 6-14　某市 2010 年夏季平均日间地表温度图

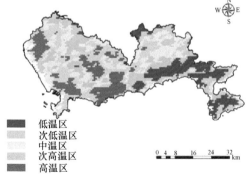

图 6-15　某市 2010 年夏季平均夜间地表温度图

③ 建筑、道路表面温度云图

由于建筑和道路材质吸热放热性能较高，它们的温度通常远高于周边大气温度，因此，从建筑和道路表面温度云图可以判断局部高温影响的范围，以及需要设置水体或绿化

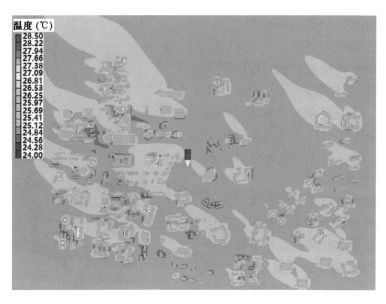

图 6-16　人行高度温度云图

等景观来进行局部降温的区域。

　　图 6-17（b）展示的是在当地夏季盛行东南风、平均温度 27℃典型气候条件下，规划区内建筑表面温度云图。该建筑物上及其周边的绿地布局见图 6-17（a）。

　　由图中可以看出，在夏季，80％以上建筑的表面温度低于环境温度 27℃。

　　从建筑表面温度云图来看，在垂直方向上，绿地对建筑表面温度的影响远小于来风方向。因此，在提出优化建议时，可建议在地面上建造绿地来降低环境温度。值得注意的是，在条件不允许建设一块大面积绿地时，将其拆分成多块小面积的绿地也能达到降温的效果；在垂直方向上，绿地对环境温度的影响不显著，建议适当设置水景来达到降温的目的。

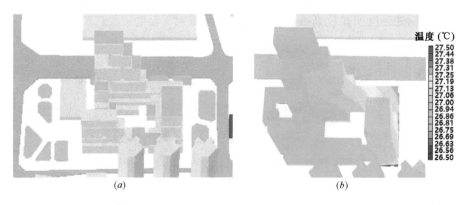

（a）　　　　　　　　　　　　　　　　　（b）

图 6-17　建筑表面温度云图

　　图 6-18 展示的云图与图 6-17 为同一案例，在相同的初始环境参数设置条件下，模拟得出道路表面温度与环境温度的差异。由图中可以看出，道路表面温度最高达到 37℃，远高于初始设置的大气温度 27℃，而主干道的温度也远高于次干道温度。主要原因是道路混凝土的材质比周边的用地更容易吸收太阳热量并释放。

　　④ 水体表面温度云图

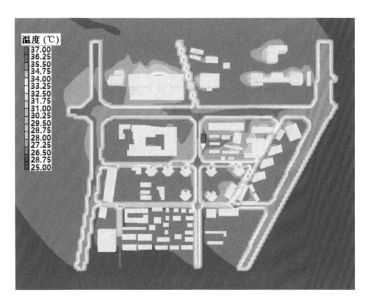

图 6-18　道路表面温度云图

在城乡规划设计过程中，特别是南方城市，由于降雨充沛，往往会规划水体建设以及水系连通。城市的布局导致的局部温度差异与水体对于局部微气候的调节是相互影响的，两者的热量存在交换作用。温度是影响水生生态系统最重要的因素之一，水体温度变化可能引起水质的物理性状和化学性质发生改变，并对水生生物和水生态系统造成影响。持续高温会使水中非生物成分的状态发生变化。水温升高会使水体富营养化程度加重，水生生物群落的种类组成也会发生变化，此外，温度上升会给水体中一些致病微生物提供生长的温床，造成某些疾病流行。因此，在生态规划物理环境研究中，水体温度的研究也具有重要的意义以及属于新的方向。

根据某市夏季东南偏东风工况下水体温度分析图（图 6-19）可见，直接穿过建成区的水系由于受建筑部分影响，水体温度范围 25.6～26.9℃差异较大，建成区周边较大型水系温度为 25.7～26.2℃。

冬季温度分析图（图 6-20）可见，直接穿过建成区的水系由于受建筑及风力影响，水体温度范围 4.06～4.66℃差异较小，建成区周边较大型水系温度为 4.13～4.26℃。

图 6-19　夏季东南偏东风水体温度分析图

图 6-20　冬季东北偏东风水体温度分析图

（2）湿度

湿度的分析将有利于辅助分析规划区的环境舒适性（表 6-8），对方案进一步优化调整水系布局有重要意义。规划区整体区域湿度特征是湿度分布与风速分布、水体分布有明显重合性与相关性。风速较大的地方有利于新风的替换，带来空气中的湿度，风速较小的地方特别是风影区，与城市下垫面的性质（蒸发系数不同）有关。水体及周边区域湿度增大，春夏季节，宽阔的水面促进了区域水循环，加速了城市内外空气交换速度，净化了城市空气质量，形成舒适的水域局部微气候。由图 6-21 和图 6-22 可见，夏季规划区范围内湿度为 57%～75%，建筑风影区空气湿度 57%～67%较迎风面低，河网周边空气湿度较大为 71%～75%。冬季规划区范围内湿度为 60%～70%，建筑风影区空气湿度 60%～66%较迎风面低，河网周边空气湿度较大为 70%。

湿度分析参考表　　　　　　　　　　　　　　表 6-8

温度	大气湿度偏好	推荐相对湿度值
≤8℃	偏低	20%～50%
8～28℃	中等	30%～80%
≥28℃	中等	50%左右

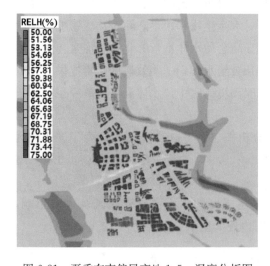

图 6-21　夏季东南偏风离地 1.5m 湿度分析图

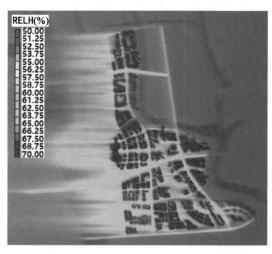

图 6-22　冬季东风离地 1.5m 湿度分析图

（3）热舒适度

① 冷热度分析

以 PMV 为例，夏季规划区 PMV 指标（图 6-23）受风向、湿度影响较为明显，整体 PMV 指标值范围为 0～1.0，靠近水体的区域人体感觉最为舒适、最可接受，中部主干道区域人体感觉稍热；冬季（图 6-24）由于规划区平均温度较低，为 4.0～6.0℃，风速、太阳辐射及湿度均无法改变冷感，因此 PMV 指标值为－3，人体感觉很冷，很不舒适，需注意保暖防寒。

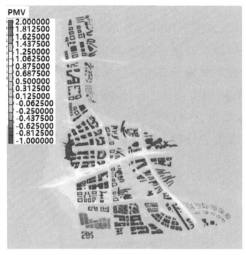

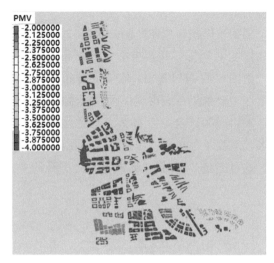

图 6-23　夏季东南偏东风冷热度分析图　　　　图 6-24　冬季东北偏东风冷热度分析图

② 人体舒适度分析

热环境不满意度分析图显示，夏季（图 6-25）建筑背风区少部分区域不满意度为 10％～18％，其他区域不满意度均低于 5％，满足室外环境不满意度小于等于 27％的要求，说明核心区夏季人体舒适度极高。冬季（图 6-26）整个规划区不满意度为 99％，说明由于环境气温寒冷，人体感觉不舒适。

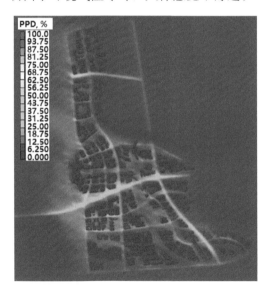

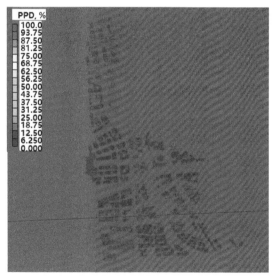

图 6-25　夏季东南偏东风不满意度分析图　　　　图 6-26　冬季东北偏东风不满意度分析图

③ 热岛强度指数分析

热岛强度指数用于对空间尺度较大的区域作出热环境评价，使用卫星遥感法，并利用热岛强度指数评价研究范围的热岛效应。除此之外，通过对比不同时间范围内同一地点热岛强度指数的变化，可以看出城市热岛与冷岛范围的变化，进而评价城市化进程对当地热环境的影响。

根据《广州市气象监测公报》，2014 年全市热岛强度平均值为 1.68℃，其中中心城区热岛强度 1.74℃；2017 年，广州城市热岛强度为 1.4℃，比 2014 年降低了 0.06℃。

由图 6-27 可以看出，在空间分布上，广州市热岛效应呈现"中强北弱"的分布格局，高温区主要聚集在城市建设区，低温区主要分布在广州市北部生态环境较好的山地丘陵地区，2014～2017 年，花都区、从化区、白云区和番禺区高温区域有明显扩展。2014 年，高温区域除了分布在主城区外，还在西南部小城镇大量分布，这一现象在 2017 年有所缓解，这可能是 2017 年热岛强度有所下降的主要原因。

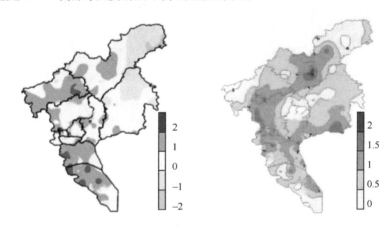

图 6-27　广州市日间、夜间地表年均温度分布图（2014-2017）

图片来源：《广州市气象监测公报 2014》《广州市气象监测公报 2017》

3. 分析结论

热环境规划研究的结论主要对上述提到的遥感解译热岛分布、热岛强度、地表温度、人行高度大气温度、建筑道路表面温度、水体表面温度、湿度、舒适度、冷热度等结果进行分析总结，总体判断规划区的风热环境状态和问题，提出优化方案。

温度分析中在宏观尺度项目中主要分析历史数据在时空上的变化，为未来发展方向提供指导，将温度的解译分析与热岛效应分析相关联。在中观与微观尺度的项目中，温度分析主要用于预测未来的状态，以利于可控方案的调整优化。人行高度（1.5m 高度）温度分析大气温度与下垫面性质、通风条件关系。要注意建筑密集区及风影区的最高温度，是否符合《绿色建筑评价标准》室外环境部分对于日热岛强度值不高于 1.5℃ 的要求。建筑、道路表面温度分析建筑表面温度与其材质、朝向局地气温等因素，当建筑表面温度过高时，可通过改变建筑的材质或颜色、在建筑表面增加垂直或屋顶绿化等形式，降低其温度。水体表面温度分析过程中应注意 26.0℃ 以上的区域，若阴影遮挡少，光照充足，同时水体生态系统较单一，水体内含营养物质较高，则容易发生水体富营养化现象，产生水华，影响水体景观及生态系统。当数值模拟结果显示水体温度过高时，应注意在后期实施过程中，需在 26.0℃ 以上河网区段采用生态控制技术，包括人工湿地、人工构建水草系统、生态浮岛、生物操纵技术等控制水体温度，预防水体富营养化，保障城区水体景观及水生生态系统的健康与平衡。而通常，冬季水体温度较低，并非冬季水生态系统变化的控制性因子，因此温度对水生态系统自身稳定性影响不大。

湿度分析主要考虑相对湿度的分析，需与其温度分析结合，不同温度有适宜的舒适湿度。热舒适度分析包括冷热度分析及人体舒适度分析。热舒适度的评级方式根据选取指标的不同有所差异。以 PMV 指标为例，一般指标为 -1.0～1.0 为人体舒适范围，低于 -1.0 则人体可能感觉较冷，而高于 1.0 则人体可能感觉较热。指标的绝对值越大，人体对温度的不适感越强。人体舒适度分析通常要求室外环境不满意度小于等于 27%。当室外环境不舒适度较高时，建议通过相应的降温或保暖措施，降低区域的不舒适度。

6.9　编制重点

热环境规划研究根据不同规划项目的地理区位、气候特征等不同，应当进行不同侧重点的研究分析。根据项目经验，热环境分析中可能影响整体方案调整的主要分析聚焦点在于整体热岛效应、温度与舒适度分析。这些重点内容在一定程度上会影响规划方案的整体生态格局构思、用地类型布局调整、建筑方式及地块内平面布局方案，能够有效提出对规划方案的优化建议。

6.9.1　解译分析热岛强度，协助构建整体格局

区域宏观尺度的热环境研究主要表现为城市热岛研究。随着城市化的发展，城市热岛的时空演化已经逐渐成为研究的热点。城市热岛（UHI）不仅直接关系到城市人居环境质量和居民健康状况，同时还对城市能源消耗、生态系统过程演变、生物物候以及城市经济可持续发展有着深远的影响。

通过 Landsat 系列遥感卫星数据，选取规划区历史遥感数据，采用辐射传输方程法反演各时期的地表温度。结合城乡规划数据和城市道路数据，提取各时期的用地类型数据，对城市热岛的时空演变特征和影响因素进行研究。因为城市一般呈现扩张的发展趋势，地表温度反演数据大多数呈现增长的态势。分析区域空间分布上存在着明显的城市热岛效应的分布点，将城市热岛强度划分为 7 个热岛强度区间：强热岛效应区、中热岛效应区、弱热岛效应区、无明显效应区、弱冷岛效应区、中冷岛效应区、强冷岛效应区。按照对应像元得到各热岛强度分类的面积统计各类面积占比以及在时间上的占比变化情况，结合城市中心区、主干交通网络发展进行分析，提出热岛效应的分布与发展原因。

另外，遥感温度解译有利于识别城市低温冷岛区的分布，这些区域大多为水域和绿植覆盖的区域，通常形成天然的城市热岛的缓冲区域，对城市建成区的强热岛效应具有明显的削弱作用。进一步研究表明，城市地表温度与归一化植被指数（NDVI）及归一化建筑指数（NDBI）密切相关：地表温度与 NDBI 正相关，NDBI 指数每升高 0.1，地表升温 0.79～2.37℃；与 NDVI 指数负相关，NDVI 指数每提高 0.1，地表降温 0.4～0.77℃[77]。

有研究表明，不仅是城市的热岛效应引起了局部区域的地表热环境分布差异，很多地质构造、岩性、土壤、植被等地质及自然地理因素也有影响。有学者利用 Landsat8OLI/TIRS 遥感影像反演地表温度，分析冬季地表热环境分布及其影响因子。岩石和土壤通过

不同的地表覆被类型影响地表温度，例如浙江省断裂带附近地表热环境受到断裂带分布影响，地表热环境分布与断裂带等自然因素存在一定相关性[78]。

宏观区域、城市级尺度的上述历史时空数据解译分析完成之后，能够有效判断热岛、冷岛的分布与基本情况，针对城市特征与需求，在城乡规划总体策略层面，在构建生态安全格局时充分考虑将重要的冷岛纳入应保护的生态区域中，并采用生态廊道等方式将冷岛与热岛连通，或者将热岛区域分割碎化，协助构建整体区域舒适格局。

以深圳市为例，在深圳市人工下垫面面积较大、建筑较为集中的罗湖区热岛强度最高（图 6-28）。

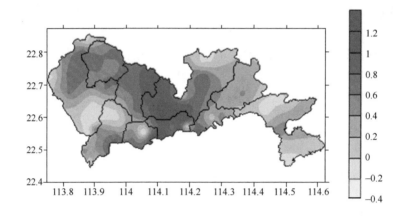

图 6-28　2015 年深圳市热岛强度空间分布图（单位℃）

图片来源：深圳市 2015 年热岛监测公报

6.9.2　优化布局城市各类用地，调节热平衡

在中观尺度的规划项目中，可通过模拟分析预测未来规划建设后规划区的热环境状态以及对周边区域的热环境影响，进行方案的优化调整。

由于城市内存在大量的人工构筑物，如混凝土、柏油路面、建筑墙面等，这些材质吸热快且比热容小，因此在相同的热力辐射条件下，对太阳光的吸收率比绿地和水面高，并且升温快，表现为其表面温度高于环境温度，且远高于自然下垫面。而当下垫面强烈吸收太阳辐射能量，再将其中的大部分以辐射形式传送给大气时，空气得到过多的热量，气温将急剧升高；到了晚上，由于大气逆温现象，城市与郊区的温差更加明显。除此之外，由于在建筑密集区人类活动较多，易产生温室气体，空气组分的改变也使城市热岛效应更加显著。最后，工厂生产、交通运输以及居民生活都需要消耗大量能源，并排放大量废热，随着城市化进程加快，生产、交通和人口集中，废热排放增多，使得城市区域内增加许多额外的热量输入。

在城乡规划过程中，首先全面考虑基础热环境状态，包括现有用地状态、自然下垫面冷源情况、现状人口活动分布与密集程度、产业发展、交通流量情况等，综合分析周边及规划区内热源与冷源的范围和分布。从城市空间形态的角度来说，林地、草地是降温类型用地，城市建设用地和农村居民点是升温类型用地，而耕地在白天为区域升温，春、秋、冬季夜间为区域降温，夏季夜间温度高于区域平均温度。不同城市内的各种用地类型在不同昼夜、不同季节中所承担的升温和降温作用角色和作用强度也有较大差异。从城市扩张形态的角度来看，新增城市建设用地扩张方式可以分为填充型、边缘型和飞地型。填充型城市扩张指城市加密扩张；边缘型城市扩张指城市扩散一直保持与建成区接壤，连续渐次地向外推进；飞地型城市扩张指在城市里新扩散的推进过程中，保持空间上与建成区断开，职能上与中心城市保持联系的城市扩展方式。孙宗耀的研究表明，三种城市扩张方式的热岛强度为：填充型＞边缘型＞飞地型[79]。

河网水系的自然功能、景观生态功能、社会服务功能对城市发展一直具有重要作用。大多数河网水系在人为活动干扰下呈现单一化、主干化，从而对水文、气候、景观生态等方面产生不利影响。可以 Landsat 遥感影像为数据基础，研究季节、河网水系主干河流的热环境时空变化特征，并对地表覆被类型、河网水系与地表温度之间的关系进行分析，研究河网水系市级河流的降温效应及其影响因素。季节时间尺度下地表温度空间分布有较大差异，河流在春季、夏季形成明显低温廊道，而在秋季、冬季则不会形成，某些地区可能出现水温高于周边地区的现象。春夏季水域地表温度最低，而秋冬季城市绿地地表温度最低。根据学者的研究，水域在春季、夏季、秋季、冬季面积占比达到规划区 0.20、0.35、0.20、0.15 时，降温效益最好；建设用地春季、夏季其面积占比在 0.70 时，降温效果最明显。水面率与地表温度的相关程度明显高于河网密度。水面率每增大 10%，在春季、夏季时地表温度分别平均下降 0.9682℃、0.6880℃。在春季、夏季时，河流面积、宽度、流速与河流地表温度、降温效应都具有较好的相关性。河流降温效应研究中水体四个季节的平均降温梯度分别为 7.24℃/km、7.55℃/km、2.95℃/km、4.25℃/km。河流宽度增加 10m，春季、夏季的降温幅度分别增长 0.56℃、0.43℃；河流面积每扩增 1~2km，降温幅度分别增加 2.56℃、1.94℃；河流流速增加 0.1m/s，降温幅度分别增加 1.63℃、1.48℃[80]。

制定中观尺度城乡规划方案时，需考虑城市扩张的问题，为使规划区未来构建舒适的热环境，合理布局居住、商业办公、教育、产业、交通、绿地等用地，通过面积比例调整以及空间的处理，将现状明显扩张的热岛空间分割，在中间加入公园绿地等用地，防止因城市建设用地空间聚集产生规模效应。规划方案初步制定后，可通过进一步模拟分析热环境状态，判断规划方案是否达到较为平衡的热环境，若出现某些区域温度较高或热舒适度低，则针对性提出调整布局的方案，除了相对均匀分散增加绿地、水体空间外，还可结合风环境的分析提出打造风廊道系统、促进通风散热的方案，并进行方案调整的模拟验证。

以某长江中下游地区城乡规划项目为例，该规划区内建成区沿河道而建，整体规划方案中建设用地面积占比显著低于规划区面积的 70%，大面积的水体有效降低了周边的温度。由图 6-29 可见，在夏季，该区域内水体温度最低，建筑温度高于道路温度。细长水体交叉贯穿于主要城区，能够有效调节局地微气候，缓解单纯建筑与道路建设带来的热量输出，使得规划区整体平均预测温度下降。

由图 6-29 和图 6-30 可见，河道水网及周边 30m 范围由于水体比热容较大，温度较低为 26.0～26.4℃，明显舒适于周边无水系区域的大气温度。因规划细长水体的连通与增加，使得规划方案达到较好的物理环境舒适度，也为城区内部增加更多的景观、公共活动空间以及生态连通空间。

图 6-29　夏季东南偏东风整体温度分析图　　　图 6-30　夏季东南偏东风地表温度分析图

6.9.3　提出建筑和景观规划设计要求，构建舒适微气候

微观尺度规划项目中，改善热环境的方法亦类似，常用方法为增加绿地、水体作为冷岛，降低局部温度。绿色屋顶可有效降低屋顶温度，绿化带可有效降低道路周围的温度，而规划地块中的水景观及绿化空间能有效形成舒适的微气候。小面积分散的绿地和水体对局部环境温度的降低效果良好，在城市建设中由于用地紧张也更具有可行性。因此，在城市规划和更新中，建议有效利用小地块，制造绿地和水体，对局部微环境进行改善。

在街区尺度规划项目中，充分采用街区走向结合风廊道走向的方式布局，有利于通风散热。2014 年，杜晓寒以广州典型生活性街谷为研究对象，以 ENVI-met 模拟为主要技术手段，发现街谷走向对调节热环境的贡献最大，其次为高宽比、绿化和表面反射率，最优走向为东南—西北走向，高宽比取大为好，建筑高度统一比高低不一更好。在构建通风廊道时，要通过设计建筑与街道宽度比及街道走向，提升空气传输效率，缓解热岛无风的情况。

在深圳市城市更新规划项目中，通常编制建筑方案专篇及物理环境专篇，通过热环境研究分析，可以在专篇中提出改变建筑的材质与设计、改变铺装与路面的材质、增加乔木配置和水体景观等措施来降低体感温度。金玲等以华南地区夏季高温期两种不同透水性铺地材料为研究对象，证明了可透水地面改善室外环境热舒适性的能力明显优于不透水地面。陈绕超运用多元逐步回归分析的方法分别建立了基于广州地区校园室外热舒适评价指标 ASV 和 Logit 模型，强调了加强室外通风和改善遮阳条件对提高室外热舒适的巨大潜力。丁云飞以广州某高校图书馆为例，利用 CFD 模拟方法对建筑立体绿化对室外热环境的影响进行模拟分析，在夏季典型计算日，与普通建筑相比，采用立体绿化，建筑前广场、草地、河流上方 1.5m 处温度都有所降低，屋面温度降低了 8℃ 左右，可见立体绿化可以有效地改善室外环境。可提出建筑表面采用高反射率材料降低局部温度，2014 年 TaleghaniM 等研究表明用浅色屋顶代替褐色屋顶可降低 1.3℃ 空气温度；1995 年，RosenfeldA. H 等提出与暗色表皮相比，浅色表皮将有效降低表面温度；2013 年，Santa-mourisM 研究发现高反射铺地不仅可以极大降低地表温度，也可以降低空气温度。提高道路两旁林荫绿化率以降低道路上行人的体感温度、增加屋顶绿化并在墙壁铺隔热层以降低建筑温度，在小区内增加水体景观以降低小区内局域温度。乔—灌—草绿化模式和乔—草模式对人体热舒适调节效果最佳，灌—草绿化模式的调节作用较弱。另外，在植物种类的选择上，叶面积指数越大对热环境效果越佳。2016 年，王可睿以广州居住区水景为研究对象，对水体影响下的居住小区室外局地空气温度、相对湿度、风速等参数进行现场测试并计算标准有效温度 SET 以作为热环境评价指标。研究表明：静态水体能起到一定的降温增湿作用，持续使用的跌水瀑布对空气的降温增湿效果更明显，水景结合遮阳和通风设计的综合作用降温效果最佳。

下面以深圳市某更新项目为例（图 6-31），该综合体大型建筑模拟分析热环境存在建筑表面温度较高、周边地面公共空间热舒适性较差，因此，提出在屋顶增加绿化和水体，地块利用地面空间增加绿化，进行优化后的方案再次模拟，对比发现屋顶绿化及水池等可以有效降低建筑表面温度，相对于周边地块，最高下降 8℃，有效改善了更新地块的热环境。

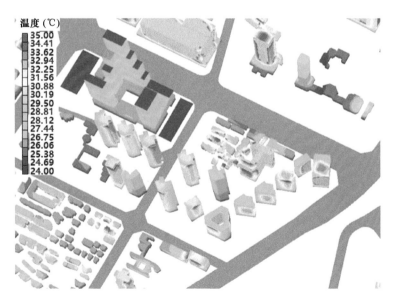

图 6-31　建筑表面温度云图

6.10　规划方法创新

热环境规划与研究主要内容为通过常规的温度、热舒适度等分析，提出规划方案整体生态格局、用地布局、绿地水景方案调整等。考虑与风环境的密切关系，可以开展冷岛布局与风廊道规划结合的研究，以及热环境对生态系统的影响研究。

6.10.1 风环境融合视角下的冷源景观布局分析

风热环境息息相关，改善城市通风是缓解热岛效应、提高人居环境舒适度的重要措施，热环境的差异变化形成的热力环流反过来加强通风。

在宏观尺度规划项目中，以大型河流水系、绿廊等形成大型通风廊道，可以连通区域冷源，将清新的舒适空气随自然风引入规划城区。在微观尺度规划中以结合风场构建局部微气候为主，均属于较常规的分析。在中观尺度规划项目中，可结合风环境分析，在合适的用地布局条件下，结合生态格局在城区外围布局林带、大型水面等生态空间，特别是夏季主导来流风的上风向区域，可通过通风将生态区的蒸腾、蒸发的水汽带入城区，将较舒适的空气带入城区。

以某南方城市风热环境规划方案为例。由地表 1.5m 气温分析（图 6-33）可看出，位于建设区两侧的河流是区域内主要冷源，而夏季风环境分析如图 6-32 显示，规划区内的风廊道主要为区域内的道路。夏季东南侧来流风经过城区东侧河流冷源到达建成区，为建成区带来舒爽空气，而在流出建成区时，经过城区西侧河流冷源，有效地释放热量。除此之外，两个大型冷源形成的热力环流也在建成区空间上下形成空气流动，可以有效降低建成区内人体体感温度。从温度模拟分析图中，也可明显看出较低的大气温度随风场分布的扩散延伸效应。

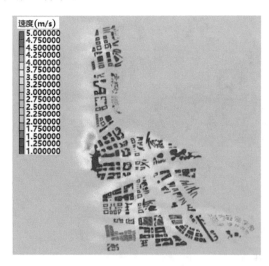
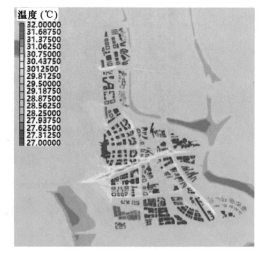

图 6-32　夏季东南偏东风风廊分析图　　　　图 6-33　夏季东南偏东风地表 1.5m 气温分析图

6.10.2 生态风险预警视角下的风热环境分析

随着中国经济发展，城镇化进程加快，中国 1980 年城镇化率为 20%，2019 年末超过 60%，城镇人口已达 84843 万人。大量人口从农村地区进入城镇地区，在城市压力增大、用地继续扩张的背景下，对生态环境越加重视。绝大多数地区在城乡规划过程中出于构建生态安全格局、提升区域景观考虑，规划开挖人工湖泊或者小型支流。在城镇中打造人工湖或小型支流作为加强城市水循环、打造水景观的常用手段，兼具实用性、环境改善性与观赏性。

但是，人工湖泊一般建湖面积较小、储水量不大，引入的水源多为通过拦截自然汇集形成的小河流或通过人工挖掘后聚集的雨水，水体的流动性较差，大多数情况处于相对静止状态，这些特点都导致了小型人工湖及较为静止的支流在修建后的两三年里就会出现严重的富营养化问题。根据中国第 2 次湖泊现状调查数据，中国（包括香港地区、澳门地区和台湾地区）共有 1.0km^2 以上的自然湖泊 2693 个（不包括干盐湖），总面积81414.6km^2，约占全国国土面积的 0.9%。对其中 138 个面积大于 10km^2 湖泊进行监测发现 85.4% 的湖泊超过了富营养化阈值标准。富营养化的出现打破了水体的生态平衡，也破坏了水体的美学价值。大型人工湖泊（水库）由于作为水源，富营养化程度得到较为严格的控制，但是城镇中用于景观功能的小型人工湖泊或者支流均存在不同程度的富营养化。对于人工湖泊数量及富营养化程度，目前尚无准确的统计数据。

城乡规划过程中，人工水体的引入已成为常态化的设计手段，对于人工水体建成后的富营养化程度是环境学家非常关注的问题，对于此类仅规划而非现状的水体，目前无法在规划设计阶段预测其富营养化范围及程度，仅能基于周边现状及用地类型规划初步估计点源及面源污染情况，针对截污制定相关的规划和控制措施。现存的技术手段和模拟软件，均无法对规划水体未来可能产生的富营养化范围做出预测和分析，无法为水体防控富营养化而进行的位置、形态的调整提供指导；在进一步设计时，亦无法指导人工构建水体生态系统而应该采取的生物技术手段的适用范围。

城乡规划主要影响用地规划布局，未来建成后将影响水体周边的微气候风场、温度、光照条件等。基于湖泊生态学原理，风力扰动、温度、光照是湖泊产生富营养化最重要的气候影响因素，特别是风力扰动对湖体水层微藻及营养物质分布情况产生重要影响。

我院自主研发结合风热环境模拟分析预测规划水体生态风险的方法，申请了中国发明专利"一种规划人工水体富营养化预警分析方法"[81]及美国发明专利"Method for early warning analysis of eutrophication of a planned artificial water body"[82]，并成功于 2015年 3 月、2019 年 8 月获得授权。该发明旨在设计阶段进行未来预测评估，优化规划布局方案，源头减缓问题的出现。通过在规划设计阶段对规划水体进行特定环境下风热环境模拟，预测新规划的水体富营养化程度，分析评估结果，基于真正提升城镇生态环境的目的，进行水体形态及周边规划方案（建筑、路网布局等）调整，改变该区域风、光、热环境，达到最大程度减少可能出现富营养化范围的目的。同时，对于富营养化可能性仍然较大的水体区域，在进一步湖泊施工设计阶段，可指导人工构建水体生态系统，例如采用生物技术手段等相关生态技术措施来达到减缓规划水体富营养化程度，利于城市空间布局规划的科学化，从源头减少实施后出现生态问题的可能，避免或减少高成本、高难度的治理工作。运用风热环境分析，开创性地解决了在规划设计阶段，建筑布局、水体形态对水体富营养化影响无法分析和预警的问题，大力推进了城乡规划行业在规划设计阶段水系方案与生态科学的结合。具体案例分析见 10.5 章节，经案例规划—设计—建设—检测，已证明技术方法在规划设计阶段预测的有效性。创新技术分析路线见图 6-34。

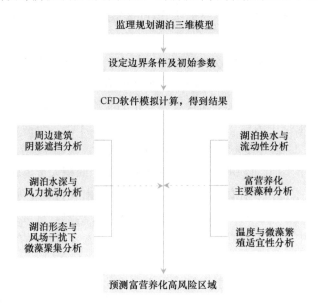

图 6-34　创新技术分析路线图

6.10.3　碳减排为导向的建筑风热环境优化策略

当前，我国建筑业仍是碳排放大户，推动建筑行业转型升级、节能减碳已是大势所趋。其中被动式超低能耗建筑示范项目不断涌现，并取得了很好的效果，此类建筑采用被动式设计策略，能够有效利用可再生能源，创造舒适且节能的室内环境。

城市规划层面，依托现有绿地、道路、河流及其他公共空间，打通通风廊道，增强空气流动性，能够缓解城市"热岛效应"和雾霾等问题。夏季增大风速可促进建筑散热和通风优化，冬季降低风速可以减少建筑表面的热量散失，风热环境的改善使得建筑制冷和采暖所需能耗降低，有利于城市整体碳减排。

以某南方城市风热环境规划方案为例。基于风热环境重点管控要求，对片区建筑、绿地、水系等要素进行布局优化，在相同气候参数条件下模拟验证。对比优化前后的地表气温云图，片区平均温度下降 0.3℃。以更新建筑总面积 500 万 m^2 估算，相当于片区内居住建筑全年累计空调能耗节约 161GWh，折合减碳量约 12 万 tCO_2，减碳比例约 5%。

因此，在城市规划中考虑优化风热环境，能够减少城市层面的碳排放。然而，对于不同城市及不同的气候条件，建立温度变化与电力需求的预测模型，仍需进一步研究。

第 7 章　声环境的研究与规划设计方法

声环境是物理环境的其中一种，是对所在环境中的所有声音的一种客观描述，包括对人产生干扰的噪声、无影响的以及人们喜欢的声音。康健等[83]为分析城市公众广场全面的物理舒适评价和各种物理量的主观评价，采用方差最大的旋转主成分分析法对温度、阳光、亮度、风、风景、湿度及声级因子进行分析评价，得出声环境是影响城市公众广场总舒适度的主要因子之一。而声环境中对人有干扰的噪声，则是声环境研究中最重要的部分。正如日本声景观协会会长平松幸三教授所认为的：只有当声音被确定为噪声时，方可称之为噪声研究。

随着城市建设发展，城市环境噪声成为影响人居环境舒适性的重要问题。由道路交通、铁路、航空运输、工业、娱乐和施工等人为活动引发的城市噪声问题日益突出，严重的噪声污染危及人的身心健康。噪声污染已成为城市环境四大公害之一，是 21 世纪环境污染控制的主要对象，营造良好的声环境已成为宜居环境塑造的重要诉求。

噪声污染具有即时性、无规律性和多发性等特征，噪声污染的危害是间接的、缓慢的，但其危害是不容小视的。噪声对人的不利影响可分为生理及心理两方面。在生理方面，噪声直接危害着听力，若在 80dB 以上的环境中长期生活，有 50％的可能性致聋[84]，此外甚至会影响人的心血管系统及引发内分泌紊乱等问题；在心理方面，噪声会导致心情烦躁、耐性下降等问题，进而使人神经衰弱、精神疲惫，严重影响生活及工作状态。由此可见，噪声具有十分严重而消极的影响。

城市声环境评价一般有主观、客观两种评价方法。主观评价一般采用问卷调查的方法开展，通过分析物理性因素及社会因素两方面，来确定某地区声环境是否满足舒适性需求，是否存在噪声污染等。声环境的客观评价主要通过声学测量仪器、软件模拟等方式，通过声级、频率、响度等声音描述指标来表征噪声环境。随着科学技术发展，出现了噪声地图（Noise Mapping）来展现城市环境噪声的分布情况。噪声地图是指利用声学仿真模拟软件绘制，并通过噪声实际测量数据检验校正，最终生成的地理平面和建筑立面上的噪声值分布图。噪声地图广泛应用于多个国家，为城乡规划提供重要的技术参考和决策依据。

7.1　声环境研究与城乡规划的关系

声环境与城乡规划之间的关系也是相互影响的。声环境的研究目的是为了减轻噪声的影响，在有人为活动的地方就可能会产生具有不良影响的噪声，城市发展历史悠久，声环境本底的情况为城乡规划工作的开展提供着力点，特别是存在的噪声问题，可以通过城乡规划及相关建设管控得到解决。若规划区原本为开发建设量较少的区域，本底噪声情况不严重，则可能由于城市建设及交通带来大量的噪声，因此应在城乡规划阶段同步研究声环境，控制噪声的影响。

7.1.1 噪声的分类

环境噪声根据噪声源情况，可分为交通噪声、工业噪声、建筑施工噪声和生活噪声。

1. 交通噪声

交通噪声主要指交通工具运行时产生的妨碍人们正常生活和工作的声音。在城市中的交通噪声主要是由机动车辆在市内交通干线上运行时所产生的噪声（图 7-1）。除此之外，飞机、火车、船舶等其他交通工具也会带来噪声滋扰。目前，随城市机动车数量的增长及交通干线的发展，交通噪声已成为城市环境的主要污染源，约占城市噪声的 40％以上[85]。

影响交通噪声的主要因素有交通工具和路面材料。汽车噪声一方面是汽车车辆行驶过程中从汽车发动机、冷却风扇、进气和排气系统运转时产生的噪声；另一方面是由于不同种类车辆行车时轮胎与路面之间摩擦形成的噪声，一般来说大型车辆噪声比中小型车辆噪声高，柴油车比汽油车噪声高。路面影响主要包括路面材料、粗糙度、平整度及坡度等，小汽车在刚性路面上的噪声比相同车速下柔性路面上大。其他的火车、轨道、飞机、轮船等交通工具主要是由于发动机、鸣笛、速度快导致气流摩擦产生的噪声。交通噪声干扰面广，但声源单一，容易识别，治理方法相对简单。

2. 工业噪声

工业噪声主要指工厂机器所发出的声音，在生产过程中，主要是由机械振动、摩擦装机及气流扰动产生的噪声（图 7-2）。工业噪声声源多而分散，噪声类型复杂，因生产的连续性声源也较难识别，治理起来较为困难。工业噪声不仅给生产工人带来身心危害，如造成职业性耳聋和其他疾病，也会干扰周围居民生活。

图 7-1　交通噪声示意图

图 7-2　工业噪声示意图

图片来源：工业降噪设备［Online Image］．［2019-9-9］. https：//www.npicp.com/album/23397647.html

3. 建筑施工噪声

建筑施工噪声主要是城市内建筑施工现场所产生的噪声（图 7-3）。建设公用设施如地铁、公路、桥梁以及从事工业与民用建筑的施工现场，因为大量使用动力机械设施而带来严重的噪声污染。建筑施工噪声是暂时性噪声，我国已制定《建筑施工场界环境噪声排放标准》等标准，限制夜间施工而影响周围居民睡眠。

4. 生活噪声

生活噪声主要包括群众集会、文娱活动、人声喧闹、家用电器（电视机、洗衣机等）所产生的噪声（图 7-4）。生活噪声相对于其他噪声来源更为丰富，且较难治理。商业娱乐场所等地噪声琐碎且无规律性，会对周边区域的声环境带来较大影响。

图 7-3　建筑噪声示意图

图片来源：建筑工地噪声监测［Online Image］.
［2019-9-9］. http：//www.sohu.com/
a/256940117＿349177

图 7-4　生活噪声示意图

7.1.2　城乡规划因素对声环境的影响

城乡规划过程中，能够通过规划方案确定以及调整道路网络、用地布局、建筑布局及景观设计，这四方面也是与城市声环境的主要影响因素。从分析内容来看，声环境研究主要集中于中观及微观尺度的规划项目。

1. 道路网络

道路是城市的基本骨架，城市道路网络影响着城市布局形态，也是产生交通噪声的主要载体。不同等级的城市道路承载的交通量不同，对车辆的限速要求也存在差异，从而决定了道路周边声环境质量状况。2010 年，国家环保部出台的《地面交通噪声污染防治技术政策》规定"地面交通噪声污染防治应明确责任和控制目标"，并提出：在规划或已有地面交通设施邻近区域建设噪声敏感建筑物，建设单位应当采取间隔必要的距离、传声途径噪声削减等有效措施，以使室外声环境质量达标；因地面交通设施的建设或运行造成环境噪声污染，建设单位、运营单位应当采取间隔必要的距离、噪声源控制、传声途径噪声削减等有效措施，以使室外声环境质量达标；如通过技术经济论证，认为不宜对交通噪声实施主动控制的，建设单位、运营单位应对噪声敏感建筑物采取有效的噪声防护措施，保证室内合理的声环境质量。

2. 用地布局

规划设计方案将每块地的用地属性进行划分，与此同时也就决定了不同地块建成后的噪声环境情况。不同的功能主导着不同的行为方式、不同的生活行为以及不同的承载内容等，因而决定着用地片区本身所发生的内容行为属性，从而决定着其是否会成为噪声的来源，并以此来影响着自身和周边的声环境情况。一般来说，临近商业用地、工业用地、交通设施用地以及教育设施用地的噪声情况相比于居住片区较为严重。

3. 建筑布局

微观尺度的规划设计项目中涉及建筑布局形式，通常平面布局包括行列式、混合式、自由式等，按照建筑与道路的位置关系划分又有混合式、平行式、垂直式。根据对建筑群中噪声的衰减研究可知，不同形式的建筑布局对组团区域的声环境有着不同程度的影响，导致组团内部所受到的噪声干扰也不同（图 7-5）。因此，合理的建筑规划布局可削弱噪声所带来的影响，为人们日常生活休息及工作等提供一个安静、舒适的生活环境。

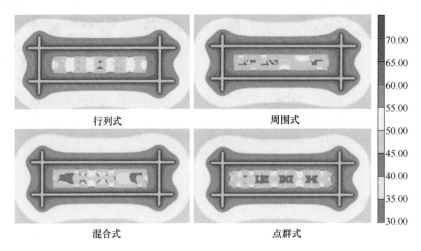

图 7-5　不同住区规划布局的噪声情况

4. 景观设计

景观设计是提升声环境品质的有效手段，主要包括两方面：一是景观的美化，如设置喷泉，营造轻松自然的场所，人们往往对自然之声与景较为喜欢，因而景观的自然美，使人们身心放松，情绪舒缓，通过改善人们主观的感受，来降低噪声给人们带来的烦恼；二是园林植物的种植，由于植物本身是多孔材料，通过植物对声波的吸收和反射作用可以减弱噪声。通过浙江大学刘佳妮 2007 年研究可知，乔灌木以及地被植物对 2000Hz 以上的高频声音具有较好的降噪作用，而 500～2000Hz 的中频声音则可选用地被植物，但是根据目前的研究成果，低频声音对噪声的减弱效果并不明显。因此采取乔灌草相结合的方式，不仅使其植物群落丰富，色彩鲜艳，美化环境，还能有效地减弱噪声。但是，事物都是具有两面性的，景观在降低噪声的同时也可能使得噪声源增加间接影响了噪声环境的安静程度。如景观植物的丰茂使鸟虫的数量增多，其嘤鸣声使得噪声分贝值增大。

7.2　声环境规划的意义

长期以来，各国常以噪声分贝数为量度，对城市噪声进行监控。我国虽已出台《声环境质量标准》GB 3096，但对于声环境的影响研究通常是在项目建设环评的阶段，而在规划阶段先行考虑声环境、防控噪声污染等工作尚未受到重视。

声环境规划是通过对规划环境的模拟评估，预判规划区及周边规划前后的声环境情况，通过城乡规划手段实现噪声预防、噪声污染消除、声舒适环境营造等声环境品质提升目标，具有解决城市噪声污染问题、为人居环境及生物营造声舒适环境、通过声景观塑造提升声环境品质三方面的重要意义。

7.3　声环境规划的原则

7.3.1　因地制宜

噪声污染已成为城市环境污染中重要问题之一，噪声环境对人会产生生理及心理两方面影响，从生理角度，噪声直接危害着人们的听力能力；从心理角度，噪声会导致心情烦躁、神经衰弱，注意力难以集中等消极影响。此外，噪声对于生物栖息也有着负面的影响作用，动物会由于噪声而引发趋避。但声环境设计并非一味追求安静，应达到局部与区域的平衡与协调，因此需因地制宜，对不同用地性质进行各自管控，以达到区域声环境和谐。如居住区声环境规划应采取必要的噪声防控措施，城市公园声环境规划可模拟自然流水、虫鸣鸟叫塑造声景观，动物栖息地声环境规划应种植隔离带或树立声屏障隔离噪声，从而塑造人、动物的声舒适环境，确保声环境品质的提升。

7.3.2　关联周边

在声环境规划时，需项目所在地与周边环境，乃至整个片区、整个城市的总体规划功能协同考虑，根据项目的用地性质差异，设置对噪声等级的不同要求。如在重大交通设施周边声环境的优化除对规划区内部娱乐、商业等人声的与住宅安静区的隔离外，还应注重规划区内部与周边交通设施噪声的隔离。因此，在进行声环境分析与优化时，应在计算过程中扩大模型面积，模拟项目周边声环境情况。

7.3.3　科学辅助

不同交通流量、道路等级产生的噪声均不相同，此外，还存在点声源、线声源、水平面声源、垂向面声源和水平圆形面声源等多种声源情况，应借助模拟软件，对各类噪声情况进行预测分析。并可应用实地声环境监测仪器进行现场声音分贝采集，通过科学模拟和人工测量两种方式避免参数设置、模型简化而导致的模拟结果偏差，确保模拟结果具有准确性。

7.3.4 尊重结果

进行声环境数据监测可识别现状噪声情况，对规划区的噪声进行科学定量预测，并根据预测结果做出判断和评估，合理布局用地功能，辅助优化规划方案。分析结果会显示建筑布局和道路规划的不尽合理之处，应当尊重分析结果，提供规划方案的优化建议。

7.4 规划流程

声环境规划的主要思路为：基础分析、数据收集、模型搭建、结果分析与提出优化建议，详细的操作步骤如图 7-6 所示。

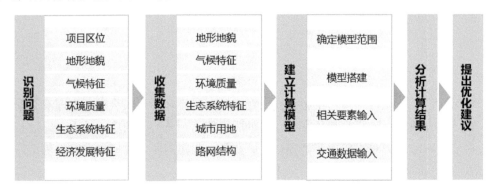

图 7-6 声环境规划流程图

7.4.1 分析项目背景

每个城乡规划项目均有各自的特征，包括项目区位、使用者特征、地形地貌、生态系统特征、交通网络、交通车流量情况、用地功能、建筑布局等。这些能够为声环境的分析提供基础判断，并明确分析对象。

1. 项目区位

噪声根据其来源可分为交通噪声、工业噪声、建筑施工噪声和社会生活噪声四种。了解项目区位特征，了解项目现状情况及规划发展愿景，可初步预判项目中的噪声来源。

2. 使用者特征

不同年龄段、不同社会背景的使用者对声音的感知与接受度存在差异，如青少年可接受一定程度的交通噪声、音乐声、机械声，老年人喜欢安静及自然声音等。因此，可通过了解地块项目未来居住者、使用者的年龄、性别等特征，确定声环境规划措施。

3. 地形特征

山地或城市绿地内的微地形对噪声有一定的削减效果，了解规划区周边地形特征，可明确项目现状是否存在噪声遮挡情况。

4. 生态系统特征

了解规划区周边的生态系统格局，一方面明确生物栖息地的相关保护要求，一方面了解周边绿地生态系统现状情况，明确现状植被类型，为后续通过植物对噪声进行遮挡等声环境优化措施提供基础。

5. 道路网络

道路网络影响着城市布局，交通噪声也是城市中影响人们生活的主要噪声来源。了解规划区周边机场、铁路、船舶等过境交通情况，了解项目内部及周边城市道路等级，是否存在高架桥、下穿隧道等特殊形式，分析不同道路所承载的交通量，进而判断交通噪声情况。

6. 交通车流量情况

规划路网可采用不同道路等级承载交通量预判得知。但针对现状规划区内部及周边的路网，可根据实际的交通车流量情况进行统计分析。如针对各道路高峰时段的货车、大巴、小汽车分类统计，可清楚得知每条道路的交通车流情况，进而更加精确地模拟交通噪声情况。

7. 用地功能

规划区内部及周边不同的用地功能决定了各地块未来将会产生不同的声环境特征。如工业地块是工业噪声的重要来源，商业地块将会产生喧闹的社会生活噪声。了解项目周边用地情况，可判断对规划区内部声环境是否存在负面影响，从而进一步合理布局项目内的用地功能。了解项目用地内部的用地功能情况，可合理加设预防噪声污染的设施，营造良好的声环境。

8. 建筑布局

建筑的布局有集中式、分散式、围合式等多种形式，建筑与道路的位置关系又可分为混合式、平行式等，由于噪声的传播存在随距离变远而衰减的特征，因此不同建筑与道路的位置关系、布局模式，对地块内部的声环境有着不同程度的影响，合理规划建筑模式和确定建筑与道路的距离，可削减交通噪声的不利影响。

综合以上信息，明确需要重点分析解决的声环境问题后，确定模拟分析的规划区对象，便于工作后期明确分析路径和研究对象。

7.4.2 收集数据

数据收集可直接影响模型计算结果，因此应注重原始数据收集与背景情况分析，通过以上分析可知，进行声环境模拟主要需要地形、交通、用地及建筑、生态系统特征四类数据，数据具体要求见表 7-1。

建模需要数据 表 7-1

数据类型	序号	数据内容	数据形式	数据要求	数据来源
地形	1	等高线	.shp/.dwg	涵盖周边对声环境有影响的地区，特别是山体	地方自然资源管理（国土）部门、地理信息数据共享平台

数据类型	序号	数据内容	数据形式	数据要求	数据来源
交通	2	道路网络	.shp/.dwg	涵盖周边对声环境有影响的地区的各类交通系统、道路断面数据	当地交通部门、设计单位
	3	交通车流量	.xlsx/.dwg	涵盖周边对声环境有影响的所有道路车流量，典型时段或平均值（每小时小汽车当量）	当地交通部门、设计单位
用地及建筑	4	用地功能	.dwg	具体的用地类型	当地自然资源管理（规划）部门、设计单位
	5	建筑布局	.skp/.dwg	符合规划区尺度	当地自然资源管理（规划）部门、设计单位
生态系统特征	6	绿地系统	.shp/.dwg	布局、面积	当地自然资源管理（规划）部门、设计单位
	7	生物栖息地分布情况、植被类型	.shp/.dwg/.docx	分布位置、面积、详细动植物情况	当地自然资源管理（林业）部门

1. 地形数据

地形数据主要为等高线数据，一般可获得 CAD 模型或 shapefile 文件。经过数据处理生成三维模型后可用于建模计算。数据应涵盖规划区周边对声环境可能产生影响的范围，包括山体、规划区内部地形起伏变化等。

2. 交通数据

交通数据主要分为交通路网、交通车流量两类，一般可获得 CAD 模型或 shapefile 文件。在地形起伏变化较大的地区，交通路网应与地形吻合，以便精确模拟交通噪声。交通车流量可从当地交通部门获取现状规划区内及周边早、中、晚等高峰期典型时间段的车流量或车流量的平均数值，规划路网的交通车流量可通过设计部门预测获得。

3. 用地及建筑

用地及建筑数据主要分为用地功能与建筑布局数据，用地功能数据一般可获得 CAD 模型，建筑布局则为 CAD 模型或 SketchUp 三维模型。现状用地分布情况及建筑布局数据可由当地规划管理部门获得。

4. 生态系统特征

生态系统主要包括绿地系统及生物栖息地、植被类型等。绿地系统通常为 CAD 格式数据，现状绿地系统分布图由当地规划管理部门提供，规划绿地系统情况由设计单位提供。生物栖息地分布情况及具体植被类型则用于辅助决策声环境优化建议。

7.4.3 建立计算模型

根据所收集数据，建立规划区内部及周边的三维立体模型。模型充分考虑规划区周边过境交通情况、城市路网情况，微观尺度模拟应尽量将路网与地形变化拟合，以获得更精确的噪声模拟结果。除交通噪声外，通过分析工业噪声、建筑施工噪声和社会生活噪声等噪声情况，在计算模型中加入点声源、线声源等各类噪声源，用以准确反映规划区周边声场情况。此外，根据现状及规划的绿地系统布局、地形变化、建筑布局等现状声环境隔离要素，建立声屏障。

7.4.4　分析计算结果

分析声环境模拟计算结果，根据项目尺度进行差异化分析。对于中观尺度的声环境，注重在规划设计层面进行分析，保证居住区、养老院等声环境要求较高的用地环境安静、宜居；对于微观尺度的声环境，注重在景观设计、建筑设计、声屏障设施等方面进行分析，如分析规划区周边噪声源及已有景观绿化的噪声遮挡情况。

如果分析结果时发现有明显错误，建议重新检查模型与参数设置，并进行调整。

7.4.5　提出优化建议

根据分析结果，首先，对需要解决的问题提出优化建议。如宏观、中观层面可构建声环境功能分区、合理布局用地性质、确定绿化隔离带宽度等；微观层面可采用绿化、声屏障等方式进行局部隔离设计。其次，提出优化建议要综合考虑其施工难易程度、经济投入、美观性等要求，提出切实可行的声环境规划建议。

7.5　分析工具

7.5.1　噪声模拟常用软件

在城乡规划中，分析预测规划方案未来的声环境影响，定量计算与预测通常采用噪声模拟软件，基于声音的衰减与传播等基本理论及数学计算模型，采用各类不同的评价标准为依据（表 7-2）。

噪声模拟常用软件[86]　　　　　　　　　　　　　　　　表 7-2

序号	软件名称	适用领域	优点	缺点
1	NoiseSystem	工业、公路、铁路项目，城乡规划等	1. 以我国声环境最新的导则及标准为依据。 2. 计算考虑了点线面等声源传播，衰减过程考虑了声屏障、建筑物等影响。 3. 与 Word、CAD、GIS 等软件互通，支持 30m 地形数据	开发较晚，软件成熟度仍有待提高

续表

序号	软件名称	适用领域	优点	缺点
2	Cadna/A	工业、变电站、商场、公路铁路项目、城镇（包含机场）、绿色建筑、城乡规划等	1. 流程设计合理，功能齐全，易上手，界面友好，操作方便。 2. 计算范围广，与 Word、CAD、GIS 等软件互通，导入功能强，计算和结果输出便捷	采取了声线法计算，物理精度略低于扇面法，但此种算法与我国倡导的声传播衰减计算法是一致的，预测结果十分接近真实情况
3	Soundplan	工业	1. 应用范围广，除噪声预测外还可进行污染物扩散预测分析。 2. 模块方式售卖，用户可根据需求购买所需模块。 3. 软件有清晰的数据结构定义，兼容 CAD 文件，并有详尽的工厂噪声数据库。 4. 软件采用扇面法计算，计算精度更高	1. 更多用于工业建筑领域。 2. 软件操作缺乏系统性，导致操作效率会受到影响。 3. 与其他软件的信息互通方面弱于 Cadna/A。 4. 由于隔音降噪措施的数据库不足，建模过程中易出现主观确定的问题，致使预测结果出现偏差

1. NoiseSystem

NoiseSystem 是中国环境保护部发布，用于进行声环境模拟的软件，适用于《环境影响评价技术导则 声环境》HJ 2.4，现常用版本为 NoiseSystem3.1.2 软件，该软件采用导则中的计算模式作为算法进行噪声模拟预测。软件模拟通过建立空间布局模型、输入噪声源（车流量、车道数量宽度、列车数量等）、计算选项（大气相关参数如气压、温度、相对湿度，噪声传播路径的地面性质、声源作用范围及反射次数等）、遮蔽物（声屏障参数）等，并定义噪声接受点（噪声敏感点），通过运算得出噪声影响模拟结果（图 7-7）。本章节后面重点介绍 NoiseSystem 的软件算法及运用，相关案例通过此软件进行模拟分析。

2. Cadna/A

Cadna/A 是一款用于计算、描述、评估以及预测工业厂房、变电站、商场、公路铁路项目，甚至是整个城镇（包含机场）噪声的计算机软件（图 7-8）。Cadna/A 软件为德国研发，其声环境计算原理制定是根据国际标准《户外声传播的衰减的计算方法》ISO 9613-2、《环境影响评价技术导则 声环境》HJ 2.4。该软件对声环境的计算包括声源描述、声源条件限定、声环境的影响因素等是符合我国相关规范所规定的，对我国声环境的测量评估同样适用。Cadna/A 可同时评估各种噪声源，如点声源、线声源的综合性影响，并且不限制其预测数量的多少，在该软件模拟过程中，可将建筑物群以及部分的绿化林带和地形当作声屏障加以考虑。

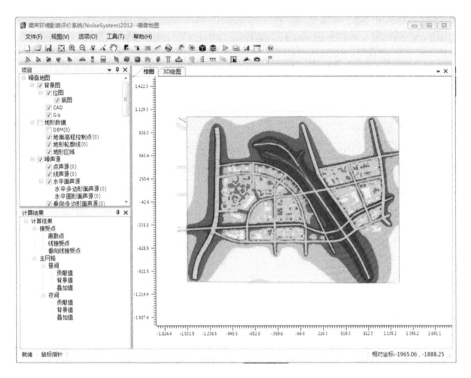

图 7-7　NoiseSystem 结果界面图

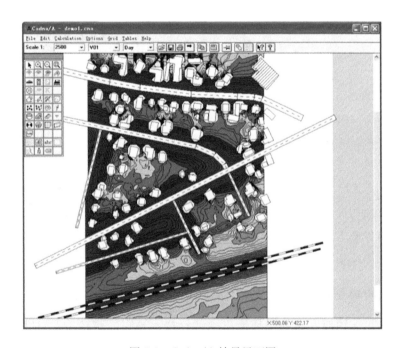

图 7-8　Cadna/A 结果界面图

图片来源：噪声软件介绍［Online Image］．［2019-9-9］．https：//
wenku. baidu. com/view/4f73c0bb960590c69ec37661. html

3. SoundPLAN

SoundPLAN 软件 1986 年由德国的 Braunstein、BerndtGmbH 设计，是包含墙优化设计、成本核算、工厂内外噪声评估、空气污染评估等内容的噪声预测软件（图 7-9）。SoundPLAN 可进行外部噪声计算、建筑物透声计算、环境声传播计算、互动的噪声控制优化设计等内容，应用范围涵盖从工厂到城市的各个层面，可实现道路、铁路、工厂、飞机噪声的预测、规划。SoundPLAN 主要应用于中小项目中，可用最小的成本、最短的时间实现专业的噪声建模，做好噪声规划。可通过基本的 3D 几何图形、交通信息或声功率数据创建噪声等值线地图。除噪声评估外，此软件还可进行空气污染物扩散评估。

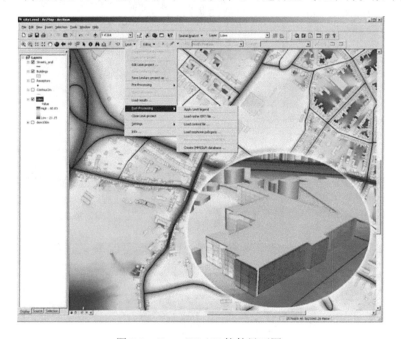

图 7-9　SoundPLAN 软件界面图

图片来源：彭荫来．深圳市罗湖区道路交通噪声地图的制作与应用［J］．环境监控
与预警，2014（2）：43

SoundPLAN 另有简易版 SoundPLAN Essential（图 7-10），该软件承袭了 SoundP-LAN 的核心计算能力，具备强大的功能、快速的数据处理能力及醒目的图像展示等特点，其易用性让没有专业声学背景的用户也能快速上手使用。SoundPLAN essential 主要应用于道路、铁路和停车场，工业厂房设备，隔声墙和空间预留规划和噪声模拟。

7.5.2　NoiseSystem 软件介绍

根据中国环境保护部发布的《环境影响评价技术导则　声环境》HJ2.4，Noisesys-tem 软件采用该导则计算模式作为算法，对规划区进行噪声模拟预测。

1. 单个室外的点声源在预测点产生的声级计算基本公式

户外声传播衰减包括几何发散（A_{div}）、大气吸收（A_{atm}）、地面效应（A_{gr}）、屏障屏蔽（A_{bar}）、其他多方面效应（A_{misc}）引起的衰减。如已知声源的倍频带声功率级（从

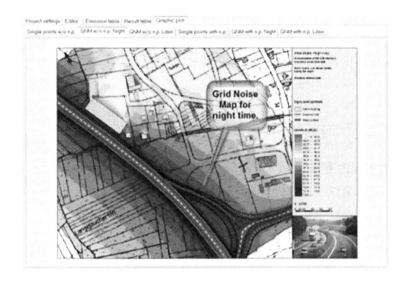

图 7-10　SoundPLAN essential 软件界面图

图片来源：SoundPLAN essential 介绍［Online Image］．［2019-9-9］．https：//zao-
sheng. com/2018/08/30/％E4％B8％AD％E5％B0％8F％E9％A1％B9％
E7％9B％AE％E7％9A％84％E4％BD％8E％E6％88％90％E6％9C％
AC％E5％99％AA％E5％A3％B0％E5％BB％BA％E6％A8％A1％E8％
A7％A3％E5％86％B3％E6％96％B9％E6％A1％88-soundplan-essential/

63Hz 到 8000Hz 标称频带中心频率的 8 个倍频带），预测点位置的倍频带声压级可按下式
计算：

$$L_p(r) = L_w + D_c - A$$

$$A = A_{div} + A_{atm} + A_{gr} + A_{bar} + A_{misc}$$

式中　L_w——倍频带声功率级（dB）；

　　　D_c——指向性校正（dB）；它描述点声源的等效连续声压级与产生声功率级的全向
　　　　　　点声源在规定方向的级的偏差程度；指向性校正等于点声源的指向性指数
　　　　　　DI 加上计到小于 4π 球面度（sr）立体角内的声传播指数 wLDΩ；对辐射到
　　　　　　自由空间的全向点声源，$D_c=0$dB；

　　　A——倍频带衰减（dB）；

　　A_{div}——几何发散引起的倍频带衰减（dB）；

　　A_{atm}——大气吸收引起的倍频带衰减（dB）；

　　A_{gr}——地面效应引起的倍频带衰减（dB）；

　　A_{bar}——声屏障引起的倍频带衰减（dB）；

　A_{misc}——其他多方面效应引起的倍频带衰减（dB）。

预测点的 A 声级可按下式计算，即将 8 个倍频带声压级合成，计算出预测点的 A 声
级 $[L_{A(r)}]$。

$$L_{A(r)} = \log\left(\sum_{i=1}^{8} 10^{0.21 L_{p_i}(r)} - \Delta L_i\right)$$

161

式中：$L_{pi}(r)$ ——预测点（r）处，第 i 倍频带声压级（dB）；

ΔL_i ——第 i 倍频带的 A 计权网络修正值（dB）。

$63 \sim 16000$Hz 范围内的 A 计权网络修正值如表 7-3 所示。

计权网络修正值   表 7-3

频率（Hz）	63	125	250	500	1000	2000	4000	8000	16000
ΔL_i（dB）	−26.2	−16.1	−8.6	−3.2	0	1.2	1.0	−1.1	−6.6

2. 大气吸收引起的衰减（A_{atm}）

大气吸收引起的衰减按式计算：

$$A_{atm} = \frac{\alpha(r - t_0)}{1000}$$

式中：α ——温度、湿度和声波频率的函数，预测计算中一般根据建设项目所处区域常年平均气温和湿度选择相应的大气吸收衰减系数（表 7-4）。

倍频带噪声的大气吸收衰减系数 α 表 7-4

温度（℃）	相对湿度（%）	大气吸收衰减系数 α（dB/km）							
		倍频带中心频率（Hz）							
		63	125	250	500	1000	2000	4000	8000
10	70	0.1	0.4	1.0	1.9	3.7	9.7	32.8	117.0
20	70	0.1	0.3	1.1	2.8	5.0	9.0	22.9	76.6
30	70	0.1	0.3	1.0	3.1	7.4	12.7	23.1	59.3
15	20	0.3	0.6	1.2	2.7	8.2	28.2	28.8	202.0
15	50	0.1	0.5	1.2	2.2	4.2	10.8	36.2	129.0
15	80	0.1	0.3	1.1	2.4	4.1	8.3	23.7	82.8

3. 地面效应衰减（A_{gr}）

地面类型可分为：①坚实地面，包括铺筑过的路面、水面、冰面以及夯实地面；②疏松地面，包括被草或其他植物覆盖的地面，以及农田等适合于植物生长的地面；③混合地面，由坚实地面和疏松地面组成。声波越过疏松地面传播时，或大部分为疏松地面的混合地面，在预测点仅计算 A 声级前提下，地面效应引起的倍频带衰减可用下式计算：

$$A_{gr} = 4.8 - \left(\frac{2h_m}{r}\right)\left|17 + \left(\frac{300}{r}\right)\right|$$

式中：r ——声源到预测点的距离（m）；

h_m ——传播路径的平均离地高度（m）；$h_m = F/r$；F 为面积（m²）；r 单位为 m；

若 A_{gr} 计算出负值，则 A_{gr} 可用"0"代替。

4. 屏障引起的衰减（A_{bar}）

位于声源和预测点之间的实体障碍物，如围墙、建筑物、土坡或地堑等起声屏障作用，从而引起声能量的较大衰减。在环境影响评价中，可将各种形式的屏障简化为具有一定高度的薄屏障。

绿化林带的附加衰减与树种、林带结构和密度等因素有关。在声源附近的绿化林带，或在预测点附近的绿化林带，或两者均有的情况都可以使声波衰减，如图 7-11 所示。

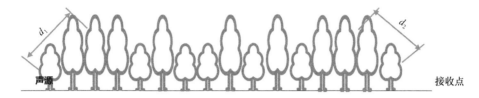

图 7-11　通过树和灌木时噪声衰减示意图

通过树叶传播造成的噪声衰减随通过树叶传播距离 d_f 的增长而增加，其中 $d_f = d_1 + d_2$，为了计算 d_1 和 d_2，可假设弯曲路径的半径为 5km。

表 7-5 所示第一行给出了通过总长度为 10～20m 密叶时，由密叶引起的衰减；第二行为通过总长度 20～200m 密叶时的衰减系数；当通过密叶的路径长度大于 200m 时，可使用 200m 衰减值。

倍频带噪声通过密叶传播时产生的衰减　　　　　　　　　　　　　表 7-5

项目	传播距离 d_f (m)	倍频带中心频率（Hz）							
		63	125	250	500	1000	2000	4000	8000
衰减（dB）	$10 \leq d_f \leq 20$	0	0	1	1	1	1	2	3
衰减系数（dB/m）	$20 \leq d_f < 200$	0.02	0.03	0.04	0.05	0.06	0.08	0.09	0.12

7.6　评价标准与评价指标

7.6.1　常用评价标准及指引

1. 我国国家层面声环境相关标准及指引

自 20 世纪 80 年代我国就开展了声环境相关标准的研究，出台了一系列城市规划、汽车制造、机场、铁路、建筑施工规划区等多项与噪声相关的标准政策（表 7-6）。环境噪声标准体系主要包含了质量标准、排放标准、方法标准等内容。我国现行标准中对工业噪声、施工噪声、社会生活噪声、铁路噪声等相关噪声排放标准均已完成。《声环境质量标准》GB 3096 是我国现行的声环境质量标准，规定了各类形式的噪声普查方法，对声环境质量的管理发挥了重要作用。

我国现行与城乡规划相关的声环境相关标准　　　　　　　　　　表 7-6

序号	标准号	中文名称
1	GB/T 3240—1982	声学测量中的常用频率
2	GB/T 3238—1982	声学量的级及其基准值
3	GB/T 3239—1982	空气中声和噪声强弱的主观和客观表示法

序号	标准号	中文名称
4	GB 9660—1988	机场周围飞机噪声环境标准
5	GB/T 9661—1988	机场周围飞机噪声测量方法
6	GB 10070—88	城市区域环境振动标准
7	GB/T 10071—88	城市区域环境振动测量方法
8	GB 12525—1990	铁路边界噪声限值及其测量方法
9	GB/T 12524—1990	建筑施工场界噪声测量方法
10	GB/T 14259—93	声学 关于空气噪声的测量及其对人影响的评价的标准的指南
11	GB/T 14623—93	城市区域环境噪声测量方法
12	GB 3096—93	城市区域环境噪声标准
13	GB/T 15190—94	城市区域环境噪声适用区划分技术规范
14	GB/T 17247.2—1998	声学 户外声传播的衰减 第2部分：一般计算方法
15	GB/T 17247.1—2000	声学 户外声传播衰减 第1部分：大气声吸收的计算
16	GB/T 18083—2000	以噪声污染为主的工业企业卫生防护距离标准
17	GB/T 19884—2005	声学 各种户外声屏障插入损失的现场测定
18	GB/T 19887—2005	声学 可移动屏障声衰减的现场测量
19	GB/T 3222.1—2006	声学 环境噪声的描述、测量与评价 第1部分：基本参量与评价方法
20	GB 14892—2006	城市轨道交通列车噪声限值和测量方法
21	GB 3096—2008	声环境质量标准
22	GB 22337—2008	社会生活环境噪声排放标准
23	GB 12348—2008	工业企业厂界环境噪声排放标准
24	HJ 2.4—2009	环境影响评价技术导则 声环境
25	GB 12523—2011	建筑施工场界环境噪声排放标准
26	HJ 640—2012	环境噪声监测技术规范 城市声环境常规监测
27	GB/T 15190—2014	声环境功能区划分技术规范
28	HJ 906—2017	功能区声环境质量自动监测技术规范

注：GB—强制性国家标准；GB/T—推荐性国家标准；HJ—环境保护标准。

2. 我国地方层面声环境相关标准及指引

（1）香港地区

《香港规划标准与准则》第九章环境中设有噪声一节，通过执行《噪声管制条例》及有关规定，按照易受噪声影响用途/噪声排放源进行规划工作的流程开展规划工作。标准中根据各类用地性质确定了飞机、直升机、道路交通、铁路及固定噪声源五类要求。具体标准见表7-7。

香港地区规划标准与准则中噪声标准　　　　　　　　　表 7-7

噪声源 噪声标 准用途	飞机噪声 （飞机噪 声预测）	直升机噪 声最高声 级 dB （A）	道路交通 噪声 dB （A）L10 （1h）	铁路交 通噪声	固定噪声源
所有住宅楼宇，包括临时房屋	25	85	70	1. 等效连续 噪声声级（24 小时）＝65dB （A） 以及 2. 最高声级 （2300－0700） ＝85dB（A）	1. 较《管制非住宅楼宇、 非公众地方或非建筑地盘噪 声技术备忘录》中表 2 所载 的适当可接受噪声声级低 5dB（A） 以及 2. 当前背景噪声声级
酒店及宿舍	25	85	70		
办公室	30	90	70		
教育机构，包括幼儿园、幼 儿中心所及所有需进行不经辅 助的言语沟通的其他教育机构	25	85	65		
公众礼拜规划区及法庭	25	85	65		
医院、诊疗所、疗养院及安 老院舍-诊症室-病房	25	85	55		
露天剧场、礼堂、图书馆、 演艺中心及郊野公园	视乎用途、 范围及建 筑形式	视乎位置及建筑形式			

注：1. 以上标准适用于必须打开窗户通风的用途。

　　2. 以上标准应视作在建筑物正面量度得的最高准许噪声声级。

　　3. 关于飞机噪声管理的详情，应征询民航署的意见。

此外在规划设计阶段，为保障交通噪声可达到总体噪声环境标准中的要求，通过测算噪声等级与车速之间的关系等内容，进一步对建筑与城市道路、铁路的距离，用地布局，建筑形态等城乡规划要素提出设计管控要求。在实际监管阶段，则通过香港环境保护署发布的《噪声管制条例》来管制噪声。

（2）深圳

在规划设计层面，《深圳市城市标准与准则》中提出"高速公路、快速路在规划选线时，一般不宜穿越噪声敏感建筑物较多区域，若必须穿越应采取必要的声屏障等控制措施或采用下穿方式穿越""当住宅、学校等噪声敏感建筑相邻高速公路或快速路时，临道路一侧的建筑退让用地红线距离不应小于 15m；当住宅、学校等噪声敏感建筑相邻城市主次干路时，临道路一侧的建筑退让用地红线距离不宜小于 12m"等与噪声相关的城乡规划要求。

在建筑设计层面，《深圳市绿色建筑设计导则》中也对噪声防控提出了相应的要求，具体内容如下：

1）规划区内不得设置未经有效处理的强噪声源，对强噪声源应采取掩蔽处理措施，设置于本区域主要噪声源主导风向的下风侧。

2）建筑布局应充分考虑对噪声的控制。住区相邻高速公路或快速路时，临道路一侧退后用地红线距离应大于 15m；新建住区宜将超市、餐饮、娱乐等对噪声不敏感的建筑物排列在住区外围临交通干道上，以形成周边式的声屏障。住区相邻城市次干道时，周边建筑可适当减少后退用地红线距离，并通过底层商业裙房进行隔声；对住区内的强噪声源可通过布置对声环境要求不高的建筑进行遮挡；住区内道路应采用降噪路面。

3）在总平面规划时，若住区相邻高速公路或快速路，则应退让用地红线足够距离。当住区相邻城市次干道时，可以通过住区周边建筑如底层商业裙房进行隔声，并可创建紧凑的街区环境。

3. 其他国家相关评价标准

（1）日本

1968年，日本制定了全国性的《噪声控制法》，共分6章33条，其立法目的规定："本法的目的，是通过对企业伴随其活动和建筑工程而发生的、相当范围的噪声实施必要的控制，同时制定汽车噪声容许限度等规定，以保护生活环境和国民的健康。"[87] 故而，《噪声控制法》主要规定了工厂运行、建筑作业、机动车行驶的噪声管理措施和排放限值。在该法规中，将城市分为四类区域：第一类区域为需要保持特别安静的居住区域；第二类区域为供居住使用需要保持安静的区域；第三类区域为居住商业工业混合区域，为保证该区域的生活环境需要控制噪声发生的区域；第四类区域为主要供工业用区域，为不使这种区域内居民生活环境恶化，而有必要控制显著噪声发生的区域。针对不同区域的白天、早晚、夜间三个时段分别提出噪声限值，以有效控制噪声对人的生活干扰（表7-8）。

日本有特定设施工厂附近环境噪声标准[88]（单位：dB）　　　　　　表 7-8

时间	白天	早晚	夜间
第一类区域	45～50	40～45	40～45
第二类区域	50～60	45～50	40～50
第三类区域	60～65	55～65	50～55
第四类区域	65～70	60～70	55～65

1993年，日本颁布了《环境基本法》确立了日本对环境保护领域的基本政策和方针，规定了国家对环境保护的基本管理制度和措施[89]。此外，在1993年、1998年，日本又先后出台《新干线、飞机环境噪声标准》和《噪声环境质量标准》，限定了重要交通设施和各区域类型的环境噪声限值。根据日本的噪声环境标准，邻近交通干线区域的标准值白天为70dB以下，夜间为65dB以下。面向道路的地域的标准值如表7-9所示。

面向道路的地域的标准值[90]　　　　　　表 7-9

地域的类型	标准值 L_{Aeq}	
	白天	夜间
面向双车道以上道路的 A 地域	60dB 以下	55dB 以下
面向双车道以上道路的 B 地域以及面向道路的 C 地域	65dB 以下	60dB 以下

注：A地域为专门用于居住的地域；B地域为主要用于居住的地域；C地域为用于相当数量的住宅和商业、工业混合的地域。

（2）英国

欧盟（European Union，EU）为应对噪声污染，1996 年在《未来噪声政策绿皮书》强调了噪声问题，并给出了噪声政策的一些方向及实施计划。随后，欧盟为了建立共同的 EU 框架，发展了环境噪声的评价和管理政策。欧盟的宗旨并不是要寻求一个欧盟范围内共同的噪声限值，而是为了提升欧盟各国对噪声的重视程度及明确管理方向。

英国的主要环境噪声来自于道路、铁路及机场等。2012 年，英国有接近 40% 的城市居民受到超过 55dB 道路噪声的影响，接近 3% 的城市居民受到超过 55dB 铁路噪声的影响[91]。2006 年英国正式颁布《环境噪声法》，对噪声地图、安静区域、行动计划的定义、适用范围等作出了基本的阐释。英国出台了一系列噪声管控标准，针对工业噪声，发布的标准主要是《工业居住混合区内工业性质的噪声声级的测定方法》BS4142，与城乡规划有关的标准是《规划政策指南》PPG24（表 7-10），在苏格兰相关的法规文件是规划建议通告第 56 号文件（PAN56），以噪声规划为主要内容。

PPG 24 中规定对于新建设项目在几种噪声暴露条件下的噪声限值[92]　　　表 7-10

声源	时间段	噪声限值 $L_{Aeq} \cdot T$ [dB（A）]			
		A	B	C	D
公路噪声	07：00～23：00	<55	55～63	63～72	>72
	23：00～07：00	<45	45～57	57～66	>66
轨道噪声	07：00～23：00	<55	55～66	66～74	>74
	23：00～07：00	<45	45～59	59～66	>66
飞机噪声	07：00～23：00	<57	57～66	66～72	>72
	23：00～07：00	<48	48～57	57～66	>66
混合声源	07：00～23：00	<55	55～63	63～72	>72
	23：00～07：00	<45	45～57	57～66	>66

注：A—噪声不是最重要的决定因素。

B—噪声是重要因素，需被重视，但不是决定性因素。

C—除非有其他必须建设的理由，否则坚决反对开发建设。

D—不允许规划建设。

7.6.2　常用评价指标

1. 声级

声场中某一点的声级，单位为分贝，声级计读数是对于所有的可听见的声频率范围，根据规定的频率加权和时间加权而得到的声压级。常用的频率计权有 A、B、C、D 四种，A 声级是其中最常用的一种，用 L_A 或 L_{PA} 表示，单位为 dB（A），A 声级的频率与人耳所感知的频率相当，可以表示 55dB 以下人体所感受到的低强度噪声的频率特性，可适当地表现人对噪声的反应，是主观评价的重要指标，现已经成为国际中对噪声进行主观评价的主要指标。

现今，我国对于噪声环境评价的方法仍然在探讨中。我国目前关于居住区声环境的噪声污染控制主要依据《声环境质量标准》GB 3096，该标准将声环境按照使用功能特点和环境质量要求分成 5 种功能区，每种分区都有其不同的声环境要求（表 7-11）。当背景噪声超过 60dB 时，人们几乎不可能进行正常交往。逐渐的，声学研究不再仅以噪声分贝作为标准，而是开始重视人对噪声的主观感受。更加强调的是噪声给人带来的不愉快和烦恼，在噪声标准达到要求的基础上，主要考虑人的主观感受是否对噪声的接纳，以提高居住区的声环境质量。

各声环境功能区噪声限值　　　　　　　　　　　　　　　　　表 7-11

类别	昼间（dB）	夜间（dB）	适用区域
0	50	40	疗养区、高级别墅区、高级宾馆区等
1	55	45	以居住、文教机关为主的区域、乡村
2	60	50	用于居住、商业、工业混杂区
3	65	55	工业区
4	70	55	城市中的道路交通干线道路两侧区域

2. 等效连续 A 声级（L_{Aeq}）

实际的声音是随着时间而起伏变化的，而连续等效 A 声级则是以噪声能量的平均值来评价噪声对人的影响，用 L_{Aeq} 来表示，其与人的主观感受有较好的相关性，许多国家的环境噪声标准也以此来作为评价指标。

3. 交通噪声指数（TNI）

交通噪声指数（TNI）的基础是一天 24h 内统计采样的 A−计权声级，它与采样期内噪声级的起伏和背景噪声都有关。在交通噪声烦扰中，通常前者更重要，权重也较大。

$$TNI = 4(L_{10} - L_{90}) + L_{90} - 30$$

式中，常数 30 是为了得到方便合适的数值范围而引入的。

4. 噪声污染级（NPL）

噪声污染级（NPL）Lnp 是另一个噪声描述量，已经发现，它与人们对各种噪声的响应都有很好的相关性。

7.7 模型应用

声环境规划研究重要的方法之一为通过软件数学模型模拟计算，得到上述相关指标的模拟数值。模型的选择与构建过程最为重要，直接关系仿真模拟结果的科学性。虽然市面上有多种商业软件可以进行模型模拟计算，但是从三维模型的构建流程上来算，一般包含模型参照、模型范围、模型格式、参数设置、结果监测几个技术步骤。涉及模型设置的界面展示以 NoiseSystem 为例来讲解。

7.7.1 模型参照

根据现状情况以及规划方案基本确定道路、绿地、建筑的具体位置、形态与布局，确定地形情况，建立规划前后不同方案的三维立体模型。

7.7.2 模型范围

声音具有传导性，利用计算机模拟规划区的噪声污染情况，应适当扩大研究区域，将噪声污染范围作为模型范围，计算相邻街区、地块的交通网络噪声对规划区，尤其是噪声对规划建筑的影响。

7.7.3　模型格式

部分模拟软件要求建立单位模型再导入模拟，三维建立的模型应为实体。NoiseSystem 可直接识别具有高度信息的 CAD 二维平面信息，自动生成三维，另外交通等信息需在软件中绘制建模。

7.7.4　参数设置

1. 计算域

利用计算机模拟片区的噪声污染情况，将噪声污染范围作为模型范围，计算噪声对片区，尤其是噪声对研究建筑的影响（图 7-12、图 7-13）。

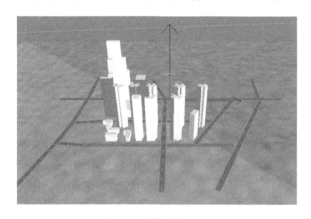

图 7-12　模型建立界面　　　　　图 7-13　计算域设置界面

2. 边界条件

边界条件主要为规划区基础信息，与声的传导有关，包括大气相关参数，如气压、温度、相对湿度，噪声传播路径的地面性质、声源作用范围及反射次数等（图 7-14）。

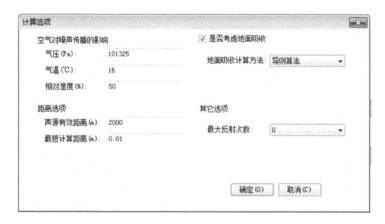

图 7-14　边界条件参数界面

3. 线性噪声源

线性声源主要指道路或者火车、轨道，在参数界面中输入车流量、车道数量宽度、列车数量等。道路可选取交通规划设定的高峰车流量作为车流量计算噪声的峰值，选取国家规定的道路设计车速作为车辆行驶速度进行计算（图 7-15）。

图 7-15　线性噪声源参数界面结果监测

根据《城市规划定额指标暂行规定》的相关要求，道路可分为四个等级（表 7-12）：

一级公路是连接重要政治、经济、文化中心及部分立交的公路，一般能适应 ADT（平均日交通量）＝10000～25000 辆。

二级公路是连接政治、经济中心或大工矿区的干线公路，或运输繁忙的城郊公路，能适应 ADT＝2000～10000 辆。

三级公路：是沟通县或县以上城市的支线公路，能适应 ADT＝200～2000 辆。

四级公路：是沟通县或镇、乡的支线公路，能适应 ADT＜200 辆。

各等级道路设计车速　　　　　　　　　　表 7-12

道路级别	设计车速（km/h）	单向机动车道数（条）	机动车道宽度（m）	道路总宽（m）
一级	60～80	不少于4条	3.75	40～70
二级	40～60	不少于4条	3.5	30～60
三级	30～40	不少于2条	3.5	20～40
四级	30以下	不少于2条	3.5	16～30

在城市范围内，根据《城市道路工程设计规范》CJJ 37 要求，可将道路分为快速路、主干路、次干路、支路四级。

（1）快速路：城市道路中设有中央分隔带，具有四条以上机动车道，全部或部分采用立体交叉与控制出入，供汽车以较高速度行驶的道路，又称汽车专用道。快速路的设计行车速度为 60～100km/h。

（2）主干路：连接城市各分区的干路，以交通功能为主。主干路的设计行车速度为

40～60km/h。

（3）次干路：承担主干路与各分区间的交通集散作用，兼有服务功能。次干路的设计行车速度为 30～50km/h。

（4）支路：次干路与街坊路（小区路）的连接线，以服务功能为主。支路的设计行车速度为 20～40km/h。

4. 点噪声源及面噪声源

根据实际情况及研究尺度，设置点噪声源及面噪声源。常见的噪声源有工厂、施工工地、活动广场等设施。在宏观尺度模拟中，可将工业用地中的各工厂设置为点噪声源，在微观尺度精确模拟中可设置为面噪声源，并设置噪声大小、离地高度等数据，可在详细分析中得到水平、垂直两个面向的详细声场变化情况（图 7-15、图 7-16）。

图 7-16　点噪声源及面噪声源参数界面

计算前可选择网格、离散点、线接收点、垂向线接收点、垂向网格接收点、建筑物立面接收点等内容，也可勾选是否根据地形修改对象。在计算过程中会历经数据处理、网格处理等过程，最终完成噪声环境模拟（图 7-17、图 7-18）。

图 7-17　计算设置界面

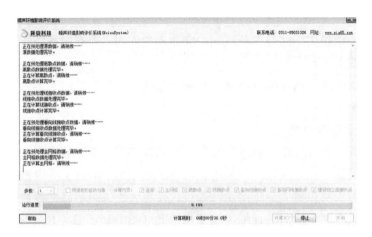

图 7-18　模拟计算界面

7.8　规划成果

声环境模拟分析的成果为噪声地图（Noise Map）。噪声地图是一种描绘噪声在地理空间上分布的地形图。噪声地图能够直观、全面地表达城市空间中的噪声环境状况，因此，对控制噪声在城市中的无序蔓延、营造良好舒适的城市声环境有着重要作用。噪声地图不仅是城乡规划建设中的重要环境信息，也是城市智能化建设发展的重要信息平台，为城乡规划设计、交通规划设计在噪声控制方面提供了科学依据。

除噪声地图外，声环境还以交通噪声指数 TNI、噪声污染级 NPL 等指标分析辅助决策，帮助规划师提出对建筑布局、道路、绿地系统及声屏障设施等声环境的规划优化建议。

7.8.1　成果框架

声环境规划成果主要由三部分组成：项目基础条件分析、数值模拟分析、针对模拟结果提出规划方案优化建议（表 7-13）。

成果内容列表　　　　　　　　　　　　　　　　　　　　表 7-13

分项	章节内容	内容主要形式	重点
基础分析	地形基础分析	Dem 地形图＋SketchUp 模型＋文字	地形高程
	交通分析	SketchUp 模型＋Excel 表格＋文字	道路形态及等级、交通流量
	用地及建筑	SketchUp 模型＋文字	建筑布局形式
	生态系统	CAD＋文字	绿地分布、植被类型
数值模拟	噪声等值线图	jpg 图片＋文字	昼间、夜间、竖向图
	噪声地图	jpg 图片＋文字	昼间、夜间、竖向图

分项	章节内容	内容主要形式	重点
	针对结果的优化意见	文字	提出噪声优化策略
优化意见	根据优化意见建立模型	SketchUp 模型、噪声模拟模型	建筑布局、道路形态及等级
	优化模型验证	昼间、夜间、竖向噪声地图	声级是否优化提升

7.8.2　成果内容

1. 分析图

噪声地图反映声级指标，通常分为昼间、夜间两种情况，昼间可根据具体项目需求模拟高峰时段、非高峰时段的两种噪声情况（表 7-14）。

声环境规划分析图一览表　　　　　　　　　　　表 7-14

指标	图片		微观尺度	中观尺度	宏观尺度
	水平方向	昼间高峰时段	√	√	√
声级	竖向方向	昼间平峰时段	√	√	
	敏感点	夜间时段	√	√	

（1）水平方向噪声分析图

昼间高峰时段的三维及平面噪声地图，见图 7-19。

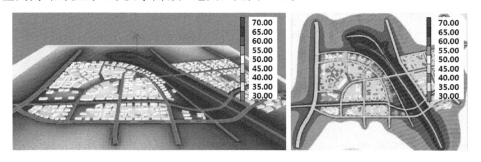

图 7-19　昼间高峰时段噪声地图

（2）建筑立面噪声分析图，见图 7-20、图 7-21。

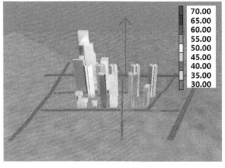

图 7-20　建筑立面昼间噪声地图

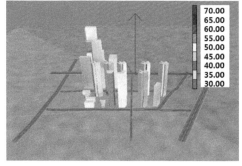

图 7-21　建筑立面夜间噪声地图

（3）敏感点噪声分析图，见图 7-22。

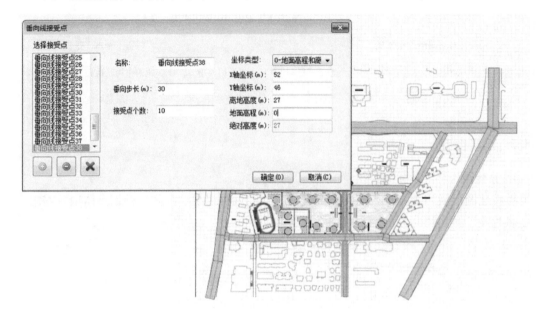

图 7-22　噪声敏感点分析图

2. 分析内容

（1）水平方向噪声分析

通过软件模拟计算得到水平方向的噪声分析，主要用于研究噪声源及影响区之间的水平距离关系。分析城市道路及周边环境中的工厂、绿地等设施对目标地块的声级影响情况，按照《声环境质量标准》昼间、夜间不同的要求，进行昼间、夜间噪声分析，从平面噪声水平变化结果图分析规划区周边每条道路的昼间高峰时段、非高峰时段以及夜间的噪声预测结果，分析道路中心的声级数值，道路边界到研究地块边界的声级，以及建筑面向道路边界的声级情况，部分项目还应分析地块内部受周边道路噪声影响的情况，根据地块用地功能比对《声环境质量标准》，确定噪声值是否达标。如目标地块将建设为居住区，则应满足《声环境质量标准》中 2 类声环境功能区的要求，且同时满足地方标准中相关退线要求。在重大项目或新建项目中，可考虑参照国内其他城市或其他国家高标准预留更为宽阔的退线空间，以获得最舒适的声环境。

在深圳某项目中，对昼间及夜间噪声环境进行分析，次干道的噪声污染值高于城市支路（图 7-23、图 7-24）。规划区内建筑整体处于噪声值低于 60dB 的环境中，但沿次干道两侧建筑区域内少部分建筑处于噪声值大于 60dB 的环境中。以《声环境质量标准》2 类声环境功能区要求，这些建筑的噪声值超标。研究建筑所处区域噪声值整体低于 60dB，符合标准。夜间规划区内建筑所处位置噪声值整体低于 50dB，但次干道两侧仍有部分建筑所处位置噪声值达到 55dB，超过《声环境质量标准》2 类声环境功能区要求。支路两侧建筑所处区域噪声值不高于 50dB，达到《声环境质量标准》2 类声环境功能区的标准。

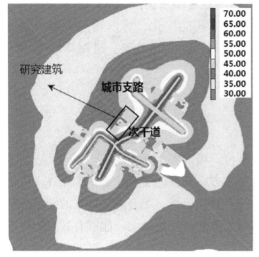

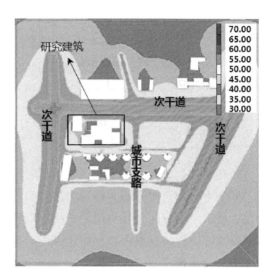

图 7-23　昼间声环境情况　　　　　　　　　　图 7-24　夜间声环境情况

（2）立面噪声分析

软件模拟计算可以得到建筑三维立面的表面噪声声级分析。噪声声级分析可用于分析在垂直方向上的噪声影响，特别是对于周边具有隧道、高架桥、地面高架轨道交通等区域，以及分析交通对于临街建筑的噪声影响分布，有助于后续降噪方案的提出，如应采用何种高度的降噪措施控制。

（3）噪声敏感点分析

部分软件可以设置特殊的噪声敏感点分布位置，精确模拟计算噪声源产生噪声到达所设置的噪声敏感点的声级情况。可以用来分析周边交通对于某些特定功能建筑的影响。

3. 分析结论

声环境模拟分析的结论主要是对上述提到的水平和垂直方向、敏感点的噪声模拟结果进行分析总结，总体判断规划区存在的声环境状态和问题，提出优化方案。判断标准遵循《声环境质量标准》GB 3096，根据不同用地功能来判断达标。

在宏观尺度规划项目中，通过构建全面的道路、飞机、轨道、火车、船舶交通系统噪声水平影响分布的监测与模拟，可以评估整体交通布局与城市声环境功能分区要求的吻合度，结合道路不同时段峰值流量，可以识别噪声特别严重的区域，在交通专业规划过程中进行流量调整，在用地规划过程中，可以调整优化用地布局，避免学校、医院、养老设施等声敏感用地与高噪声区域邻近。

在中观尺度规划项目中，结合水平、垂直、敏感点等多种模拟分析，侧重分析噪声情况对敏感区域的影响范围以及影响程度。与宏观尺度的调整类似，可以进一步细化调整道路交通组织模式、地块功能布局，以及可以通过部分非敏感性用地邻近噪声源进行物理阻挡，控制这些邻近用地容积率与建筑高度等，使得沿线较高密度地块建筑遮挡能够控制噪声对非沿线敏感地块的影响。

在微观尺度规划项目中，结合水平、垂直、敏感点等多种模拟分析，侧重分析对于规划街区、地块的影响，提出不同街区、建筑布局方式的优化。可以通过采取一系列措施降低研究建筑内的噪声值，包括绿化带、隔声材料、隔声玻璃、道路降噪与管理措施等。

7.9 编制重点

声环境规划研究根据不同规划项目的尺度、区位、噪声源、功能要求等不同，应当进行不同侧重点的研究分析。根据项目经验，影响整体方案调整的主要分析聚焦点在于噪声情况、城市功能分区划分与用地布局，降噪技术的适宜性选择、综合降噪方案的制定、塑造声景观等。这些重点内容在一定程度上会影响规划方案的调整方向，能够有效提出对规划方案的优化建议。

7.9.1 声环境导向城市功能分区与用地布局

声环境评估较多用于环境影响评价中，或者评价城乡规划出现的噪声问题，目前较少学者研究以声环境为考虑点优化城乡规划功能分区。区域声环境优化主要体现在两方面：一方面是消减交通噪声污染；一方面是规避噪声对周边居住区等敏感类型用地造成的不利影响。特别是对于现状具有建成区范围的城乡规划，需优先进行现状声环境状态的分析，识别确定的噪声源，即通过项目规划不能进行调整改变的噪声源，如国道、省道、轨道等，以噪声影响范围和影响程度划分噪声分区，确定规划适宜的城市功能分区，再逐步确定用地布局，以最大程度减少不可变动的噪声源对于规划区域的影响。

如在某项目中，规划用地范围处于立交桥下，且有一条轻轨穿越规划区。该片区依托轻轨站而产生，规划区内汇聚了轻轨站及轻轨铁路、立交桥、高速公路、城市干道等多类城市交通基础设施，路网密度大，交通噪声强。采用Cadna/A软件对规划区进行声环境模拟，从现状声环境模拟结果中可以看出，基地噪声最严重的是轻轨沿线，全线声级在65dB以上，最高处声级达到了70dB。其次是高架桥交汇区域，面积较大，集中表现为65dB。规划区南部整体声环境较好，平均声级在55～60dB，东部由于有大面积的建筑对噪声有一定的阻挡作用，因此达到了50～55dB，是规划区中声环境最好的区域，适合作为居住区域[93]。

因此，在规划设计时参照昼夜声环境现状模拟结果，参照《声环境质量标准》GB 3096的要求，确定规划区声环境为导向的功能分区结构，规划区内将分为四类功能区。轻轨及立交桥下是噪声核心区，是规划区内的主要噪声源，规划功能以"公园绿核"为导向，将立交桥下的消极空间积极利用，设计为公共开放空间，将主要的人群活动组织在噪声严重区内，用公共建筑广场、绿地等开敞空间中人嬉戏、游乐的活动声来掩盖交通噪声，并在设计过程中采取减噪措施改善声环境；邻近噪声源的严重影响区规划为公共建筑隔离带，主要为商业用地、公共服务设施地等；远离噪声源的一般影响区较为安静，规划为居住区；邻近铁路与轻轨噪声源的区域，设置绿化隔离带，在建筑与噪声源之间形成绿色屏障。如图 7-25～图 7-27 所示。

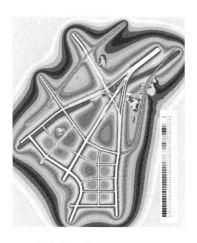

图 7-25　现状声环境模拟

此外，当片区有高速路通过住宅区、科教区、动物保护区等区域时，应设置声屏障、乔-灌-草多层级防护绿带等，主干道应在重点区段设置警鸣、保护动物等指示牌。交通流量较大的道路两侧保持至少 20m 宽度的绿化带或者坡度绿化，并使用降噪路面材质。声屏障主要用于高速公路、高架桥道路、城市轻轨地铁以及铁路等交通市政设施中的降噪处理，也可应用于工矿企业和大型冷却设备等噪声源的降噪处理。建筑也可成为声屏障，因此也可将公共建筑作为噪声遮挡界面，以连续的公共建筑保护后排居住建筑免受噪声侵害。

图 7-26　声环境分区

图 7-27　用地功能

对最终城市设计方案进行声环境仿真模拟评估，片区内声环境整体分布在 50dB 左右，在没有破坏规划前声环境良好的区域的前提下，合理的布局设计也保证了噪声严重影响区内建筑均可达到《声环境质量标准》中对各类用地功能的要求。此外，减噪措施也起到了一定的改善效果，如靠近立交桥的四周通过微地形设计将其噪声降低了 1～2dB。居住区内部形成了低至 45dB 的安静区，较规划前的 54dB 有明显提升，公共建筑界面对于轻轨站及立交桥交通枢纽的噪声传播形成了有效的遮挡（图 7-28）。

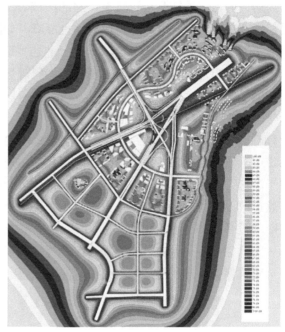

图 7-28　规划后噪声环境模拟

7.9.2　合理制定降噪方案，改善声环境

在中观及微观尺度规划项目中，当规划区不可避免受到交通噪声的影响，应因地制宜提出降噪措施制定降噪方案，一般包括绿化降噪、距离降噪、声屏障、降噪路面材料等措施。综合考虑规划区发展用地类型、开发时序、景观效果、噪声敏感点要求等，可采取以下相关措施减缓噪声对敏感点的影响。

1. 增加绿化降噪

控制噪声的传播途径，种植降噪绿化林带。降噪绿化林带可用于所有对声敏感区有影响的路段。在高架桥密集的噪声污染核心区可以布置绿色空间，大幅度削减噪声污染。在居住区外墙处也可种植攀援植物，形成生态声屏障，达到减噪的目的。亦可设计环状微地形，利用高差衰减噪声传播。小坡地降噪效益在 4dB 左右。当绿化林带宽度大于 10m 时，可降低交通噪声 4~5dB。对于单种植物来说，叶片宽大、质厚、在植株上分布均匀，分枝低且种植较密的植物条带对噪声的减弱作用最佳，最好由上、中、下三层植物带构成。植物种植层次越丰富，吸收噪声能力越强。适合于南方城市的降噪植物有悬铃木、鹅掌楸、枫香、重阳木、栾树、香樟、杜英、女贞、石楠、夹竹桃、八角金盘、沿阶草、麦冬等（图 7-29、图 7-30）。

以深圳市大鹏新区某规划为例，大鹏新区绝大部分面积为市级自然保护区，因此对非保护区域进行开发建设时要重点考虑交通系统对于动物栖息地的影响。规划区内主要为零散分布的村落，现已基本外迁，且区内无集市、商业区及工业区，环境非常静谧。规划区内的道路有坝核路、西乡路、盐灶路、洋疇路，主要供村民出入及核电站紧急疏散使用，

图 7-29　高架桥下植物群落

图 7-30　微地形

平时交通量小，周末及节假日有少量游客前往休闲观光，但总体交通量不大，且无重型车行驶，不产生明显的交通噪声污染。总体判断，现状声环境能够达到 1 类标准。

　　规划区内的声环境敏感点，主要是区内居民点及鸟类等动物。居民点分布在片区西部的环湾中部区域，需要考虑周边道路的噪声影响；鸟类栖息地主要分布在沿海片区，包括盐灶村及周边红树林湿地等，需要考虑噪声对鸟类栖息、繁殖的影响等。总结规划区环境敏感点如图 7-31 所示，主要动植物敏感点具体分布点位见表 7-15。

图 7-31　规划区绿地布局及主要环境敏感点分布图

主要动植物敏感点分布点位情况一览表　　　表 7-15

类别	种类	经度	纬度
红树林	古银叶树群落	22°39′02.03″	114°30′42.02″
	秋茄＋白骨壤＋桐花树群落	22°38′52.12″	114°30′35.20″
		22°39′06.78″	114°31′49.34″
风水林	古樟树群落	22°38′52.62″	114°32′15.47″
		22°38′56.48″	114°32′25.78″
		22°39′03.50″	114°33′23.23″
	古水瓮群落	22°39′40.86″	114°29′55.57″
	坳仔风水林	22°38′45.36″	114°32′20.85″
防风林带	木麻黄＋若干古树	沿海零散分布，结合古树分布进行划分	
重要植物个体	樟树	三个古樟树群落中	
	土沉香	坳仔风水林、古水瓮风水林	
	古银叶树	古银叶树群落	
	古朴树	3号樟树群落的道路对面	
	古小叶榕	22°39′00.04″	114°32′45.13″
	古秋枫	2号樟树群落中	
	古光叶白颜树	古银叶树群落	
	古荔枝树	2号樟树群落中	
动物	香港小树蛙栖息地	22°38′55.75″	114°30′48.05″
	中华鹧鸪栖息地	银叶树群落周边农田	
		2号红树林群落西面农田	
	小白鹭栖息地	银叶树群落	
	路杀现场多发地	22°38′52.30″	114°30′48.62″

规划区建成后的噪声主要来自道路交通噪声，污水处理厂采用地下式建设模式，几乎无噪声影响；生活噪声可能主要产生于西部环湾片区的商业服务区，但可通过加强声环境管理，尽量减少生活噪声；因此本次声环境评价主要针对公路交通运输噪声及综合交通枢纽噪声进行预测分析。道路预测车流量如表 7-16 所示。

道路车流量数据表　　　表 7-16

道路名称	等级	大型车流量（辆/h）		小型车流量（辆/h）	
		昼间	夜间	昼间	夜间
盐坝高速	高速路	1080	54	2520	126
高速匝道	匝道	540	27	1260	63
环坝路（海康-恒科）	主干路	778	39	1814	91
环坝路（其他）	主干路	595	30	1389	69
蔡坝路（蔡坝隧道-生物谷）	主干路	576	29	1344	67
蔡坝路（生物谷-白沙湾）	次干路	576	29	1344	67

道路名称	等级	大型车流量（辆/h）		小型车流量（辆/h）	
		昼间	夜间	昼间	夜间
排牙山路（恒科路以东）	次干路	768	38	1792	90
排牙山路（恒科路以西）	次干路	499	25	1165	58
新态路	主干路	768	38	1792	90
生物谷（新态路以北）	次干路	586	29	1366	68
生物谷（新太路-石鼓墩路）	次干路	787	39	1837	92
生物谷（石鼓墩路-蔡坝路）	次干路	614	31	1434	72
生物谷（蔡坝路-海康路）	次干路	787	39	1837	92
生物谷（海康路-排牙山）	次干路	614	31	1434	72
生物谷（排牙山-鹏坝隧道）	次干路	797	40	1859	93
海康路（环坝路-生物谷路）	次干路	216	11	504	25
海潮路（蔡坝路-海康路）	次干路	219	11	510	26
白沙湾路	主干路	614	31	1434	72
元湾路（环坝路-生物谷路）	次干路	595	30	1389	69
环坝路-生物谷路	次干路	140	7	328	16
核坝路	次干路	499	25	1165	58
其他支路	支路	0	0	243	12

在该项目中，依据规划方案，分别模拟了两种噪声影响情景，情景一为考虑大气吸收、地面效应衰减，预测评价区内的等效声级；情景二为考虑大气吸收、地块效应衰减以及绿化带衰减，预测评价区内的等效声级，以分析绿化带建设对噪声削减的贡献。即在情景一的基础上，按照规划方案在模型中增加绿化林带。

由图 7-32 以及图 7-33 对比模拟结果可以看出，通过绿地衰减后，项目区内的噪声值

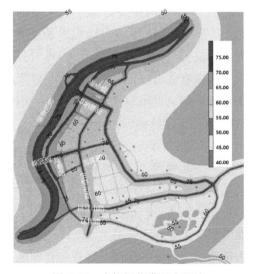

图 7-32　未加绿化带噪声环境

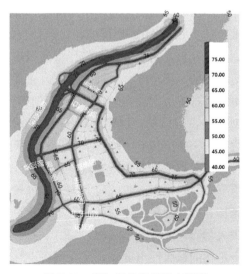

图 7-33　增加绿化带后噪声情况

明显下降，海潮路以东、元玲路以南的区域昼间噪声值叠加值为 60dB 以下，郊野公园达到 55dB 以下。但是，盐坝高速、环坝路（海康路以北段）仍是噪声污染较为严重的路段，噪声平均值为 60～65dB，影响范围内主要为以研发为主的新型产业用地及防护绿地。

由于环坝路（海康路以北段）、排牙山（恒科路以西）路段车流量较大，昼间噪声影响较大，应充分利用道路沿线防护绿地，设计以密叶乔木、灌木为主的复层绿化，高度应在 12m 以上。

核坝路的白沙湾路—盐灶路路段北侧分布着银叶林与红树林区域，生物资源极为丰富，属于重点保护区域，应在采取声屏障措施之后再密植至少 20m 宽、高度至少为 15m 的降噪绿化林带，以保障银叶林、红树林区域边界的噪声达到 45～50dB（A）以下，以满足鹭类、鸥类等水鸟对噪声环境的阈值要求，同时保障爬行类、两栖类的种内声音信息传递，保护该区鸟类、爬行类、两栖类的种类与种群数量。

环坝路与核坝路围绕盐灶水库片区林地的西侧与北侧，盐灶水库片区目前林鸟资源以及爬行类较为丰富，并且可能承担着接收坝光西部片区趋避而来的动物的作用。为尽可能降低交通对动物的噪声影响，需要在环坝路、核坝路与盐灶水库片区林地相连以及贯穿的路段，即环坝路以东、核坝路以南沿线部分路段密植至少 15m 宽、高度至少为 12m 的降噪绿化林带，同时考虑到自然地形的屏障作用，基本能满足林鸟、爬行类对噪声的要求。

2. 铺设降噪路面

新建道路可采用降噪路面，也称多空隙沥青路面或透水沥青路面。在普通的沥青路面上铺筑一层具有很高孔隙率的沥青混合材料，汽车行驶在降噪路面时比普通路面的噪声低 1～3dB。

考虑到部分主干道交通噪声以及景观效果，建议车流量较大以及接近主要噪声敏感点的主干道铺设透水性沥青降噪路面，代替传统的沥青混凝土或者水泥路面，降低沿路的居住用地噪声，减缓交通噪声对动物和居民的影响。

3. 设置声屏障

在噪声影响较大的路段使用声屏障，通过屏障材料对声波进行吸收、反射。一般的降噪效果可达 10dB 以上。声屏障的优点是节约土地，降噪效果明显；局限性在于景观效果一般，造价较高。对于日益污染严重的城市交通噪声，设置声屏障是降低交通噪声对区域声环境污染的一项传统、常用的措施，在常规降噪手段中有着重要的作用。采用声屏障可对噪声源进行第一次噪声发射后的噪声削减，高架桥可采用全封闭型，交通干道可采用半封闭型，高 3～6m 的声屏障可降噪 5～12dB[94]。声屏障是在道路交通噪声源与住宅区受声处之间的一个声传播的障碍板。无论是天然的土坡、人造的围墙、成品的模板还是茂密的树林，甚至是成排的建筑物，只要达到一定的密度，能起到遮挡噪声传播的作用都可以是隔声屏障。对于声屏障的研究国外起步较早，已经在声屏障的吸声降噪、声散射以及屏障的结构、形状和生态化材料上有了不少研究，并且在噪声污染严重的交通干道边缘修建了各类大量隔声屏障（图 7-34）。我国于 1991 年在贵州省贵黄高速公路上安装的百米陶粒混凝土结构的试验性声屏障，是我国将声屏障作为道路降噪措施的先例。现在结合绿色交通的建设理念，也不断发展出现多种生态声屏障，能隔音降噪，又能更好地与环境景观有

图 7-34　不同类型的声屏障

机融合。

4. 警示牌保护及管控

交通噪声可以通过警示牌禁止鸣笛以及交通控制，设立禁止鸣笛路段以及禁止鸣笛时间，减少对声敏感区的影响。特别是住宅区、医院、学校等路段，禁止鸣笛。另外，在动植物保护区域，可以设立禁鸣喇叭、降低车速、避让动物等警示牌。因为动物可能穿过的路段会出现路杀现象，导致哺乳类、爬行类、两栖类动物的死亡。在即将进入生物主要栖息地路口，以及动物主要栖息地的路段，有必要增设动物保护警示牌，尽量降低交通噪声源以及减少生物路杀现象。

5. 综合性降噪方案

规划方案通常涵盖一定区域，包含多种用地类型，因此规划区范围内噪声源一般较丰富，需考虑上述各种措施，因地制宜制定综合性的降噪方案。

以 2013 年深圳市盐田区生态规划为例，深圳市噪声环境功能区划盐田区属于"3 类标准使用区划"，2011 年盐田区统计年报中环境噪声数据为：城区区域环境噪声为56.7dB，城区区域噪声监测合格率达 100％，道路交通噪声平均值为 69.3dB，道路交通噪声监测合格率达 88.2％。噪声超标主要受交通噪声和港区卸货影响，港区作业区和堆场噪声未找到相关检测数据；然而从集装箱吞吐量来看，呈逐年增加的状况，2011 年集装箱吞吐量达 1026.44 万标箱，港区作业区和堆场噪声影响可能逐年增大。

通过分析噪声的监测数据，结果为西山吓村昼间噪声超标 1.1～3.5dB，夜间超标0.9dB。主要噪声来源为沿海高速公路、深盐路的交通噪声，平盐铁路以及港区通宵放柜的噪声影响（图 7-35）。剖析原因包括以下：①早期建设功能分区不到位，部分港区、仓库区、堆场、商住区混杂交叉，运输车辆无法避免经过商住区；②片区路面以货柜车为主，仅盐港码头注册的货柜车就有几万台，运输公司数百家，司机素质参差不齐，乱鸣喇叭；③盐田港通宵作业，24 小时运输放柜；④缺少足够的隔声建构物。

为此，当地政府计划采取的措施为完善路网建设，交通运输委建成东部沿海高速、盐排高速等跨境高速路，初步实现了片区客货分流。坪盐快速、龙盐快速、东海道延长线、恒心路等快速路、过境路也已经纳入规划，建成后将进一步促进交通分流和功能分区。

在此基础上，在项目规划方案中，提出综合噪声污染控制措施，包括路面降噪、绿化

图 7-35　噪声来源分析图

降噪、声屏障降噪以及港口降噪（图 7-36）。路面降噪技术包括低噪路面、高架桥底吸声，例如德国"悄声混凝土"、日本的粗糙型沥青路面或国内的高架桥底喷涂吸声材料，降噪量 2～7dB（A）。绿化降噪技术一般采用绿化带、坡度绿化带，30m 宽的乔、灌木混合林带，可降低噪声 5～6dB（A）。声屏障技术可采用防噪堤、屏障墙、生态型声屏障，3～5m 高的不同类型屏障在声影区的降噪量一般约为 3～15dB（A），全封闭或半封闭声屏障，声影区降噪量可达 22～26dB（A）。港口降噪技术包括开设噪声投诉热线；成立噪声管理委员会，制定噪声管理计划；给港口装卸设备加装消声设备；对港口员工进行环保教育；禁止叉车等装卸设备在夜间鸣笛等。

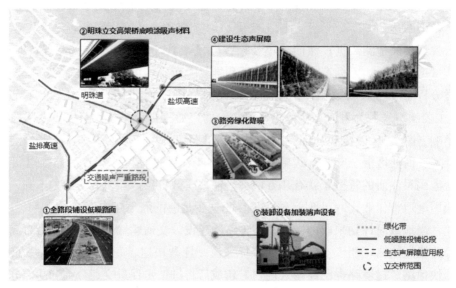

图 7-36　综合降噪方案

7.9.3　结合项目特征，塑造声景观

声景观的研究始于 20 世纪 60 年代，声景一词"Soundscape"是由"Sound"（声音）和词根"Scape"（景观）组成的复合词，是与"视觉的景观"相对的"听觉的景观"，即"用双耳捕捉的景观""听觉的风景"。由于长期以来，设计对视觉性和功能性过于关注，因此该理论提出引入对声环境的全面设计和规划，使其与总体景观相协调[95]。

声景一方面是规划区感知的重要依据，另一方面也塑造了特定区域的文化地理特征，而对于本土人群具有重大意义的声音基调、声景坐标以及它们的语义环境，有着不可忽视的人类学意义和人文哲学的思考，具有深厚的文化内涵。虫鸣鸟叫、水流声、风声等自然界声音多被认为是愉悦的声音，在我国古典园林设计中，也经常出现以声音塑造出的景观意向，声景构成要素可分为生物声景和非生物声景两大类，非生物声景点约占声景点总数的 80%，其中水声景点的比例超过非生物声景点总数的一半；生物声景点的数量虽少，类型却较为丰富，包括鸟声、钟声、船桨声、琴箫声等；接收点处的建筑形式丰富多样，但以亭最为常见[96]。

在进行声景观规划设计时，明确规划区及周边对象声源含义、声景安静性及声景舒适性，并对使用者的基本属性进行分析。通过对声源含义即自然声、生活声、机械声组成比例的分析，未来声级预测以及响度、尖锐度和粗糙度等心理声学参数的分析，预测规划区项目的声景效果。2018 年刘祎绯等利用声景学理念研究在公共开放空间设计的应用，2018 年刘国强研究了声景观在居住区园林设计中的应用，2018 年陈俊杰等以鼓浪屿为例研究声景观与旅游区改善提升的关系，2019 年孙小翔等研究老幼共生小区设计优化，2019 年池方爱等研究声景观与传统村落保护，2019 年郝泽周等研究声景观与城市森林资源保护。这些在设计类项目中的研究成果能够为优化规划布局提供很好的技术反馈。

7.10　规划方法创新

声环境规划与研究主要内容为通过平面、垂直、敏感点等昼间、夜间噪声强度预测分析，提出规划方案功能布局、交通系统调整优化方案，以及综合性降噪措施。噪声分析在规划阶段的运用比较少，在此基础上，与生态环境保护结合，可针对动物保护进行声环境研究，以及在绿色生态城市发展背景下新型绿色交通模式的噪声改善进行一些创新性研究。

7.10.1　动物保护视角下的声环境规划

城乡规划与建设已越来越重视生物生态的保护，常用方法是通过生态安全格局分析来进行生态敏感分区划分，针对不同敏感区提出建设控制要求。此类方法基于多因子叠加分析，包括地质敏感性、生物多样性、水敏感性等因子，但是较少进行噪声因子的分析。城市噪声主要来源于交通噪声，城乡规划中对于噪声的分析大多用于规划环评，噪声影响分析对象也一般是城市居民，较少研究城市噪声对其他生物（主要是动物）的影响。

噪声对生物的影响主要与生物物种自身的生活习性有关，包括自身特性（活动能力、对声音的敏感度等）、栖息营巢的生态条件、觅食习惯（声音识别、猎物的声敏感度等）、繁殖习惯（声音吸引异性等）等，可能导致动物生息失去隐蔽地、失去食饵、失去建巢场所，以及由此引发的动物繁殖率改变、食饵链的变化、迁徙路径的改变等。

城市噪声对生物影响的研究，较少应用于城乡规划中。通过城乡规划，可以对部分影响重要栖息地的交通系统进行优化调整，难以调整的区域可提出生态保护要求及生态补偿引导措施，从噪声影响的角度，研究生物保护在城乡规划中的应用。

以某市项目为例，某生态科技新城位于南北走向的"江淮生态廊道"和东西走向的"仪扬河—夹江"生态廊道的交界处，包括大量天然湿地和水体，是动物栖息的天堂，规划区大部分动物栖息地均有鲜明的湿地特征。规划区内规划高铁线路以及路网系统，主要城市噪声来源于交通噪声。

1. 栖息地及生物特征分析

（1）湿地型栖息地结构及特征分析

根据不同动物的生活习性和规划区水陆生境的分布特征，可将湿地特色的栖息地空间结构划分为：水体区域（深水区水深＞1m）；水体和岸线滩涂区域（浅水区水深＜0.4m）；林下灌丛区域（滨水＜50m）；林地区域。规划区栖息地特征见表7-17及图7-37。

湿地型栖息地动物结构和空间分布特征　　　　　　　　　　　　　　　表 7-17

区域	特征	动物种类
水体区域	鱼类的洄游通道和栖息场所	鱼类：蟹、鳗鱼、刀鱼、青鱼、草鱼、鲢鱼、鳙鱼、鳊鱼、鲫鱼、草鱼、鲢鱼、虎头鲨（塘鳢）、草鞋子、沙塔皮、红眼、白条、小昂公等
水体和岸线滩涂区域	两栖动物和其他水生动物的栖息地	两栖类动物：黑斑蛙、无斑雨蛙、虎纹蛙、蟾蜍；其他水生动物（浮游类、贝类、软体类、甲壳类）包括：螺蛳、虾、蟹、水蛭、轮虫、钟虫、猛水蚤、圆田螺、圆扁螺、环棱螺等
林下灌丛区域	陆生动物和昆虫的栖息地，	陆生动物：鼹鼠、狗獾、刺猬、水獭、蝮蛇、火赤链、黑眉锦蛇、棕黑锦蛇、王锦蛇、梢蛇、翠青蛇、蜥蜴；昆虫类：玉带凤蝶、青凤蝶、蛱蝶、蜻蜓、马蜂、萤火虫、天牛、蚊子、苍蝇、食虫瘤胸蛛、八斑球腹蛛、叉斑巨齿蛛、四点亮腹蛛、黄褐新圆蛛、棒络新妇蛛、拟环纹狼蛛、龙虱、负子蝽、蝎蝽等
林地区域	鸟类栖息地	鸟类：鹭类、鸻鹬类、雁形类、鸥类、鹊类、绿翅鸭、红嘴鸥、黑翅长脚鹬、扇尾沙锥、大白鹭、中白鹭、小白鹭、夜鹭、灰鹭、池鹭、小鸊鷉、黑水鸡、白头鹎、黑脸噪鹛、极北柳莺、黑枕黄鹂、普通燕鸥、灰喜鹊、喜鹊、八哥、乌鸫、家燕、金腰燕、伯劳、灰斑鸠、棕扇尾莺、水雉等

（2）指示性物种研究

对动物栖息地的质量评价和保护要求通常以指示性物种或濒危保护物种作为重点对象。在对指示性物种研究的基础上，保护和修复这些物种的栖息地、活动空间和迁徙廊道。

林地类栖息地和迁徙通勤廊道有典型的指示性生物，如鹭鸟、水獭和水杉等。其中，

图 7-37　湿地型栖息地空间分布特征

鹭鸟是湿地环境质量评价最具显示度和本地特色的指示动物；水獭是国家二级重点保护动物，主要活动于水域、滨水林地、灌木、芦苇丛中；水杉是国家一级保护植物，主要生长于湿润或有积水的区域。这些指示性生物的种群和个体数量能反映水质、噪声、大气、生态稳定性和多样性等方面的指标。

河流是鱼类的栖息地和洄游廊道。在规划范围内，刀鱼是洄游河流生态环境（廖家沟、太平河、芒稻河、金湾河）质量评价的指示动物，鲫鱼是七河河流水质（中污带）指示鱼类。同时，由于规划区位于江淮交融的地带，是南北向的重要鱼类洄游通道。

（3）重要动物栖息地识别

规划区是江淮流域之间重要的鱼类洄游通道。统计调查结果显示，由于受到水闸阻挡，规划区内的长江洄游鱼类所占比例在逐年减少。1954 年洄游性鱼类占所有长江鱼类比例为 78%，1965 年为 43%，1979 年为 11%。此外，规划区是多种鸟类迁徙通道上的中转站和栖息地，同时也是绿嘴鸭、红嘴鸥、白鹭和夜鹭的栖息地（图 7-38）。

通过现状调研、资料收集和部门走访，识别规划区主要有四类动物共 23 处栖息地，总面积约为 21km² 。如图 7-39 所示。

林地栖息地：规划区内的林地拥有丰富的乔木、灌木、草本等植物资源和若干本地特色鸟类、爬行类动物资源，是重要的鸟类栖息地和廊道之一。林地栖息地包括：林场林地、国防林周边林地、凤凰林场林地、凤羽岛岛型林地、廖家沟下游林地、G328 杭集段林地等。

农田湿地栖息地：规划区内的农田湿地为低洼的坑塘农田与圩田湿地，既有极具人文特色的农田水网，又有着较高的生物多样性，是水生生物和两栖动物较为适宜的生境。主要的农田湿地栖息地有：戴庄村坑塘湿地、蒋西庄坑塘湿地、金湾村坑塘湿地、九圩村圩田湿地、八圩村圩田湿地等。

浅滩湿地栖息地：规划区内的浅滩湿地主要为较大水陆交汇面的地块，其生境条件适用于大多数鹭类、鸻鹬类等鸟类，同时也是水生生物、两栖类动物以及微生物繁衍密集的土地类型。主要包括：凤凰岛湿地公园，聚凤岛湿地，太平河湿地，新河、壁虎河滩涂湿地，高水河滩涂湿地，贾家港栖息地，夹江、廖家沟、芒道河沿岸滩涂湿地等。

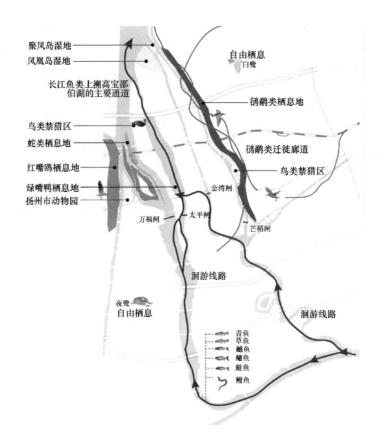

图 7-38　鸟类迁徙廊道和栖息地、鱼类洄游通道图

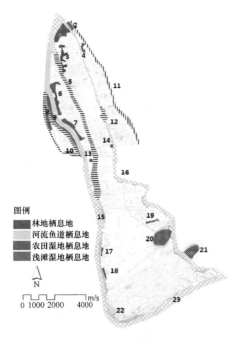

图 7-39　动物栖息地分布图

河流鱼道栖息地："七河八岛"地区水网密集，是长江洄游鱼类主要的栖息地和迁徙廊道，同时也是重要的渔业发展区域。规划区河流鱼道栖息地主要有：太平闸鱼道、金湾闸鱼道、廖家沟湿地、芒道河湿地、夹江湿地、四七湾栖息地等。

2. 动物栖息地噪声影响评价

除水质外，噪声是对动物栖息地最主要的影响因子。研究运用 Noisesystem 模拟软件，对动物栖息地及周围环境噪声值进行模拟预测，根据规划方案模拟规划实施后铁路、公路噪声影响范围以及对现状栖息地潜在的影响，提出相应保护措施。

（1）噪声影响评价

① 昼间状态分析（图 7-40）

现状的启扬高速、宁通路、沪陕高速及规划

新建的金湾路噪声影响范围较大，特别是国道周边防护林、沪陕高速北侧渔场，位于 55dB 以上的噪声影响范围内。可能导致原有的动物趋避到附近适宜区。

新建宁启复线、北环路穿过自在岛、凤羽岛、壁虎岛及壁虎河、新河，穿过区域可能发生动物向南北两侧趋避迁移。

自在岛、凤羽岛、壁虎岛综合栖息地绝大部分位于 45dB 以上的噪声影响范围内。能满足部分对噪声敏感度较低的动物的日间活动、觅食要求。

金湾村附近湿塘位于 40～50dB 噪声影响范围内。能满足部分对噪声敏感度较低的动物的日间活动、觅食要求。

聚凤岛、邵伯湖、凤凰岛栖息地噪声影响低于 40dB。较为适宜动物日间活动、觅食以及营巢繁殖。

② 夜间状态分析（图 7-41）

自在岛、凤羽岛、壁虎岛综合栖息地夜晚北侧部分位于 40～45dB 噪声影响范围内，能满足部分对噪声敏感度低的哺乳类等小动物夜间栖息要求。

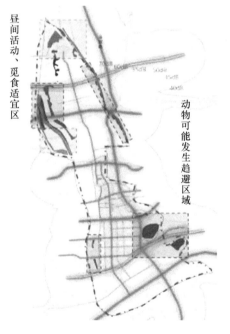
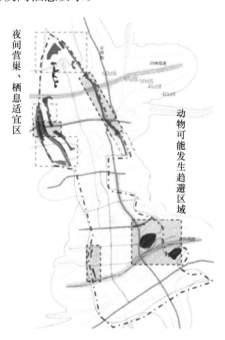

图 7-40　昼间噪声影响范围图　　　图 7-41　夜间噪声影响范围图

自在岛、凤羽岛、壁虎岛综合栖息地南侧，以及聚凤岛、邵伯湖、凤凰岛栖息地噪声影响低于 40dB，能满足绝大部分鸟类夜间栖息、营巢与繁殖要求。

（2）噪声影响度分区

根据科研成果，40dB 以下对鸟类活动基本不产生影响，鹭类活动区能接受 45dB 噪声影响，50dB 以上会惊扰绝大多数鸟类活动[97]。荷兰学者对 43 种鸟类观察得出等效连续 A 声级 L_{Aeq}，24h 超过 50dB 时，栖息地处的鸟类繁殖密度下降 20％～98％。哺乳类动物对噪声耐受性相对较高[98]。根据噪声分析结果，对规划区动物栖息地噪声影响度进行以下分区。如表 7-18、图 7-42 所示。

栖息地噪声影响度分区　　　　　　　　　　表 7-18

影响分区	编号	位置	噪声值	影响结果
基本无影响区	1-1	聚凤岛、邵伯湖、凤凰岛	昼夜噪声＜40dB	适合绝大部分动物夜间栖息、营巢繁殖与活动觅食
	1-2	自在岛、凤羽岛、壁虎岛南侧	昼间 40～45dB 夜间噪声＜40dB	
轻度影响区	2-1	金湾村附近湿塘	昼间为 45～50dB 夜间为 40～45dB	适合噪声低敏小动物夜间栖息及日间活动、觅食
	2-2	自在岛、凤羽岛、壁虎岛北侧	昼间为 50～55dB 夜间为 40～45dB	
轻度影响区	2-3	凤羽岛、壁虎岛南端	昼间为 40～50dB 夜间为 40～45dB	适合噪声低敏小动物夜间栖息及日间活动、觅食
	2-4	高水河滩涂湿地南段	昼间为 50～55dB 夜间为 40～45dB	
	2-5	廖家沟下游林地	昼夜均为 45～50dB	
重度影响区	3-1	宁启高速穿过自在岛北侧	昼间为 50～60dB 夜间为 45～55dB	动物往南趋避
	3-2	北环路、宁启铁路穿过自在岛、凤羽岛、壁虎岛、壁虎河、新河区域	昼间为 50～70dB 夜间为 45～60dB	动物可能向南北两侧趋避迁移
	3-3	金湾路北段严重影响高水河滩涂湿地	70％范围昼夜＞55dB	动物可能趋避到北侧聚凤岛
	3-4	沪陕高速、宁通路附近林地、渔场	昼夜＞55dB	动物可能趋避到规划区外其他地方

① 基本无影响区

基本无影响区是指昼间噪声低于 45dB，夜间噪声低于 40dB 的栖息地区域，这些区域远离主要的交通干道，受交通噪声影响程度极低，昼间夜间噪声值不超过鸟类可承受阈值，能够满足绝大部分动物夜间栖息、营巢繁殖与活动觅食的声环境要求。

规划区内属于基本无影响区的范围是聚凤岛、邵伯湖、凤凰岛，以及自在岛南侧、凤羽岛南侧、壁虎岛南侧。

② 轻度影响区

轻度影响区是指昼间噪声低于 55dB，夜间噪声低于 50dB 的栖息地区域，这些区域临近主要的交通干道，受交通噪声影响程度较大，昼间夜间噪声值会影响部分对噪声敏感的鸟类，特别是鹭科鸟类会发生惊飞，同时噪声的音频音量会干扰部分鸟类的鸣叫信息的有效传达，导致繁殖密度可能产生下降。这些区域只能适合对噪声敏感度较低的小动物的夜间栖息及日间活动、觅食，包括小型哺乳动物、爬行类以及一些适应城市环境的鸟类等。

规划区内属于轻度影响区的范围是金湾村附近湿塘、自在岛北侧、凤羽岛北侧、壁虎

图 7-42　栖息地噪声影响分析图

岛北侧、凤羽岛南端、壁虎岛南端以及廖家沟下游林地。

③ 重度影响区

重度影响区是指现状栖息地的大部分面积在道路建设实施后，昼间最大噪声大于55dB，夜间最大噪声大于 50dB 的栖息地区域，这些区域临近主要的交通干道或者是直接被交通干道贯穿，受交通噪声影响程度极高，昼间夜间噪声值已经超出动物正常生活繁殖所能承受的噪声阈值，噪声音频音量会严重干扰动物的声音信息的传递效果，形成种群内个体交流的阻碍，严重影响动物繁殖，对于这些区域，绝大多数动物，特别是鸟类和爬行类会发生趋避行为，迁飞或者转移到邻近的受噪声影响较小的区域，可能会与原本生活在较为安静栖息地的动物形成生存空间和食物的竞争。

规划区内属于重度影响区的可能发生动物的趋避行为。宁启高速穿过自在岛北侧，动物往自在岛南侧趋避；北环路、宁启铁路穿过自在岛、凤羽岛、壁虎岛、壁虎河、新河区域，动物可能向南北两侧噪声较低区域趋避迁移；金湾路北段严重影响高水河滩涂湿地，动物可能趋避到北侧聚凤岛；沪陕高速、宁通路附近林地、渔场，动物可能趋避到规划区外其他地方。

3. 噪声影响减缓策略及指引

(1) 噪声影响减缓策略（图 7-43）

噪声影响减缓策略主要包括针对基本无影响区以及轻度影响区提出的相关保护措施，针对具有显著公路声源的重度影响区提出降噪措施，同时针对规划区内的洄游鱼类提出保护措施。

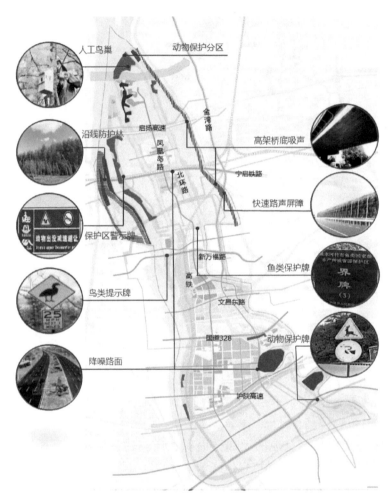

图 7-43　栖息地保护策略

① 基本无影响及轻度影响区——严格保护，吸引动物聚集栖息

a. 根据预测噪声源衰减距离划定动物栖息保护区，严格保护（表 7-19）。

噪声衰减距离　　　　　　　　　　　　　　　　　　　　　　表 7-19

类型	昼间噪声值消减距离（m）			夜间噪声值消减距离（m）		
	50dB	45dB	40dB	50dB	45dB	40dB
单线铁路	30	80	300	50	100	270
多线铁路	250	600	1260	70	150	470
高铁	80	105	200	30	65	160

类型	昼间噪声值消减距离（m）			夜间噪声值消减距离（m）		
	50dB	45dB	40dB	50dB	45dB	40dB
高速路	750	1400	1960	320	710	1400
快速路	720	1400	2060	330	770	1500
主干道	290	640	1280	130	370	900

不同交通道路的噪声对于动物保护阈值的衰减距离不同，根据上表对于不同类型的交通道路和铁路形成的噪声影响范围分析结果，对能够达到噪声要求阈值的距离交通道路特定距离之外的需要保护的生物栖息地进行严格控制保护，并对保护区外一公里内禁止强度开发建设，禁止车辆随便驶入，并做好隔音降噪工作。在保护区内持续开展生物保护跟踪统计、噪声监测、生态系统监测等工作。

b. 聚凤岛、凤凰岛增加人工辅助，引导受干扰的动物聚集栖息。

聚凤岛、凤凰岛是规划区北部最重要的同时也是受影响程度较轻的生物栖息地，主要栖居着爬行类和鸟类，承担着原有动植物保育以及承接受噪声影响的其他栖息地迁移而来的动物的功能。为营造更适合动物栖居的空间，同时为迁移而来的动物提供新的栖居场所，建议在聚凤岛、凤凰岛增加人工辅助设施，例如人工鸟巢、人工石窝等。还要保障通往聚凤岛、凤凰岛的生物廊道，通过生物廊道来引导其他受噪声干扰区域的鸻鹬、鹭类、蛇类等动物聚集到聚凤岛、凤凰岛栖息。

c. 越冬期、营巢期、孵化期等繁殖期，近营巢繁殖区路段禁止施工。

越冬期、营巢期、孵化期是动物生命历程中最为脆弱和最为敏感的时期，也是动物种群繁衍的重要时期。这些时期动物会非常关注周边生存环境的噪声程度、安全性、活动空间充足度以及食物的获取难易程度等因素。因此，需要在越冬期、营巢期、孵化期为动物营造高质量的保护环境。

因此，在鸟类和爬行类较为集中的越冬期、营巢期、孵化期，保护区周边的 1km 范围内应禁止道路和楼房建设施工，减少噪声和粉尘、振动的影响，为动物特殊时期营造较优的空间和环境。

② 显著公路声源——采取降噪措施及保护动物警示

鸟类和爬行类的活动与繁殖是需要通过叫声来传递信息的，包括求偶、驱敌、警示等行为，噪声的声波和声频会对鸟类和爬行类的声音信息传递产生干扰，遮蔽信息的传递，从而对动物的种群繁衍产生严重影响。因此，在规划区内具有显著公路声源的区域，要采取必要有效的降噪措施来降低噪声污染程度，尽量减少对动物的干扰，减少动物发生趋避迁移行为，因为过多动物迁移到别的栖息地会对原栖居的动物产生生物竞争，不利于所有本地物种的保育工作。

降噪措施一般包括绿化降噪、距离降噪、声屏障、降噪路面材料、桥底吸声等。根据噪声模拟的结果，规划区内应采取以下相关措施减缓噪声对动物栖息地的影响。北环路、宁启铁路两侧设置宽度大于 30m 的密集防护林；北环路、金湾路铺设降噪路面（透水沥青路面）；金湾路北段、北环路与凤羽岛、自在岛、壁虎岛交界设置声屏障；近栖息地设立交通警示标志，严禁鸣笛和超速，避让动物通行；启扬高速、高铁桥底喷涂吸声材料。

③ 水生动物保护——科学规划与严格控制航运

航运施工以及运营期间噪声对鱼类的影响是多方面的。噪声对鱼类具有潜在的危害，能导致卵存活下降，影响鱼类的繁殖并且使其生长速度降低，强烈的噪声可以引起暂时的听觉与漂移，甚至会使一些鱼类的听觉细胞受到损伤。航运工程施工作业时，施工机械、搅拌机械、施工船舶、炸礁产生的噪声和振动以及运营期船舶运行过程中产生的噪声、高速旋转的螺旋桨的搅拌力会干扰鱼类的正常生活习性，使鱼类改变活动位置，远离施工区域，甚至会导致鱼类听觉细胞损伤。

噪声对鱼类的影响减缓措施，可以通过加强管理，选用低噪声的机械设备或带隔声、消声的设备等措施来实现。航道施工期间会对河内浮游动植物以及底栖动物产生一定程度的影响，船只的发动机振动噪声与航运鸣笛会对水生动物产生一定影响，应严格控制航运船只的发动机规格与鸣笛。同时规划航线应避开洄游性鱼类的密集洄游线路及河段，鱼类的越冬场、产卵场、索饵场河段应禁止通航。

（2）动物栖息地保护指引

规划区动物栖息地分类保护要点如下：

① 林地栖息地：整体考虑林地与邻近自然斑块的衔接与联通，丰富生态网络；通过廊道作为连接工具，将斑块进行联通，同时以满足动物迁徙的基本需求为前提，保证廊道的宽度至少为30m；保护林地内部的生态环境，控制对林地斑块以及斑块连接体的建设开发，允许建设慢行道，限制机动车道；增加降噪设施，降低城市交通要道对林地栖息地的干扰。

② 农田湿地栖息地：对原有农田进行保留，突出当地人文景观特色；对农田水网进行梳理，使其联通主要水系，活化湿地水体；通过生物浮岛技术，对农田湿地内部的破碎斑块进行连接，增强绿色网络的整体性。

③ 浅滩湿地栖息地：控制湿地内部的建设开发，控制机动车、船的使用，保护生态完整性；湿地周边100m以内控制开发，减少外部对动植物栖息环境的干扰；适当增加湿地内的植物多样性，增强湿地的景观游憩和教育价值。

④ 河流鱼道栖息地：禁止开发鱼道两侧40m范围内区域，保护鱼类迁徙廊道宽度；禁止沿河倾倒垃圾、生活及工业废水，控制入河污染物；禁止在河堤10m范围内开垦农田，控制农业面源对水体的污染；禁止洄游鱼类密集通道以及鱼类养殖区域通航，保证河道范围内有12m以上宽度无任何障碍，以达到鱼类与无脊椎动物活动的基本需求。

根据以上原则，结合23处栖息地的实际条件和周边区域的规划情况，制定相应的保护指引，如表7-20所示，表中栖息地序号对应图7-39序号。

动物栖息地与迁徙廊道保护指引   表7-20

序号	名称	类型	栖息地保护指引
1	凤凰岛湿地公园	浅滩湿地栖息地	①迁出公园游乐设施；②利用公园湖体内现有小岛，营造鹭类和其他鸟类的栖息地空间，并控制人流干扰；③控制公园机动船使用，鼓励采用手划船；④适当增加人工辅助，例如人工鸟巢、生物廊道建设，引导受干扰的鸻鹬、鹭类聚集栖息；⑤越冬期、营巢期、孵化期及其他动物的繁殖期，靠近营巢繁殖区路段禁止施工

序号	名称	类型	栖息地保护指引
2	聚凤岛湿地	浅滩湿地栖息地	①控制聚凤岛游客人流量；②建议在凤凰岛面对聚凤岛一侧设置观鸟望远镜等设施，减少上岛游客，同时达到科普教育作用；③适当增加人工辅助，例如人工鸟巢、生物廊道建设，④越冬期、营巢期、孵化期及其他动物的繁殖期，靠近营巢繁殖区路段禁止施工
3	戴庄村坑塘湿地栖息地	农田湿地栖息地	①尽量保留坑塘湿地；②建议融入凤凰岛北部水系梳理体系，与北部水系联通
4	卞庄林场林地栖息地	林地栖息地	①保留林场东侧坑塘水渠；②建议联通南北两林地斑块，联通廊道宽度建议 100m 以上
5	太平河绿嘴鸭栖息地	浅滩湿地栖息地	①太平河两侧 100m 范围内，控制开发建设；②河道局部区域，可拓宽河面，在两侧增加芦苇荡子等湿地类型
6	国防林周边林地栖息地	林地栖息地	①将国防林北侧坑塘林地地区域纳入该栖息地斑块进行整体考虑；②建议与南部凤凰林场联通，联通廊道宽度建议 100m 以上；③北环路及宁启铁路穿过两侧设置宽度大于 30m 密集防护林
7	凤凰林场林地栖息地	林地栖息地	建议与北部国防林联通，联通廊道宽度建议 100m 以上
8	壁虎岛岛头栖息地	林地栖息地	①建议控制壁虎岛北部区域开发强度；②建议结合生态旅游进行整体规划；③尽量保留利用现有林地和滩涂湿地资源；④北环路与壁虎岛交界以高架形式通过，设置声屏障、铺设降噪路面；⑤靠近栖息地设立交通警示标志，严禁鸣笛和超速，避让动物通行
9	凤羽岛岛型林地栖息地	林地栖息地	①保持凤羽岛无道路连接的现状，减少人流和其他开发行为对其产生干扰；②北环路与凤羽岛交界以高架形式通过，设置声屏障、铺设降噪路面；③靠近栖息地设立交通警示标志，严禁鸣笛和超速，避让动物通行
10	新河、壁虎河滩涂湿地栖息地	浅滩湿地栖息地	①新河、壁虎河两侧 100m 范围内，控制开发建设；②河道局部区域，可拓宽河面，在两侧增加芦苇荡子等湿地类型；③适当增加人工辅助，例如人工鸟巢、生物廊道建设，引导受干扰的鸻鹬、鹭类聚集栖息
11	高水河滩涂湿地栖息地	滩涂湿地栖息地	①高水河两侧 100m 范围内，控制开发建设；②河道局部区域，可拓宽河面，在两侧增加芦苇荡等湿地；③金湾路北段、北环路与其交界设置声屏障、铺设降噪路面、两侧设置宽度大于 30m 密集防护林；④启扬高速桥底喷涂吸声材料
12	蒋西庄坑塘湿地栖息地	农田湿地栖息地	①高水河该段河岸边可设计生物浮岛，增加两岸生物栖息地斑块之间的连接度；②高水河两侧的林地栖息地斑块需要整体考虑；③噪声影响较严重，不再作为栖息地进行保护，可建设为防护绿地或城市公园

序号	名称	类型	栖息地保护指引
13	太平闸鱼道	河流及鱼道栖息地	①太平闸鱼道河渠两侧60m范围内，控制开发建设；②规范周边200m村落等聚居地的垃圾管理，增加垃圾收集管理设施，禁止沿河倾倒垃圾；③规划航线应避开洄游性鱼类的密集洄游线路及河段，鱼类的越冬场、产卵场、索饵场河段应禁止通航
14	金湾闸鱼道	河流鱼道栖息地	①金湾闸鱼道两侧60m范围内，控制开发建设；②规范周边200m村落等聚居地的垃圾管理，增加垃圾收集管理设施，禁止沿河倾倒垃圾；③规划航线应避开洄游性鱼类的密集洄游线路及河段，鱼类的越冬场、产卵场、索饵场河段应禁止通航
15	廖家沟湿地	河流鱼道栖息地	①保留廖家沟现有河心洲芦苇荡子和两侧河漫滩湿地；②尽量保持自然河道断面，增加鱼类等动物的产卵和栖息环境；③规划航线应避开洄游性鱼类的密集洄游线路及河段，鱼类的越冬场、产卵场、索饵场河段应禁止通航
16	芒道河湿地	河流鱼道栖息地	①保留两侧河漫滩湿地；②尽量保持自然河道断面，增加鱼类等动物的产卵和栖息环境；③规划航线应避开洄游性鱼类的密集洄游线路及河段，鱼类的越冬场、产卵场、索饵场河段应禁止通航
17	廖家沟下游林地A	林地栖息地	①该林地斑块与廖家沟滨河湿地之间，尽量不建设行车道路，允许建设步行道路；②靠近栖息地设立交通警示标志，严禁鸣笛和超速，避让动物通行；③附近道路铺设降噪路面
18	廖家沟下游林地B	林地栖息地	①该林地斑块与廖家沟滨河湿地之间，尽量不建设行车道路，允许建设步行道路；②靠近栖息地设立交通警示标志，严禁鸣笛和超速，避让动物通行；③附近道路铺设降噪路面
19	G328道路坑集段林地	林地栖息地	①将该林地东侧村落旁边的林带和坑塘湿地进行整体考虑；②建议与东侧林带和坑塘湿地建立联通廊道，宽度建议100m以上；③噪声影响较严重，不再作为栖息地进行保护，可建设为防护绿地或城市公园
20	四七湾栖息地	河流鱼道栖息地	①四七湾半岛与东侧临芒道河的滨河林带进行整体考虑；②增加四七湾水域的生境多样性；③噪声影响严重，需采取特别防护措施
21	贾家港栖息地	浅滩湿地栖息地	①保持贾家湾无道路连接的现状，减少人流和其他开发行为对其产生的干扰；②噪声影响严重，需采取特别防护措施
22	夹江、廖家沟、芒道河沿岸滩涂湿地	浅滩湿地栖息地	①保留沿河滩涂湿地；②靠近栖息地设立交通警示标志，严禁鸣笛和超速，避让动物通行；③附近道路铺设降噪路面及设置声屏障
23	夹江湿地	河流鱼道栖息地	①保留两侧河漫滩湿地；②尽量保持自然河道断面，增加鱼类等动物的产卵和栖息环境

通过噪声模拟分析，识别噪声影响具体范围，可以对城乡规划方案中部分影响重要栖息地的交通系统进行优化调整。针对难以调整的区域，通过落实生态保护要求减缓噪声影

响，并在合适的区域通过人工措施吸引、引导受影响区域的生物转移，完成有效的生态补偿。但是城市生活噪声也可能对生物产生较大影响，此类影响仍需后续进行相关深入研究，为城乡规划更好地进行生物保护提供空间管控和调整依据。

7.10.2　绿色交通模式下的声环境规划

城市噪声中影响较大的是交通噪声，因此在建设绿色生态城市的过程中，交通系统也逐步倡导绿色交通、低碳交通的理念，在这些背景下，交通出行习惯和各类出行交通工具的比例的变更、交通组织方式的升级等，对控制和降低交通噪声将具有重要的作用。

因此，在新型生态绿色规划中，根据交通规划方案，可以进行多个情景模拟分析，建立传统交通模式噪声模型、新型绿色交通模式噪声模型等，进行预测计算域比对分析，判断待解决的交通问题以及仍存在噪声超标的区域，进行进一步深化研究。绿色交通的降噪案例详见 11.4.4 节。

第 8 章　光环境的研究与规划设计方法

在风、气温、湿度、降水、太阳辐射等城市物理环境参数中，太阳辐射是决定气候的主要原因，也是城市物理最主要的气候条件之一。传统的光环境研究，主要在建筑设计领域开展，在社区设计时进行日照分析，合理进行建筑布局，在建筑单体设计时分析其得光条件，根据需求提出遮阳、采光等细部设计手法，以满足室内光照需求，在此基础上出现的被动式建筑设计也是绿色节能建筑的典范。此外，建筑也是实现低碳生态的末端环节，是减少城市碳排放的重要部分。尤其是在绿色建筑设计领域，光环境模拟甚至包括模拟建筑室内采光率、遮阳设计、材料光辐射吸收选择等多个方面，以达到光的利用效率最大化。建筑室外环境设计中，为提升建筑舒适度，根据气象数据，模拟当地在一年四季中对光照的不同需求，计算出建筑的最佳朝向，为进一步建筑具体设计作参考，并且有利于改善室内舒适度，减少建筑制冷取热的能耗，降低碳排放。

在城乡规划阶段虽然不涉及具体建筑外形、建筑材料使用等细节，但仍需开展光环境分析研究。已有相关学者研究在我国新疆[99]、江西省[100]、上海[101]等地区的宏观尺度范围内的太阳能资源评价与利用。本章光环境研究立足于微观尺度日照分析和中观、宏观尺度光能资源分析，通过分析光与建筑设计、光与植物、光与用地布局、光与低碳市政技术四方面，实现光在城乡规划中的应用，从而落实低碳、环保、绿色、生态的规划理念。

8.1　光环境研究与城乡规划的关系

光环境与城乡规划设计关系密切，相互影响。一个地方的光照本底情况由地理区位决定，基于光利用的目的影响城乡规划与设计。相对于风、降雨等气候因素，太阳光是持续恒定的，城乡规划建设不会对该地区获取的光照资源和光照方式造成任何影响，但由于城市空间建设的差异，会造成微观局部的光环境变化。

8.1.1　光环境因素对城乡规划的影响

城乡规划与建筑设计都是为了营造更好的人居环境，光的有效利用是多年来建筑设计考虑的内容。在城乡规划中，也逐步重视光环境因素的影响。

1. 日照

光环境研究中常提及的是日照因素，日照是气象主要因素之一，是指物体表面被太阳光直接照射的现象。建筑日照是太阳直接照射到建筑物表面上，代表其接受太阳光照射情况。根据建筑设计行业标准，建筑设计需满足日照标准，即根据各地区的气候条件和居住卫生要求确定向阳的房间在规定日获得的日照量。参照《建筑日照计算参数标准》GB/T

50947 对建筑日照进行计算，对于建筑合理布局起到重要作用，即在微观尺度规划项目中日照影响建筑总平面规划方案。

　　另外，太阳光照射在不科学设计或构筑物外立面材料选择不当的情况下会导致光污染。光污染会干扰正常自然界光照信息的传递和接收，影响人类健康、安全以及动植物的正常繁育。由于光污染主要与建筑单体材料和规划区设计相关，所以，光污染在城乡规划层面不能通过软件来进行预测，只能对用地类型布局以及当地生物保护进行分析，对商业区、居民区、广场、生物保护区域以及周边提出关于光污染控制的相关要求，尽量降低光污染的不良影响。

2. 太阳辐射

　　太阳辐射是指太阳以电磁波的形式向外传递能量，在城乡规划建设过程中，通常根据城市的基础气候条件、地形条件以及本地资源条件等来分析选择适宜使用的光能利用技术，可参照《太阳能资源等级-总辐射》GB/T 31155 进行分析计算。光能利用技术与规划区的光照条件密切相关。控制性详细规划会制定地块的容积率，在地块容积率、建筑高度有一定控制条件的情况下，通过城市设计可以模拟未来的建筑布局，从而可以分析建筑遮挡。建筑遮挡会影响规划区的光照时长以及太阳辐射量，从而影响光能利用技术的实施效果。通过光环境功能分析识别光照资源利用效率较高的区域以及一些最佳的利用条件，为光能利用规划选址作技术支撑，提高规划实施效果。

8.1.2　城乡规划因素对光环境的影响

　　城市建设会形成光环境的分布差异，主要是因为构筑物的阴影遮挡效果。在中观及微观尺度规划项目中，通过规划控制地块的容积率、建筑高度、天空开阔度、设计城市天界线等要素，对规划区域的光环境形成影响。而建筑的朝向与外立面材料对于光污染的形成具有决定性作用。

8.2　光环境规划的意义

　　在建筑设计中，建筑内部环境获得充足的日照是保证居室卫生、改善居室小气候、提高舒适度等居住环境质量的重要因素。在城乡规划层面，单纯的日照分析只适合于微观尺度城市更新地块的建筑布局示意，在中观尺度的规划中，光通常表征为太阳光、太阳辐射等。在城乡规划中，如能识别并使用太阳能资源，则可减少不可再生能源消耗，提高新能源利用效果，而这也是低碳市政设施规划设计的重要发展方向。在宏观尺度规划中，分析城市区域的太阳辐射量和稳定度，根据太阳能资源分布特点，可进行太阳能利用潜力分析。光环境规划的意义不仅在于调节改善城市物理环境舒适度，减少光污染，更是城市能源系统优化、资源有效利用的重要内容。

8.3 光环境规划的原则

1. 因地制宜

建筑气候区划是基于使建筑更充分地利用和适应我国不同的气候条件，做到因地制宜的目的，而在《民用建筑设计统一标准》GB 50352 中对我国进行了气候区划分。建筑气候区划包括 7 个主气候区，20 个子气候区。对于不同气候区，建筑日照有不同的要求，见表 8-1。在进行光环境研究时，需要因地制宜，根据研究片区的基本特点选取计算参数，并根据其最高诉求制定优化方案。

不同气候分区对建筑的基本要求   表 8-1

分区名称		热工分区名称	气候主要指标	建筑基本要求
Ⅰ	ⅠA ⅠB ⅠC ⅠD	严寒地区	1月平均气温≤−10℃ 7月平均气温≤25℃ 7月平均相对湿度≥50%	1. 建筑物必须满足冬季保温、防寒、防冻等要求。 2. ⅠA、ⅠB区应防止冻土、积雪对建筑物的危害。 3. ⅠB、ⅠC、ⅠD区的西部，建筑物应防冰雹、防风沙
Ⅱ	ⅡA ⅡB	寒冷地区	1月平均气温−10~0℃ 7月平均气温 18~28℃	1. 建筑物应满足冬季保温、防寒、防冻等要求。夏季部分地区应兼顾防热。 2. ⅡA区建筑物应防热、防潮、防暴风雨，沿海地带应防盐雾侵蚀
Ⅲ	ⅢA ⅢB ⅢC	夏热冬冷地区	1月平均气温 0~10℃ 7月平均气温 25~30℃	1. 建筑物必须满足夏季防热、遮阳、通风降温要求，冬季应兼顾防寒。 2. 建筑物应防雨、防潮、防洪、防雷电。 3. ⅢA区应防台风、暴雨袭击及盐雾侵蚀
Ⅳ	ⅣA ⅣB	夏热冬暖地区	1月平均气温>10℃ 7月平均气温 25~29℃	1. 建筑物必须满足夏季防热、遮阳、通风、防雨要求。 2. 建筑物应防暴雨、防潮、防洪、防雷电。 3. ⅣA区应防台风、暴雨袭击及盐雾侵蚀
Ⅴ	ⅤA ⅤB	温和地区	7月平均气温 18~25℃ 1月平均气温 0~13℃	1. 建筑物应满足防雨和通风要求。 2. ⅤA区建筑物应注意防寒，ⅤB区应特别注意防雷电
Ⅵ	ⅥA ⅥB ⅥC	严寒地区 寒冷地区	7月平均气温<18℃ 1月平均气温 0~22℃	1. 热工应符合严寒和寒冷地区相关要求。 2. ⅥA、ⅥB应防冻土对建筑物地基及地下管道的影响，并应特别注意防风沙 3. ⅥC区的东部，建筑物应防雷电
Ⅶ	ⅦA ⅦB ⅦC ⅦD	严寒地区 寒冷地区	7月平均气温≥18℃ 1月平均气温 −5~20℃ 7月平均相对湿度<50%	1. 热工应符合严寒和寒冷地区相关要求。 2. 除ⅦD区外，应防冻土对建筑物地基及地下管道的危害。 3. ⅦB区建筑物应特别注意积雪的危害。 4. ⅦC区建筑物应特别注意防风沙，夏季兼顾防热。 5. ⅦD区建筑物应注意夏季防热，吐鲁番盆地应特别注意隔热、降温

2. 关联周边

在城市中，周边建筑布局形态会对设计地块的光照情况有直接影响。如在《深圳市建筑设计规则》中，就提出了如下需要进行日照分析的情况：

（1）拟建建筑对用地内其他拟建日照需求建筑产生日照遮挡影响。

（2）拟建建筑对周围已建、在建或已通过方案核查待建日照需求建筑产生日照遮挡影响。

（3）周围已建、在建或已通过方案设计核查待建的建筑对拟建日照需求建筑产生日照遮挡影响。

（4）因建筑设计方案调整，致使日照需求建筑的位置、外轮廓、户型、窗户等改变，或日照遮挡建筑的位置、外轮廓改变的，应对调整后的方案重新进行日照分析。

因此，在实际模拟时，除考虑设计地块内部的光照环境，也可以考虑周边地块的遮挡情况，以最大限度地还原和模拟当地光照情况。

3. 科学辅助

由于城市内建筑的布局、朝向情况复杂，且受到所在区位影响较大，应建立精细模型，进行日照模拟分析，以此为依据提供优化的建议方案。

4. 尊重结果

进行光环境中日照模拟的原因是为了识别规划方案存在的问题，对建筑日照情况进行定量预测，并根据预测结果做出判断和评估，辅助优化规划方案。进行太阳能资源分析，可判断是否采用光能资源的适宜性，应当尊重分析结果，提供规划方案的优化建议。

8.4　规划流程

光环境规划按照基础分析、数据收集、建立模型、分析结果及提出优化建议的流程展开。将其拆分为操作步骤后，流程如图 8-1 所示。

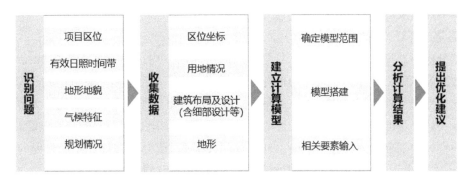

图 8-1　规划流程图

8.4.1　基础分析

每个城乡规划项目均有各自的特征，包括项目区位、有效日照时间带、气候特征、地

201

形地貌、规划情况、建筑细部设计情况等，这些特征能够为光环境的分析提供基础判断。

1. 项目区位

了解项目的地理区位，一方面通过地理区位判断项目所在的气候区，气候区影响了日照时数长短要求，另一方面可确定项目所在城市的地理坐标位置。

2. 有效日照时间带

在我国通常以冬至日、大寒日作为衡量日照时数的主要依据。过去全国各地一律以冬至日为日照标准日，而我国有关文件曾规定：冬至日住宅底层日照不少于一小时。因冬至日太阳高度角最低，照射范围最小，如果冬至日能达到 1h 的日照标准，那么一年中其他天数就能达到 1h 以上的标准，但从实际实施情况来看，全国绝大多数地区的大、中、小城市均未达到这个标准。大多数城市的住宅，冬至日前后首层有 1～2 个月无日照，东北地区大多数城市的住宅，冬至日日照遮挡到三层或四层。达到同样时间的话，冬至日正午太阳高度角约比大寒日高 3°～4°，因而，无法以冬至日为标准日的地区只能采用第二档次即大寒日为标准日。如深圳有效日照时间带为冬至日、大寒日均为 8～16 时（真太阳时）。

3. 气候特征

了解包括太阳辐射量、平均气温等气候特征情况。

4. 地形地貌

了解高程、地形起伏走势、山体、水系走向，可以确定日照计算的条件，如自然山体的遮挡影响可不纳入计算，但是开挖山体形成的挡土墙等永久性地势高差应纳入日照分析。除高 4m 及以上的高围墙外，其他围墙一般不作为日照分析的主体。

5. 规划情况

应结合规划用地性质，考虑光环境情况。对于日照需求建筑，在有效时间带采用"多点沿线分析"的方法沿建筑外墙线分析日照情况；对组团绿地以及托儿所、幼儿园的活动规划区等采用"多点分析"或"等时线分析"的方法分析日照情况。

对于宏观尺度的光环境分析，用地性质则决定了是否可以布设太阳能光电板等设施，需落实用地性质及周边城市设计情况再开展分析。

6. 建筑细部设计情况

日照分析的计算高度取最底层有日照要求的房间的室内地坪标高 $H+0.9\text{m}$，与实际外窗窗台高度无关。各计算建筑间的地坪高差须纳入计算。无论是一般窗户或凸窗，日照基准面均是外窗与外墙相交的洞口，即室内主要空间获得日照的界面。两侧均无隔板遮挡的凸阳台，计算基准面为阳台门所在外墙面；形式复杂的阳台难以确定计算基准面时，取阳台日照较好的基准面为计算基准面。外窗宽度大于 2.4m 时，在计算满窗日照时可缩减至 2.4m；宽度小于 0.6m 时，不得作为符合日照要求的窗洞口纳入日照分析。此外，在日照分析及建筑高度计算时，应综合考虑屋面太阳能板及屋面构架的遮挡因素并纳入计算。

8.4.2 收集数据

开展软件建模分析，最重要的前期准备工作是相关原始数据的收集，数据的准确性直接影响模型的计算结果。进行规划区光环境分析所需的原始数据包括区位特征、有效日照时间带、地形地貌、气候特征、规划情况、建筑细部设计（表8-2）。

建模所需数据

表8-2

数据类型	序号	数据内容	数据形式	数据要求	数据来源
区位特征	1	地理坐标	.shp/.dwg	唯一确定值	地方标准规范
有效日照时间带	2	时间带	.shp/.dwg/.jpg	准确识别	地方标准规范
地形地貌	3	等高线	.shp/.dwg	涵盖周边对光环境有影响的地区	地方自然资源（国土）部门、地理信息数据共享平台
气候特征	4	平均气温	.xlsx	符合规划区尺度	当地气象部门
	5	太阳能辐射量	.xlsx	具代表性的日期	当地气象部门
规划情况	6	用地性质图	.dwg	最新、可靠	地方自然资源（国土）部门、设计单位
建筑细部设计	7	建筑设计图	.dwg	最新、细节	设计单位提供

8.4.3 建立计算模型

根据收集到的数据，建立计算模型。因为光的相互遮挡情况，在建立模型时要考虑到周边的山体以及高大建筑对规划区光环境的影响，因此，建议在规划区的基础上适当扩展，得到模型范围。

8.4.4 分析计算结果

分析光环境模拟的结果，根据项目需求不同，分析的着眼点也不同。宏观及中观尺度规划，重在进行太阳辐射分析，微观尺度规划通常以光照分析为主。

如果分析结果时发现结果有明显错误，建议重新检查模型与参数设置，进行相应的调整。

8.4.5 提出优化建议

根据分析结果和项目首先要解决的问题提出优化建议。提出优化建议需要考虑其可行性。

8.5 分析工具

目前市面上可用于光环境分析的软件主要为建筑设计专业分析软件，部分可用于规划尺度范围的分析，暂无专门针对规划阶段光环境分析应用开发的软件，但在城乡规划业内常用的 ArcGIS 数据分析软件具有太阳辐射分析工具模块，下面介绍一些常用的光环境分析软件。

8.5.1　天正软件介绍

天正日照 TSun 为规划主管部门、建筑规划及房地产开发等部门提供了科学实用的日照定量、定性分析工具。开发过程研究了国家和地方相关的日照计算规则,分析方法满足全国各地不同日照分析计算标准的要求。通过日照分析标准设置功能,全面解决不同建筑气候区域内日照分析问题,并针对各地不同要求提供满足规划主管部门审批的分析结果。

软件引入日照分析标准的概念,全面考虑各种常用日照分析计算参数,以满足全国各地日照分析标准各不相同的情况。将所保存的标准设为当前标准,便可以方便地进行满足各个地方要求的日照分析。提供自动导入、导出日照标准功能,实现分析参数的快速共享。软件具有丰富强大的日照建模功能,可满足任意建筑模型的建立。同类软件或纯 AutoCAD 建立的模型经转换后可直接用于日照分析;也可以导入建筑施工图生成日照分析模型。

除支持映射插窗、顺序插窗、两点插窗、快速插窗等建筑细部设计方面外,软件还支持三维建模,提供由等高线创建坡地功能,同时提供坡地对象编辑功能,解决了山地城市日照分析坡地建模难题。适宜用于微观尺度的地块规划项目中,如城市更新规划项目(图 8-2)。

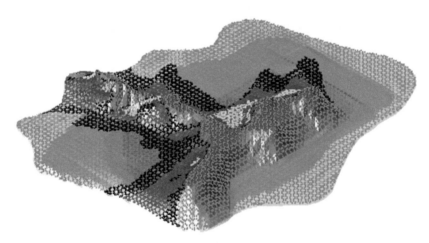

图 8-2　坡地日照

图片来源:天正软件坡地日照分析示意〔Online Image〕.〔2019-9-9〕. http://www.tangent.com.cn/uploadfile/2011/1118/image015.png

8.5.2　EcotectAnalysis 软件介绍

EcotectAnalysis 是英国 SquareOne 公司开发的生态建筑设计软件,2008 年被 Autodesk 公司收购。Ecotect 历经多个版本,太阳辐射、日照、遮阳、采光、照明到热工、室内声场、室内外风场等内容均可进行模拟分析,涵盖了热环境、风环境、光环境、声环境、日照、经济性及环境影响与可视度等建筑物理环境的 7 个方面(图 8-3)。使用者可快速便捷地开展建筑物理环境分析。

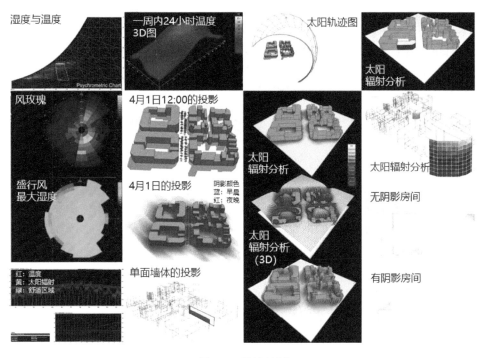

图 8-3　坡地日照

图片来源：EcotectAnalysis 软件坡地日照分析示意 ［Online Image］. ［2019-9-9］. https：//www.
buildenvi. com/tmp/software/ecotect-analysis/01. jpg

自 2015 年 3 月 20 日起，Autodesk 公司不再销售 EcotectAnalysis 许可，将 Ecotect
Analysis 等类似的功能整合至 Revit 产品系列中，但仍可进行光环境相关的分析，主要分
为以下两方面。

1. 日光分析

Revit 附带了一个日光分析插件，其中融合了一个比 Ecotect 所用算法更高级的算法。
利用这一新插件，分析可与 Revit 完全集成。可量化所有日期和时间的太阳辐射分布，并
直接将结果显示在模型上。

2. 日光和阴影研究

Revit 内的交互式日光路径工具支持可视化日光，从而研究自然光和阴影对任意位置
的项目内外部的影响。此工具与 Revit 完全集成，除了任何指定的时间范围之外，还可用
来为任何时刻创建日光研究。

考虑到 EcotectAnalysis 与 Revit 均为 Autodesk 公司产品，软件界面及模拟过程存在
很大的相似性，光环境模拟分析案例是基于 EcotectAnalysis 软件未合并前版本制作，因
此本书后面内容仍以天正日照、EcotectAnalysis 两款软件为范例，进行光环境模拟分析
介绍。

8.5.3 GIS 太阳辐射工具

依据 ArcGIS 软件官方网站介绍，通过 ArcGIS Spatial Analyst 扩展模块中的太阳辐射分析工具可以针对特定时间段太阳对某地理区域的影响进行制图和分析。太阳辐射分析工具根据半球视域算法中的方法，计算某研究区域范围内或特定位置的日照。特定位置或面积内计算的辐射总量将以总辐射量的形式表示。对每个要素位置或每个地形面中的位置重复计算直射日照量、散射日照量、总日照量，以便生成整个地理区域的日照地图。这将考虑大气效应、地点的纬度和高程、陡度（坡度）和罗盘方向（方位）、太阳角度的日变化和季节性变化以及周围地形投射的阴影所带来的影响。生成的输出结果可以轻松地与其他 GIS 数据集成。

软件采用以下两种方法对地表或特定位置进行太阳辐射分析：①太阳辐射区域工具用于计算某处整个地表的日照。对输入地形面中的每个位置都重复此计算，以生成整个地理区域的日照地图。②太阳辐射点工具用于计算给定位置辐射能量的大小。可将位置以点要素或 x，y 坐标的形式存储在位置表中。只能对指定位置执行太阳辐射计算。为了执行诊断，可使用太阳辐射图工具创建可见天空（视域图）、一段时间内太阳在天空中的位置（太阳图）以及影响入射太阳辐射量的天空扇区（星空图）的图形演示。如表 8-3 所示。

分析工具类型 表 8-3

工具	说明
太阳辐射区域	从栅格表面获得入射太阳辐射
太阳辐射点	获得点要素类或位置表中特定位置的入射太阳辐射
太阳辐射图	获得用于计算直接太阳辐射、散射太阳辐射和整体太阳辐射的半球视域、太阳图和星空图的栅格表达

软件缺点是计算日照量非常耗时，计算大型的数字高程模型（DEM）可能需要数小时，而计算超大型的 DEM 可能需要数天。优点在于适宜分析宏观、中观尺度等较大范围的项目。

8.5.4 其他光环境分析软件

随着技术的发展，计算机软件已取代传统的手工分析方法，成为日照计算的主要技术手段。目前，北京、上海、杭州、石家庄、青岛、乌鲁木齐等城市已普遍采用专业的日照软件对建筑方案的日照状况进行分析。由于软件直接关系到日照分析的结果，为了保证日照分析的科学性与准确性，必须对各种软件进行严格的质量把关，以确保其能满足日照分析的要求。除天正日照外，有飞时达（FastSun）日照分析软件、清华日照分析软件等其他基于 AutoCAD 自主开发的日照分析软件。在建模软件 SketchUp 中，插件"SketchUp 日照大师"也可进行快速的日照分析，但目前业内公认以天正日照分析结果作为报规报建依据。

8.6 评价标准与评价指标

在对规划区域的光环境进行评价时，常用的评价标准为国家标准和地方标准，评价指标有日照时长、光照强度以及太阳辐射量。

8.6.1 常用评价标准及指引

1. 国家层面评价标准及指引

日照的评价标准通常在建筑设计相关标准规范中，在国家层面涉及日照要求的主要标准见表 8-4。

国家层面城乡规划相关的日照标准　　　　　　　　　　表 8-4

序号	标准号	标准名称	说明
1	GB 50180—93	《城市居住区规划设计规范》	
2	GB 50352—2005	《民用建筑设计通则》	
3	GB 50099—2011	《中小学校设计规范》	
4	GB/T 50947—2014	《建筑日照计算参数标准》	1. 2018 年 12 月 1 日实施《城市居住区规划设计标准》后，原《城市居住区设计规范》同时作废。
5	GB5 1039—2014	《综合医院建筑设计规范》	
6	JGJ 39—2016	《托儿所、幼儿园建筑设计规范》	
7	GB 50180—2018	《城市居住区规划设计标准》	2. 2019 年 10 月 1 日实施《民用建筑设计统一标准》后，原《民用建筑设计通则》同时作废
8	GB 50352—2019	《民用建筑设计统一标准》	
9	GB/T 50033—2013	《建筑采光设计标准》	
10	GB/T 31155—2014	《太阳能资源等级总辐射》	
11	GB/T 50378—2019	《绿色建筑评价标准》	
12	GB 50189—2015	《公共建筑节能设计标准》	

在《民用建筑设计统一标准》GB 50352 中，对建筑基地、建筑布局两方面提出了日照要求。在建筑基地选取时，要求本基地内建筑物和构筑物均不得影响本基地或其他用地内建筑物的日照标准和采光标准。具体执行时虽情况复杂，但原则上双方应各留出建筑日照间距的一半，当规划已按详细规划控制建筑高度时则可按控制建筑高度的日照间距办理。如某区规定建筑控制高度不超过 18m，则相邻基地边界线两边的建筑应按 18m 建筑高度留出建筑日照间距的一半。至于高层建筑地区，理应在城市总体规划布局上统一解决，不应要求邻地建筑也按高层的日照间距退让。为了保障有日照要求建筑的合法权益，对于体形比较复杂的建筑和高层建筑，有条件的地区可以进行日照分析，在日照分析时应将周围基地已建、在建和拟建建筑的影响考虑在内。

在建筑布局方面，主要依据当地城乡规划行政主管部门制定的相应的建筑间距规定，且日照标准应满足《城市居住区规划设计标准》GB 50180 中的规定。具体要求如表 8-5 所示。

住宅建筑日照标准   表 8-5

建筑气候区划	Ⅰ，Ⅱ，Ⅲ，Ⅶ气候区		Ⅳ气候区		Ⅴ，Ⅵ气候区
城区常住人口（万人）	≥50	<50	≥50	<50	无限定
日照标准日	大寒日				冬至日
日照时数（h）	≥2		≥3		≥1
有效日照时间带（当地真太阳时）	8~16时				9~15时
计算起点	底层窗台面				

注：底层窗台面是指距室内地坪 0.9m 高的外墙位置。

《城市居住区规划设计标准》GB 50180—2018 在原有的《城市居住区规划设计规范》GB 50180 基础上，考虑到我国已进入老龄化社会，因此做出老年人服务设施应提高日照标准、老旧小区改造如存在限制可酌情降低标准等具体的说明。但是强制规定了：在任何旧区改造项目中无论在什么情况下，降低后的日照标准都不得低于大寒日 1h，且不得降低周边既有住宅建筑日照标准（当周边既有住宅建筑原本未满足日照标准时，不应降低其原有的日照水平）。

除居住建筑外，相关国家标准、行业标准也对老年人居住建筑、宿舍以及中小学校、幼儿园、托儿所、医院等建筑的部分用房规定了相应的日照标准，建筑设计应满足相关标准的规定。如在《中小学设计规范》GB 50099 中规定，中小学校的"普通教室冬至日满窗日照不应少于 2h""中小学校至少应有 1 间科学教室或生物实验室的室内能在冬季获得直射阳光"；在《综合医院建筑设计规范》GB 51039 中规定，50% 以上的病房日照应符合《民用建筑设计通则》的有关规定，即"老年人住宅、残疾人住宅的卧室、起居室，医院、疗养院半数以上的病房和疗养室，中小学半数以上的教室应能获得冬至日不小于 2h 的日照标准"；在《托儿所、幼儿园建筑设计规范》JGJ 39 中规定，"托儿所、幼儿园的幼儿生活用房应布置在当地最好朝向，冬至日底层满窗日照不应小于 3h"，且"夏热冬冷、夏热冬暖地区的幼儿生活用房不宜朝西向；当不可避免时，应采取遮阳措施"。

在避免光污染方面，《城市居住区规划设计标准》GB 50180 在"居住环境"篇章规定了"居住街坊内附属道路、老年人及儿童活动规划区、住宅建筑出入口等公共区域应设置夜间照明；照明设计不应对居民产生光污染"。虽然兼具功能性和艺术性的夜间照明设计，不仅可以丰富居民的夜间生活，同时也提高了居住区的环境品质。然而，户外照明设置不当，则可能会产生光污染并严重影响居民的日常生活和休息，因此户外照明设计应满足不产生光污染的要求。居住街坊内夜间照明设计应从居民生活环境和生活需求出发，夜间照明宜采用泛光照明，合理运用暖光与冷光进行协调搭配，对照明设计进行艺术化提升，塑造自然、舒适、宁静的夜间照明环境；在住宅建筑出入口、附属道路、活动规划区等居民活动频繁的公共区域进行重点照明设计；针对居住建筑的装饰性照明以及照明标识的亮度水平进行限制，避免产生光污染影响。另外，由太阳能热水器、光伏电池板等建筑设施设备的镜面反射材料引起的有害反射光也是光污染的一种形式，产生的眩光会让居民感到不适。因此，居住区的建筑设施设备设计，不应对居住建筑室内产生反射光污染。

2. 地方层面评价标准及指引

光环境与各城市所在的热工分区有着密切联系，因此在实际项目中，日照分析应首先以当地城乡规划行政主管部门制定的相应的建筑间距规定为标准依据，率先满足地方日照标准要求，在地方无明确要求的情况下再以国家标准作为参考依据。现阶段，各城市均推出了日照分析规划管理规定、日照分析规程等相关文件，下面以深圳与北京为例，探讨地方日照标准的设置情况。

（1）深圳

在城乡规划层面，建筑布局、建筑用途与日照情况密切相关。《深圳市城市规划标准与准则》中规定，"住宅建筑间距应保证受遮挡的住宅获得日照要求的居住空间，其大寒日有效日照时间不应低于 3h，或冬至日有效日照时间不低于 1h，有效日照时间带为 8 时至 16 时。旧区改建的项目内新建住宅日照标准不应低于大寒日日照 1h 的标准"。此外，对医院病房楼、休（疗）养院住宿楼、幼儿园、托儿所生活用房和大学、中学、小学教学楼等与相邻建筑的间距及日照间距做了详细规定，其中日照标准均与《中小学设计规范》《综合医院建筑设计规范》等相关规范一致（表 8-6）。

医院、托幼和学校与相邻建筑的间距 表 8-6

建筑用途	日照间距	最小间距
托儿所、幼儿园	其生活用房应满足底层满窗冬至日不应小于 3h 的日照标准； 活动规划区应有不小于 1/2 的活动面积在标准的建筑日照阴影线之外	托儿所和幼儿园宜布置在居住区内；其生活用房与其他建筑之间的间距不应小于 18m
学校	普通教室冬至日满窗日照不应小于 2h；至少应有 1 间科学教室或生物实验室的室内能在冬季获得直射阳光	各类教室的外窗与周边有噪声干扰的相邻建筑、相对的教学用房或室外运动规划区边缘间的距离不应小于 25m
医院病房楼、休（疗）养院住宿楼	半数以上的病房、住宿楼应满足冬至日不应小于 2h 的日照标准	病房、住宿楼与周边相邻建筑间距不应小于 24m

在建筑设计层面，《深圳市建筑设计规则》中，对建筑日照时数的要求如下：

1）住宅建筑：

① 住宅建筑日照标准为大寒日 3h 或冬至日 1h，旧区改建项目内新建住宅日照标准可酌情降低，但不应低于大寒日日照 1h 的标准。

② 住宅间距应满足上述日照标准，住宅单体设计应保证每套住宅至少有一个居住空间能获得冬季日照。

2）老年人住宅：不应低于冬至日日照 2h 的标准。

3）宿舍建筑：半数以上居室应有良好朝向，并应具有与住宅居室相同的日照标准。

4）托儿所、幼儿园：生活用房应布置在当地最好的日照方位，并满足冬至日底层满窗日照不少于 3h 的标准。

5）中小学校：普通教室冬至日满窗日照不应少于 2h 的标准；至少应有 1 间科学教室

或生物实验室的室内能在冬季获得直射阳光。

6）旧区改建项目：改建前，其周边现状日照需求建筑原有日照标准已不能满足1）～5）规定的，改建项目的建设应不再降低或恶化周边现状日照需求建筑的原有日照标准。

（2）北京

在《北京市绿色建筑设计标准》中，规定了规划层面及建筑单体两方面的建筑光环境设计要求。在规划方面，规划建设用地光环境设计应利用地形合理布局建筑朝向，充分利用自然光降低建筑室内人工照明能耗。应合理地进行规划区和道路照明设计，室外照明不应对居住建筑外窗产生直射光线，规划区和道路照明不得有直射光射入空中，地面反射光的眩光限值宜符合相关标准的规定。建筑外表面的设计与选材应合理，并应有效避免光污染。

在建筑单体设计时，应符合国家和北京市对日照的要求，应使用日照模拟软件进行日照分析。当住宅建筑有 4 个及 4 个以上居住空间时，应至少有 2 个居住空间满足日照标准的要求。建筑外立面设计不得对周围环境产生光照污染，不应采用镜面玻璃或抛光金属板等材料；玻璃幕墙应采用反射比不大于 0.30 的幕墙玻璃；在城市主干道、立交桥、高架桥两侧如使用玻璃幕墙，应采用反射比不大于 0.16 的低反射玻璃。

3. 日本评价标准及指引

为了保护建筑物周围规划区的基本日照条件，日本在《宪法》第 25 条中明确赋予了居民的"日照权"，并通过《建筑基准法》第 56 条中的"日影规定"规定了新建房屋对于相邻用地的阳光资源的最大侵害程度。日影规定就是规划建筑物时，建设方应调节该建筑的布局、形态、高度等，使其发生在相邻土地上的日影不超过一定的限度，从而确保相邻土地的日照。其具体内容是对用地边界以外的区域所产生的日照阴影时间进行限制。规定最低日照时间标准为冬至日 2～5h。除日影规定外，各地方也都制定了对应的行政法规规定日照标准。如图 8-4 所示。

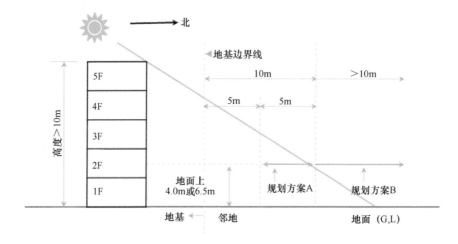

图 8-4　日本建筑基准法中关于日照标准的图解

日本建筑法规第 56 条之二明确了对中高层建筑日影的限制。审批时需要标明建筑物对周围的阴影影响，防止新建房屋的阴影对周围地区造成伤害以确保环境质量，这与我国在建筑设计日照评估时需考虑周边环境是相同的。但因日本多数建筑首层作为商服设施使用，日照的计算起点分别距室外地坪为 1.5m 和 4m[102]，比我国大寒日、冬至日两个档次对应的时间标准有所提高，公营住宅、公团住宅冬至日保证日照时长应在 4h 以上。除了不同高度、类型住宅区的标准外，日本的日照规定还根据北海道的纬度适当降低了日照标准 0.5～1h；同时把东京都作为特别区域，通过用途区域、容积率、高度地区的组合菜单决定对象区域及限制值（表 8-7）。

日本公共住宅的日照标准　　　　　　　　　　表 8-7

序号	建筑用途	公团住宅	公营住宅	公营住宅（高层）	金融公库住宅
1	保证日照对象	住宅内一间以上的居室	各住户	各住户	主窗面
2	应保证的日照时间	冬至日，4h 以上；用地限制时 1h 即可	冬至日，4h	冬至日，1h 住户的主窗面须获得相当于朝东的垂直墙面冬至日 10：00～12：00 所受的日照量	冬至日，一般住宅 2h。大型居住区，防火地区除外，冬至日 3h，防火地区以内 1h
3	日照时间的计算位置	居室、厨餐室、日光室的窗口下端	主窗面全部	主窗面全部	主窗面全部
4	日照时间计算范围	8：30～15：30 与窗口部交角 15°以下的日照不算	日出-日落	日出-日落	日出-日落

8.6.2　常用评价指标

1. 日照时数

日照时数指一天内太阳直射光线照射地面的时间。在一给定时间内，日照时数定义为太阳直接辐照度达到或超过 $120W/m^2$ 的各段时间的总和，以小时为单位，取一位小数。日照时数也可称实照时数。总体要求应满足《城市居住区规划设计标准》GB 50180、《民用建筑设计统一标准》GB 50352 和《建筑采光设计标准》GB/T 50033 中要求。日照标准是指根据建筑物所处的气候区、城市大小和建筑物的使用性质确定的，在规定的日照标准日（冬至日或大寒日）的有效日照时间范围内，以底层窗台面为计算起点的建筑外窗获得的日照时间。

2. 光照强度

光照强度是一种物理术语，指单位面积上所接受可见光的光通量，简称照度，单位勒克斯（Lux 或 Lx），用于指示光照的强弱和物体表面积被照明程度的量。在光度学中，"光度"是发光强度在指定方向上的密度，但经常会被误解为照度。光度的国际单位是每平方米所接受的烛光（中国大陆、港澳地区称坎德拉）。光照强度对生物的光合作用影响很大。可通过照度计来测量。

3. 太阳辐射量

太阳以电磁波的形式向外传递能量，称太阳辐射（Solar Radiation），是指太阳向宇宙空间发射的电磁波和粒子流。地球所接受到的太阳辐射能量仅为太阳向宇宙空间放射的总辐射能量的二十亿分之一，但却是地球大气运动的主要能量源泉。根据规划区的太阳辐射量情况可以科学布局相关的太阳能利用设施，提高可再生能源的利用率。如某夏季建筑物能接收到的太阳辐射量最大为正西向，冬季辐射量最大为南偏西 27.5°，全年辐射量（光热发电量）最大为南偏西 27.5°，达 143368.4Wh/m²。全年辐射总量 4521.5MJ/m²。

8.7 模型应用

按前所述，以天正日照软件、EcotectAnalysis、GIS 软件为代表介绍室外光环境相关分析方法及技术流程，EcotectAnalysis 软件虽也包含日照分析的功能，但本次仍以天正日照分析软件为代表，介绍日照分析的常见分析过程及方法，以 EcotectAnalysis 软件为代表分析太阳辐射、太阳能光电板朝向等常见光能利用的分析过程及方法。GIS 介绍光辐射分析过程及方法。

8.7.1 日照分析

日照分析基本采用天正日照软件，主要在微观尺度的地块规划项目中，例如城市更新规划项目，模型应用过程中最重要的是确定模型计算范围。

1. 模型参照

规划项目按日照要求和建筑间距的规定进行建筑平面布局。在光环境分析时，采用 Tsun8.5 日照分析软件对现有规划设计布局进行模拟计算，分析项目用地内建筑间相互影响的日照状况。

2. 模型范围

确定日照计算范围是日照计算的一个重要步骤。一方面，拟建建筑或造成遮挡的主要建筑较高时，其影响的范围也比较大，有些被遮挡建筑容易被忽略，有些被遮挡建筑没有日照要求，需要逐个作出判断；另一方面，城市中的建筑遮挡通常不是单栋建筑造成的，往往还存在叠加影响，这种叠加影响既包括不同建筑的阴影在空间上的叠加，也包括时间上的叠加，因此还要确定拟建建筑与造成遮挡的主要建筑之外其他产生遮挡的建筑。此外，在高层建筑密集的特大城市中，产生日照遮挡的建筑数量多、范围大，数据收集工作难度很大，计算效率低，而距离较远的高层建筑虽然构成了实际遮挡，但是阴影移动速度较快，对居民的心理影响相对比较小。因此，在考虑居民对环境质量的接受程度的前提下，在实际日照遮挡范围内应确定一个合理的模型计算范围。

日照计算范围由遮挡建筑和被遮挡建筑的计算范围共同构成。在实际工作中，一个或一组主要的遮挡建筑通常是引起日照计算的原因，一般是规划审批中的拟建建筑，或者是影响待审批住宅项目的已建建筑。根据主要遮挡建筑的阴影范围，再综合考虑建筑日照要求、相关利害人要求等各种因素，就可以确定一个被遮挡建筑或规划区的计算范围。计算范围中被遮挡建筑或规划区的日照能不能达到标准，除了刚才提出的主要遮挡建筑之外，也有可能受到其他建筑的影响，因此还要进一步分析其四周的所有建筑，在主要遮挡建筑的基础上确定一个遮挡建筑的计算范围。

尚未建设或将改建的相邻地块，其未来的建设可能对已建或拟建建筑物产生遮挡，或者自身有日照要求并且位于其他建筑的阴影范围内，因此应当在确定计算范围时进行评估，充分了解详细规划或规划条件中的用地性质、高度、建筑密度、容积率等指标，在必要时纳入计算范围。在这种情况下，相邻的空地可能并没有一个具体的规划设计方案，可以通过建筑体量模拟或镜像、限制阴影范围等，来保证相邻土地的开发权益不受侵害。

3. 模型格式

天正日照软件的模型依托 AutoCAD 或 SketchUp 软件建立后导入 AutoCAD 计算。不论项目尺度大小，均可进行不同程度的建筑模型简化，从而简化建模过程和提高工作效率。

4. 参数设置

参照《建筑日照计算参数标准》GB/T 50947 要求，以公元 2001 年为日照基准年，一般取当地政府公布的城市经纬度来进行计算，如深圳市区在进行日照分析时，地理位置取东经 113°41′、北纬 22°40′。日照标准按照国家标准设置，以大寒日日照情况为参考，计算从早晨 8：00 到 16：00 所有日照最长时段不小于 5min 的累计日照时长。

8.7.2 太阳能辐射及利用分析

太阳能辐射及利用分析在宏观、中观以及微观尺度的规划项目中均有运用，宏观尺度项目中直接将地形数据导入 ArcGIS 软件，调用工具箱中的太阳能辐射分析模块即可完成分析。因此下面介绍中小尺度项目采用 Ecotect Analysis 软件分析的步骤要点。

1. 模型范围

在中观尺度以及微观尺度项目中进行太阳能辐射情况分析时，需考虑建筑遮挡分析，同时建立周边有影响地块的建筑模型及规划区内建筑模型，建筑细部设计可适当简化；在进行太阳能资源利用规划提出太阳能光电板朝向建议分析等内容时，则需建立典型建筑单体的屋面进行详细建模。

2. 模型格式

一般软件分析要求导入三维模型，模型必须简洁、封闭。可以根据不同模拟软件的需求，生成相应的 3D 模型导入模拟软件中。

3. 参数设置

需输入规划区的经纬度数据、模拟的年份时间、太阳每日日照时长、辐射量等数据。如深圳市平均年日照时数 2120.5h，太阳年辐射量 5225MJ/m²。根据深圳市气候中心"深圳市气候资源信息平台"提供的规划区太阳能年、季度及月总量，可以得出规划区太阳能年辐射总量在 4025.8～4417.5MJ/m²。

8.8 规划成果

光环境模拟涉及的方面较多，成果也不只是以图片形式展示，由于各城市情况的差异需对模拟结果进行再分析，提出日照、太阳能利用等方面的详细建议。

8.8.1 成果框架

光环境规划成果主要由三部分组成：项目基础条件分析、数值模拟分析、针对模拟结果提出规划方案优化建议（表8-8）。

成果内容列表 表8-8

分项	章节内容	内容主要形式	成果重点
基础分析	气候背景	文字	得出有效日照时间带、地区坐标、光照标准等基本参数
	光照条件分析	Excel表格＋文字	
	首要需解决问题分析	Excel表格＋文字	
数值模拟	日照分析图	利用天正软件，参照当地日照标准得出的模拟结果	关注是否有建筑不满足日照要求
	太阳辐射分析图	Ecotect Analysis 软件分析得图	分析太阳辐射在规划区的空间分布差异及原因
	最佳建筑物朝向	图表＋文字	分析该地区最适宜的太阳能利用光电板朝向
	绿建技术选择评估	图表＋文字	分析各类技术的适宜使用时间
	太阳能电板朝向评估	图表＋文字	分析效率最高的朝向与角度
优化意见 日照分析	提出针对结果的优化意见	文字	
	根据优化意见建立模型	SketchUp模型、风模拟模型	优化后应达到地方标准
	优化模型验证	日照分析图	
太阳能资源分析	太阳能资源利用分布图	根据模拟结果绘制分析图＋文字	风光互补路灯等设施及建筑太阳能电板分布情况
	太阳能电板分布图	根据模拟结果绘制分析图＋文字	

8.8.2 成果内容

日照分析的结果为"日照分析图"，太阳辐射分析的结果为"太阳辐射分布图"。建筑最佳朝向、太阳能板朝向等分析的成果通常以分析图表及文字形式表示（表8-9）。

规划分析图一览表 表8-9

指标	图片	微观尺度	中观尺度	宏观尺度
日照时数	日照分析图	√	√	
光照强度	太阳辐射分布图	√	√	√

214

指标	图片	微观尺度	中观尺度	宏观尺度
能源利用最佳朝向	朝向对比分析图	√	√	
建筑物最佳朝向	建筑最佳朝向	√	√	
绿建技术	各类绿建技术运用适宜性分析图	√	√	
太阳能利用角度	角度对比分析图	√	√	

1. 日照分析

根据日照分析图的结果，对整体区域以及每栋建筑日照时长进行分析，识别是否有因间距不够导致遮挡不合格的现象。对规划区日照情况的计算结果如图 8-5 所示，依据其结果，项目建筑建成后，能够保证本区建筑物满足大寒日 1h，并满足周边用地大寒日有效日照时数 3h 的标准。

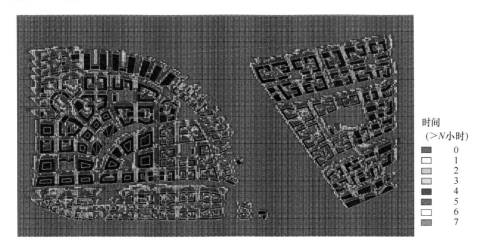

图 8-5　日照分析图

2. 太阳辐射分析图

了解特定地理位置的太阳能辐射量对各种领域中的应用（如农业、资源管理、气象、土木工程和生态研究）都很有帮助。例如，了解某一区域在某一时间段内接受的太阳能辐射量及强度有助于判断太阳能资源利用的适宜性分区、新滑雪场的选址，还有助于为需要特殊小气候条件以达到最佳生长状态的特种作物选择最佳种植位置等。如图 8-6、图 8-7 所示。

3. 太阳能利用的最佳朝向

以软件数据分析的功能，导入收集到的太阳辐射数据，设置屋顶同一角度方向的太阳能板，基于最高效利用转化太阳能的原则，分析比对不同布局方向每个月太阳能板接收到的太阳能辐射量。以深圳某片区为例，深圳某片区内夏季太阳辐射量最大为东偏东南 2.5°，冬季辐射量最大为南偏东 7.5°。全年辐射量最大为南偏东 7.5°，光热发电量达 169724.8Wh/m²。因此，太阳能光电建筑一体化技术全年最佳设置朝向为东南偏南 5°～正南（图 8-8）。

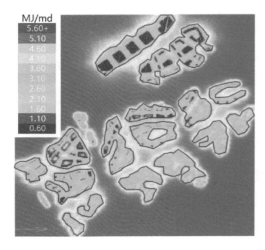

图 8-6　中观尺度项目太阳辐射分析图

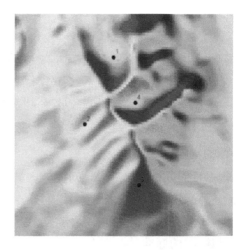

图 8-7　宏观尺度项目 GIS 太阳辐射分析图
（红色为高辐射，蓝色为低辐射）

图片来源：太阳辐射的应用示例［Online Image］.
［2019-9-9］. http://desktop.arcgis.com/
zh-cn/arcmap/latest/tools/spatial-ana-
lyst-toolbox/sample-applications-for-so-
lar-radiation-analysis.htm

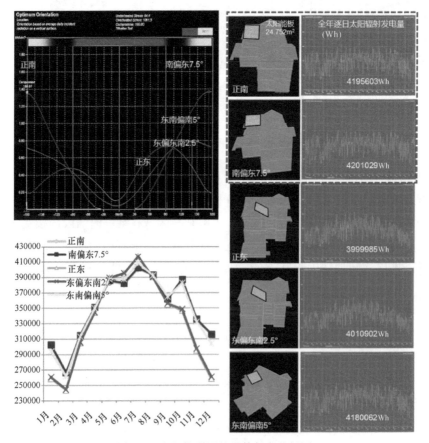

图 8-8　太阳能利用的最佳朝向分析图

4. 建筑最佳朝向

通过软件综合分析规划区经纬度区位、太阳辐射全年数据、气候温度等信息，得出建筑最佳朝向分析图。

以湖北省某乡镇为例，通过建筑朝向的设计降低夏季供冷与冬季供暖量，是最为低碳经济的建筑技术手段。操作简单、实用性强，适合乡镇地区使用。通过软件 EcotectAnalysis 分析得出该地区建筑最佳朝向为 162.5°，最差朝向为 72.5°。由图 8-9 可见全年平均曝辐射量最多的朝向为 110°，曝辐射量为 0.81kWh/m²。全年过冷时间（动态变化图蓝色区域 12 月、1 月、2 月）内曝辐射量最多的朝向为 165°，曝辐射量为 1.02kWh/m²。过冷时间内各个朝向的总曝辐射量为 917.1kWh/m²。全年过热时间（动态变化图红色区域 6 月、7 月、8 月）内曝辐射量最多的朝向为 82.5°，曝辐射量为 0.46kWh/m²。过热时间内各个朝向的总曝辐射量为 368.1kWh/m²。该镇新建建筑应尽量按照最佳朝向设计，以降低额外采暖供冷产生的能耗。

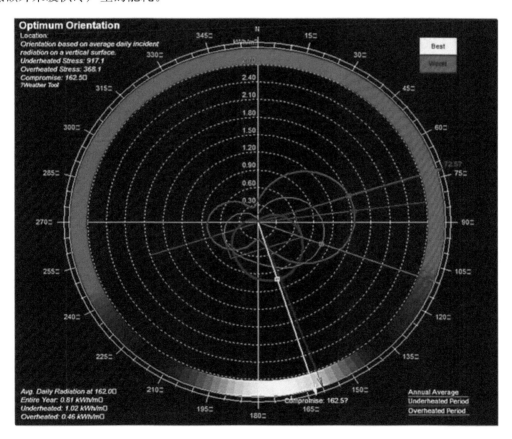

图 8-9　新型农村社区建筑最佳朝向分析图

5. 绿建技术选择建议

打造宜居的建筑环境，除了按照最佳建筑朝向建设，仍可采用多种建筑策略。通过 EcotectAnalysis 软件模拟分析气象数据得出。以某地区焓湿图结果分析为例，舒适环境条件区域干球温度为 19.5℃，相对湿度为 86.2%，干球温度为 26.0℃，相对湿度为

20.7%。结果显示一年中 4 月、5 月、9 月、10 月份的部分时间达到舒适环境条件。若在建筑内采取被动式太阳能采暖、自然通风、围护结构与夜间通风、蒸发降温技术措施，可使一年内舒适时间增加到 5 月份的全部时间，4 月、6 月、8 月、9 月、10 月份部分时间，从而为提高规划区建筑人居舒适度提供参考。在该规划区创建低碳生态社区时可考虑采用被动式太阳能采暖、自然通风、围护结构与夜间通风、蒸发降温等技术措施提高建筑人居舒适度（图 8-10）。

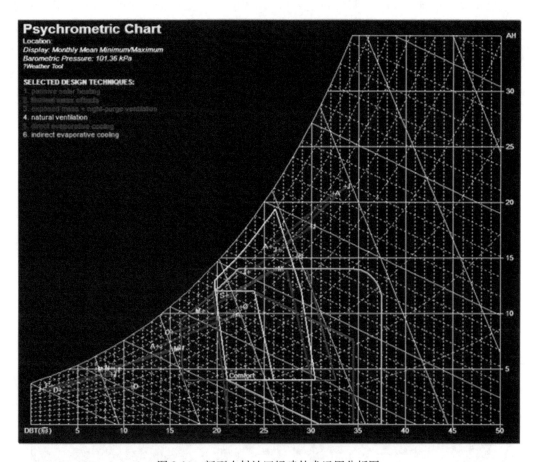

图 8-10　新型农村社区绿建技术运用分析图

6. 太阳能电板最佳倾斜角度

以软件导入收集到的太阳辐射数据，在太阳能利用最佳朝向分析的基础上，为进一步细化提出资源能源利用规划建议，可以进一步分析最佳倾斜角度。设置屋顶同一最佳方向的不同倾斜角度的太阳能板，基于最高效利用转化太阳能的角度，分析不同角度每个月太阳能板接收太阳能辐射量，进行比对。以某新区为例，计算得出夏季太阳能板不同水平倾角的光热发电量，转化效率设为 14%。角度为 0°～90°，发电量先增长后降低，其中水平倾角为 5°～15°，发电量超过 170kWh/m²，0°、20°～35°发电量超过 160kWh/m²。倾角大于 45°，发电量低于 150kWh/m²，如图 8-11 所示。

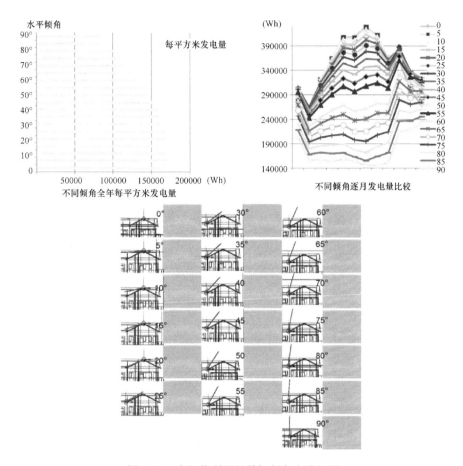

图 8-11　太阳能利用最佳倾斜角度分析图

8.9　编制重点

　　光环境规划研究根据不同规划项目的尺度、区位、资源利用需求等不同，应当进行不同侧重点的研究分析。根据项目经验，影响整体方案调整的主要分析聚焦点在日照强度要求、太阳能资源利用的建议、光污染的预警等。这些重点内容在一定程度上会影响规划方案的调整方向，能够有效提出对规划方案的优化建议。

8.9.1　确保设计方案符合日照要求

　　在进行微观尺度的城市更新地块规划项目设计中，应确保建筑平面布局及建筑间距符合日照要求。依据各省或各城市的《居住建筑热环境和节能设计标准》及《公共建筑节能设计标准》等相关条文，建筑的朝向、方位以及建筑的总平面设计应考虑多方面的因素，尤其是公共建筑受到社会历史文化、地形、城乡规划、道路环境等条件的制约，权衡各个因素之间的得失轻重，确定这一地区建筑的最佳朝向和适宜朝向，尽量避免东西向布局出现西晒现象。图 8-12 为深圳建科院的日照模拟。

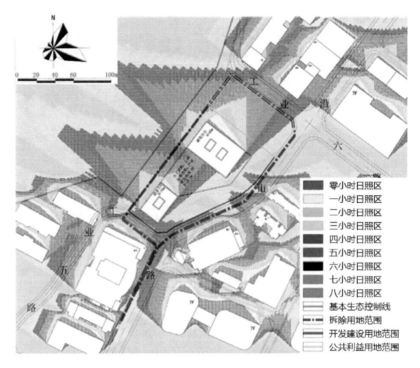

图 8-12　大寒日日照情况

　　建筑朝向、布局应有利于获得良好的日照，建筑主要朝向宜控制在南偏东 45°和南偏西 30°的范围内，并且通过日照模拟分析确定规划区最优朝向为南偏西 20°。住宅日照间距系数按各城乡规划管理技术规定执行。有日照要求的公共建筑，其日照时数及日照间距按各城乡规划管理技术规定执行，并避免视线干扰。如图 8-13 所示建筑规划布局在满足日照标准时不应降低周边建筑及规划区的日照标准要求。

图 8-13　日照分析图

在城市更新规划的建筑设计专篇以及物理环境设计专篇中，应提出建筑物立面采用泛光照明时选用合适的灯具配光，设置合理位置，正确的投射角度，预测有多少光线溢出建筑物范围以外。还应选用合适的建筑物立面照明标准。建筑外立面设计与选材应能有效避免光污染。玻璃幕墙所产生的有害光反射，是白天光污染的主要来源，提出后续进行建筑幕墙设计时应综合判断合适的玻璃幕墙设置位置，并应符合《玻璃幕墙光学性能》GB/T 18091 的规定。

8.9.2　实现太阳能资源有效利用

太阳能利用包括太阳能光电利用与太阳能光热利用，适宜运用于宏观、中观以及微观尺度的规划项目中，详细应用案例介绍参见 11.4 章节及 12.4 章节。太阳能的利用技术之所以成为众多领域节能技术的焦点之一，是因为其技术具有以下特点：

① 储量的"无限性"。太阳每秒钟放射的能量大约是 118668kW，一年内到达地球表面的太阳能总量折合标准煤共约 12046.5 万亿 t，是目前世界主要能源探明储量的 1 万倍。相对于常规能源的有限性，太阳能具有取之不尽、用之不竭的"无限性"。

② 存在的普遍性。相对于其他能源来说，太阳能对于地球上绝大多数地区具有存在的普遍性，可就地取用。

③ 利用的清洁性。太阳能像潮汐能等洁净能源一样，其开发利用时几乎不产生任何污染。

太阳能利用的主要适用条件有三方面：首先，资源条件应能达到太阳能年辐射总量（3780MJ/m² 以上）、年日照时数（2000 小时以上）、日平均峰值日照时数、连续阴雨天（7 天以下）等。其次，集中式光伏发电站需要占用较大面积的土地资源，一般 1MW 的装机容量，采用 250Wp 的光伏电板需要占地 1hm²。分散式太阳能利用可结合建筑或市政基础设施建设，或采用风光互补发电装置。最后，在经济上应是可行的，目前太阳能光热利用已经非常成熟，光伏发电成本在逐步降低，加上国家及地方政府对光伏发电项目的政策性补贴，太阳能光电利用的经济可行性也大大提高。在考虑当地电价及适当维护成本的基础上，确定太阳能光伏发电项目的经济可行性。

1. 太阳能辐射资源分析

在宏观尺度规划项目中，可以通过 GIS 分析进行区域的太阳能辐射资源分级分析，为后续制定太阳能资源的利用策略提供基础支撑。

以史岚进行的重庆市太阳辐射资源空间分析为例[103]（图 8-14），利用重庆及其周边地区的日射站和常规气象站水平面观测资料，建立不同时空尺度的太阳辐射估算模型；依据坡地直接辐射和散射辐射机理，以地理信息系统为数据处理平台，建立起伏地形下太阳辐射分布式估算模型；根据重庆 1：25 万 DEM 数据，对重庆实际复杂地形下太阳直接辐射和散射辐射进行了数值模拟，以及对起伏地形下辐射估算及其他地表气象要素的空间扩展进行研究。在大气辐射过程模拟中通过晴空指数、直接透射率等综合描述大气对太阳辐射影响的参数，利用数据集群技术，建立了不同时空尺度的太阳辐射估算模式；使用 Kriging 插值法绘制重庆市气候平均状况下各月晴空指数、直接透射率的空间制图。在太阳辐射空间分布研究中，利用 DEM 数据绘制各月天文辐射和可照时间的空间制图。

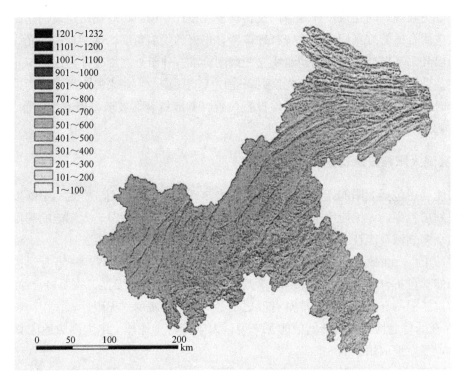

图 8-14　太阳辐射资源空间差异图（1 月地形起伏下的太阳辐射空间分布图）

图片来源：史岚．基于 GIS 的重庆市太阳辐射资源的空间扩展研究 ［D］．南京气象学院，2003：13

2. 太阳能光电利用

在中观及微观规划项目中涉及太阳能光电利用规划内容。通常说的太阳能发电指的是太阳能光伏发电，简称"光电"。光伏发电是利用半导体界面的光生伏特效应而将光能直接转变为电能的一种技术。光伏发电是利用半导体界面的光生伏特效应而将光能直接转变为电能的一种技术。这种技术的关键元件是太阳能电池。太阳能电池经过串联后进行封装保护可形成大面积的太阳电池组件，再配合功率控制器等部件就形成了光伏发电装置。

太阳能光伏发电技术的利用形式多种多样，大体分为离网和并网两大类（图 8-15）。

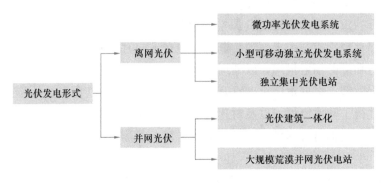

图 8-15　光伏发电形式图

太阳能光伏发电的利用形式与太阳电池技术的发展有密切关系。早期的太阳电池效率低、成本昂贵，光伏发电主要用于微功率系统如光伏计算器、光伏玩具等。随着太阳电池技术的发展，独立集中光伏电站被应用在远离常规电网的无电地区和一些特殊处所，如村落独立光伏电站和光伏水泵等。目前光伏技术步入大规模发电阶段，光伏发电利用的重点是并网发电，把光伏发电发展成为电力生产的组成部分。并网光伏发电可以采用光伏建筑一体化的技术方案，也可以在荒漠建设大规模的并网光伏电站。光伏建筑一体化将电池方阵安装在建筑的屋顶或者围护结构的其他外表上，电池方阵可以提供用户建筑用电，减少电网供电的压力；大规模荒漠并网光伏电站就是在太阳能资源丰富的沙漠和戈壁地带建设兆瓦级甚至吉瓦级的并网光伏电站，可以作为一种主力电源。

下面以河南省某市中某规划区项目为案例介绍。该市位于中亚热带与北亚热带的过渡地带，属中亚热带季风性湿润气候。有四季分明，水热同季，寒旱同季的气候特征，整体气温较为舒适，夏季偶尔出现极端高温。如图 8-16 所示，该市属于太阳辐射量较为丰富的区域，年平均辐射量 100.7kcal/cm²，年平均日照时数 1669.2h，每天平均 4.57h，日照率 40%。8 月份日照时数最多，月达 281.3h；太阳辐射值 7 月份最大，达 12.9kcal/cm²。日照时数 2 月份最少，仅 91h；太阳辐射值 12 月最小，为 12.9kcal/cm²。

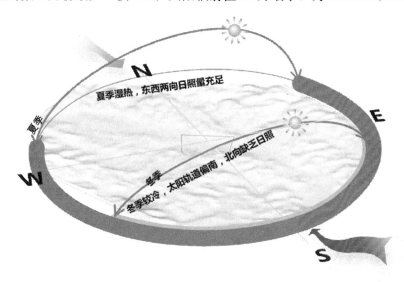

图 8-16　规划区太阳轨迹运行示意图

夏季东西两向日照量充足，需考虑防暑降温，并可将大量的太阳辐射加以利用。冬季太阳轨道偏南，北向缺乏日照，南向阳光充足的空间更适合作为人们日常使用的公共空间。

某市多年平均年总辐射量为 3936.66MJ/m²，年平均日照小时数 1669.2 小时，按季节分，8 月份日照时数最多，月达 281.3 小时，2 月最少，仅 91 小时。参照《太阳能资源评估方法》QX/T 89—2008，属于太阳能资源丰富地区，可以开展太阳能利用，但月最大和最小可利用日照比值大于 3.0，日照数不够稳定，冬季开展太阳能利用的效果可能不佳。

目前太阳能光电利用已经非常成熟，光伏发电成本在逐步降低（光伏单位装机成本为8.0元/W，成本电价为0.8～0.9元/度），加上国家及地方政府对光伏发电项目的政策性补贴（国家补贴0.42元/度），太阳能光电利用的经济可行性也大大提高。建议采用与建筑结合太阳能热水系统、屋顶太阳能光伏发电，以及太阳能公共照明等多种形式，实现太阳能资源的示范与综合利用（图8-17）。

图8-17　规划区太阳能利用示意图

3. 太阳能光热利用

太阳能光热利用就是用太阳能集热器将太阳辐射能收集起来，通过与物质的相互作用转换成热能加以利用。技术成熟的、广泛应用的太阳能集热方式有太阳能热水器、太阳灶及太阳房等，其中以太阳能热水器的应用最为广泛。太阳能热水器一般由集热器、贮热装置、循环管路和辅助装置组成。集热器就是吸收太阳辐射并向载热工质传递热量的装置，它是热水器的关键部件。目前国内的太阳能集热器有平板集热器、真空管集热器、聚焦型集热器和空气集热器，而国际上家用太阳能热水器尤其是公用太阳能热水系统普遍采用双循环系统，即集热器内被加热的是传热工质，再经过换热器去加热贮水箱内的水提供使用。

根据集热部分的结构不同，太阳能热水器分为玻璃真空管太阳能热水器、平板型太阳能热水器和其他太阳能热水器（图8-18、图8-19）。目前，国内市场以真空管太阳能热水器为主，占到市场份额的65%，平板太阳能热水器占20%，其他太阳能热水器占15%；而国际市场上以平板太阳能热水器为主，占到市场份额的85%，真空管太阳能热水器占8%，其他太阳能热水器占7%。

图 8-18　平板太阳能热水系统
来源：平板太阳能热水系统
［Online Image］．［2019-9-9］.
http：//www.czhonger.com/upLoad/product/month＿
　　　1603/201603261505065788.jpg

图 8-19　真空管太阳能热水系统
来源：真空管太阳能热水系统
［Online Image］．［2019-9-9］.
http：//image.jiancai365.cn/UserDocument/hon
　　　ger0519/Picture/20111013＿151954.jpg

平板太阳能热水器与真空管太阳能热水器的差异见表 8-10，平板太阳能热水器寿命更长，安全系数更高，产品与建筑结合的美观度更好，不仅可安装在屋顶、阳台，还可安装在墙壁上，方便简单，且热效率更高。

平板太阳能热水器与真空管太阳能热水器对比　　　　　　　表 8-10

序号	项目	平板太阳能热水器	真空管太阳能热水器
1	热效率	平板较高，95％以上	真空管较低，80％
2	寿命	35 年	20 年以上
3	承压性能	属于金属管之间的连接，完全能达到承压系统的要求	承压/不承压
4	防结垢、防冻性能	采用双循环系统，不易结垢，可排污，−30℃不结冻	不适合采用双循环系统，下端密封，易结垢，排污困难，冬天效果不好
5	安全系数	不会爆管，强度高，耐用，能够抵御鸡蛋大冰雹的打击	易碰坏、易爆管
6	产品与建筑结合	整体外形、结构强度及规格尺寸均适合与建筑相结合	相对较差
7	美观度	造型美观、天窗式设计、无视觉污染	相对较差，没有保护层
8	安装性能	可安装在阳台、墙壁、屋顶上，安装方便简单	安装在屋顶、阳台上
9	管理性能	分体式	一体式、分体式
10	水温	夏天 65℃以上，冬天 50℃以上	夏天 60℃以上，冬天 45℃左右
11	日产热水量	约 80kg/m²	—

续表

序号	项目	平板太阳能热水器	真空管太阳能热水器
12	安全防电墙	全方位防电墙技术解决漏电隐患，确保洗浴安全	
13	内胆	注压，搪瓷内胆，镁棒防腐，寿命更长久	采用不锈钢内胆，内胆易破裂
14	电加热节能设计	比普通电热水器节能 70%～90%	比平板太阳能热水器节能 10%
15	保温水管	建筑预埋专用保温管，三层保护，保温性能好，耐老化使用寿命长	
16	全自动控制器	可设置任意时段辅助加热，如：用电时刻采用定时设置，利用低谷电价加热，用气亦如此	
17	集热材料	全紫铜材料，表面采用世界先进的镀铬涂层或镀钛涂层，可回收，环保	玻璃材质，没有回收利用价值，不环保

但是，平板太阳能热水器的价格也更高。以 200L 热水器（5 口之家的热水需求）的市场价格比较，平板太阳能热水器约为 20000～30000 元，真空管太阳能热水器约为 5000～6000 元，家用电热水器约为 5000～6000 元。平板太阳能热水器市场价格比真空管太阳能热水器和家用电热水器的价格高出 1.5 万～2.4 万元。

200L 电热水器日耗电量为 2～3 度（冬季 3～5 度），按年使用 365 天，节电 80% 计算，年可节约电量 730～1095 度电，按居民电价 0.5 元/度计算，年可节约电费 364～547 元。按平板太阳能热水器使用寿命 35 年计算，可节约电费 1.74 万～2.61 万元。可见，平板太阳能热水器要使用 30 年以上，才能收回多支出的费用。而真空管太阳能热水器因与一般家用电热水器价格相近，具备较好的经济性。

下面以海南省某市先行区生态规划为案例，该地区在全国太阳能资源利用分区中属二类区域，太阳辐射强度为 $5177MJ/(m^2 \cdot a)$，年有效时长为 1900h，太阳能利用条件优越。规划区所有居住、酒店和医院等集中供应生活热水的建筑应优先采用太阳能热水供应系统，并与建筑一体化设计施工。可采用屋顶坐式太阳能热水系统与外墙、阳台挂壁式太阳能热水系统相结合的建设模式，并在规划区内的主干道布设太阳能路灯，充分实现太阳能光热利用（图 8-20）。

8.9.3 避免光污染

光污染的预测和分析适宜应用于微观尺度、中观尺度的规划项目中，特别是照明专项规划中。在生态规划中，可以结合用地功能布局如景观规划布局、中央商务区分布、夜景观设计、体育馆等公建布局等，综合分析可能出现光污染的区域，提出建设管控特别是照明设计、建筑设计形式与材质的要求。根据室外环境最基本的照明要求应进行室外照明规划及规划区和道路照明设计。建筑物立面、广告牌、街景、园林绿地、喷泉水景、雕塑小品等景观照明的规划，应根据道路功能、所在位置、环境条件等确定景观照明的亮度水平，同一条道路上的景观照明的亮度水平宜一致；重点建筑照明的亮度水平及其色彩应与园林绿地、喷泉水景、雕塑小品等景观的照明亮度以及其过渡空间的亮度水平相协调。在运动规划区和道路照明的灯具选配时，应分析所选用的灯具的光强分布曲线，确定灯具的

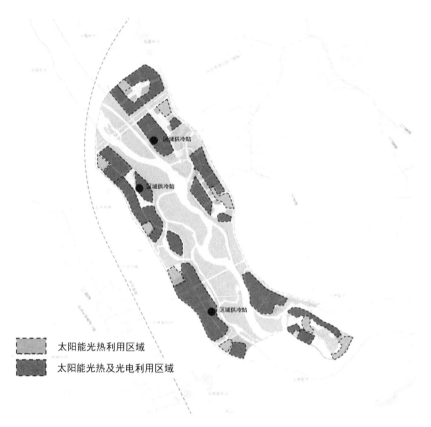

太阳能光热利用区域

太阳能光热及光电利用区域

图 8-20　太阳能光热利用及区域供冷站规划图

瞄准角（投射角、仰角），控制灯具直接射向空中的光线及数量。规划区和道路照明设计中，所选用的路灯和投光灯的配光、挡光板设置、灯具的安装高度、设置位置、投光角度等都可能会对周围居住建筑窗户上的垂直照度产生眩光影响，需要通过分析研究确定。

光污染除了会造成人们安全、视觉不适以及健康问题外，还会形成对交通道路行驶环境和安全的影响[104]。且光污染对生态系统也会形成严重影响，具体表现在以下几个方面：

（1）光污染影响了动物的自然生活规律，受影响的动物昼夜不分，使得其活动能力出现问题。此外，动物的辨位能力、竞争能力、交流能力及心理皆会受到影响，更甚的是猎食者与猎物的位置互调。

（2）有研究指出光污染使得湖里的浮游生物的生存受到威胁，如水蚤，因为光害会帮助藻类繁殖，引发赤潮，导致湖里的浮游生物死亡及水质污染。

（3）光污染还会破坏植物体内的生物钟节律，有碍其生长，导致其茎或叶变色，甚至枯死；对植物花芽的形成造成影响，并会影响植物休眠和冬芽的形成。

（4）夜蛙及蝼蛄亦会受到光污染影响。因为它们是夜行动物，它们会在没有光照时活动，然而光害使他们的活动时间推迟，令其活动及交配的时间变短。

（5）候鸟亦会因为光污染影响而迷失方向。据美国鱼类及野生动物部门推测，每年受到光污染影响而死亡的鸟类达四五百万，甚至更多。因此，在候鸟迁移期间尽量关掉不必要的光源以减少其死亡率。

（6）光污染亦可在其他方面影响生态平衡。例如，人工白昼还可伤害昆虫和鸟类，因为强光可破坏夜间活动昆虫的正常繁殖过程。同时，昆虫和鸟类可被强光周围的高温烧死。鳞翅类学者及昆虫学者指出夜里的强光影响了飞蛾及其他夜行昆虫辨别方向的能力。这使得那些依靠夜行昆虫来传播花粉的花因为得不到协助而难以繁衍，结果可能导致某些种类的植物在地球上消失，从长远而言破坏了整个生态环境。

因此，对于光污染可能造成人类健康问题和影响生态系统状态的问题，需要通过控制建筑外立面、建筑用灯、外照明规划及规划区和道路照明等，来减少光污染的产生，特别是对于周边用地是科教用地、康乐设施用地以及动物保护栖息地的片区，应特别控制。

8.10 规划方法创新

光环境规划与研究主要内容为通过上述日照时长、太阳辐射、太阳能利用最佳方向与角度等分析，提出规划方案建筑平面布局、太阳能利用技术的用地布局建议。但在新型的生态规划中，可以创新考虑运用在与景观设计结合的植物配置分析、太阳能市政设施的规划等。

8.10.1 光环境视角下的植物种植设计

园林绿化的设计通常以美学和提升生态效益为原则，除了关注形式美以及生物种类多样性外，生物本身的特性对种植后的生长与维护非常重要。植物最重要的生命活动就是光合作用和呼吸作用，因此植物的光合特性决定了植物最适宜的生存环境，园林绿化植物配置应该遵循植物的生境要求。在低碳生态规划中，生物多样性与本地物种保护也是重要内容之一，对规划区域的植物也会提出一定的指引策略。通过光环境的遮挡分析、光合有效辐射分析，结合规划区基底植物区系资源与条件，为园林绿化设计提出建议，针对规划区的光照条件配置具有不同生物光合特性的植物，提高植物存活率，减少后期维护与更换。

园林绿化需要按照建筑物阴影遮挡结合生物光照特性分类设计，科学栽植本土喜阳-中性-耐阴性物种。园林植物在种植设计上不单要考虑植物造景对园林的影响，同时也要考虑植物除自身生态效益以外对周围环境的影响，譬如遮挡、减少辐射，以及辐射分区对植物种植的指导。园林室外规划区设计影响着生态平衡、室外空间的舒适度及健康、邻里关系的社会质量、能源使用效率、水资源使用效率以及环境和资源的保护。规划区的植物配植自然也是可持续性规划区设计的一部分。一般情况下，园林植物种植设计通常都会优先考虑植物对建筑的影响，例如植物的遮阴作用和降噪作用，或者利用植物创造良好的室外微气候；但是我们很多时候忽略了建筑对植物的影响：植物有喜阴性、喜阳性和中性之分，如果在常年阴影区种植了喜阳植物或者是在阳光曝晒区种植了喜阴植物都会影响植物的健康生长，这样显然不能成为具有生态效益的园林景观。

因此，可通过分析光合有效辐射量考察规划区中特定时间段的太阳辐射情况，以此为依据来规划区域的植物配植。通过光照模拟软件对大范围的植物景观进行分析，以常年的阴影区和阳光曝晒区为主要依据，确定喜阳和喜阴植物的布局范围。利用规划区光合有效辐射分析园林植物的配置（图8-21）。

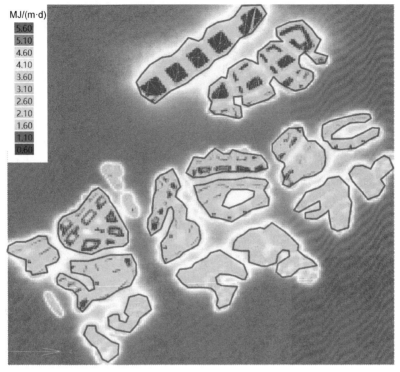

图 8-21　规划区光和有效辐射分布分析图

以南方某城乡规划项目为例，分析得出规划区建筑阴影区光合有效辐射为 $2.6\sim$
$4.1MJ/m^2$，无建筑遮挡区光合有效辐射为 $4.1\sim5.5MJ/m^2$。太阳辐射能小于 $3MJ/(m^2\cdot d)$
的区域就需要种植喜阴性植物，高层建筑地块、现状保留区、建筑较为密集区等易受阴影
遮挡区适宜种植喜阴性植物。太阳辐射能介于 $3\sim5.6MJ/(m^2\cdot d)$ 之间的区域适合种植
中性植物，单元地块小区内部光合有效辐射强度适宜的区域种植中性植物；太阳辐射能高
于 $5.6MJ/(m^2\cdot d)$ 的区域适合种植喜阳性植物，街道及开阔区域适宜种植喜阳性植物。

不同光合习性植物列表

表 8-11

光合习性	类型	植物名录
	乔木	天竺桂、五针松、竹柏、灯台树
喜阴耐阴	灌木	八角金盘、变叶木、洒金珊瑚、棕竹
	草本	石蒜、玉簪、石斛兰、朱顶红
	乔木	红枫、红栌、红叶李、青枫、三角枫、鸡爪槭、黄栌、紫玉兰、木兰
中性	灌木	海桐球、龟甲冬青、红继木、六月雪
	草本	麦冬、绣线菊、一串红、百合花

8.10.2　光能利用视角下的太阳能市政设施规划

风能及太阳能都属于可再生能源，是城市未来发展能源系统不可或缺的组成部分，因
此生态相关规划中需分析可利用的区域，提出相关太阳能利用的市政设施的布局建议。下

面以南方沿海某市某区为例。规划区属于亚热带季风气候，盛行东南、东北季风；滨海地区，存在海陆风，风向为东南向。多年平均风速为 2.6m/s，满足风能的利用条件。规划区风能的利用主要是季风和海陆风，一般而言，风力发电机组起动风速为 2.5m/s。风能属于清洁可再生能源，发电成本低，但是由于风速不稳定导致产生能量大小不稳定，转换效率低，设备不成熟等限制条件，一般与太阳能一起利用。因此提出应用风光互补路灯、风光互补广告牌、旅游景观风力发电机（东部华侨城）等技术。

太阳能具有普遍、清洁、长久的优点，但是具有分散性、不稳定性、效率低和成本较高的缺点。结合规划区适宜应用的区域，提出应用太阳能建筑、太阳能广告垃圾桶、太阳能候车亭、太阳能交通指示灯、太阳能空调制冷系统等技术及布局（图 8-22）。

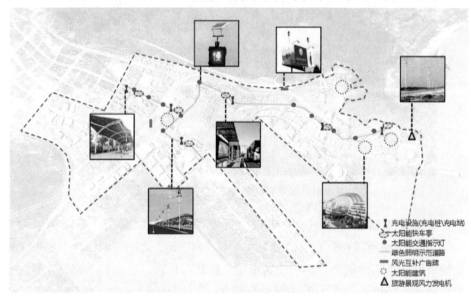

图 8-22　规划区新能源设施布局图

另一个北方城市的生态规划案例，规划区日照资源丰富，计划打造生态低碳技术示范区，因此规划采用绿色照明系统结构，绿色能源路灯宜采用太阳能 LED 路灯或风光电一体化 LED 路灯。主要由风力发电机、太阳能电池组件、蓄电池、负载（光源）、灯杆组件组成（图 8-23）。结合规划区内太阳能资源及风资源情况，在多条建筑基本无遮挡的主次干道规划布设风光电一体化 LED 路灯；在支路上规划布设太阳能 LED 路灯（图 8-24）。

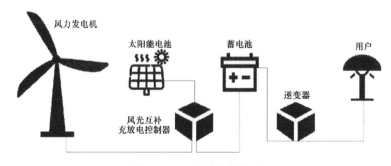

图 8-23　照明系统结构图

图 8-24　绿色能源路灯分布图

第 3 篇

实践篇

随着城市的不断发展，规划引领理念越来越受到重视，在城市之间相互协同发展、城市内部新区建设、旧城改造等多类型城乡规划工作中，生态文明建设、生态发展、生态优先、环境保护等理念逐步融合进入城乡规划与建设指导中，人居环境的舒适性以及安全性备受关注。近年来，国内外已有关于物理环境品质提升的规划研究工作，作为生态环境中重要的风、热、声、光环境因素，在城市宏观、中观及微观不同尺度城乡规划项目中具有研究差异侧重点。

本篇基于笔者在全国开展的城市物理环境规划研究咨询工作经验，选取介绍在全国不同地域的城市群、城市新区、旧城改造三种不同规划尺度的典型城乡规划案例，探索物理环境研究在城乡规划中雾霾缓解、清洁能源利用、规划方案影响评估、地块布局优化、建筑设计引导、绿色交通、城市更新方案评估与优化等方面的应用，为全国类似城市开展城市物理环境研究与城乡规划方案优化提供借鉴。

第9章 宏观尺度：北方某城市群生态发展规划

9.1 项目简介

9.1.1 地理位置

项目位于华北平原北部，属于山地、海洋生态系统过渡地带，涉及 19 个县市区和若干功能区，总面积约为 8600km²，区域现状城市建成区总面积约为 395km²；规划城市建设用地总面积约为 950km²，规划人口 900 余万人（图 9-1、图 9-2）。

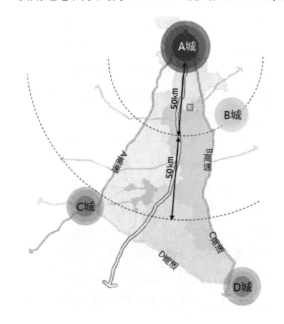

图 9-1 规划区区位图 　　　　　　　　　　图 9-2 规划区生态区位图

9.1.2 总体特征问题

项目面临的生态挑战主要体现在水系统、生态系统、大气污染、区域治理四方面。

第一大挑战为水危机严峻、水资源短缺与水污染并存。规划区所在区域水资源短缺，人均水资源小于 500m³，属于严重缺水水平。生态用水占比不到 4%；地下水超采严重，地下水漏斗区占区域面积 10%~20%，地面沉降、地裂、海水入侵等地质问题时有发生。此外，水资源利用效率低，一产 GDP 贡献 10%，耗水约占 70%，农业水利用率仅为 40%，远低于发达国家 80% 的水平。

规划区水污染问题突出，水生态功能退化显著。规划区内的七大水系水质总体为中度污染，劣 V 类水质比例为 24.6％。近 10 年，湿地面积大量减少，水域面积减少 30％，导致固碳能力减弱、生物栖息地及廊道功能减弱。规划区同时处于干旱与内涝并存的特殊水环境中。上游锁水，地表水过度开发；区域上游控制性水利工程多，地表水过度开发，利用率高于 60％，大部分水资源被"锁"在西北部山体区域。中游抽水，大部分用水依靠地下；实际上的流域末端，是人与自然争夺水资源最激烈的地区，该地区种植全国 20％～40％的粮食、棉花作物，水资源压力巨大。区域约 40％河流断流，地表水 V 类及劣 V 类占比达到 43％。受地下污水下渗和农业面源污染影响，区域浅层地下水已有三分之一遭受不同程度污染，地下水资源掠夺式开发利用，地下水漏斗导致地面沉降地区约 2.53 万km²。大型湿地水域面积逐年减少，整体水质低于 III 类标准，自然补水量逐年减少，水质的持续恶化、生态系统恶化，水面的减少使得迁徙鸟类数量、种类也在减少，湿地调节功能逐步衰退（图 9-3）。

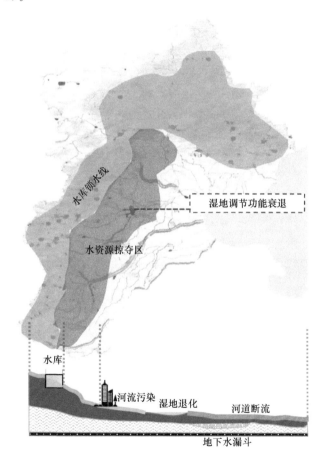

图 9-3　水资源问题示意图

第二大挑战为生态系统脆弱，各生态斑块的关联性不强，对区域环境的支撑性不足，生态系统服务功能较弱。区域重要生态资源集中于西北山体地区、坝上地区及滨海湿地，人口稠密的平原地区生态空间相对不足。生态资源之间缺乏联系，平原地区廊道模糊且破碎化，斑块零散，生态网络不稳定。原生森林植被破坏严重，荒山裸地面积占比较大，局部林分老化退化明显。河北省土地面积的 25% 存在水土流失问题，重要湿地萎缩 70% 以上。近岸海域沉积物中有机污染物和重金属长期累积，北戴河邻近海域连续 6 年发生微型藻褐潮，沿海林带退化严重，海岸岸滩侵蚀加剧。

第三大挑战为大气污染重，雾霾高发，治理难度大。规划区所在区位全年大气污染重，受关注程度高，2014 年全年 60% 以上天数空气质量超标。颗粒物和高浓度臭氧特征污染恶化，复合型污染严重，治理难度大。工业污染物排放贡献率最高，产业偏重，排放基数大，减排压力大。地区 $PM_{2.5}$ 来源主要为机动车 16%，煤炭 34%，工业等 50%。排放基数大，产业偏重，钢铁、化工、建材、电力等是主要排污行业，施工扬尘、矿山开采、机动车排放以及农村秸秆焚烧等污染问题突出。能源结构单一，煤炭消耗量大，结构优化任务艰巨。大气污染给生活、生产造成恶劣影响，尤其对居民健康危害大，空气污染程度及治理任务较长三角、珠三角都更重（图 9-4）。

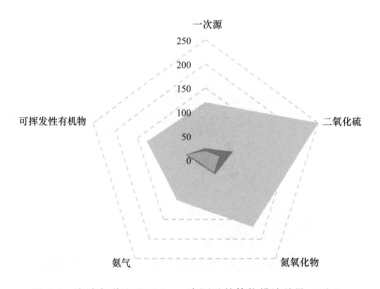

图 9-4　该城市群地区 $PM_{2.5}$ 一次源及前体物排放总量（万 t）

第四大挑战为区域治理统筹与协同弱，治理模式亟需创新。体制机制尚不健全，归属清晰、权责明确、监管有效的水资源、湿地、森林等自然资源资产产权和用途管制制度还未健全。区域污染联防联控仍未得到落实，产业结构调整与布局调整尚未完善。区域协同薄弱，环境标准未统一，治理未成体系，区域缺少生态环境共建共治，标准不统一，环境治理难形成连片效应。为保障区域供水，在河北主要河流上游修建大型水库，导致下游河道断水、地下水位下降，严重破坏生态环境，形成了上游过度开采、下游资源枯竭的局面。水资源调配方案缺乏远见，过于突出某些重点城市，忽略供水区需求。

此外，研究区域内尚未建立生态补偿机制，缺乏生态补偿的合理机制。如未建立以面积和人口或人均 GDP 为指标进行配置的长效补偿机制，由受水区向供水区提供生态资金，开展水资源调配交易或工程和技术性援助。全域生态环境监测、预警和应急体系尚不完善，仍未广泛吸引社会资本参与生态建设。

9.1.3　总体目标与思路

区域城市群规划的总体目标为在绿色时代及区域协同的背景下，践行生态文明理念，在城市群协同发展之中，最大化保护生态资源，创新整合绿色发展空间，追求和谐永续，形成生态支撑使命下的绿色发展模式。规划的重点在于探索如何做好核心区域的生态支撑，如何实现发展空间最优的资源配置，如何谋求绿色可持续的价值路径。

规划将重点在水、大气污染及生态环境保护方面开展深入研究，保护区域独特生态区位和价值潜力。首先，主要水系与核心湿地在区域城市群规划区汇聚，是区域水文循环的重要路径和关键节点，呈现平原水系的典型问题——水源匮乏、河道断流、污染严重、湿地萎缩。本项目水系统的关键核心包括山区汇水的中游地带，重要湿地核心保护区、缓冲区、地下水漏斗区。水资源争夺最激烈的中上游，最具有节水、水涵养、水生态修复的示范意义。其次，在区域新风交换和大气污染削减中发挥基础性的通道作用，应进一步加强净化功能，缓解大气污染问题。具有重要的大气交换基础通道包括西南污染物向北方城市扩散的重要通道，东南新鲜空气向西侧山麓扩散的重要通道。最后，应保护生态节点和中转站，规划区是保湿地带不可或缺的生态通道，包括中部平原区稀有的人工林、湿地保护区，东方白鹳、白琵鹭、灰鹤等珍稀动物迁徙重要节点。作为区域协同治理重要抓手，探索多方参与、区域共建的治理模式。

区域城市群生态定位是生态环境支撑先行区及生态协同发展示范区（图9-5）。中心区生态过渡带主体功能是为城市发展提供生态空间保障；以主要交通干线、河流水系等绿色廊道为骨架、以村镇为组团，用大网格宽林带建设成片森林和修复连片湿地；作为海陆生态系统过渡载体；成为区域城市群中心区生态过渡带。区域城市群生态容量小，质量低，欠账多，目前单纯保护、限制发展难以解决现有生态问题，必须创新思路，在发展中保护，通过主动的生态建设与涵养，实现生态的量与质的双提升；在保护中适度发展，成为生态文明与产业文明融合示范、政企共建生态涵养式发展标杆。

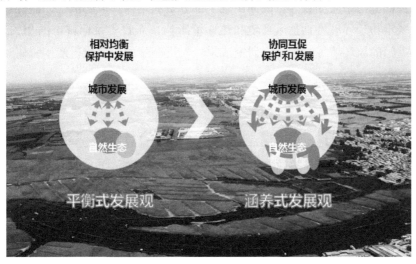

图9-5　地区生态协同发展

9.2 工作重难点

9.2.1 项目特殊性与侧重点

本项目为宏观尺度城市群区域规划,研究范围为跨城市边界大区域宏观范围,涉及多个城市,研究深度介于战略规划及专项规划之间,重点研究整个区域城市群存在的生态问题,并提出协同生态发展的方向和策略方案。

城市物理环境研究在这类宏观尺度的规划项目中,侧重研究区域存在的与物理环境相关的问题,并基于项目特殊点提出物理环境优化规划方案的策略。本项目的特殊要点在于项目属于宏观尺度规划,关注城市之间的关系以及城市气候的优化,项目所在地区雾霾问题最严峻,空气治理挑战巨大,区域的空气污染直接影响北方一些重要城市,大气污染与通风的程度密切相关。因此,此项目中的物理环境规划部分不同于中小尺度的研究思路,不再关注于每个城市具体的气候条件,侧重于研究项目区域范围的大型冷岛布局与对邻近城市气候的影响,提出打通多个城市间的共同通风廊道,保障近地面城市物理环境优良状况的方案,并尝试提出疏解雾霾污染的多城市协同方案。

9.2.2 基础资料收集难点

由于项目研究范围大,基础资料的收集关注点不是城市内部尺度的气候数据或者是城市建筑布局等内容,而是聚焦于多城市区域的数据及资料。分析研究区域热环境的情况,需要收集大范围遥感数据,通过历史数据的比对,识别温度差异的区域;与用地情况比对,确定影响区域城市气候的重要冷岛区域。分析研究区域通风以及疏解雾霾的情况,需要收集当地雾霾相关数据及资料,如雾霾产生的影响因素、组成成分、原因贡献度、重点影响雾霾的工业园区的分布、区域整体风向情况等,由于数据的覆盖面广、涉及城市地区较多,并涉及部分污染监测数据,因而出现了部分资料难以获取的情况。此外,分析研究区域对周边城市物理环境特别是风环境和热环境影响,需收集目标城市的相关规划资料,部分城市无专门的风环境等物理环境研究成果,对进一步的研究分析产生阻碍。

9.3 总体规划方案

本项目基于问题、目标双导向,根据水资源、生物资源、土地资源、气候资源四大规划要素梳理确定需要规划的区域城市群生态发展的核心要素,包括区域海绵、森林公园、洁净空气以及协同亚区。通过进一步分解核心要素的影响因子可知,在区域海绵要素里,重点关注水安全格局、水生物多样性以及水生态价值、水资源的开源节流以及水污染治理修复;在森林公园要素里,重点关注生物安全格局、生物多样性、生态功能保护与生态容量扩增、农田环境与生态农业;在洁净空气要素里,重点关注新风系统与风廊道、产业升级、低碳交通、清洁能源;在协同亚区要素里,重点关注生态敏感性、分区发展策略、生态保护空间、生态发展空间，进而提出百里海绵、万顷森林公园、全域清洁空气、五大协同亚区规划愿景方案（图 9-6）。

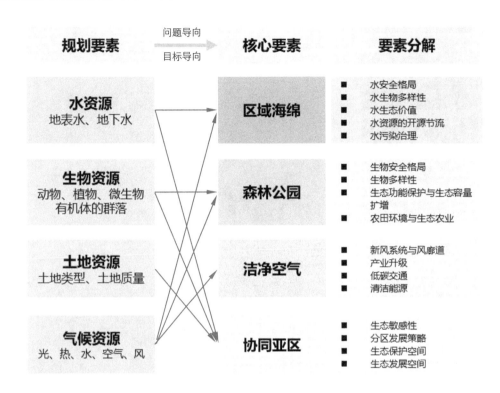

图 9-6　总体规划结构

　　愿景一是涵养水生态的百里区域海绵（图 9-7）。地区资源型缺水，城市发展以涵养水为前提。规划构建区域海绵系统，提升水涵养功能；进行水环境敏感分析，识别高敏感区以大型湿地为核心，主要河道为脉络。具体策略为：识别完整的区域水体格局，扩大水生态空间；修复水生态、改善水环境，提高生物多样性；丰富水系对区域沿线的生态服务功能；提出系统性的控污和节水策略。

　　愿景二是承载多元功能的万顷森林公园（图 9-8）。地区生态本底脆弱，需提升生态功能。具体策略为：明确区域性的绿色廊道；增加具有生态价值、服务城市的绿色公共空间；完善绿道网络，融入差异化的功能；改善农田生态环境，发展生态农业。

　　愿景三是自由呼吸的全域清洁空气。该地区雾霾问题最严峻，空气治理挑战巨大。规划构建新风系统，优化整体气候和物理环境；促进产业升级转型，减少污染物排放；引导绿色低碳的交通出行方式，减少能源消耗；同时，建设清洁高效的能源利用系统。

　　愿景四是差异联动、共建共享的五大协同亚区。规划因地制宜地修复生态环境和壮大生态发展容量空间，将规划区分为生态保护核心区、生态修复缓冲区、生态建设核心区、生态建设引导区、生态农业发展区（图 9-9）。

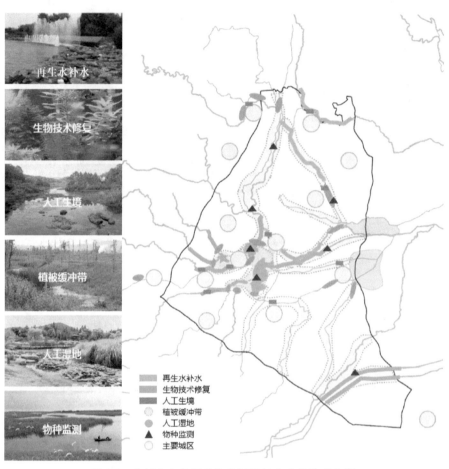

图 9-7　水域生态修复及构建河流的自净化体系方案

图 9-8　提升生态价值服务区域方案

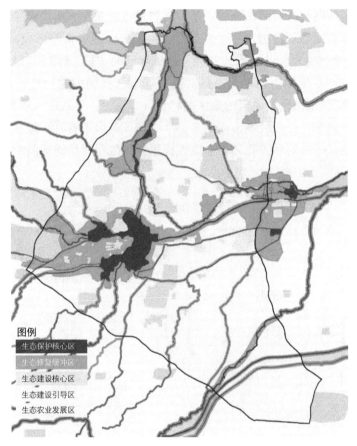

图 9-9 五大协同亚区方案

9.4 物理环境方案：自由呼吸的全域清洁空气

该地区雾霾问题最为严峻，空气治理挑战巨大；产业结构偏重，能源结构中煤炭的比重过大，汽车尾气排放逐年增加，应通过产业升级、能源结构优化等，减少污染物排放，净化区域空气（图 9-10）。

图 9-10 空气治理计划示意图

9.4.1 构建新风系统，优化整体气候和物理环境

1. 雾霾成因分析

地区的雾霾天气归因于高浓度污染物与多雾天气，具有"强霾"和"多雾"的特征。

工业、燃煤、汽车等尾气排放的污染物，是"霾"形成的源头。前体污染物在大气中发生化学反应形成转化成固态颗粒物，并通过碰并、凝结、吸湿增长等形成微米级的颗粒物，以 PM$_{2.5}$ 为代表的微米级颗粒物，形成浑浊、能见度低的"霾"（图 9-11）。而"强霾"的形成是由于能源与产业结构落后，污染排放高所导致。西侧山麓地带扩散条件差，风速低，容易形成"雾"。东南风上风向的地区的林地资源减少，导致输入本地区的水汽减少，引起"多雾少雨"天气。而区域城市群"多雾"的形成是由于森林绿地缺乏，水汽大量悬浮，工业废气排放，排放的颗粒物和工业废气提供了雾气形成所需的凝结核。

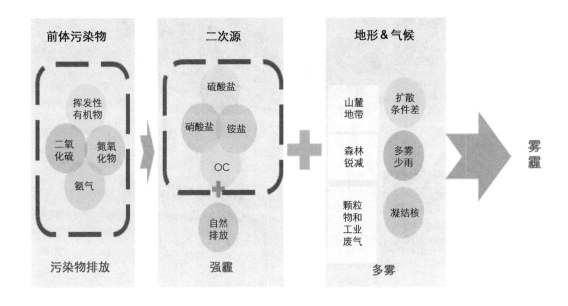

图 9-11　地区雾霾成因分析示意图

规划区对北方某城市的雾霾形成具有一定影响，主要有以下两个原因：一是污染聚集难散；二是西南沿山污染的叠加输送（图 9-12）。北方某城市受雾霾影响严重的城市地理位置处于山脉的交接部位，属于山脚湾区，转角区位空气汇聚，气流稳定，不利于流通扩散，上风向污染输入后难以靠自然通风解决。此外，沿山脚盛行偏西风，西南部钢铁厂、玻璃厂等排放的烟气沿西南通道输送，沿山进入该城市区域，因此来流风污染程度较重。开展物理环境规划时，一方面应控制来流风的污染程度，一方面应针对西南风向解决上风向污染源问题，强化绿化，舒缓近地面大气污染。

2. 解析区域空气污染图谱，明晰空气治理思路

区域城市群 PM$_{2.5}$ 浓度由东北向西南递增，区域城市群区域内西南城市部分 PM$_{2.5}$ 浓度最高，原因是工业排放量大、人口密度大引起的污染物排放量大（图 9-13、图 9-14）。根据 MEIC 数据库，区域城市群 PM$_{2.5}$ 的主要来源为工业源、居民源、交通源和电力源，其中工业源和居民源占比超过 95%，因此区域城市群的大气污染物主要来源也为工业源及居民源。

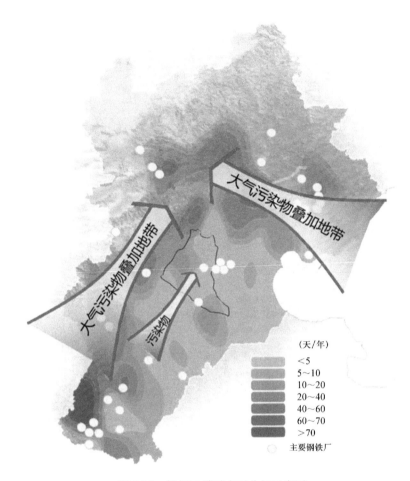

图 9-12　规划区雾霾成因分析示意图

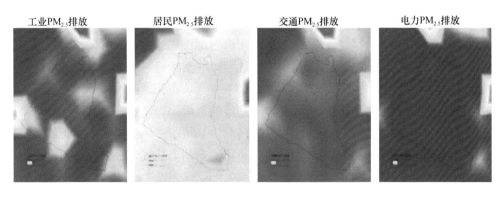

图 9-13　区域城市群区域 PM$_{2.5}$ 排放源

数据来源：MEIC 数据库

PM$_{2.5}$浓度分布图　（µg/m³）

高：103.018

低：79.138

图 9-14　区域城市群区域 2014 年 PM$_{2.5}$分布图

图片来源：AOD 遥感影像，地区 PM$_{2.5}$浓度时空分异模拟和影响要素分析

3. 对接北方城市风廊，完善接风系统

北方某城市规划六大风廊道，对建筑物的密度和高度控制留出空间，促进污染物、城市内部热量和废弃物疏散，为城区接入山脉的山林新风（图 9-15）。

对接北方某城风廊道，完善区域城市群的"接风洗尘"新系统（图 9-16、图 9-17）。区域层面上，构建"两横一纵"三条"引风"主廊道，连通区域风廊，优化北方某城市引风通道。区域城市群是北方某城市风廊的南端接口，通过河流绿廊，连通区域风廊系统，引进山林新风。内部层面，构建六条引风次廊道，连通区域风廊，优化区域城市群内部引风通道。连通主廊道与区域新风，优化区域城市群内部及周边片区的气候和物理环境。

4. 构建绿地系统，完善洗尘系统

构建区域城市群"三横一纵"四条"洗尘"主廊道，净化西南污染霾气，缓解近地面雾霾。区域城市群是西南污染霾风进入北方某城市的最后关口，构建绿廊洗尘系统，可为霾风进行近地面净化，缓解近地面雾霾程度，是北方某城市接风洗尘缓解雾霾的必不可少部分。构建区域城市群两条"洗尘"次廊道，净化西南污染霾气，缓解近地面雾霾，同时优化区域城市群内部大气环境（图 9-18、图 9-19）。

大气问题需要区域联防联控：一是控制流动源大气污染物排放，提升油品质量，严格实行禁煤管控；二是以产业结构升级和布局调整为核心，控制新增石化和钢铁产能，限制电力、建材行业发展规模，努力降低机动车尾气排放；三是控制煤炭生产、储存、运输过程中的污染，配备脱硫脱氮和除尘设施。

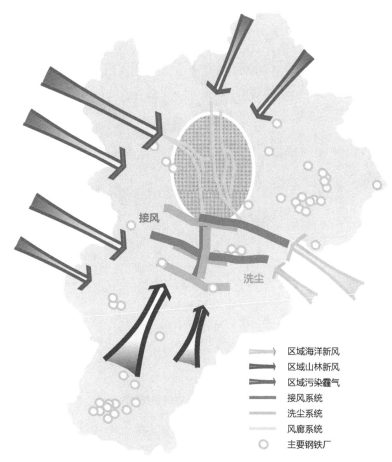

区域海洋新风
区域山林新风
区域污染霾气
接风系统
洗尘系统
风廊系统
○　主要钢铁厂

图 9-15　对接北方某城市规划风廊道示意图

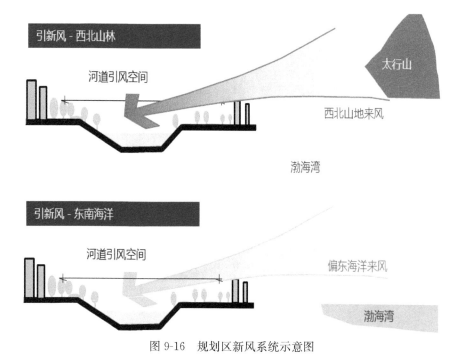

图 9-16　规划区新风系统示意图

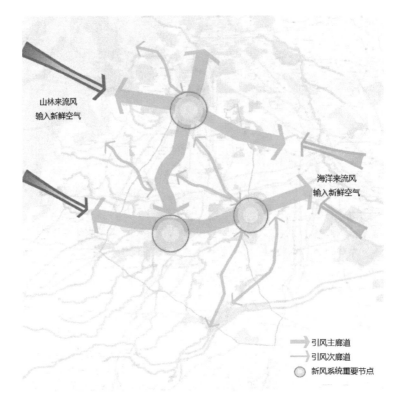

图 9-17　规划区新风风廊道系统规划图

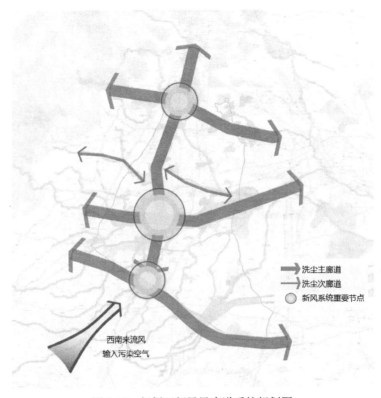

图 9-18　规划区新风风廊道系统规划图

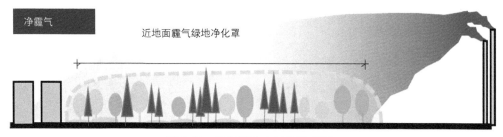

图 9-19　规划区洗尘系统示意图

打通大气交换基础通道，有利于抑制西南污染物向北方某城市扩散，同时保证东南新鲜空气向山麓传递的重要通道。区域通风廊道构建也是区域协同治理的重要抓手，利于形成探索多方参与、区域共建的治理模式。

5. 构建生态冷链，加强区域通风

区域城市群位于海河流域关键区段，内部三大主河汇聚，同时有九条水系汇入核心湖泊湿地，近百湖库相连，是该平原的湿地核心（图 9-20）。

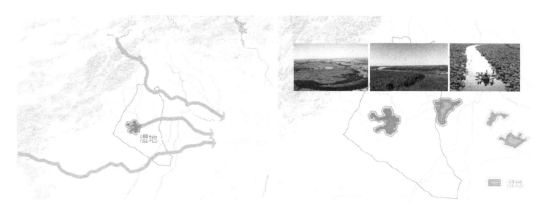

图 9-20　地区水系类大型冷岛

物理环境规划时保留绿廊降温通道，控制建设开发。交通、水系绿廊与北方某城市一核心湖泊湿地一降温通道、区域冷链基本吻合。规划主要城镇建设区位于主要的降温、冷链上，经降温通道的建设区应沿降温方向保留足够的贯穿城区的绿廊空间，经区域冷链的城镇建设区应控制开发强度，并增加水体及绿化面积（图 9-21、图 9-22）。

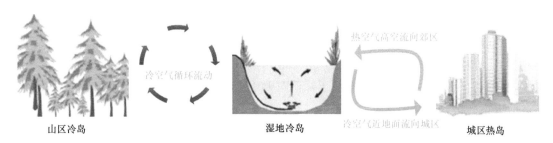

图 9-21　生态冷链系统示意图

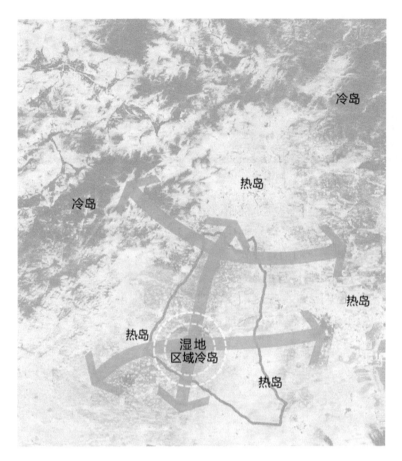

图 9-22　规划区生态冷链系统规划方案图

9.4.2　产业升级转型，减少污染物排放，缓解雾霾

加快污染型产业转型升级，建设新型工业化基地和产业转型升级试验区。积极承接产业功能转移和科技成果转化，改造提升传统优势产业，推动产业转型升级，大力发展先进制造业、现代服务业和战略性新兴产业（图 9-23、图 9-24）。

承接产业转移。以重大产业基地和特色产业园区为平台，重点承接信息技术、装备制造、金融后台、商贸物流、文化创意、教育培训、健康养老、体育休闲等产业。

搭建区域产业链，协同产业发展。与高校、科研机构合作，促进产业孵化转化；加快建设环蔬菜基地、奶源生产和肉类供应基地。

工业增效，减污降耗，以钢铁和冶金行业减排对 $PM_{2.5}$ 改善最明显。同时，减少工业排放和建筑物排放（主要因供热导致）对当地和整个地区的空气质量非常重要；发展生态农业，减少农业污染，农业减排有利于降低对 $PM_{2.5}$ 的影响。

推进集群化、规模化发展。通过区域整合与基础设施引导，调整现状工业区分散的布局状况，以产业园区为核心，优化产业间联系，建立物质能源链条，打造循环经济、集群规模化；提升区域生产要素的结构和水平，提高生产要素的吸引力，吸引相应产业在区域

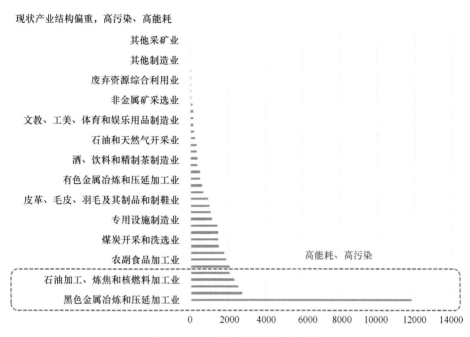

图 9-23　产业与能耗污染关系图

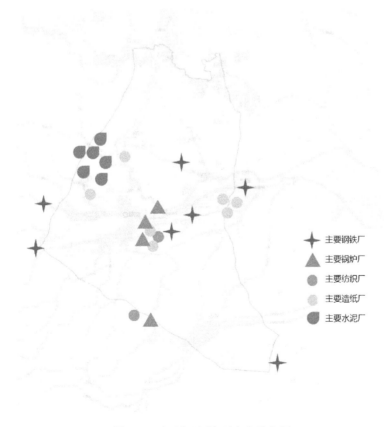

图 9-24　规划区污染型产业分布图

内聚集；探索碳交易机制，寻找碳排放交易的核查和监管体系，降低减排成本，提高减排效率。

9.4.3 引导绿色低碳的交通出行方式，减少能源消耗

构建绿色低碳的公共交通体系和慢行交通网络，形成以快速公交和城际轨道为支撑的现代化公共交通体系（图9-25）。城区内以普通公交和支线巴士为主，以快速公交和轨道交通为辅助构建公共交通体系；城际间出行以城际轨道等绿色、低碳、高效的交通方式为支撑；普通公交采用更绿色、更经济的混合动力巴士和天然气巴士。

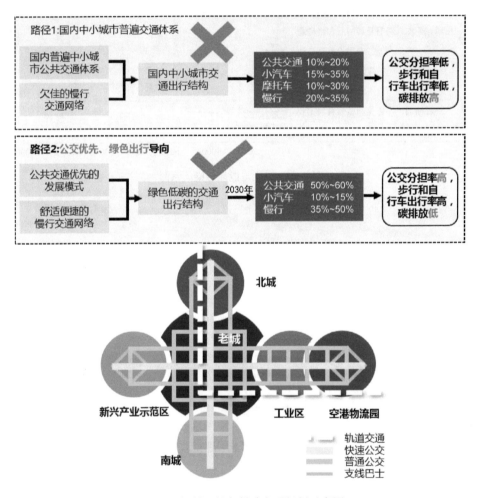

图 9-25 规划区绿色低碳交通规划示意图

9.4.4 清洁、节约、高效的能源利用系统

调整能源结构，推广清洁能源。现状能源结构中煤炭占比近90%，是雾霾的主要贡献因子；雾霾高发的冬季，也是公共供暖的高峰，对$PM_{2.5}$影响最大。规划建议以天然气、地热、太阳能、生物质能等取代煤炭作为公共供暖、工业生产等原料，因地制宜地推

广天然气、地热、太阳能、生物质能等使用；通过清洁生产、循环经济等提升各部门的能源利用效率；推广冷热电三联供系统，提升能源品质和利用效率（图 9-26、图 9-27）。

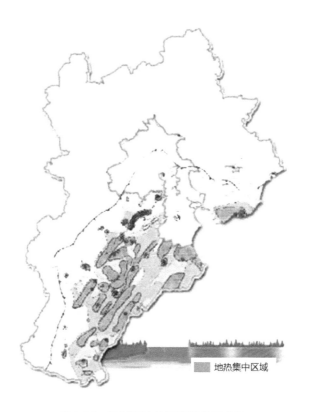

图 9-26　规划区地热能资源条件良好

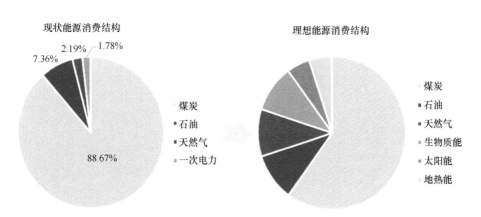

图 9-27　规划区能源消费结构调整图

9.5　创新亮点：聚焦大区域环境问题，系统解决

宏观尺度规划融合物理环境内容研究的案例相对较少，在此案例中，物理环境的规划

研究创新亮点为统筹考虑区域气候的相互影响关系，聚焦于规划区最受关注的风、热等气候问题，尝试通过规划研究物理环境方案，缓解大区域气候问题，为宏观尺度的项目规划研究气候优化方面提供参考。

通风廊道的研究在很多规划成果中均有涉及，但是有关雾霾的研究由于成因复杂，在规划层面上难以看到相关的涉及案例。本项目通过分析与规划布局相关的雾霾影响因素，在常规的通风廊道系统规划的基础上，从城乡规划角度提出系统性缓解地区雾霾问题的方案。

基于规划区的特殊地理位置，充分考虑利用山林风与海洋风不同自然风向、热环境环流等对区域气候产生不同的功能，对于整个区域雾霾的形成以及对于北方某城市的影响，协同衔接研究北方某城市风廊道的外接路径，规划保障新风的输送以及尘风的净化（图9-28）；从源头控制产业布局减少雾霾污染物产生，从过程阻碍雾霾污染物的传输通道，最后考虑通风吹散雾霾，并研究整个区域的能源系统的协同优化提升策略。

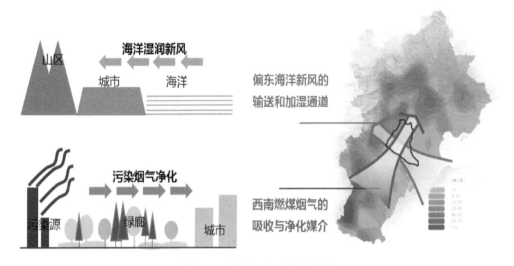

图 9-28 接风洗尘系统示意图

9.6 思考

雾霾成因十分复杂，雾霾的彻底根除与解决需要多学科、多部门的相互配合与深入研究。从城乡规划学科角度，仅能就用地、产业结构、人口等规划相关问题进行探讨，且在规划阶段仅能实现部分物理环境因子的控制，未能全面涉及，仍存在不足。此外，基础数据的收集不足对进一步的深入分析和研究造成阻力，同时业界也对通风是否能缓解雾霾问题仍存在一定争议。

物理环境在宏观尺度范围的规划研究除了风热研究之外，也可以考虑声环境的研究，特别是区域的大型跨区交通网络，不仅对沿线的城市建设用地产生噪声影响，也会对经过的生态区造成一定程度的影响，在以后的项目中可进行相关的研究分析。

第 10 章　中观尺度：北方中部城市新区低碳生态城规划

10.1　项目简介

10.1.1　地理位置

北方中部某城市地处鲁中南山区的西南麓延伸地带，属黄淮冲积平原的一部分。中心城区区位条件优良，交通便利。境内 104 国道、京福高速公路、京沪铁路、京杭大运河纵贯南北，8 条省道穿境而过。早至 2005 年，全市已经实现全部行政村晴雨通车，初步形成了四通八达的公路交通网络和较便利的铁路、水路交通。

该城市处于我国两个发展轴线的交汇处，地处东部地区的南北过渡地带，是沿海地区与西部内陆地区的重要结合部，史有"北控琅琊，南扼江淮"之说，今具"承东启西，沟通南北"的区位优势（图 10-1）。随着我国东部开放、西部开发步伐的加快，沿海地区向中西部地区产业转移的规模逐年增大，作为沿海浅层内陆腹地，对资源要素的集结、扩散和辐射作用日益凸显。

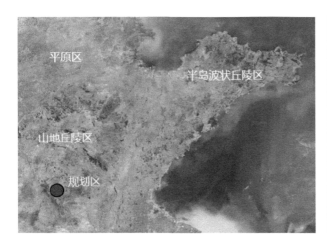
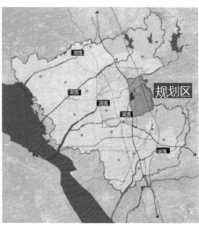

图 10-1　北方中部某城市规划区项目区位图

10.1.2　总体特征问题

1. 四季分明

该城市属于暖温带半湿润地区南部，季风型大陆性气候明显，受大气环流影响，四季分明，春季多风少雨，夏季多雨炎热，秋季天晴气爽，冬季寒冷干燥（图 10-2）。

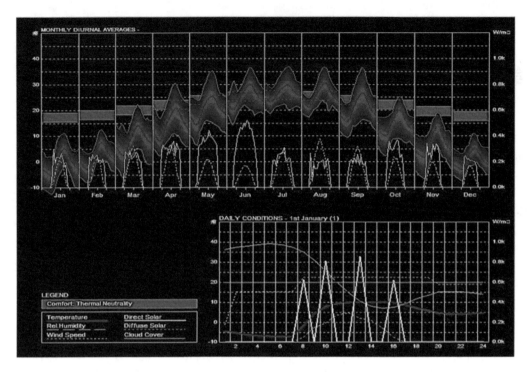

图 10-2　规划区全年逐日气象数据

　　该城市多年平均温度 13.6℃，最高温度 40.4℃，最低温度－21.8℃；无霜期 165～232 天。气候特征明显，全年温度变化较大，各月平均温度如图 10-3～图 10-5。

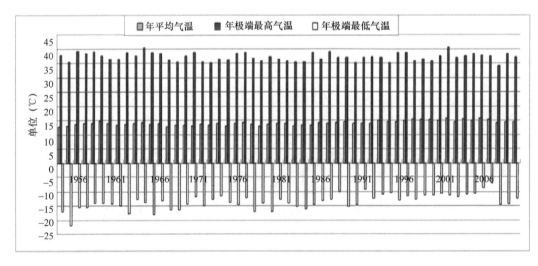

图 10-3　规划区气温历史数据图

　　该城市多年平均年降雨量 753.5mm，中华人民共和国成立后雨量最多的一年是 1958 年，全年降雨量 1250.6mm；最少的一年是 1976 年，全年降雨量仅 526.4mm。多年平均年蒸发量为 1014.2mm，最高为 1482.0mm，最低为 652.0mm，历年降雨量数据见（图 10-6）。

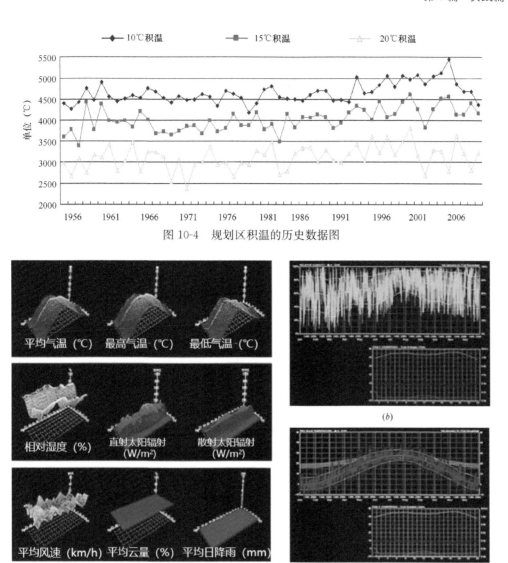

图 10-4　规划区积温的历史数据图

图 10-5　规划区气候数据分析图

(a) 多月气候数据分析；(b) 干球温度分析图；(c) 相对湿度

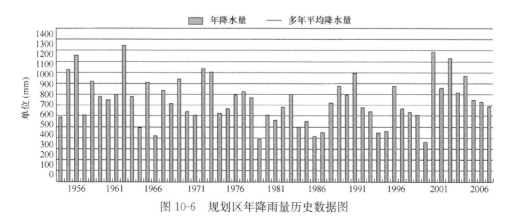

图 10-6　规划区年降雨量历史数据图

规划区地处北温带，年平均日照时间为 2384.4 小时，约占全年时数的四分之一。相对湿度、直接太阳辐射和全年太阳运行轨道分析结果见图 10-7、图 10-8。

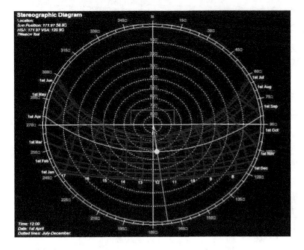 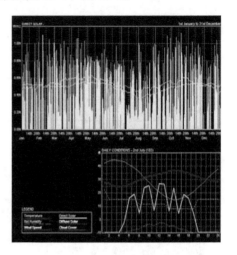

图 10-7 规划区全年太阳运行轨道分析   图 10-8 直射太阳辐射分析

规划区受北方冷空气和海洋性气候影响，平时风力不大，一般为 2~3 级，有时出现 6~8 级大风；就全年来说，春天风多且较大，多西南风和西北风，夏季多东南风，冬季多西北风。全年盛行风向为东南风，年平均风速为 2.8m/s，年平均大风日为 11.4 天。

2. 地质地貌特征

该地区位于山前冲积倾斜平原区，地质构造复杂，地貌类型具有山区、丘陵、平原、湖洼并存的特点（图 10-9），地形由东北向西南倾斜。丘陵区占总面积的 30.5%，平原区占 61.6%，滨湖区约占 7.9%，全市山脉呈东北至西南走向，共有大小山头 453 个，最高峰海拔 596.6m。

地质构造以褶皱和断层为主，除煤系地层中有较小的褶皱构造外，羊庄向斜盆地褶皱构造范围较大。全市断裂构造比较发育，有的断层至今尚在活动。较大的断层有四个，均属压扭性正断层，包括：峄山断层、凫山断层、龙山断层和花石沟断层。

规划区处于鲁中南山区西部延伸的低山丘陵地带，东西向的渐变性明显，生态系统呈现多样化和逐步受到扰动的特征。

3. 水资源概况

规划区位于微山湖区域水系涵养区下游、耗散区上游，地表水体交互频繁，是大运河水系进入城市区域的第一个节点，也是微山湖水质与水量保障的关键节点。

全市多年平均天然年径流量为 3.3579 亿 m³，多年平均年径流深为 226.1mm。全年径流量约 80% 集中在汛期 6~9 月，约 60% 集中在 7、8 月份。多年平均天然入境水量为 33049.3 万 m³，天然出境水量为 66628.3 万 m³。现状多年平均情况下，全市入境水量为 25863.7 万 m³，出境水量为 53044 万 m³，拦蓄水量为 6398.7 万 m³，地表水资源的开发利用水平较低。全市多年平均水资源总量为 6.30 亿 m³，保证率 50% 时为 5.76 亿万 m³，保证率 75% 时为 4.10 亿 m³，保证率 95% 时为 2.39 亿 m³。

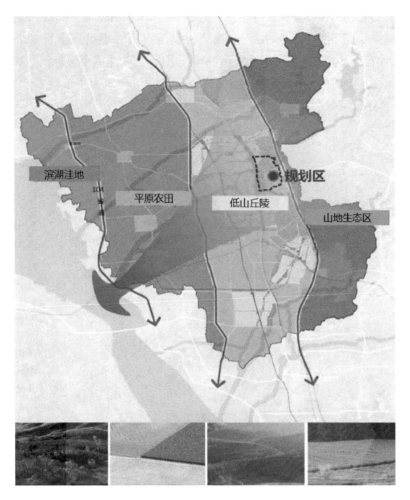

图 10-9　北方中部某城市市域自然特征变化

规划区所在城市水资源有以下特点：①水资源总量较大，但人均匮乏，仅为406.9m³，远低于世界公认的人均 1000m³ 的下限，是全国人均水平的 18.3%。②年际年内变化较大，年内农业用水与水资源供给形成剪刀差。③地域分布不均衡，东部（荆泉断块区和羊庄盆地区）、西部（滨湖区）水资源丰富，中部平原及城区供水严重短缺。④地表水与地下水之间水力联系密切，地表水回灌补源（地下水）条件比较优越。

4. 生态系统交联而多样

市域生态系统具有自然生态系统、半自然生态系统及人工生态系统相交联、过渡、融合的特征，现状有五种类型的生态系统：城市生态系统，城区及乡镇；河流生态系统，郭河、荆河、小洪河及其支流，均为季节性河流；河岸生态系统，湿草甸及旱生陆域沿岸区段；农田生态系统，小麦、玉米、花生、马铃薯种植田；山林生态系统，南部狐山（表 10-1）。

流经规划在比较大的河流为荆河、郭河、小洪河，这三条河道对规划区内的灌溉和排洪起了很大作用。荆河境内长 5.0km，有记录以来最大流量达 2000m³/s。郭河境内长

10km，贯穿新区南北，汛期河水含沙量大，1957年郭河洪峰流量600m³/s，加之颜吉山泄洪干沟内经康村入郭河时，河水决口造成康村洪涝灾害。小洪河全长6km，发源于向阳山村，流经磨坑、大养德、二养德、千年庄、向阳村、张洼后汇入郭河。以上三条河道均为防洪河道，其他河道无防洪要求。流经规划区的河道，多为季节性有水，汛期暴涨，旱季干枯，大部分时间少水。

规划区各类生态系统属性表

表 10-1

属性		城市生态系统	农田生态系统	山林生态系统	河流生态系统	河岸生态系统
非生物环境			正常		季节性河流、断流状态水质一般	季节性缺水，生境多样
系统组分	生产者	城区复层绿化较少，多仅有乔木	农作物、单一物种为优势种	乔-灌-草群落，多为旱生物种，乔灌稀疏	流速较缓城区河段，微藻大量繁殖，出现富营养化，近河岸季节性生长大型高等湿地植物	湿地以香蒲科植物为优势种，陆岸以禾本科、菊科、旋花科、蓼科等草本、藤本植物为优势种，兼具稀疏低矮灌木
	消费者	城区居民：约3万人	鸟纲及小型哺乳纲动物，数量较少	脊索动物门较少（哺乳纲、鸟纲、爬行纲）、节肢动物门较多	季节性水量不足，较少大型水生动物	较多燕子、野鸭等鸟纲动物，红蜻蜓等节肢动物，物种丰富
	分解者	排污及环卫设施不完善，自然分解者数量较少	土壤动物（环节动物门、节肢动物门）、微生物	土壤动物（环节动物门、节肢动物门）、微生物，物种较丰富	季节性水量不足，部分断流，严重影响河流底泥中微生物群落结构与数量	土壤动物（环节动物门、节肢动物门）、微生物，物种丰富
系统结构与功能		结构待完善，完全人工控制，物质循环功能不完善	结构简单，人工控制强度大	结构完整，现状受人工干涉	营养结构季节性断层，系统正常物质循环和能量流动功能受影响	组分结构及营养结构皆完善
系统缺陷		生产者不完善，多样性与稳定性差	各组分单一，抵抗力稳定性极差，恢复力稳定性较强	大型生产者数量不足，抵抗力稳定性较差，恢复力稳定性较强	水量季节性不足，多样性与稳定性较差	无，自然系统保存完好，多样性与稳定性较好

5. 面临挑战

挑战一：狐山生态系统破碎化严重

狐山位于规划区东南，其南部山体本身自然坡度较大，大多大于15°；因采石等人为活动，使狐山山体北部地表严重破坏，形成较多陡崖峭壁和陡坡，局部高差超过10m，且地形复杂多变，地质结构不稳定，存在安全隐患。狐山山体母质为石灰岩，由于开采等人为活动已经受到严重的破坏，其中，采矿区表层土已经被完全破坏，并且原有生长条件不复存在，为后期修复带来较大的难度。狐山采矿区植被覆盖度相对较低，现有植物生长低矮，受损区已有少量的一年生先锋草本入驻，受到水资源短缺的限制，生长情况较差。根据相关规划，东沙河镇采石场将全部关停拆除，为后期修复奠定基础。

挑战二：规划区开发将对自然生态带来冲击

规划区的开发将带来大量建设行为，如仍按传统方式进行建设，必然对规划区自然环境带来较大冲击。主要表现在以下几方面：破坏水文循环，城市表面不透水地面增加将带来防洪压力、地下水补给减少、面源污染增加、自然的水文循环和平衡被打破等问题；人工系统脆弱，与自然生态系统相比，城市生态系统受到大量人工干预的影响，具有缺乏分解者、生产者数量少、组分不稳定、对外部输入的依赖性过强等问题；热岛效应加重（图10-10），热岛效应指由于人为原因，改变了城市地表的局部温度、湿度、空气对流等因素，进而引起的城市小气候变化现象，属于城市气候最明显的特征之一。规划区的建设将带来建筑群的密集、硬化表面的增加，使得城区升温较快，并向四周和大气中大量辐射，造成了同一时间城区气温普遍高于周围的郊区气温，建设密度增加导致热岛效应加重。

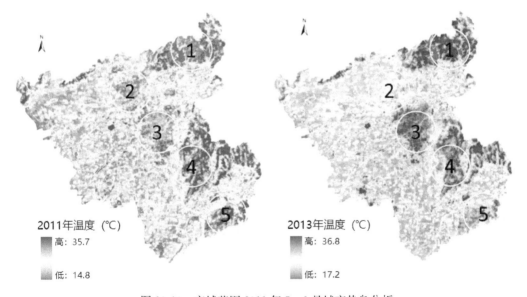

图10-10　市域范围2011年5、6月城市热岛分析

为此，规划区的开发建设应在低影响开发理念指导下开展，重建水文循环、完善系统结构、改善物理环境。

10.1.3　总体目标与思路

目前规划区大部分区域处于未开发状态，现状建设用地主要为村庄用地和工业用地，工业主要是童车童床整车生产企业，能耗与碳排放总体不高。随着规划区的开发建设，大量生产、生活性活动涌入，必然导致规划区能耗与碳排放量上升，因此不可能实现绝对量的碳减排，但通过发展先进低碳产业、应用先进低碳技术，能够使规划区的碳排放强度，即单位 GDP 二氧化碳排放达到国内先进水平。

规划坚持高端化、龙头化发展路径，以发展先进的 2.5 产业、城市旅游产业、职业教育业等低碳型产业为主，加之先进的低碳基础设施服务配套，能够利用后发优势，达到国内领先的低碳发展水平。参考深圳市低碳发展目标，规划区低碳发展目标为：2020 年单位 GDP 二氧化碳排放不高于 0.78t/万元，2030 年单位 GDP 二氧化碳排放不高于 0.55t/万元。

总体规划思路：基于生态基础特征分析，形成生态环境保护规划、低影响开发规划以及低碳技术应用评估和策略研究。

10.2 工作重难点

10.2.1 项目特殊性与侧重点

本项目为中观尺度城市新区专项规划，涉及低碳、生态规划和物理环境规划多项内容，研究深度为专项规划，重点分析规划区基础生态条件、面临的生态挑战，提出涉及生态保护、低影响开发建设以及低碳技术应用策略和方案。

城市物理环境研究在这类中观尺度的规划项目中，基于项目特殊点，侧重预测评估规划区未来规划发展的城市物理环境状态，提出规划方案的物理环境优化改善措施及注意要点。本项目为新区总体规划配套研究的专项规划，与总体规划同步编制，可以为总体规划的方案提出专项化深化研究以及优化建议。由于新区现状为村镇农林用地，不存在大城市的物理环境问题，因此希望规划后的城区秉持低碳生态的可持续发展原则进行新城的建设。在此发展目标下，物理环境研究属于生态专项研究的内容，侧重于低碳技术的分析研究，以及整体规划方案的城市物理环境舒适性评估，本项目还创新性地通过物理环境的评估对生态风险进行预测和研究。

10.2.2 基础资料收集及分析难点

本项目属于中观尺度，适宜借助计算机软件技术进行建模分析研究，气象基础数据的获取及分析为重难点，特别是新区或者中小城市气象数据收集具有难度。通常通过市气象站收集资料或者购买数据，再通过统计作图软件进行分析，并对基础数据整理编辑成为 wea 格式文件，通过原 Ecotect 软件进行统计分析以及出图。

10.2.3 技术难点

中观尺度的规划技术难点在于模型处理以及软件模拟的运算能力较低，可以采用两种方式提高运算速度：一种是概化规划模型，包括现状村庄建筑的概化以及规划方案的建筑布局概化；一种是提高软硬件配置，包括软件多核并行运算以及配置大内存运算机器。

10.3　总体规划方案

低碳生态城规划方案包括生态环境保护规划、低影响开发规划以及低碳技术应用评估和策略研究。

第一部分是生态环境保护规划，包括生态空间保护和利用规划、水系统综合规划以及狐山生态修复和保护性开发规划。生态空间保护和利用规划通过北方中部某城市域生态敏感性分析及规划区生态敏感性分析，提出规划区生态安全格局构建，研究基于生态保护的分区开发策略，提出规划区绿地系统的生态策略。水系统综合规划通过水资源承载力评估，进行雨水滞蓄系统规划、重要水体节点规划及提出荆泉水源地保护方案。狐山生态修复和保护性开发规划通过案例借鉴分析，提出狐山生态修复规划及狐山保护性开发规划。

其中方案的亮点为提出加强绿地系统生态功能的策略（图 10-11）。

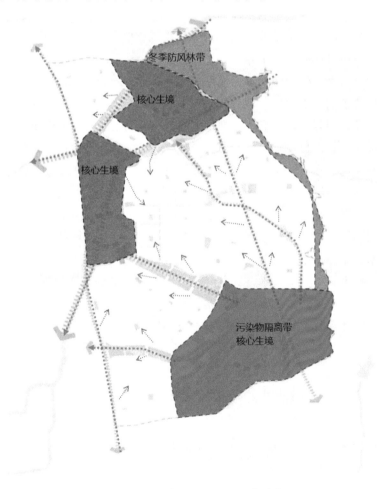

图 10-11　城市绿地系统的生态功能

（1）降低 $PM_{2.5}$ 浓度，净化空气。每烧 1t 煤，可产生 11kg 煤粉尘。某些城市每年每平方公里降尘量平均为 500t 左右，有的城市高达 1000t 以上。应结合当地气候特征，种植滞尘能力较强的植物。包括丁香、紫薇、桧柏、毛白杨、元宝枫、银杏、国槐等。

（2）天然隔离带阻滞外部污染物侵入。可利用南部狐山休闲公园和生产试验公园形成规划区的天然隔离带，减少规划区以南工业、采矿等产生的粉尘和污染物扩散入城区。

（3）防风林带改善冬季寒风凛冽气候条件。12 月到次年 1 月盛行 ENE 风，冬季平均风速为 2.1m/s。可利用北部荆河森林公园东部林地及规划区东侧林地，种植大片垂直于冬季风向的防风林带，可以降低风速，减少风沙，改善规划区冬季寒风凛冽的气候条件。

（4）通风走廊输送凉爽空气，改善局部小气候条件。沿道路及河道的带状绿地，形成绿色的通风走廊。利用绿地与周边城市下垫面的气温差形成区域性的微风和气体环流，将绿地和水面的凉爽空气输送入城市建设密集区，调节局部小气候。

（5）多样生境类型，提升城市生物多样性。狐山山体生境、中心湖水体生境、荆河森林生境为野生动物和植物提供了栖息地的主要生活空间。同时各河流和道路廊道，保证了动物的迁徙通道畅通，提供了基因交换、营养交换的空间条件，使鸟类、昆虫、鱼类、一些小型哺乳类动物得以在城市中生存。

（6）滞蓄涵养雨水，改善城市水文循环。

第二部分是低影响开发规划，项目启动时间为 2013 年，对于城市水文相关研究尚属于早期低影响开发规划阶段，未形成"海绵城市"理论体系。基于新区现状及基础研究内容，确定低影响开发总体目标与策略，研究低影响开发与相关系统以及低影响开发区划，提出低影响开发控制指标与建设项目规划指引及综合径流控制目标，确定目标的实现途径以及目标分解，制定建设项目低影响开发规划指引、预期效益与实施策略。

第三部分是低碳技术应用评估和策略系列研究。分析基础设施现状及问题，研究水资源再生与循环利用技术，包括污水再生利用、雨洪资源利用（低影响开发）、清洁与高效的绿色能源技术、零碳技术以及低碳技术；研究废弃物减量与资源化技术、水资源低碳交通（电动汽车）技术、共同沟技术、智慧城市技术、城市通信基础设施、电子公共信息平台以及城市智慧运营管理，提出零碳世界初步设计意向以及愿景和目标、主要技术集成。最后通过确定指标体系及评估体系，分析规划空间布局对物理环境的影响，以及分析先进低碳技术碳减排效益。

10.4 物理环境方案：清洁能源技术及影响评估

10.4.1 清洁能源技术：太阳能利用以及风能利用

1. 热环境研究与太阳能利用

规划区年均日照 2300～2600 小时，年辐射量约 5379MJ/m^2，属太阳能资源丰富地区。大型光伏电站占地面积较大，装机 1MW 需占地约 1.1hm^2，规划区内不具备建设大型光伏电站的用地条件，但区内拥有一批工业厂房和新建住宅、商业建筑，可结合房屋建筑发展光伏建筑一体化建设。

　　太阳能热利用技术现已非常成熟，且经济效益好，近期可在规划区内大力推广。太阳能光伏发电技术在 2013 年成本还相对较高，发电成本在 $1.0\sim1.5$ 元/(kW·h)，2019 年太阳能发电成本最低已降至 $0.5\sim0.8$ 元/(kW·h)，和常规能源一致。从全球范围来看，太阳能光伏发电的平准化度电成本到 2030 年将降至 $0.02\sim0.08$ 美元/(kW·h) 的水平，到 2050 年将达到 $0.014\sim0.05$ 美元/(kW·h)。总体判断，太阳能光伏发电将有非常好的应用前景，规划近期以太阳能路灯应用为主，中远期加大光伏建筑一体化项目的建设力度，太阳能路灯宜应用无建筑物遮挡的主干道路以及河流、绿地片区。

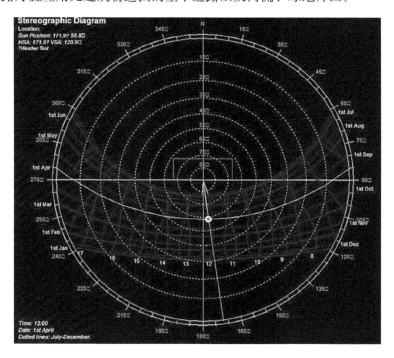

图 10-12　太阳能辐射最佳朝向分析图

　　根据原 Ecotect 软件模拟分析规划的太阳能辐射最佳朝向结果如图 10-12 所示，规划区全年平均曝辐量最多的朝向为 120°，即东南朝向；但在建筑密度较大的片区，由于建筑遮挡作用，部分地块内部及周边支路太阳辐射量较低（图 10-13）。

　　规划起步区的太阳辐射的模拟结果显示，地表每月各小时平均辐射量最大为 $2.3kW·h/m^2$，地表全年累计地表太阳辐射量为 $140\sim1200kW·h$，这说明起步区整体太阳能利用条件较好。从模拟分析可看出东部及中部片区，部分地块内部及周边支路太阳辐射量较低，太阳能光伏（太阳能路灯）运用不适合于小区内部及支路。

　　通过地表日照时长分析判断太阳能路灯的适用区域。模拟地表冬至日日照时长（图 10-14，计算时间 7：00～19：00），结果显示中心湖及主干道路日照时长较长（达 9h 以上，灰色数字部分），无遮挡；东北部、西北部及中部片区，部分地块内部及周边支路日照时长较短（部分路段日照时长短于 2h，绿色数字部分）；太阳能光伏（太阳能路灯）运用适用于西南、东南片区南北走向道路及沿河湖两岸。

图 10-13　起步区太阳能辐射模拟图

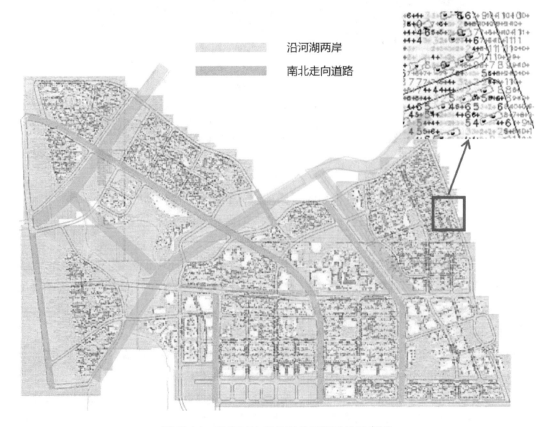

图 10-14　起步区地表冬至日日照时长示意图

通过建筑屋顶日照时长分析判断屋顶太阳能光伏利用的适宜性。模拟不同高度屋顶冬至日日照时长（计算时间 7：00～19：00），结果显示，起步区内单体建筑屋顶无遮挡，日照时长 10h 以上（灰色数字部分），适合进行太阳能光伏光热技术应用（图 10-15）；部分裙楼及建筑天井部分受建筑主体遮挡，日照时长较短，不适合安装太阳能应用设备。

图 10-15　起步区屋顶冬至日日照时长

以起步区低碳展馆片区为例，模拟结果显示建筑屋顶及无建筑物遮挡地块适合开展太阳能利用（图 10-16）。

进行最佳建筑朝向分析，软件分析得出地区建筑最佳朝向为 162.5°，最差朝向为 72.5°（图 10-17）。全年平均曝辐射量最多的朝向为 120°，曝辐射量为 1.13kW·h/m²。全年过冷时间（动态变化图蓝色区域 12 月、1 月、2 月）内曝辐射量最多的朝向为 157.5°，曝辐射量为 1.43kW·h/m²。过冷时间内各个朝向的总曝辐射量为 1071.0 kW·h/m²。全年过热时间（动态变化图红色区域 6 月、7 月、8 月）内曝辐射量最多的朝向为 87.5°，曝辐射量为 0.52kW·h/m²。过热时间内各个朝向的总曝辐射量为 379.8kW·h/m²。

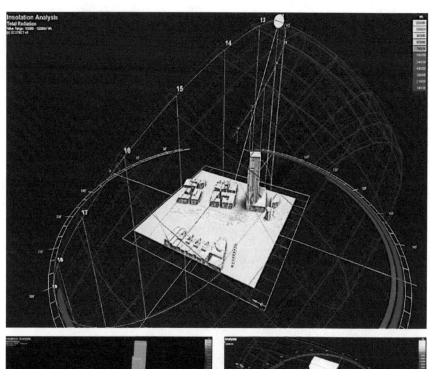

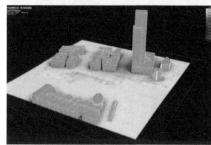
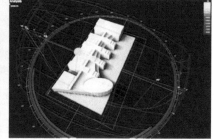

图 10-16　低碳展馆片区太阳能辐射模拟图

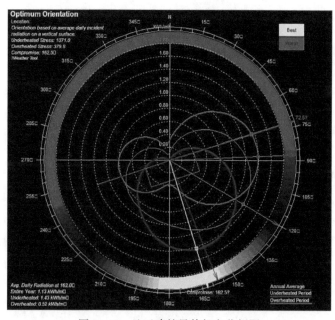

图 10-17　地区建筑最佳朝向分析图

基于上述建筑朝向分析结果提出宜居建筑环境策略，根据气象数据得出地区焓湿图（图 10-18），舒适环境条件区域为干球温度为 19.1℃，相对湿度为 86.2％，至干球温度为 25.0℃，相对湿度为 20.7％。结果显示一年中 5 月、6 月、9 月份的部分时间达到舒适环境条件，若在启动区建筑内采取被动式太阳能采暖、自然通风、围护结构与夜间通风、蒸发降温技术措施，可使一年内舒适时间增加到 5 月、6 月、9 月份全部时间及 4 月、7 月、8 月、10 月、11 月份部分时间。此结果可为提高规划区建筑人居环境舒适度提供参考。

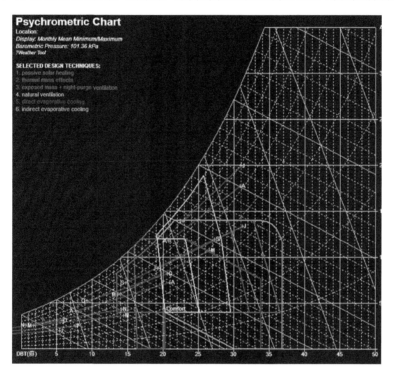

图 10-18　地区焓湿图

2. 风环境研究及风能利用

建设大型风电场要求年平均风速达到 6～7m/s，4m/s 以上风速时间达 4000h 以上，风功率密度达 250W/m² 以上；风向相对稳定，主导风向频率在 30％以上。由于风机占地面积较大，布机区域面积约 200～400m²/kW，要求拥有一定的开阔地，且应避开自然保护区、养殖区和居住区，减少环境影响。小型风电技术，如风光互补路灯，仅需平均风速达到 1.5m/s 以上即可应用。

规划区主导风向为东南风，年均风速 2.8m/s，频率为 12％，不具备建设大型风电场的风力与用地条件，适宜利用高效小型风电设备，可结合区内风廊道，在道路、公园布设太阳能路灯或风光互补路灯。

目前风光互补路灯的价格在 8000～10000 元/根（50～80W），比普通 LED 路灯 3000～4000 元/根的价格高出 5000～6000 元/根。按路灯每天运行 12h，全年运行 300d 计算，每根可减少电网供电约 280kW·h/年，按电费 0.7 元/(kW·h) 计算，每年可节省电费 200 元左右，要 25 年左右才能收回成本，可见截至 2013 年风光互补路灯的应用成本还很高。但预计随技术发展进步，风光互补路灯的核心成本（风机、太阳能电板、蓄能电池）将继续下降，技术应用经济性将逐步提高，规划近期示范性建设风光互补路灯，远期视实际需求与技术成本适时推进风能利用的建设方案（图 10-19）。

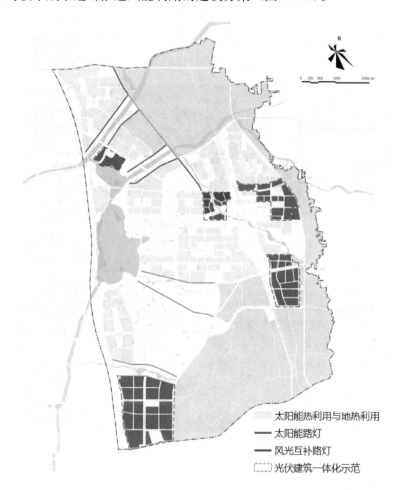

太阳能热利用与地热利用
—— 太阳能路灯
—— 风光互补路灯
▨ 光伏建筑一体化示范

图 10-19　零碳技术应用方案图

10.4.2　规划水体对局部微气候的影响

1. 小型细长条水体对微气候的影响

（1）模型设置

设置无水体及有水体两类模型，分别模拟中心湖北湖西侧两个片区（图 10-20，模型1、模型 2），分析在夏季热环境条件下，小型细长条形水体对局部微气候的影响。无水体模型：地表为硬化地面；有水体模型：地表为水体及绿化地面。将分别对 a、b 两模型的夏季与冬季两类气候情况进行分析比对，其中：

1）夏季气候参数：气压 996.3hPa，温度 26.0℃，风：SSE、2.2m/s，水体温度：22℃。

2）冬季气候参数：气压 1019.8hPa，温度 0.9℃，风：ENE、2.2m/s，水体温

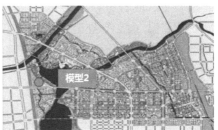

图 10-20　小型水体模型位置示意图

度：3℃。

模拟过程中，模型残差收敛曲线平稳，模拟结果可信。

（2）模型 1 模拟结果及分析

1）夏季：

无水体模型显示地表 0m 温度为 27～34℃，温差大，低温（26℃蓝绿色）出现在建筑夏季迎风面，高温（34℃红橙色）出现在西南片区，见图 10-21（a）。

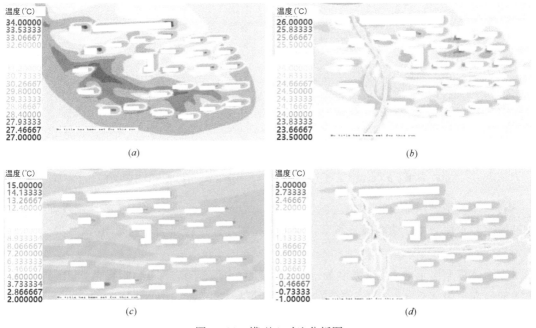

图 10-21　模型 1 对比分析图

（a）夏季地表 0m 温度云图（无水体）；（b）夏季地表 0m 温度云图（有水体）；
（c）冬季地表 0m 温度云图（无水体）；（d）冬季地表 0m 温度云图（有水体）

有水体模型显示地表 0m 温度为 24～26℃，温差小，低温（24℃绿色）出现在建筑夏季迎风面及水体沿岸，偏高温（26℃红橙色）出现在偏离水体的建筑背风面，见图 10-21（b）。

2）冬季：

无水体模型显示地表 0m 温度为 -0.5～2.7℃，低温（-0.5℃蓝绿色）出现在建筑冬季迎风面，较高温（2.7℃红橙色）出现在片区中部建筑背风面，见图 10-21（c）。

有水体模型显示地表0m温度为-0.5~3.0℃，低温（-0.5℃蓝绿色）出现在建筑冬季迎风面，较高温（3.0℃红橙色）出现在水体沿岸部分，见图10-21（d）。

（3）模型2模拟结果及分析

1）夏季：

无水体模型显示地表0m温度为27~34℃，温差大，低温（26℃蓝绿色）出现在建筑夏季迎风面，高温（34℃红橙色）出现在西侧建筑群后方，见图10-22（a）。

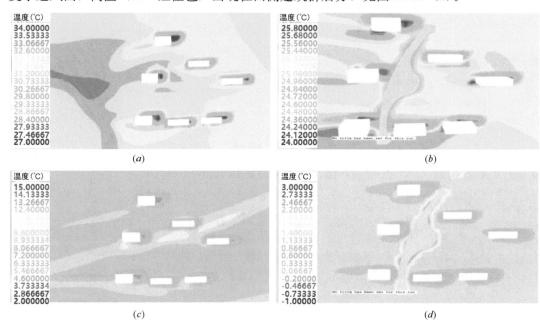

图10-22 模型2对比分析图

（a）夏季地表0m温度云图（无水体）；（b）夏季地表0m温度云图（有水体）；
（c）冬季地表0m温度云图（无水体）；（d）冬季地表0m温度云图（有水体）

有水体模型显示地表0m温度为24~26℃，温差小，低温（24℃蓝色）出现在建筑夏季迎风面及水体沿岸，偏高温（26℃红橙色）出现在建筑背风面，见图10-22（b）。

2）冬季：

无水体模型显示地表0m温度为-0.5~1.5℃，低温（-0.5℃蓝绿色）出现在建筑冬季迎风面，较高温（2.5℃红橙色）出现在片区建筑背风面，见图10-22（c）。

有水体模型显示地表0m温度为-0.5~2.5℃，低温（-0.5℃蓝绿色）出现在建筑冬季迎风面，较高温（2.5℃红橙色）出现在水体沿岸部分，见图10-22（d）。

通过对比以上两个模型在有水体和无水体情况下的地表0m温度云图，得出结论：小微细长水体在夏季能显著降低地表总体温度（3~8℃），显著改善原本高温的西侧片区以及建筑群内部热环境，营造舒适的局部微气候。在冬季水比热容大，水体在冬季降温较建筑等硬化物体慢，利于冬季调节气温。

2. 较大面积水体对夏季通风的影响

设置无水体及有水体两类模型，分别模拟中心湖北湖片区（图10-23），分析在夏季热环境条件下，较大型水体对局部热气候的影响。边界条件与前面模型一致。

图 10-23　大型水体模型位置示意图

3. 较大型水体对建筑及地表温度的影响

模拟结果显示地表 0m 及 1.5m，有水体模型比无水体模型最高温低 7℃，最低温低 2.5℃，温差为 3℃，表明水体能有效降低局部微环境总体温度。建筑表面温度，有水体模型建筑表面最高温度比无水体模型低 3℃，表明水体能降低沿岸建筑表面温度。

在夏季，无水体模型［图 10-24(a)(b)(c)］显示建筑中部地表是相对高温区，形成"热岛"；在这片区设置水体［图 10-24(d)(e)(f)］，由于水体本身温度及比热容大，有效吸收局部热量，反而能在这片区域形成相对低温区，即"冷岛"，提高微环境舒适度。水体的比热容比城市大，夏天可有效吸收局部热量，形成"冷岛"，提高微环境舒适度。在冬季，无水体模型与有水体模型对周边环境温度影响差异不大，有水体能够轻微改善近水面温度，相对暖和（图 10-25）。

4. 较大型水体对建筑及地表风场的影响

夏季模拟状态下，无水体模型［图 10-26(a)(b)(c)］的结果显示地表 0m 风速在 1.5m 以下，风场分布均匀；1.5m 高度最大风速达 2.5m/s，位于规划区中部空旷区域及规划区西北侧，无风区主要位于建筑背风面；10m 高度最大风速达 4m/s，位于中部空旷规划区西北侧，无风区主要位于南侧建筑密集区；中部空旷规划区风速为 0.5～3.0m/s。有水体模型［图 10-26(d)(e)(f)］的结果显示地表 0m 风速在 1.8m 以下，中部空旷规划区风速为 0.9～1.5m/s；1.5m 高度最大风速达 2.8m/s，1.5m 高度最大风速提高 0.3m/s，中部空旷规划区风速为 1.5～2.5m/s；较大风速出现在中部空旷规划区及建筑东侧，无风区主要位于建筑背风面。10m 高度最大风速达 4.5m/s，10m 高度最大风速增加 0.5m/s，较大风速出现在中部

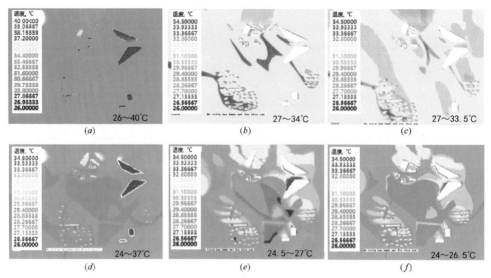

图 10-24 夏季模型比对温度模拟结果图

（*a*）建筑表面及地表温度云图；（*b*）地表 0m 温度云图；（*c*）地表 1.5m 温度云图；（*abc* 为无水体模型）
（*d*）建筑表面及地表温度云图；（*e*）地表 0m 温度云图；（*f*）地表 1.5m 温度云图（*def* 为有水体模型）

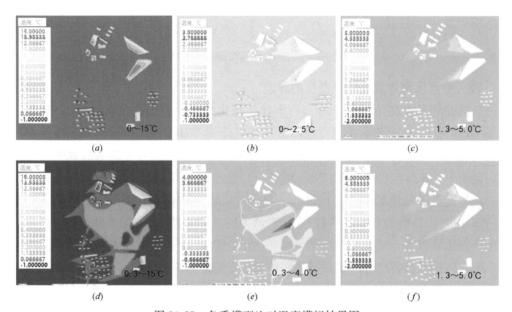

图 10-25 冬季模型比对温度模拟结果图

（*a*）建筑表面及地表温度云图；（*b*）地表 0m 温度云图；（*c*）地表 1.5m 温度云图；（*abc* 为无水体模型）
（*d*）建筑表面及地表温度云图；（*e*）地表 0m 温度云图；（*f*）地表 1.5m 温度云图（*def* 为有水体模型）

空旷规划区及建筑东侧，无风区主要位于南侧建筑密集区。规划区中部设置较大型湖体，通过湖体温度较低形成低压区，气压差加强空气流动，加大湖面区域风速，结合合理的建筑布局，将有效提升周边区域通风效果。

冬季模拟状态下（图 10-27），模拟结果显示冬季地表 0m、1.5m、10m 高度，有水体模型［图 10-27（*d*）（*e*）（*f*）］与无水体模型［图 10-27（*a*）（*b*）（*c*）］风场差异不大，有水体模型比无水体模型最大风速高 0.3～0.5m/s，较小风速均出现在建筑背风区，较大风速均出现在北湖湖面偏西片区。人行 1.5m 高度未出现大于 5m/s 风速区域，符合人体舒适度及安全性要求。

总体而言，在夏季，通过对比分析，中部规划区设置较大型湖体，通过湖体温度较低形成低压区，气压差加强空气流动，加大湖面区域风速，有效提升局部区域通风效果。在冬季，无水体模型与有水体模型对周边环境风场影响差异不大。

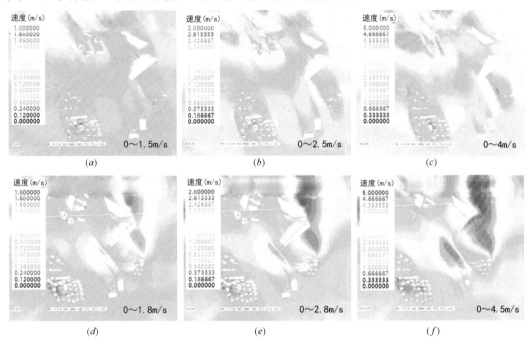

图 10-26　夏季模型比对风速模拟结果图
无水体模型：（a）地表 0m 风速矢量图；（b）地表 1.5m 风速矢量图；（c）地表 10m 风速矢量图；
有水体模型：（d）地表 0m 风速矢量图；（e）地表 1.5m 风速矢量图；（f）地表 10m 风速矢量图

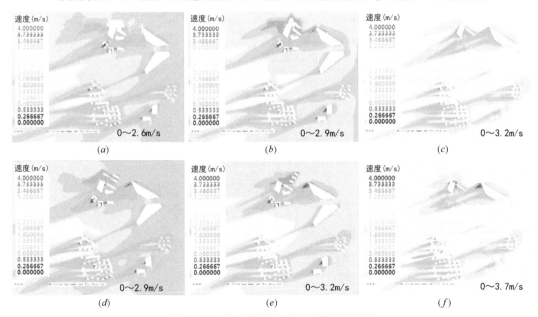

图 10-27　冬季模型比对风速模拟结果图
无水体模型：（a）地表 0m 风速矢量图；（b）地表 1.5m 风速矢量图；（c）地表 10m 风速矢量图；
有水体模型：（d）地表 0m 风速矢量图；（e）地表 1.5m 风速矢量图；（f）地表 10m 风速矢量图

10.4.3 湖体表面物理环境分析及富营养化防控

由于规划区现状河流在春夏季节易出现水体富营养化现象，微藻大量繁殖影响水生态平衡及河流景观。方案规划设计中心湖，通过软件模拟，预测在当地气象条件下，规划湖体在相关用地规划布局中可能出现富营养化的水域，因此初步提出预警防控建议。

1. 模型设置

模拟夏季风热环境，分析夏季中心湖北湖湖体表面温度及风场情况。边界条件与前面模型一致。

2. 结果分析

湖泊风速分析结果（图 10-28）显示风速差异较大，中部风速最大，可达 4.2m/s，湖面受风扰动较大；风速向岸边逐渐变小，最小区出现在西南部建筑群中细长型支流部分以及东北侧建筑背风区。

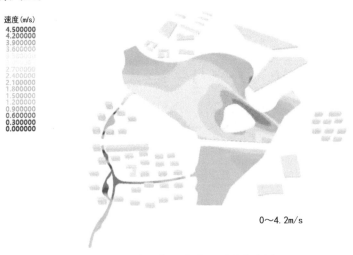

图 10-28　中心湖北湖表面风速分布图

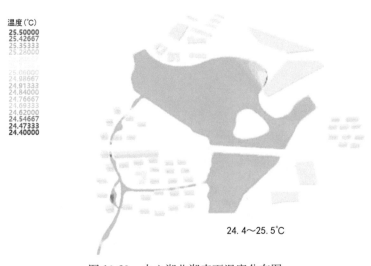

图 10-29　中心湖北湖表面温度分布图

富营养化防控区
富营养化影响区

图 10-30　中心湖北湖湖泊富营养化高风险区域范围图

湖泊温度分析结果（图 10-29）显示温度差异较小，为 1.1℃。最高温度出现在东北侧建筑背风区，由于受建筑遮挡，空气流动弱，并受该建筑表面热量辐射影响，可达 25.5℃；湖体南部及西南部支流温度维持在 24.4～24.8℃之间。

湖体中部风速较大，温度相对稳定，表面扰动使得浅水型人工湖沉积物上浮，在温度和光照条件充足情况下，易富营养化；湖体东北侧温度偏高，风速较低，位于下风向，且有明显湖湾，利于蓝藻、微囊藻等微藻聚集；西南侧支流湖体虽然温度不高，但湖面基本静止，湖体表面受风扰动弱，不利于湖内溶解氧混合，易出现湖底厌氧环境及富营养化。同时，主湖体产生的微藻会随风移动聚集到湖湾及静风支流内，形成水华（图 10-30）。

3. 防控建议

建议严控沿河沿湖污染源，减少湖体内营养物质的增加。在表面风速小，特别是温度偏高的东北侧湖体及细长型支流内部种植本地大型水生植物，适量配置本地种食藻性鱼类及贝类，维持水生态平衡，降低富营养化程度，预防水华。

10.4.4　单元地块建筑布局对城市物理环境的影响

以低碳馆片区为例，进行热环境分析。模拟结果显示，低碳馆片区地表（图 10-31）由于规划绿化覆盖度较高，并存在水体，温度为 26～27℃。建筑表面温度（图 10-32）由于太阳辐射及风场影响，建筑接近地面温度为 26℃，但是部分建筑平台及屋顶温度可达 40（橙色）～50℃（红色），形成建筑表面"热岛"，适宜采取遮阳通风建筑技术降温。

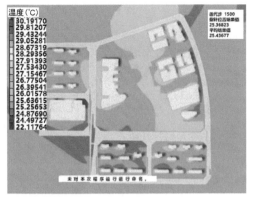

图 10-31　地表温度模拟结果图

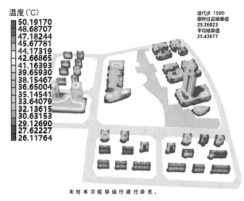

图 10-32　建筑表面模拟结果图

风环境分析结果显示，低碳馆片区 1.5m（图 10-34）高度夏季风速低于 1.5m/s，人行感觉舒适，较大风速出现在低碳馆前面与水体之间的空旷规划区上；10m 高度（图 10-35）最大风速为 2m/s，20m 高度楼顶风速最大为 2.3m/s。建筑表面风速如图 10-33、图 10-36 所示，多层建筑南侧楼顶及边角处风速较大（红色），达 2.7m/s，适合进行建筑风能利用示范。

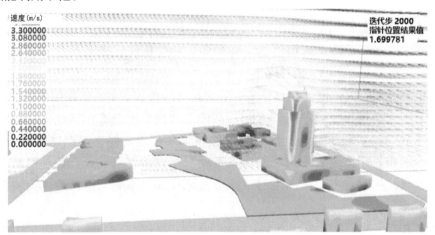

图 10-33　建筑立面风速矢量图

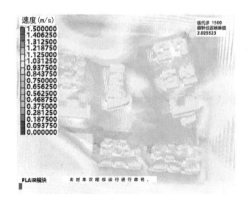

图 10-34　地表 1.5m 风速矢量图

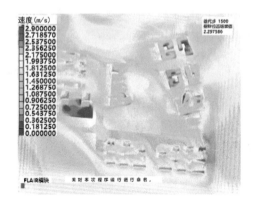

图 10-35　地表 10m 及建筑表面风速矢量图

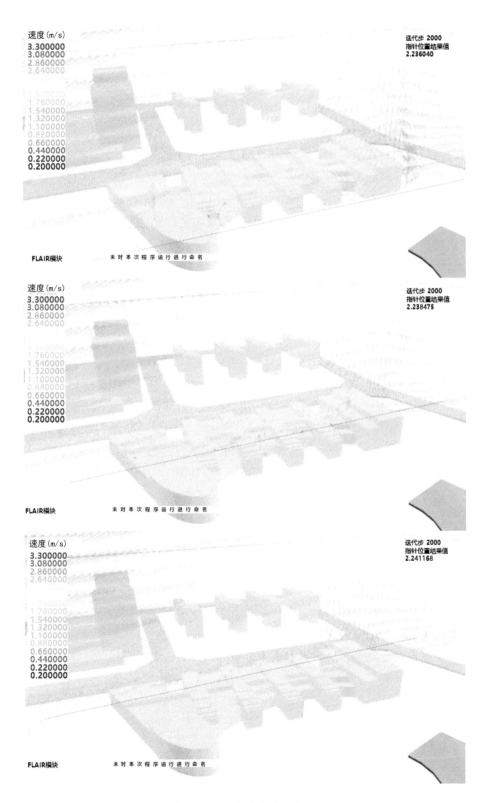

图 10-36　低碳馆立面风爬升图

根据模拟结果，对单元地块未来规划设计提出以下建筑通风指引：

1）利用街道作为通风走廊时，应设计集中而宽阔的主要街道，减少分散且狭窄的街道。

2）城市高密度发展区域或地块尺度超过100m的区域，主要道路方向宜与夏季主导风向成约30°～60°的夹角，并使地块场边与此方向平行。

3）通风环境敏感区域（年平均风速<2.0m/s），建筑密度宜保持在30%左右，疏而高低错落的建筑有利于通风，密而高度一致的建筑不利于通风。当必须采用高密度建筑布局时，应平行于主导风向设置风道，弥补密度过高的不利影响。

4）相同建筑密度和容积率条件下，为保证通风，应采取错列式布局。

5）对于底部为大型集中式裙房、上部为分散塔楼的住宅或综合体，应采取以下措施防止底部裙房的集中体量阻挡街区人行高度的气流：结合绿化休闲功能在地块内划定非建筑区域；裙房建筑沿主导风向两侧后退，提供贯通的地块内风道；当塔楼底层裙房长度超过100m时，宜通过架空或设置通廊等方式形成地块内的贯通风道，风道有效宽度和高度不小于6m。

6）应尽量避免建筑物高度一致。阶梯状的高度错落能够改善建筑群的通风环境。建筑群体内不宜采用无组织的高低错落，越接近主导来风方向的建筑物高度应越低。如常年无明确主导风，宜采用外低内高的共建布局。

7）街巷高宽比应小于3（街巷高宽比＝建筑高度H/建筑间距W）。

8）街道两侧相对的建筑形成连续街墙时，应注意避免街道断面内产生下沉涡流，需控制街墙的长度。建筑高度大于36m时，街墙长度不宜超过70m；建筑高度大于54m，街墙长度不宜超过60m。当长度超过以上限值时，应在至少一侧断开或在底层设置通风走廊，其有效通风宽度不小于6m。

9）在较为封闭的街道两旁，裙房距离地面6～10m以上的部分宜做退台设计。

10）高密度城市空间中，宜使建筑长边与主导风向形成30°～60°夹角，在保证相邻街道空间具有一定风速的同时，兼顾建筑内部的穿堂风。

11）当建筑迎风面较长时，宜采用弧线以利于导风，减小边角效应的影响。建筑各立面交接处的边界宜光滑，接近圆形，以利于建筑背风区域的压力稳定。

12）单体建筑应避免完全围合的空间所形成的通风死角，宜采取局部打断、局部高度变化或改变平面布局夹角等方法将风引入围合空间内部，改善风环境。

10.5 创新亮点：规划阶段预测生态风险，优化方案

在这个规划项目中，采用我院自主研发的中国发明专利"一种规划人工水体富营养化预警分析方法"（专利号：ZL201410033490.5）及美国发明专利"Method for early warning analysis of eutrophication of a planned artificial water body"（专利号：US10，387，586B2）进行分析研究，创新性实现对规划空间布局方案提出调整优化水体设计的方案[105]。

10.5.1　原规划方案规划水体的富营养化具体分析

周边建筑约 8～18 层，湖面积大，建筑面积较小，阴影遮挡范围相对而言很小，主体湖面光照较好，西南部支流受建筑物少量遮挡，光照比例为 50%～80%（即全年光照时间内受到阳光直射的时间为 50%～80%）。图中颜色越深代表得到光照的时间比例越低（图 10-37、图 10-38）。

图 10-37　湖泊三维模型（原方案）　　　　图 10-38　原方案光照分析图

水体形态与风场干扰下微藻聚集：湖体中部偏南风速最大，可达 3.9m/s，湖面受风扰动较大，风力扰动利于丝状藻藻华形成；风速向岸边逐渐变小，风速最小区出现在西南部建筑群中细长型支流部分以及东侧、西北侧湖湾区，湖面基本静止，不受风扰动，大面积的静风区极可能产生蓝藻藻华，且属于微藻聚集区域（图 10-40）。

温度与微藻繁殖适宜性：湖面各处温度差异较小，24.0～25.2℃，温差 1.2℃，对微藻分布影响较小（图 10-39）。

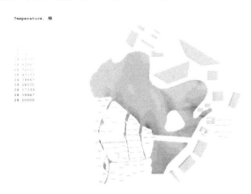

图 10-39　原方案湖体表面温度结果图　　　图 10-40　原方案湖体表面风速结果图

富营养化高风险范围预警：经以上综合分析，得出规划湖泊微藻大量繁殖区域及聚集区域（图 10-41）。

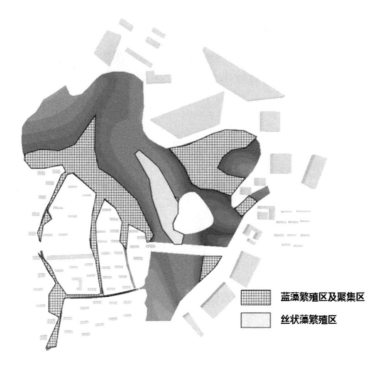

蓝藻繁殖区及聚集区

丝状藻繁殖区

图 10-41 原方案湖泊富营养化高风险区域范围图（繁殖区、聚集区）

综合以上分析，采取以下措施进行方案调整：近湖建筑密度减小、近湖建筑层高降低、上风向建筑坐向调整、湖泊形态上进行调整，减少湖湾及支流的设计。

10.5.2 调整后的规划水体的富营养化具体分析

周边建筑约高 3～8 层，阴影遮挡对湖面基本无遮挡，湖面光照较好（图 10-42、图 10-43）。

图 10-42 湖泊三维模型（调整方案）

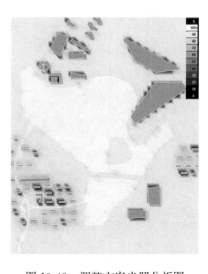

图 10-43 调整方案光照分析图

　　水体形态与风场干扰下微藻聚集：湖体中部风速最大，可达 4.2m/s，湖面受风扰动较大，风力扰动利于丝状藻藻华形成；风速向岸边逐渐变小，风速最小区出现在西南部建筑群中细长型支流部分以及东北侧建筑背风区，湖面基本静止，不受风扰动。湖体北部及静风支流处于夏季主导风下风向，属于微藻聚集区域，支流部分仍有可能产生蓝藻藻华（图 10-45）。

　　温度与微藻繁殖适宜性：湖面各处温度差异较小，24.4～25.5℃，温差 1.1℃，对微藻分布影响较小（图 10-44）。

图 10-44　调整方案湖体表面温度结果图　　　　图 10-45　调整方案湖体表面风速结果图

　　富营养化高风险范围预警：经以上综合分析，得出规划湖泊微藻大量繁殖区域及聚集区域（图 10-46）。

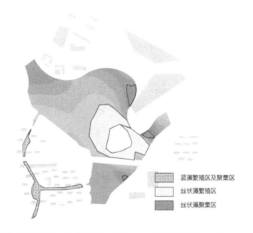

图 10-46　调整方案湖泊富营养化高风险区域范围图（繁殖区、聚集区）

10.5.3　两方案对比分析及未来预测

　　调整后方案比原方案静风区范围明显减少，即产生有毒有害蓝藻藻华的可能性大为降低，同时藻类聚集区域减少，湖泊景观维持更为容易。

　　针对调整方案，模拟预测在未来水体的中部以及东部区域，仍可能出现明显的富营养化情况。规划建议采用生态生物技术，在藻类繁殖区及聚集区构建组分及结构较为完整的人工湖泊生态系统，例如构建草型湖泊、放养数量合适的食藻性浮游动物及鱼类，配置适合数量的贝类等，以利于抑制微藻的大量繁殖。

最后概念规划方案确定采用简化调整后的水体形态和布局方案，水体包含北湖和南湖两部分，南湖周边规划方案基本未涉及建筑等布局，无法进行预测分析；北湖的形态通过专利技术进行调整和预测，如图 10-47 所示。

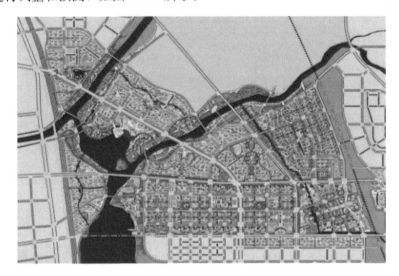

图 10-47　最终的概念规划方案

10.6　思考

本次规划研究仍需开展后期跟踪监测比对模拟结果。模型的建立毕竟与真实状态存在差异，模拟结果要与当地实际物理环境进行校正及跟踪研究，这样规划的模拟结果才更加可信。CFD 软件的开发公司均做过实验结果与现实的数据比对，根据 PHOENICS 软件公司的研究，PHOENICS 计算机编码能够体现 100% 可靠的科学及数学原理。然而由于风环境、热环境自身的复杂性，所有 CFD 预测的可靠性都是有限的，因此，规划后期及建设后需要长期进行跟踪监测比对模拟结果。

非常幸运的是，这个项目概念规划方案确定后，实际水体在 2016 年完成建设，我们有条件进行后期的跟踪比对。为跟踪评估实际的水体富营养化情况，我院于 2019 年 7 月进行水质指标以及生物指标的采样检测（图 10-48）。

实际建设时设计方对北湖形态进行了进一步简化，实际建设形态变为偏长方形，细长型的易产生富营养化风险的水体已经取消，但规划设计阶段的专利技术对于水体北湖的富营养化发生的区位预测和前期设计指导仍在设计与建设过程中得到重视和沿用，依据概念规划方案阶段的优化建议，主要集中在水体的中部和东部采用大型水生植物（沉水植物、挺水植物等）控制藻华的措施（图 10-49）。

总体检测结论：从多样性指数来看，北湖的多样性指数东部高于其他区域。虽然湖体东部的 2 个检测位点的大型挺水植物的存在对浮游植物群落组成造成一定影响，然而结合

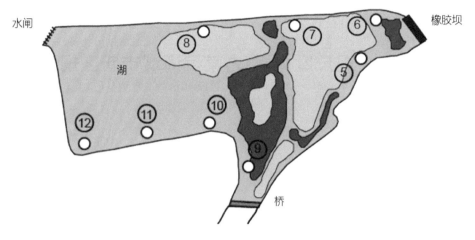

图 10-48　检测采样点分布

图 10-49　建成后的水生植物分布图

水质以及浮游植物多样性指数来看，这 2 个点的水质比水体中部及西部水质略差，这可能与下风口的位置有关。

检测结论与本专利创新技术在概念规划设计阶段对北湖水体富营养化分布情况预测吻合，显示北湖水体中部预测为藻类繁殖区，中部采用生态生物技术措施后的确能起到控制水体中部富营养化的效果，而水体东部预测为藻类聚集区，虽然实际也采用了生态生物控制技术，但藻类丰度和生物量仍高于水体其他区域。上述结果证明了专利技术在规划设计阶段对规划的水体未来富营养化区域差异预测的有效性。

第 11 章　中观尺度： 南方某滨海城市新区规划

11.1　项目简介

11.1.1　地理位置

南方某滨海城市新区位于高速公路东侧，新津河西侧，是出海口的交汇处，呈半岛状，是正在填海建设的东海岸新城的重要组成部分。片区西侧为珠池港，东侧为规划东海岸新城新溪片区。

规划区是城市海湾门户节点，是城市向东发展的桥头堡，与东部城市经济带构筑的未来城市中心近在咫尺，片区与铁路客运站、高速公路入口等主要交通基础设施相距较近，城市干道环绕四周，内连外通、交通便捷，具有优越的区位条件（图 11-1）。

规划区三面临海，滨海特色浓郁，独特的滨海景观资源，有利于整体景观塑造，将有效提升土地开发价值。

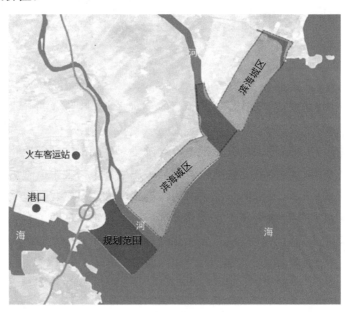

图 11-1　规划区区位示意图

11.1.2　总体特征问题

1. 亚热带季风气候，常受台风影响

规划区地处亚欧大陆的东南端、太平洋西岸，濒临南海，位于赤道低气压带和副热带

高气压带之间，在东北信风带的南缘；常年气候温和湿润，阳光充足，雨水充沛，无霜期长，春季潮湿，阴雨日多；初夏气温回升，冷暖多变，常有暴雨；盛夏虽高温而少酷暑，常受台风袭击；秋季凉爽干燥，天气晴朗，气温下降明显；冬无严寒，但有短期寒冷。

（1）日照

年日照 2000～2500h，日照最短为 3 月份。

（2）降雨

30 年平均降水量为 1618mm。各季节降水量差异甚大，1～3 月年平均降水量为 202.5mm；4～6 月年平均降水量为 654.8mm；7～9 月平均降水量为 663.9mm，10～12 月平均为 96.3mm。

（3）气温

年平均气温 22℃，最低气温在 0℃以上；最高气温 35～38℃，多出现于 7 月中旬至 8 月初受太平洋副热带高压控制期间（图 11-2）。

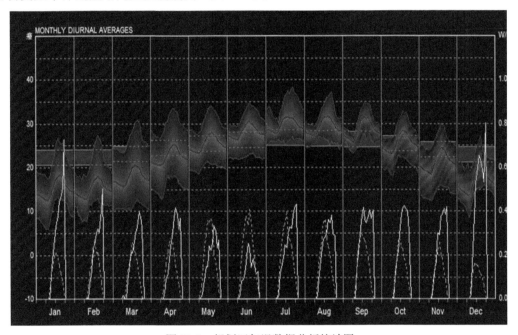

图 11-2　规划区气温数据分析统计图

（4）风

全年以偏东风最多，偏北和偏南风次之，呈明显的季风特点；多年平均风速在 2.4m/s 以上，南澳平均风速可达 3.9m/s，是风力发电最佳海岛；易受台风灾害影响（表 11-1），2006 年台风"珍珠"最接近规划区（图 11-3）。

台风数量统计

表 11-1

年份	2006	2007	2008	2009	2010	2011	多年平均（1980～2011 年）
个数	4	2	3	2	4	3	4

注：数据来源于历年台风新闻统计。

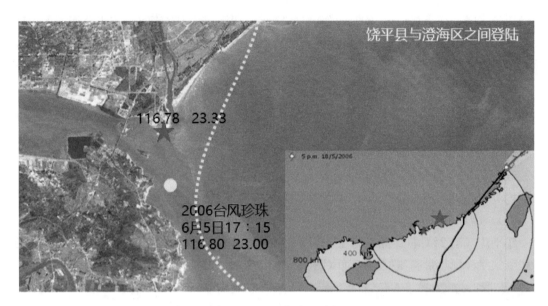

饶平县与澄海区之间登陆

116.78 23.33

5 p.m. 18/5/2006

2006台风珍珠
6月5日17：15
116.80 23.00

800 km   400

图 11-3   2006 年台风路径

2. 环境质量总体平稳

根据城市 2013 年环境状况公报，区域环境质量保持稳定，市区水、空气、声、辐射、排污等主要环境因素均符合国家相关环境质量标准。

（1）大气环境

市区空气质量良好，2013 年市区空气污染指数 API 范围为 15～100，优良率达 100%，空气质量级别为优的日报 154 天，占全年 42.2%；空气质量级别为良的日报 211 天，占全年 57.8%；市区酸雨频率 1.8%，比上年下降 2.3 个百分点。规划区内属于环境空气质量二类功能区。

（2）水环境

流经规划区河流主要为新津河和榕江。新津河大衙到下埔桥闸河段属于饮用水源水体功能，Ⅱ类水质目标达标；下埔桥闸到出海口河段属于综合型水体功能，Ⅲ类水质目标达标。榕江河口为Ⅳ类水质，轻度污染。

近岸海域水质良好，水质满足国家《海水水质标准》GB 3097 和相应功能区标准，水质达标率 100%。

3. 具有典型填海区生态环境特征

规划区整体生态环境基质较弱，生态系统稳定性低，生态服务功能基本不存在，需要人工干预对生态系统进行建设及维护。

规划区属新填海区域，生态系统以砂质和石质为基底；表面仅有低级生物群落；植被稀疏，主要为生命力顽强的入侵种草本（美洲蟛蜞菊、胜红蓟）、藤本植物（五爪金龙）、一些抗旱能力强的本地种和外来入侵的禾本科植物，乔木和灌木未见生长，未发现鸟类及哺乳类动物。

生态系统部分处于陆地生物群落自然演替进程中的砂地阶段，靠近新津河出口部分由于水资源较为丰富，处于草本植物群落阶段。由于砂石质基底难以自然发展到乔木群落阶段，稳定性极弱，极易受干扰，受入侵植物影响较大。

由于规划区自身生态系统无土壤基质及海水倒灌的影响，可能存在盐碱化问题，后期城市绿化需要植入适合乔木生长的足够厚度的土壤、移种本地园林植物及引入小型昆虫等动物，成本较高（图 11-4）。

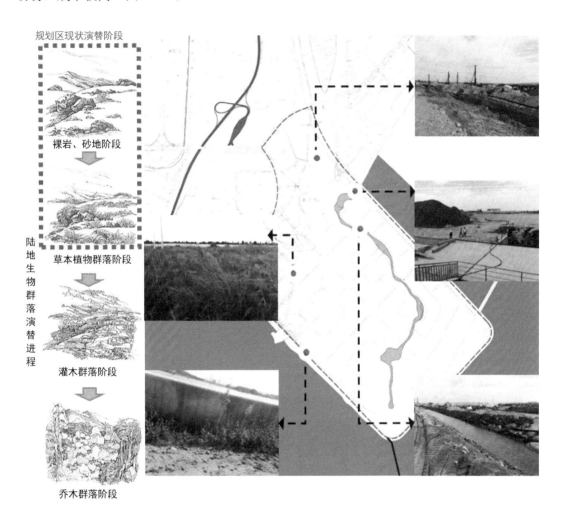

图 11-4　生态特征分析图

11.1.3　总体目标与思路

规划的总体目标为探索立足本地条件和发展阶段的可持续低碳生态发展道路，为扩容提质中的生态文明建设和新型城镇化过程提供积极可行的示范，在实现繁荣活力发展的同时，营造和谐、健康的绿色新城。

近期目标为在尊重现有格局的基础上优化空间结构，加强土地集约利用；与区域交通体系对接，大力发展公共交通与慢行交通设施；因地制宜，技术先导，促进资源能源循环利用和海绵城市建设；适应南方沿海地区气候特征，构筑舒适宜人的空间形态和生活环境。

发展策略为尊重现状前提下进行改善和疏导。功能复合，交通枢纽周边适当的高强度混合开发形成多元复合的邻里中心；绿色出行，构建便捷的道路网系统，形成适合本地功能和尺度的中运量公交及慢行系统；安全高效，以吸水保水的海绵城市保障防洪潮安全，提高非常规水资源利用比例；宜居舒适，营造适合亚热带滨海地区的风热环境，避免道路噪声带来影响。

11.2 工作重难点

11.2.1 项目特殊性与侧重点

本项目亦为中观尺度城市新区规划，涉及低碳和生态规划多项内容，研究深度为详细规划，规划方案成果之一为形成地块法定图则，提出地块管控指标。

规划区为滨海地区，三面环海呈半岛形态，根据气象数据分析初步判断来流风主要为东南向及东北向海洋季风，每年4~11月较易受到台风的影响。由于临海海洋气流交换频繁，上风向为开阔海洋，同时片区内无排放大气污染物的工业用地，因此片区大气环境质量较好，对大气污染控制无显著要求。但是由于位于亚热带地区，太阳辐射较强，气温较高，且内部产业主要为服务业，因此产业产热主要类型为人为热。规划区属于新填海区域，生态基底极弱，现状无植被生长较好的绿地，同时填海的基料不适于直接种植植物，后期需要通过相关措施改变下垫面土壤状态等营造更为舒适的热环境。土地使用、用地产权及现状设施建设情况决定风热环境改善的策略类型，包括道路的现状建设情况、土地出让与建设情况等，决定了相关布局的调整程度。

此项目将城市宜居物理环境构建作为建设的重要组成部分，从而提出构建宜居物理环境的详细策略和方案措施。物理环境研究中应侧重于与绿地系统、建筑、交通等多个专业相互协调，综合考虑建筑密度和高度控制、交通系统布局、绿地等公共空间的布局、相关低碳生态技术的应用等规划要素，最终根据策略和方案落实空间管控要求，与地块指标管控衔接，达到编制地块低碳生态图则的深度。

11.2.2 基础资料收集难点

本项目属于中观尺度的详细规划深度，涵盖风环境、热环境、光环境以及声环境全部内容。模拟分析的基础在于基础资料收集齐全，第一个难点是新区或者中小城市气象数据收集具有难度，第二个难点是规划设计阶段方案存在反复修改的情况，但我们基于相对稳定的建筑、道路、水体、绿地布局方案，进行交通量预测、三维建模，并统计分析以及出图，避免反复模拟计算。

11.2.3 技术难点

中观尺度详规深度的规划，技术难点在于模型概化及优化调整方案尝试。将建筑、道路、水体、绿地合理建模，并对建筑形态进行概化设置，概化的不同程度影响运算速度以及运算的有效性，过多细节的保留将导致运算出现不收敛、结果不可用。因此，概化需要对每个项目进行调试和摸索，确定遵循一个基本原则进行概化。当分析结果显示出现物理环境不良的区域，通过多次模型的调整并模拟运算，得出有效的解决不良区域的方案，此过程中需多次尝试多次重新建模运算，较为考验技术人员的经验判断以及花费较多的时间。

11.3　总体规划成果

规划区主要用地类型包括居住用地、公共管理与公共服务用地、商业服务业设施用地、交通设施用地、绿地、公用设施用地等，东岸沿海主要以居住用地为主，西岸沿海主要为商业服务业设施用地，中部贯穿一条水系（图 11-5）。规划的创新性理念主要体现在构建低碳空间、构建绿色交通、建立安全高效的资源能源系统及营造宜居舒适的物理环境四方面。

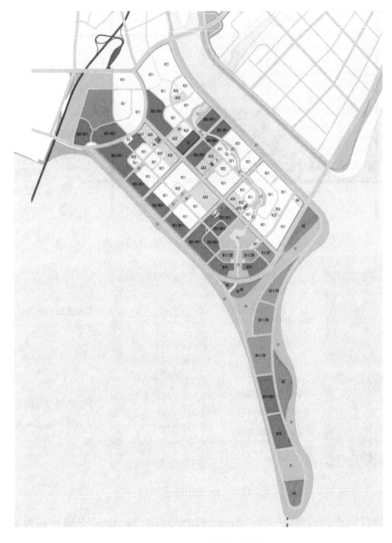

图 11-5　土地利用规划图

首先，规划构建了低碳空间。依托 TOD 模式，实现土地集约化混合利用。提倡 TOD 模式引导下的土地高强度开发，沿 TOD 廊道两侧的土地综合开发利用，公共交通导向下进行用地布局。规划适宜步行的街区尺度，保障服务能力，削减居民机动出行需求。倡导低碳出行，指导用地功能合理搭配，提升居住组团内部公共服务能力，分步建设实现片区内职住平衡。利用生态本底，构建绿地空间网络系统。提出总体生态框架下的绿地用地策略，将各种不同类型的绿地建设与城市用地布局相结合，实现整体生态片区建设，建设街角绿地，并保障各用地内的绿地率，提高片区整体绿化水平。集约用地条件下采用多形式嵌入式绿地策略，绿地与建筑相融合，利用建筑形态，灵活使用建筑公共空间，嵌入绿色元素于建筑之中，在有条件的情况下布置屋顶绿化，形成以绿色为基底的布局形式，将城市建筑融入绿地中（图 11-6、图 11-7）。道路与绿地相结合，充分利用海堤、河堤外大面积用地布置公园绿地，将堤坝与公园绿地和防护绿地融为一体。

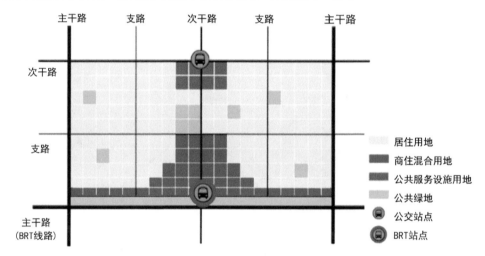

图 11-6　居住社区用地功能布局模式图

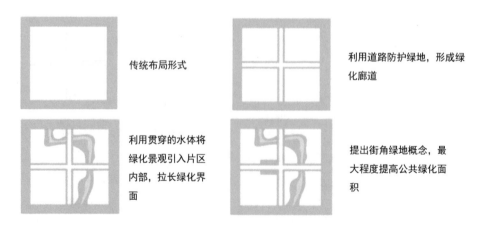

图 11-7　绿地用地模式图

其次是构建绿色交通（图 11-8）。合理增加路网密度，促进交通出行高效化。创新出行模式，构造"公交＋慢行"的绿色系统，包括构建多样、完善、便利的公共交通体系，

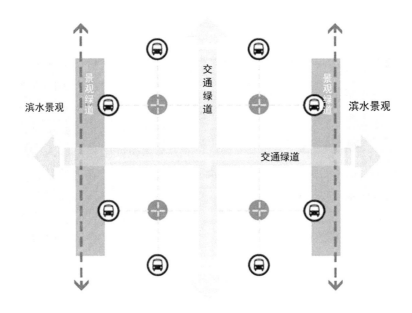

图 11-8　绿色交通模式图

包括大、中运量的对外公交系统，保障内外衔接的可达性，近远期逐步发展内部连接系统，建设骑行和步行结合的慢行系统。

其次，建立安全高效的资源能源系统。构建人工与自然结合的排水系统（图 11-9）；

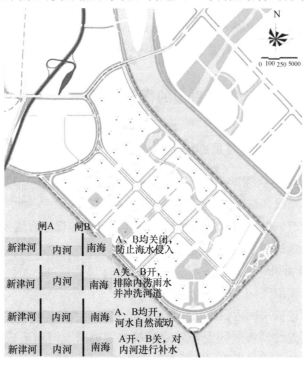

图 11-9　排水闸口模式图

践行低影响开发，建设海绵城市；选择性嵌入先进技术，提高能源利用效率，在已有传统市政的基础上，嵌入适用性较强的技术，形成保障性强，并具有综合示范性的资源能源系统。

其中，方案亮点为加强水闸的管理和调度，根据内河水位和潮位的变化合理控制水闸，减少内涝灾害的发生。对水闸进行有计划的运行管理，从而能够实现分泄、引用、滞蓄江河天然径流及调节水位或阻挡海水入侵等目标。在保证城区防洪安全的条件下，可以合理利用外水资源，对城区河道进行冲淤、补水等。

图 11-10　物理环境策略图

最后，营造宜居舒适的物理环境（图 11-10）。规划区通过优化地块布局，保障风热环境舒适，打造宜居舒适的物理环境。在物理环境研究中先分析规划区现状风热环境，遵循风热环境优化原则，提出构建风廊-风道-微风系统，合理布局建筑、绿地、水体，打造舒适微环境，减缓城市热岛的相关策略。引导建筑设计，合理利用光照资源；分析规划区光照资源分布与建筑的关系，指引建筑设计，结合太阳能利用，指导园林绿化配置。优化交通绿化，科学避免噪声污染；通过四个情景设置模拟分析道路噪声源情况，提出科学的减缓噪声污染的措施，营造健康的噪声环境。

11.4　物理环境方案：构建宜居舒适的物理环境

11.4.1　控制规划布局，保障多层级通风系统

1. 根据风向构建多层级通风系统

根据主导风向，布设各级道路、绿廊、河流走向，形成"主—次—微"多层级通风廊道系统，并控制风廊道内部及周边建筑布局、高度及形态，保障自然风顺利进入城区及街道，达到自然通风散热的效果（图 11-11）。

2. 区域及建筑表面风环境评估

（1）区域风环境模拟评估

区域风环境评估包括风廊道识别、风速评估、强风区及风影区识别以及空气龄评估。

在通风廊道识别方面，规划区主要风廊道基本沿道路及河道形成，建筑布局较为合理，道路宽度控制较好，同时道路网布局是纵横直线布局，中轴主干道走向与夏季主导风向 E-S 平行，和第二主导风向 E-S-E 成 15°夹角，因此形成相互通畅的风廊道系统，主干

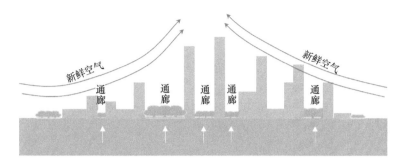

图 11-11　城市通风廊道构建立面示意图

道形成主风廊道，次级道路形成次级风廊道，街区道路形成微风廊道。

在风速评估方面，虽然街道走向与主导风夹角不是最佳角度，但由于建筑间距与高度合理，规划区通风情况整体较好，人行高度平均风速 1.77m/s，规划河流两端开阔空间风速较为适宜。但是规划区内仍存在局部风影区，风速在 0.5m/s 以下的风影区主要分布于规划区偏北侧的地块。存在风影区的地块建筑间隔相对较小，同时板状建筑布局方式与方向都会影响周边地面风场，位于上风向的建筑布局阻挡来流风，还会对区域风场产生不良影响，同时沿岸海堤由于高差对沿线通风形成微量遮挡效应（图 11-12）。

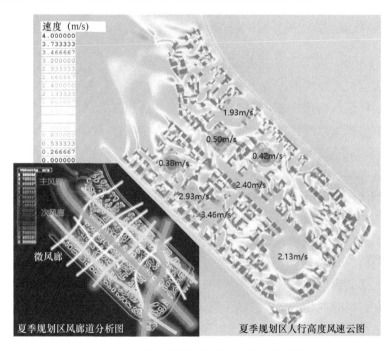

图 11-12　夏季规划区风廊道及风速分析图

另外关于空气扩散的模拟，通过模型的 AGE 结果输出，显示规划区中部及北部空气运动速度较慢，空气龄较大，污染物疏散速度较沿岸降低。若道路交通流量过大，可能会在较低风速的条件下形成短时的道路汽车尾气污染现象。由于这些区域是属于规划区的下风向地区，风场状态及空气运动速率与沿海区域的建筑布局密切相关，通过优化位于上风向的街区建筑布局，有助于提升中部及北部的空气运动速率，增强规划区的污染物扩散能力（图 11-13）。

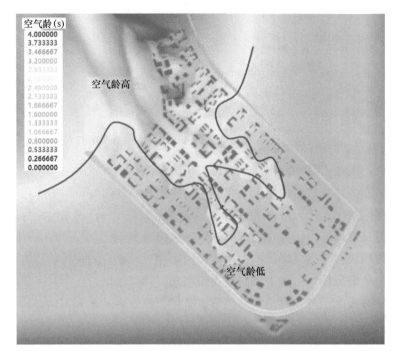

图 11-13　行人高度空气龄分析图

（2）建筑表面风环境模拟评估

建筑风环境评估包括建筑表面风速评估、风压评估如图 11-14、图 11-15 所示。

首先，根据模型结果评估建筑表面的风速状态。规划区的通风散热需求主要是在夏季，模拟结果显示夏季建筑表面整体通风较好，主要原因是城市设计方案是在充分考虑保障通风效果的前提下按照合适的建筑间距进行建筑布局，规划区中部建筑表面风速较大，达 4.0m/s，仅有较少部分单元地块内建筑通风不良，可以通过方案建筑布局再调整或者提出街区地块内的相关控制指标进一步优化。

其次，根据模拟结果评估建筑表面的压差，规划区西南角、西侧、北侧地块部分建筑，夏季建筑前后气压差较大，最大压差可以达到 10Pa，非常有利于夏季的自然通风。但是，在规划区受到台风袭击时，由于作用于这些区域建筑的风压会根据台风情况急剧增大，因此可能在台风时期受到严重影响。建议这些区域的建筑在设计时加强抗风能力设计与验证，包括进行建筑绿化优化时，也要了解风压情况以通过表面植被类型的配置降低表面风压。

3. 风环境优化措施：控制保障多层级通风廊道通风效果

（1）结合风向布置城市道路

分析规划区对于通风的要求，结合地区夏季主导风向布置城市主干道、次级道路以及街区地块内部道路等各级路网系统，便于自然风沿城市主干道进入规划区内部，同时次级道路与主导风向成一定夹角，促进街区之间的通风。规划区主廊道主要为西北－东南走向

图 11-14　夏季建筑表面风速分析图

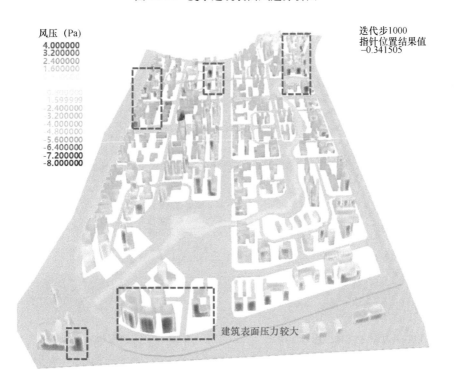

图 11-15　夏季建筑表面压力分析图

的中央主干道以及两侧的海堤路，次级风廊道为东北－西南走向的次级市政道路，主风廊道与次级风廊道形成纵横交错的通风网络系统，同时街区地块内部以地块小区道路、小广场以及建筑布局等方式形成地块内部的微风廊道系统，最终构建出主－次－微多层级的通风网络。

（2）连通绿化廊道

绿化廊道属于广义通风廊道的一种方式，绿化用地的高度通常相比于建筑是较低的，形成区域风的流通空间，通过打造相互连通的绿地系统，特别是将城市生态系统内部的绿地系统与城市周边的自然林地、海洋、湿地生态系统连通，可以将自然生态系统中的清新空气及自然风引入城区，促进城区内部的空气交换速率，利于城市污染物的扩散。通过将绿化廊道与水系廊道、公共空间等相互连通，能够多形式地打造通风廊道系统（图 11-16）。

（3）限制建筑高度

低矮建筑的形式也属于广义通风廊道的一种方式，建筑的低矮也为风的流通提供了空间，通过控制建筑高度，特别是位于风廊道两侧的建筑的高度形式，能够有利于保留更为合适的风廊道空间（图 11-17）。根据模拟分析结果，规划区建筑高度形式应该整体形成从临海至中部建筑高度逐步上升的格局。沿风廊道两侧建筑高度成梯级控制，由于主风向偏东侧，建议东南侧临海建筑海拔高度限制在 40m 以下，便于自然风较好地引入城区中部。

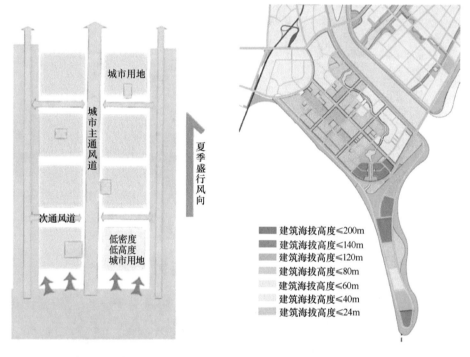

图 11-16　道路通风廊道设计示意图　　　图 11-17　建筑海拔高度控制图

（4）合理布置建筑形式

建筑布局形式不仅影响建筑周边的风场状态，同时也形成累积效应，影响整个规划区的风环境。为保障规划区更好的通风，建筑应高低错落布局，避免使用围合结构，临海建筑避免采用大面宽板式建筑，东南侧地块间口率应小于 0.6。

11.4.2　优化地块布局，保障舒适热环境

1. 热环境优化原则：科学布局用地改善热环境

通过科学布局用地类型，采用连通型绿地、水体、开放空间引入外部自然风，通过植物蒸腾、水体蒸发作用吸收环境热量，将绿地、水体等冷岛科学布局在建筑用地之间，降

低城市温度，提高人体舒适度（图 11-18）。

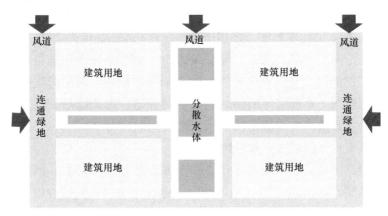

图 11-18　建设区及冷岛用地布局模式

2. 多个热环境指标评估

规划区处于亚热带地区，冬季温暖，夏季炎热，因此对于热环境的改善诉求主要集中于夏季，项目中重点对规划区的夏季热环境进行分析评估，以达到优化物理环境的要求。

（1）温度模拟评估

对规划区整体热环境的温度模拟结果通常可用于评估该区域的热环境状态，特别是可以得到热岛值这一重要数值。对建筑表面温度进行模拟可以得到建筑层面的热环境状态，可以通过建筑立面改善措施来改善室内热环境以及降低建筑因温度而产生的能耗。

模拟结果显示规划区距离地表 1.5m 的行人高度的平均大气温度是 29.4℃（图 11-19）。

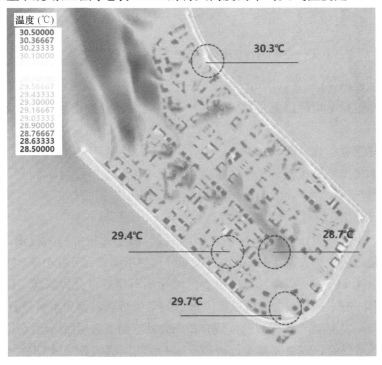

图 11-19　行人高度温度模拟分析图

郊区最近的成片的郊野绿地是桑浦山，因此选择桑浦山气象数据作为热岛效应评估的比对。根据气象局气象站点分布数据，桑浦山下大学布设有气象监测点，相关监测数据显示该区夏季平均温度 28.4℃，因此规划区与之相比对后得到平均热岛值为 1.0℃。规划区内温度最高的区域分布在沿海的海堤公路上，温度高达 36～43℃，原因可能是海堤公路常用的建设材料对太阳辐射的吸收较强，向外发射的热辐射也较强，同时海堤区域没有建筑遮挡，直接接受太阳辐射。靠近水体的街区温度相对舒适，为 28.5～29.0℃。规划区内建筑区中温度较高的主要集中在海堤沿线街区，街区内温度为 29.5～30.3℃，这些街区需要通过增加绿地或者水景的措施来改善热环境。

建筑温度模拟结果显示规划区大部分建筑表面温度为 30～48℃，西南地块建筑体量较大，表面温度较高，高达 67.0℃（图 11-20）。建议建筑设计使用空中花园、屋顶绿化等方式增加垂直绿化以及空中绿化，以达到降低表面温度、减少建筑能耗、增强室内热环境舒适度的效果。

图 11-20　建筑表面温度模拟分析图

（2）舒适度模拟评估

舒适度评估包括平均热感觉指数评估、预测不满意百分数指数评估以及吹风感系数评估。

预测平均热感觉指数（PMV）处于 -0.7～0.7 的范围是人体感觉最为舒适的范围，根据规划区夏季模拟结果，规划区行人高度预测平均热感觉指数为 0.3～0.7（图中黄绿色），人体感觉较舒适（图 11-21）。接近建筑的区域 PMV 指数接近 1.0，人体感觉较温暖，海堤路 PMV 指数较高，人体感觉较热。

一般认为，预测不满意百分数（PPD）小于 27% 属于比较舒适的范围。根据模拟分析结果，夏季规划区内行人高度 1.5m 的绝大部分预测不满意百分数小于 27%，属于舒适度较好的区域（图 11-22）。仅海堤路及沿线区域预测不满意百分数偏高，超过 27% 的人感觉不满意。其中有水体分布的区域以及风廊道的交汇节点，预测不满意百分数非常低，为 6.0%～9.4%，人体感觉较为满意，适合布局公共空间或者居民活动区。

根据模拟计算结果，规划区夏季行人高度 1.5m 吹风感系数（PPDR）空间分布情况如图 11-23 所示，市政道路及公共绿地范围内基本能感觉到风，PPDR 指数达到 60% 以

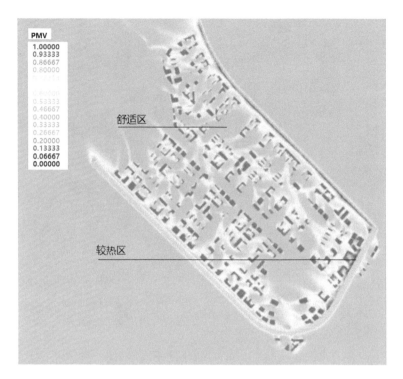

图 11-21　行人高度平均热感觉指数分析图

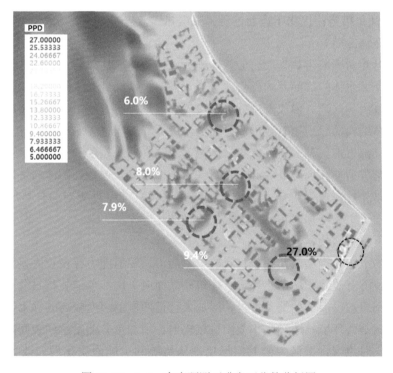

图 11-22　1.5m 高度预测不满意百分数分析图

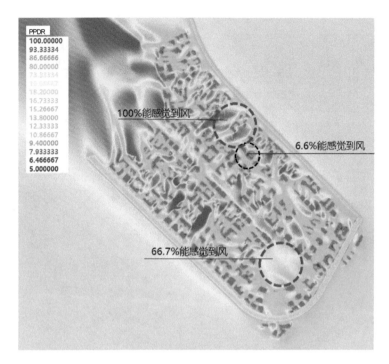

图 11-23　1.5m 高度吹风感系数分析图

上，夏季感觉较为凉爽，部分建筑周边吹风感系数较低，需要对建筑间隔进行控制和指引。

3. 热环境优化措施：优化下垫面性质，减缓热岛效应

（1）合理布局冷岛

城市冷岛是相对于城市热岛而言的，绿地、水体等由于比热容大、热辐射吸收系数较高，因此，绿地和水体的表面及内部温度较低，同时根据绿地和水体的面积、规模不同影响周边不同范围内的气温，形成舒适的局部冷岛。绿地群落类型中乔灌草多层级种植类比单纯草本及灌草结构的绿地更有效形成舒适的温度差异。通过在城市内合理布局冷岛，非常有利于降低局部近地气温。建议在规划区温度较高、通风较弱的地方增加城市绿地、控制绿地绿化群落类型与高郁闭度的乔木数量或者微型水景，这些局部冷岛可以营造舒适的微气候，特别是相互连通并贯穿片区内部的绿带水廊，将周边清新的自然风引入片区内部，廊道形式曲折更能增加风在城市内部的流动散热。

（2）控制下垫面铺装材料

城市不同的下垫面类型以及铺装材料热吸收能力、辐射能力存在较大差异，因此，控制城市下垫面能够有效优化城市热环境。建筑外立面应采用浅色铺装材料及垂直绿化，人行道路等应采用雨水可渗透的铺装材料，增加人行道两侧郁闭度较高的乔木数量能为人行道提供舒适的树荫微环境，通过减小太阳直接辐射、增加水分蒸发达到表面降温效果，抑制热岛效应。同时建议将城区内公共广场用地从传统的单纯硬质化地面改为包含较多乔木、可渗透性地面以及微型水景（小型喷泉、小型水系）的形式，能够有效降低夏季正午的广场表面温度（图 11-24）。

图 11-24　下垫面铺装优化措施

(a) 广场微型水景；(b) 建筑浅色外立面；(c) 建筑垂直绿化；

(d) 增加高郁闭度的乔木数量；(e) 建筑旁小型水系

11. 4. 3　引导建筑设计，合理利用光照资源，避免光污染

1. 光环境优化原则：合理利用光照资源，避免光污染

（1）合理利用光照资源

太阳能是重要的可再生能源，根据气象数据分析当地建筑最佳朝向，满足规划区及建筑自然采光要求，科学布置光能利用设施，配置园林绿化物种，提升光照资源利用率（图 11-25、图 11-26）。

（2）避免光污染

光污染泛指影响自然环境，对人类正常生活、工作、休息和娱乐带来不利影响，损害人们观察物体的能力，引起人体不舒适感和损害人体健康的各种光（图 11-27）。人的眼睛由于瞳孔的调节作用，对于一定范围内的光辐射都能适应，但光辐射增至一定量时，将会对人体健康产生不良影响，这称为"光污染"。从波长 10nm 至 1mm 的光辐射，即紫外辐射、可见光和红外辐射，在不同的条件下都可

图 11-25　自然采光研究

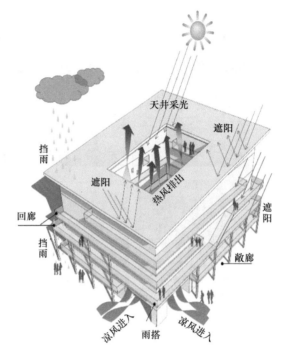

图 11-26　光电建筑一体化研究

能成为光污染源。

　　光污染的危害主要表现在使夜空失色，影响人类健康，产生不利情绪以及生态问题。城乡规划需要控制建筑外立面材质、建筑、道路及规划区灯光使用，减少光污染。

图 11-27　光污染现象

2. 气象综合与最佳建筑朝向分析

（1）最佳朝向分析

Ecotect 软件分析得出该地区建筑最佳朝向为南偏西 7.5°，最差朝向为西偏北 7.5°（图 11-28）。

（2）朝向辐射量分析

全年平均曝辐射量最多的朝向为 240°，曝辐射量为 1.08kW·h/m²。全年过冷时间（动态变化图蓝色区域 12 月、1 月、2 月）内曝辐射量最多的朝向为 207.5°，曝辐射量为

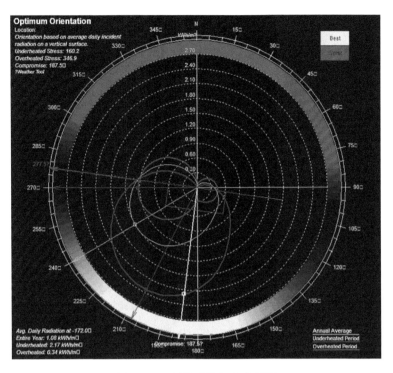

图 11-28　最佳建筑朝向分析图

2.17kW·h/m²。过冷时间内各个朝向的总曝辐射量为 160.2kW·h/m²。全年过热时间（动态变化图红色区域 6 月、7 月、8 月）内曝辐射量最多的朝向为 270°，曝辐射量为 0.34kW·h/m²。过热时间内各个朝向的总曝辐射量为 346.9kW·h/m²。

3. 自然采光、遮挡与太阳能利用分析

（1）阴影遮挡分析

规划区中部建筑密集区地块内年均阴影遮挡百分数约为 50%，地表日照小时数最小值为日均 1.1h，无 100%阴影遮挡区域，满足基本采光要求。

（2）日照时长分析

年总日照时长在 2000h 及以上，日均地表总辐射量 3kW·h/m² 及以上，年均阴影遮挡百分数 30%以下的区域，适合进行光电利用。

（3）太阳辐射分析

规划区的自然采光与建筑地块遮挡分析得出，单元地块外区域日均地表总辐射量可达 4kW·h 以上，市政道路及公共开敞空间适合光电利用，适宜发展小微型太阳能光电利用示范街道、公园及广场，例如太阳能信号灯、太阳能广告牌、风光互补路灯（图 11-29）。

4. 太阳辐射量与光电一体化技术分析

（1）建筑表面辐射量分析

夏季太阳辐射量最大为正西向，冬季辐射量最大为南偏西 27.5°，全年辐射量（光热发电量）最大为南偏西 27.5°，达 159795Wh/m²。

（2）光电建筑一体化最佳设置分析

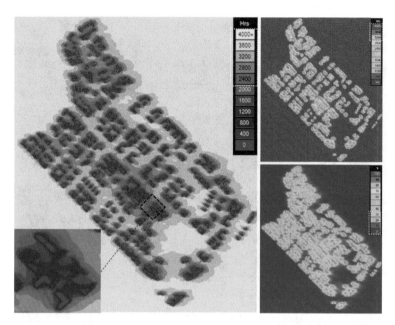

图 11-29　自然采光、遮挡与太阳能利用分析（左侧为年总光照时长分析图、
右上为日均地表总辐射量分析图、右下为年均阴影遮挡百分数图）

太阳能光电建筑一体化技术全年最佳设置朝向为南偏西 27.5°～南偏西 60°，按照光电转化率为 14％计算，全年发电量可以达到 3900kW·h。如图 11-30 所示。

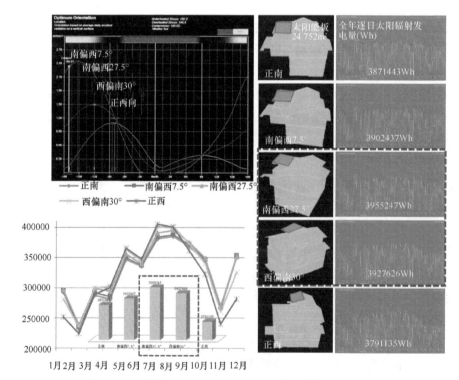

图 11-30　规划区光照时长、地表辐射量、阴影遮挡分析图

5. 规划区光合有效辐射与植物配置分析

（1）喜阴性植物种植区分析

太阳辐射能小于 3MJ/（m²·d）的区域需种植喜阴性植物，规划区建筑周边易受阴影遮挡区适宜种植喜阴性植物。

（2）中性植物种植区分析

太阳辐射能介于 3MJ/（m²·d）和 5.6MJ/（m²·d）之间的区域适合种植中性植物，单元地块小区内部适宜种植中性植物。

（3）喜阳性植物种植区分析

太阳辐射能高于 5.6MJ/（m²·d）的区域适合种植喜阳性植物，街道及开阔区域适宜种植喜阳性植物。规划区的绿化植物种植应优先选择本地驯化种及耐干旱、耐盐碱的物种。

规划区日均光合作用有效辐射分析如图 11-31 所示。

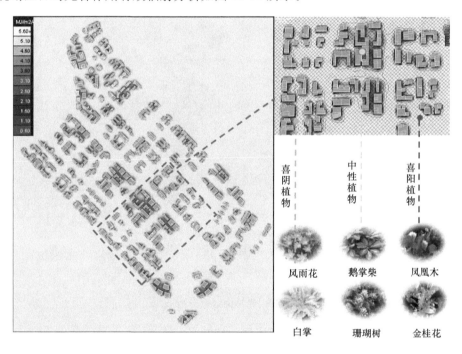

图 11-31　规划区日均光合作用有效辐射分析图

6. 光污染分析

光污染主要对人类产生健康和安全的影响。包括导致人的视力受损，使人出现头痛头晕、出冷汗、神经衰弱、失眠等大脑中枢神经系统的病症。非自然光抑制了人体的免疫系统，影响激素的产生，内分泌平衡遭破坏而导致癌变。建筑物的玻璃幕墙形成的强反射光，会造成人突发性暂时失明和视力错觉，易导致交通事故的发生。

光污染还会对生态系统产生危害。光污染影响了动物的自然生活规律，其辨位能力、竞争能力、交流能力及心理皆会受到影响，候鸟亦会因为光污染影响而迷失方向。光污染还会破坏植物体内的生物钟节律，有碍其生长；对植物花芽的形成造成影响。

依据光污染敏感对象，结合规划区用地布局，光污染的潜在产生区域主要是河道南北两侧附近编号为 A03、F04 商业用地以及南部商业用地，商业建筑的外立面与街区光照设计需要控制（图 11-32）。光污染的敏感对象主要是人以及动物，因此影响敏感区域主要是商业用地周边的居住用地地块以及公园绿地地块。

图 11-32　光污染区域分析图

7. 光环境优化措施：合理利用光照资源、控制光污染

（1）结合气象分析科学利用光照资源

引导建筑设计采用最佳朝向。规划区日照小时数最小值为日均 1.1h，无 100％阴影遮挡区域，满足基本采光要求。为保证自然采光及采暖降暑，规划区建筑建议按照最佳朝向南偏西 7.5°设计。

合理利用太阳辐射。结合地表太阳辐射分析，市政道路及公共开敞空间适合光电利用，建议发展小微型太阳能光电利用示范街道、公园及广场。规划区东侧滨海绿化带，可在步道上设置风光互补路灯作为示范。西南侧地块中体量较大的商业建筑应用太阳能建筑一体化技术，建筑屋顶太阳能板最佳布设朝向为南偏西 27.5°～南偏西 60°。结合交通公交站及 BRT 路线规划，规划建设 BRT 太阳能公交站及太阳能交通枢纽。南侧带状绿化带基本没有建筑遮挡，可以放置小微型太阳能利用设施，南侧绿化用地可以结合太阳能利用相关科普及措施打造太阳能主题公园。中部住宅建筑较为密集区域，建议注意遮阳与透光设施的设计。

根据规划区建筑遮挡与光照强度配置园林植物。根据规划区不同的太阳光合有效辐射量建议配置种植不同生物光合特性的植物，包括喜阳、中性、喜阴植物，多层级利用太阳能。光合有效辐射分析结果在空间上差异较大，需要根据模拟结果来配置不同光合特性的植物。

（2）减少人为光污染

提出建筑外立面控制要点。规划区商业用地建筑物立面采用泛光照明时应考核所选用的灯具的配光是否合适，投射角度是否正确，预测有多少光线溢出建筑物范围以外。建筑外立面设计与选材应能有效避免光污染，应符合《玻璃幕墙光学性能》GB/T 18091 的规定。

进行规划区道路照明控制。规划区和道路照明设计中，所选用的路灯和投光灯的配光、挡光板设置、灯具的安装高度、设置位置、投光角度等都可能会对周围居住建筑窗户上的垂直照度产生眩光影响，需要通过分析研究确定。

光环境优化措施见图 11-33。

(a)　　　　　　　　　　　　　　　(b)

(c)

图 11-33　光环境优化措施示意图

(a) 建筑光电一体化；(b) 光照和植物配置；(c) 自然采光与遮挡

11.4.4 优化交通绿化，科学避免噪声污染

1. 科学布局及采用降噪措施

符合声环境功能区划标准。规划区属于 2 类声环境功能区，整体声环境状况要符合《城市声环境功能区划》相应标准要求。

科学布局各类功能用地。噪声敏感类用地尽量布局远离交通主干道及噪声较高的道路沿线，建筑与道路之间保留合适的绿化用地。

采用降噪措施降低道路噪声。尽量采用绿化措施及降噪路面降低道路噪声，必要时采用声屏障技术。

2. 采用多情景模型模拟分析

本项目分析时设置以下四个情景：道路模型、灌草结构绿化带模型、乔木结构绿化带模型以及绿色交通出行模型，探索不同条件下噪声的影响范围（表 11-2、表 11-3、图 11-34）。

情景模型设置 表 11-2

序号	情景	大气衰减	地面衰减	绿化衰减	声源	交通方式
1	道路模型	考虑	考虑	不考虑	公路声源	普通模式
2	灌草结构绿化带模型	考虑	考虑	1.2m 高度	公路声源	普通模式
3	乔木结构绿化带模型	考虑	考虑	8~18m 高度	公路声源	普通模式
4	绿色交通出行模型	考虑	考虑	8~18m 高度	公路声源	绿色模式

交通模式设置 表 11-3

交通方式	公共交通（常规公交＋轨道交通）	私家车	出租车	慢行（步行＋自行车）	摩托车
普通模式	20%	40%	5%	10%	25%
绿色模式	40%	15%	5%	40%	0

3. 昼间声环境模拟分析

《城市声环境功能区划》中的 2 类声环境功能区昼间噪声要求不超过 60dB。通过 Noisesystem 软件建立三维模型分析，模拟结果显示四个情景模型预测结果均符合昼间噪声不超过 60dB 的要求（图 11-35）。其中乔木结构绿化带模型以及绿色交通出行模型能够达到 1 类声功能区要求（低于 55dB）。因此，路网设计可以满足昼间噪声环境的要求。

道路两侧乔木结构绿化带对比灌木丛绿化带或者是没有绿化带的情景，能降噪 5dB，降噪影响范围为 23~60m，采用复层乔木绿化能够更有效降低道路噪声影响，明显提升规划区的声环境水平。

图 11-34　情景模式示意图

（a）道路示意图；（b）乔木结构绿化带示意图；（c）灌草结构绿化带示意图；（d）绿色交通出行示意图

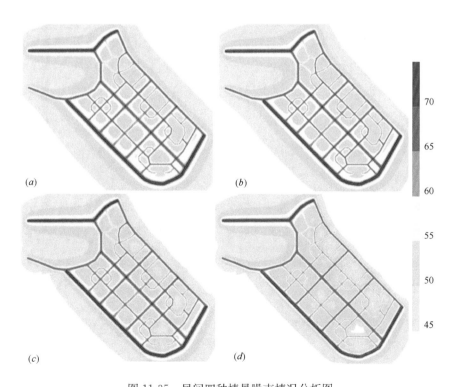

图 11-35　昼间四种情景噪声情况分析图

（a）道路模型；（b）灌草结构绿化带模型；（c）乔木结构绿化带模型；（d）绿色交通出行模型

采用绿色交通出行方式，将私家车出行量从 40％降低到 15％，通过降低小汽车车流量，增加公交及慢行系统出行比例，能够降噪 5dB。因此，规划区应提倡绿色交通出行模式。

4. 夜间声环境模拟分析

《城市声环境功能区划》中的 2 类声环境功能区夜间噪声要求不超过 50dB。模拟结果显示四个情景的噪声预测结果如下（图 11-36）：

① 道路模型夜间主干道沿线 125m、次干道沿线 46～70m 为 50～55dB，超出声环境要求的 50dB 的限值。

② 灌草结构绿化带模型主干道沿线 125m、次干道沿线 30～50m 为 50～55dB，超出声环境要求的 50dB 的限值。

③ 乔木结构绿化带模型沿西侧主干道 70m、中部次干道 25～40m 噪声值达 50～55dB，略超出声环境要求，需适当采取其他降噪措施。

④ 绿色交通出行模型完全符合声环境要求。

上述四种情景中，只有后两种模型夜间预测较为符合声环境要求，因此建议绿化带必须采用乔木复层结构，同时按需采取铺设降噪路面、建筑采用降噪材料等其他降噪措施。

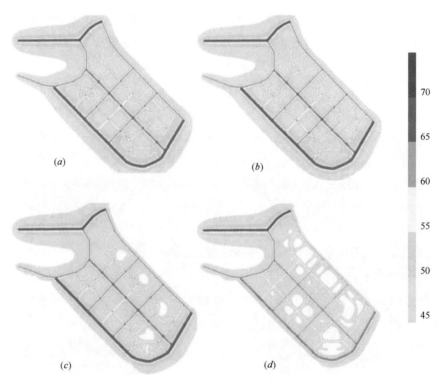

图 11-36 夜间四种情景噪声情况分析图

（a）道路模型；（b）灌草结构绿化带模型；（c）乔木结构绿化带模型；（d）绿色交通出行模型

5. 声环境优化措施

（1）科学布局噪声敏感点

避免将噪声敏感性高的密集住宅、医院、科教等安排在临近交通干道的位置，并注意采取利于隔绝噪声的建筑排列方式。通过对建筑朝向、位置及开口的合理布置，降低所受外部环境噪声影响。

（2）采用降噪措施降低道路噪声

交通流量较大的道路两侧保持至少 20m 宽度的乔木结构绿化带，并采用降噪路面材质。主干道旁边地块内应保证建筑退线距离，并增设乔木复层绿化带。规划区西北侧高架桥道路以及未来的城市轻轨等交通市政设施可采用声屏障降噪处理。提倡绿色低碳交通出行，控制小汽车车流量，降低噪声。如图 11-37、图 11-38 所示。

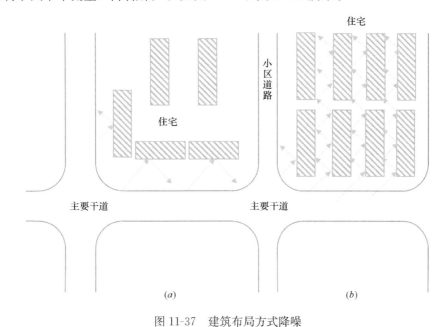

图 11-37 建筑布局方式降噪

（a）周边式布置住宅（良好）；（b）行列式布置住宅（不良）

图 11-38 声屏障降噪及城市复层绿化降噪示意图

11.4.5 空间落实及指引

1. 整体风热环境优化空间落实

（1）街区及地块通风

宜使单元地块内部道路方向与夏季主导风向成约 30°的夹角，并减少分散狭窄的街道。通风较差的街区需要通过建筑高度调整、架空、建筑退线、设置绿地、减少分散且狭窄的街道等措施改善。具体落实到规划区方案中，A03 街区用地类型主要为商业服务业设施用地，商业用地通常容积率较高，可能形成建筑较密集、街区窄小的格局，因此在该街区提出要减少分散狭小的街区形式，通过街区拓宽及调整街道走向来优化通风效果。F04 街区由于位于夏季主风向的上风向区域，一旦阻挡来流风则容易对规划区整体风环境产生较大影响，因此提出该区建筑要严格控制建筑高度以及调整建筑布局方式。

（2）微环境营造

绿地能有效减缓城市热岛效应，大面积绿地能在夏季形成明显的城市冷岛，加速城市散热与通风，提高城市舒适度，应在规划区科学布局绿地系统。城市水系、河流及局地水景能在夏季形成局地凉爽微气候，达到一定面积的水体能在冬季形成局地温暖微气候。科学布局水景能有效营造舒适微气候。

夏季温度较高的区域，应结合防护绿地布置复层绿化与小型水景，温度较高或舒适度较差地块，增加垂直绿化、屋顶绿化及小型水景，改善微环境。具体落实到规划方案中，建议海堤路两侧坡面采用绿化覆盖形式，减少硬质化面积，同时增强复层绿化模式，有助于减缓因海堤路路面高温形成的热量辐射；街区 D02、D04 热环境舒适度的模拟结果较差，建议结合地块中间的绿化用地增设微型人工湖泊等水景；F04 地块建筑立面温度较高，建议采用垂直绿化的方式改善相关问题，提高绿容率；F03 地块规划为绿地及水体用地，由于该地块周边用地建筑密度及建筑体量较大，该区域承担着非常重要的通风散热及冷岛的功能，建议结合污水处理功能建设湿地公园，增加乔木植物种类与数量、增加水体湿地面积，强化舒适微环境营造功能。

（3）居民活动点布设

在温度、舒适度较好的区域，结合通风舒适性布局居民活动点，例如公园、广场、滨海栈道慢行系统等，保障居民活动舒适度。具体落实到规划方案中，建议规划区沿东南岸布设滨海栈道，结合海堤路的防护绿地建设海岸公园，同时在 F03 地块建设湿地公园。

（4）台风影响预警

在台风袭击时可能受严重影响的建筑和地块，特别是临海建筑，需控制地块建筑高度及注重建筑抗风设计。建筑物表面风速较大的，可采用空中绿化方式减弱风速。在规划方案中，由于风压模拟结果显示 A01、B01、D02、F04 街区的建筑物在正常风速模拟情况下建筑前后压差达到 10Pa 及以上，因此应特别注意进行抗风设计。

整体风热环境优化空间落实措施见图 11-39。

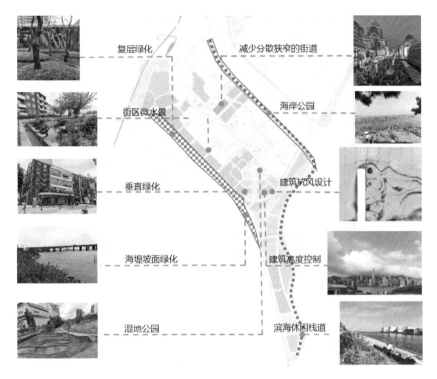

图 11-39　整体风热环境优化空间落实措施

建筑抗风设计图片来源：建筑抗风设计［Online Image］．［2019-9-9］．

http：//www.vanebz.com/Upload/d7ac725f-bfe4-47e7-b497-ed527b8be0b0.020.jpeg

2. 迎风临海地块建筑方案优化

（1）优化方式

临海建筑是地块及区域通风的门户，在相同的容积率、间口率（65％）的前提下，对原模型部分建筑外形、坐向、位置进行微调，避免临海建筑形成明显的挡风效应及狭管效应。

分析原有城市设计方案的主风向上风向区域的街区，基于软件模拟结果中关于风速及温度的结果，判断出可能对片区风热环境产生重要影响的建筑群，分析存在的风热环境问题如建筑挡风及狭管效应，提出基于某些建筑的具体外形及布局的调整建议。规划区较为重要的临海建筑位于 F04 街区，由于规划方案为城市设计阶段，实际建筑设计及建设可能与该方案差距较大，因此以 F04 街区临海的前排建筑为例进行调整优化的研究，研究建筑的优化对周边的风场及下风向的风场产生的影响，为其他地块实际设计与实施提供优化方式的参考。

F04 街区的建筑类型包括典型的板状建筑、连续裙房建筑以及等高并排的建筑。对于板状建筑建议通过调整板状楼宇的座向，使得板状楼宇长边与主导风向平行，能够有效减少对来流风的明显阻挡；对于连续裙房超过 50m 的建筑，建议在裙房底层改用至少 6m 高度的架空设计，改善近地面的通风状态；对于等高的并排排列建筑，往往因为建筑间隔不足而产生风影区或者狭管效应，建议控制建筑间距，强化通风，避免狭缝的出现（图 11-40）。

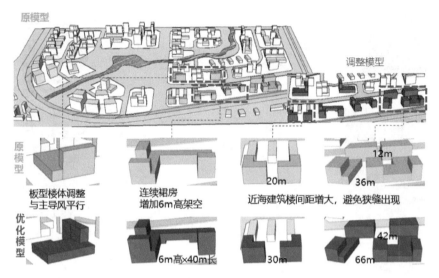

图 11-40　建筑方案优化方式示意图

（2）效果评估

通过避免板楼挡风、底层架空、楼间距增大的方法，明显改善调整地块及后方区域行人高度的风速、温度，及建筑风影区范围。具体比对如下：

根据行人高度夏季风速的结果，发现优化后的方案比原方案各个位点风速提高 0.4～1.1m/s，其中重点比对图 11-41 中①～⑥共六个位点，这六个位点在原方案中都属于较为明显的风影区，其中①、④、⑤、⑥四个位点的风影区是与东侧前排建筑直接相关的，②、③位点的风影区则与模型中后排建筑直接相关，并与前排建筑间接相关。优化方案的分析结果显示由于前排建筑布局的优化与调整，①、②、④位点的风影区基本消失，⑤、⑥位点的风影区范围明显减小，静风程度明显减弱，但是③位点的风影区有所增大。说明与前排建筑直接相关的风场通过建筑的优化能够明显改善风场状态，而与前排建筑间接相关的区域通过前排建筑的优化对于后排建筑周边区域风场可能改善也可能产生不良影响。

根据行人高度夏季温度的结果，通过比对模拟区优化后方案比原方案①、②、③、④、位点的温度下降 0.3～0.5℃，⑤位点的温度变化较小。总体而言，通过优化临海前排建筑，可以影响整个区域的风场，因而影响温度场的状态与布局，通过建筑通风的优化可以较为有效地降低热岛效应。

通过气压模拟分析，比对得出调整前后地表及建筑表面气压无显著差异，对建筑抗风无明显改变。

3. 整体光环境方案优化

（1）科学自然采光

确定建筑最佳朝向。规划区日照小时数最小值为日均 1.1h，无 100% 阴影遮挡区域，满足基本采光要求。为保证自然采光及采暖降暑，规划区建筑应按照最佳朝向南偏西 7.5°设计。

同时兼顾遮阳与透光。建筑应分析遮挡效应与太阳辐射程度，科学选择自然透光技术

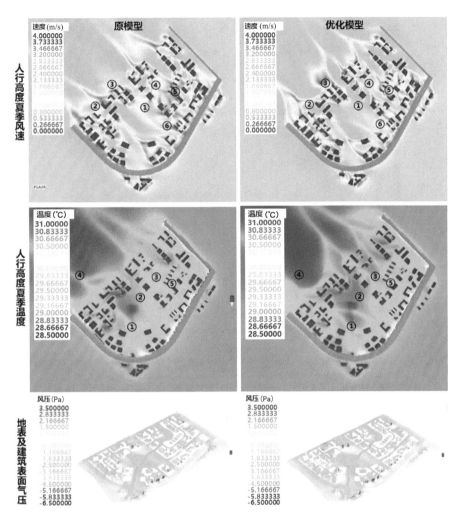

图 11-41 模型优化前后模拟结果对比图

及遮阳技术。

（2）合理利用光照资源

加强普通光电利用。日均地表总辐射量可达 4kWh 以上的市政道路及公共开敞空间适合光电利用，适宜发展小微型太阳能光电利用示范街道、公园及广场，例如太阳能信号灯、BRT 太阳能广告牌公交站、滨海栈道风光互补路灯等。

推进太阳能建筑一体化建设。高层建筑及受阴影遮挡不明显的建筑，特别是艺术中心、交通枢纽站等公共建筑可采用太阳能建筑一体化技术进行太阳能光电、光热利用。

科学配置园林绿化。合理利用光照资源，依据常年太阳辐射强度科学配置阳生及阴生植物的园林绿化植物。

（3）避免光污染

规划区全年光照较强，且临海建筑容易受海水光反射影响，高层建筑应避免使用玻璃幕墙设计，避免太阳光经玻璃反射造成光污染。

具体光环境优化空间落实示意图参见图 11-42。

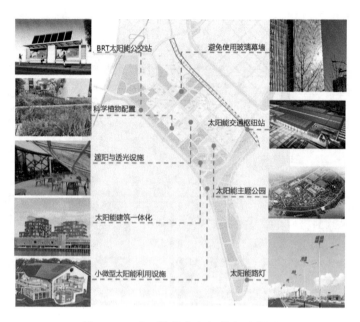

图 11-42 光环境优化空间落实示意图

BRT 太阳能公交站图片来源：BRT 太阳能公交站［Online Image］．［2019-9-9］．
http：//dimg.52bjw.cn/image/upload/dc/d8/da/95/dcd8da95e2c3fbd64fa6e36cc23f84f6.jpg?
x-oss-process＝image/resize，m＿fixed，h＿293，w＿415．
小微型太阳能利用设施图片来源：小微型太阳能利用设施［Online Image］．［2019-9-9］．
http：//www-x-83016558-x-com.img.abc188.com/image/qunuan2.jpg．
太阳能交通枢纽站图片来源：太阳能交通枢纽站［Online Image］．［2019-9-9］．
http：//5b0988e595225.cdn.sohucs.com/images/20180906/9ab9d1a72ad34837af1fc6a5a4ed918f.jpeg．
太阳能主题公园图片来源：太阳能主题公园［Online Image］．［2019-9-9］．
http：//www-x-himinsunvalley-x-com.img.abc188.com/img/2＿gaikuang.png．
太阳能路灯图片来源：太阳能路灯［Online Image］．［2019-9-9］．
http：//www.rezmqc.com/uploads/allimg/180529/1-1P529222K00-L.jpg

4. 整体声环境方案优化

（1）交通控制

合理规划城区道路分布，限制大型车辆通行时间、通行量及车速，保障夜间规划区符合 2 类声环境功能区的要求。

（2）用地类型调整

依据声环境预测分析，噪声影响大的主次干道周边地块，建议绿化用地布设在临主干道 70m、次干道 25～40m 范围内。主干道旁不宜规划医院、学校等对声环境要求较高的用地。

（3）采用其他的降噪措施

对模拟产生较大噪声污染的道路及周边用地可采用低噪路面、高架桥底吸声、绿化带降噪、声屏障等降噪技术减少道路噪声污染。

采用绿化降噪，道路绿化带建议乔灌草复层绿化，平均高度达 8m，主干道旁绿化以多叶乔木为主，平均高度达 12m，以保证绿化衰减效果。采用路面降噪，噪声预测明显的主次干道建议铺设透水性沥青降噪路面，比传统沥青路面能降噪 3～5dB。采用建筑降噪，主次干道临街第一排建筑物面向道路一侧建议采用隔声墙体材料及隔声玻璃，能降噪 5～10dB。采用高架桥降噪，长远规划建设的轻轨高架桥，在经过住宅区等噪声敏感路段，可采用高架桥底吸声及高架声屏障等措施。

具体参见图 11-43。

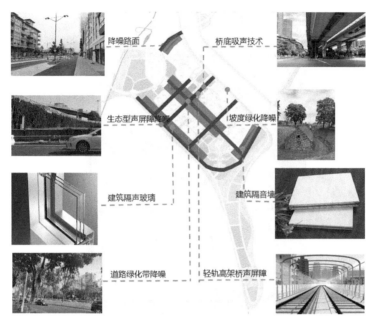

图 11-43　声环境优化空间落实示意图

建筑隔声玻璃图片来源：建筑隔声玻璃［Online Image］.［2019-9-9］.
https：//images. glass. com. cn/big/content/2018/9/27/1454549784583. jpg.
建筑隔声墙图片来源：建筑隔音墙［Online Image］.［2019-9-9］.
http：//images. sduod. com/Attachments/baike/201603/cbb2000b83b8ffb95a4eea9f3108c002. jpg.
轻轨高架桥声屏障图片来源：轻轨高架桥声屏障［Online Image］.［2019-9-9］.
http：//www. lyshengcheng. com/Upload/image/20160808/20160808152539 _ 23350. jpg

5. 控制指引

基于规划区的风环境和热环境分析结果，对存在的风热问题除了通过规划设计方案布局调整外，还通过对每个地块进行指标控制，在控制性详细规划层面上对以后土地出让后的建筑布局和地块内部优化进行指引。相关控制指标会写入地块出让条件，在住房和城乡建设局等相关职能部门颁发两证一书的环节中对地块建设进行把控，落实指标和规划的实施。

在本案例中，规划区关于宜居环境部分的指标主要包括降噪绿化带、建筑间距、最佳建筑朝向及每百平方米绿地乔木树，分别对应噪声控制、通风控制、室内物理环境控制以及热环境控制方面。根据 A、B、C、D、E、F 共六个区中的每个街区的物理环境模拟结果，针对不同的规划区特征与问题提出对应的控制指标。降噪绿化带是经过声模拟软件分析提出的主要道路旁边的降噪措施。具体说明如下：

建筑间距指标的数值是充分考虑多层级风廊道系统的布局，特别是街区内微风廊道构建的需求，基于模拟发现的风影区分布和通风不良的程度，以及街区建筑和海岸的距离（由于沿海建筑可能对非沿海建筑风场产生不同程度的影响）而提出的。

最佳建筑朝向是通过 Ecotect Analysis 软件统计分析多年气象数据得出的综合考虑了规划区风向、太阳辐射量、温度、湿度等气象因素变化的全年最佳建筑朝向。

每百平方米绿地乔木树的控制数值是参考《深圳市低碳城物理环境研究专题》中的相关控制指标值，然后基于热环境模拟结果中关于每个街区的温度、PMV 指数的分布情况而提出的关于增加郁闭度较高的绿化乔木数量，对于热环境改善要求较高的区域，还将提出增加微型水景等相关指引。

以其中一个街区的详细控制指标以及指引为例进行介绍，参见图 11-44、表 11-4。

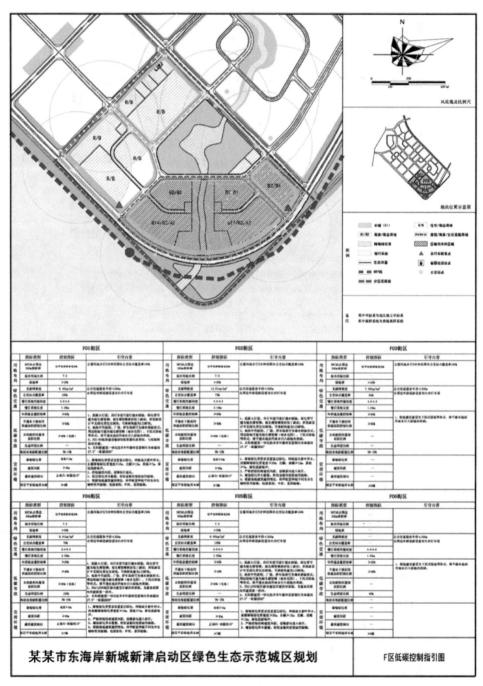

图 11-44　规划区 F 区低碳控制指引图

规划区 F 区低碳控制指引表——宜居环境部分　　　　　　　　　　　表 11-4

街区：F01

	指标类型	控制指标	引导内容
宜居环境	降噪绿化带	高度≥10m	1. 降噪绿化带要求设置复层绿化，种植高大密叶乔木。东侧降噪绿化带宽度≥15m，北侧≥12m，其他≥7m，降低道路噪声。 2. 控制建筑间距，保障街区通风。 3. 保证绿化乔木数量，特别是郁闭度较高的植物。 4. 根据规划区建筑遮挡情况，科学配置种植不同光合生物特性的植物，包括喜阳、中性、喜阴植物
	建筑间距	≥30m	
	最佳建筑朝向	正南向—南偏西 15°	
	每百平方米绿地乔木树	≥4 棵	

街区：F02

	指标类型	控制指标	引导内容
宜居环境	降噪绿化带	高度≥10m	1. 降噪绿化带要求设置复层绿化，种植高大密叶乔木。西侧降噪绿化带宽度≥25m，北侧、南侧≥12m，其他≥7m，降低道路噪声。 2. 严格控制沿海建筑间距，保障新风进入街区。 3. 增加绿化乔木数量，特别是郁闭度较高的植物。 4. 根据规划区建筑遮挡情况，科学配置种植不同光合生物特性的植物，包括喜阳、中性、喜阴植物
	建筑间距	≥30m	
	最佳建筑朝向	正南向—南偏西 15°	
	每百平方米绿地乔木树	≥7 棵	

街区：F03

	指标类型	控制指标	引导内容
宜居环境	降噪绿化带	—	—
	建筑间距	—	
	最佳建筑朝向	—	
	每百平方米绿地乔木树	≥8 棵	

街区：F04

	指标类型	控制指标	引导内容
宜居环境	降噪绿化带	高度≥10m	1. 降噪绿化带要求设置复层绿化，种植高大密叶乔木。西南侧降噪绿化带宽度≥15m，其他≥7m，降低道路噪声。 2. 严格控制沿海建筑间距，保障新风进入街区。 3. 增加绿化乔木数量，特别是郁闭度较高的植物。 4. 根据规划区建筑遮挡情况，科学配置种植不同光合生物特性的植物，包括喜阳、中性、喜阴植物
	建筑间距	≥30m	
	最佳建筑朝向	正南向—南偏西 15°	
	每百平方米绿地乔木树	≥7 棵	

街区：F05

	指标类型	控制指标	引导内容
宜居环境	降噪绿化带	高度≥15m	1. 降噪绿化带要求设置复层绿化，种植高大密叶乔木。南侧降噪绿化带宽度≥25m，东侧≥15m，北侧、西侧≥12m，降低道路噪声。 2. 严格控制沿海建筑间距，保障新风进入街区。 3. 增加绿化乔木数量，特别是郁闭度较高的植物
	建筑间距	≥30m	
	最佳建筑朝向	正南向—南偏西 15°	
	每百平方米绿地乔木树	≥7 棵	

街区：F06			
指标类型		控制指标	引导内容
宜居环境	降噪绿化带	—	
	建筑间距	—	
	最佳建筑朝向	—	—
	每百平方米绿地乔木树	≥8 棵	

11.5 创新亮点：全面分析，衔接控规落实指标要求

本项目属于中观尺度的控制性详细规划，规划需确定地块指标控制以及建筑形态控制要求，在这种研究深度的项目中，物理环境研究可以全面分析风环境、光环境、热环境以及声环境，评估存在的问题，并且能够尝试多种措施对地块和城市设计建筑布局方案进行优化，以更有利于在控制性详细规划指标中提出管控要求。

与其他宏观规划、微观规划的不同点在于本项目中对光环境与规划方案进行结合分析，不仅局限于光照时长分析，而是更多通过与风光利用等低碳技术、绿色建筑、园林设计、光污染等方面的结合，能够对规划方案进行光能利用、光环境质量方面的优化。

项目的研究方式与片区控制性详细规划紧密对接，提出契合控规实施的方案优化建议，并落实到空间安排和具体项目，形成可指导地块开发和建设项目的指引，实现从理念到行动的跨越。

基于新区案例，遵循上述提出的技术流程，详细描述物理环境的具体研究步骤，得到模拟研究结果，探索以数值为表现形式的研究结果与以空间为表现形式的规划方案在空间布局优化、空间落实与指引方面的具体结合方式，提出详细的规划优化策略与在空间方案上可落实的措施，并创新性提出将相应凸显项目特点与问题的物理环境控制性指标纳入地区生态控制性指标中，从而基于控制性详细规划的法定地位进行控制与实施。

11.6 思考

模型的概化程度仍需继续研究。在城市尺度的研究中，由于工作量、计算难度以及电脑硬件的要求等各方面因素，建筑模型不可能也无须与实际建筑外形细节完全一致，因此需对建筑模型进行概化。但是新区规划这类中尺度规划由于没有具体的已确定的建筑方案，同时由于现状基本没有建筑物，因此建筑模型的选择可参考城市设计中的建筑方案，没有城市设计方案时，可通过容积率估算建筑高度来建立地块大体块模型，也可设定建筑间隔根据容积率布设简单建筑体块。由于城市新区中尺度对于建筑方案的不确定性太大，仍需进行深入研究哪种建模方式更接近现实，同时对于建筑的细节概化精度与方式也需要进一步比对研究。

　　模型的计算设置不同会形成一定程度的差异。计算机的数值模拟会由于网格划分的形状与数量、网格划分方法、计算模型的选择、边界条件的设置不同而导致结果出现差异，同时，市面上的 CFD 软件模拟能力也存在差异，因此对于较为复杂的大型城市研究，采用多种软件比对研究并进行概化方式与差异化结果的可接受程度的研究有利于中观尺度项目未来的物理环境的发展和研究。

第12章 微观尺度： 深圳市某城市更新规划

12.1 项目简介

物理环境研究为城市更新项目必需的生态分析内容。根据《深圳市拆除重建类城市更新单元编制技术规定》（2018年），所有城市更新单元均应进行物理环境专项研究，以更新单元所处街坊（周边次干道及以上层级道路围合而成的片区）为单位，分析其所在区域环境特征，研究单元的空间组织、建筑布局、规划区设计、绿化设置等对区域小气候的影响。

本规划区域在地缘上毗邻我国香港特区，将依托自身"深港合作"先导区的定位，借助深圳市场化、法治化和国际化的优势与经验，发挥21世纪海上丝绸之路的支点作用，整合深港两地资源，集聚全球高端要素，重点发展金融、现代物流、信息服务、科技服务及专业服务、港口服务、航运服务和其他战略性新兴服务业，推进深港经济融合发展，打造亚太地区重要生产性服务业中心、世界服务贸易重要基地和国际性枢纽港。项目位于自贸区的先导区，重点发展网络信息、科技服务及文化创意产业。

12.1.1 地理位置

本项目位于深圳市南山区，西部紧邻公园，其南侧、北侧、东侧现状均为高度建成区，其中建筑较为低矮，密度较为稀疏（图12-1）。紧邻城市次干道沿山路，处于在建轨道12号线站点500m辐射范围内，项目对外交通便捷。西侧紧靠山，东距公园不足1000m，南距公园不足600m，周边景观资源丰富。

12.1.2 总体特征与问题

1. 典型亚热带季风气候，夏天闷热漫长，冬季短暂湿冷

（1）气温

深圳市地处南海之滨，属亚热带季风气候，长夏短冬，夏无酷暑，冬无严寒，阳光充足，雨量丰沛，气候宜人，四季鲜花盛开；年平均气温22.5℃，冬季平均气温16℃，夏季平均气温25℃。

（2）风向风速

深圳市年平均风速为2.7m/s，其中一、四季度平均风速最大，各月达2.8~3.0m/s，盛夏平均风速最小，7~8月只有2.1~2.2m/s。各季节盛行风随季节交替变化，9月至次年2月以东北偏北－东北风为主；3~6月盛行东北偏东－东风。

（3）太阳辐射

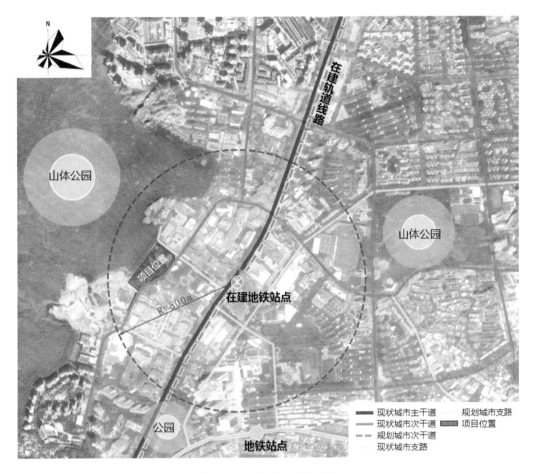

图 12-1　项目所在地示意图

按接受太阳能辐射量的大小，深圳属于三类地区（资源一般带），全年日照时数为 2200～3000h，辐射量在 502～586×10⁴kJ/（cm² · a），相当于 170～200kg 标准煤燃烧所发出的热量。

2. 现状主要为旧工业厂房

建筑陈旧，交通系统不完善，土地利用率不高，难以满足社会经济发展的要求，改造迫在眉睫。项目整体处于网谷核心区，是南山区政府与招商局联手推出的一个融合高科技与文化产业的互联网及电子商务产业基地。目前已有接近 100 家互联网企业入驻。已引进客户超过 70 多家，2011 年的产业规模达到 35 亿元；同时，通过旧改对旧厂房物业的改造进行升级。片区产业发展势头强劲，主要为网络信息、科技服务、文化创意等创新型产业，主要引入企业是互联网相关企业，片区正在形成一个极具创新力、时代性的"网谷—互联网及电子商务基地"（图 12-2）。

12.1.3　总体目标与思路

总体功能定位：项目将依托良好的区位条件，通过城市更新，由现状破旧落后的工业区改造成为品质高端、环境优美、生态友好的"互联网＋"产业研发基地。

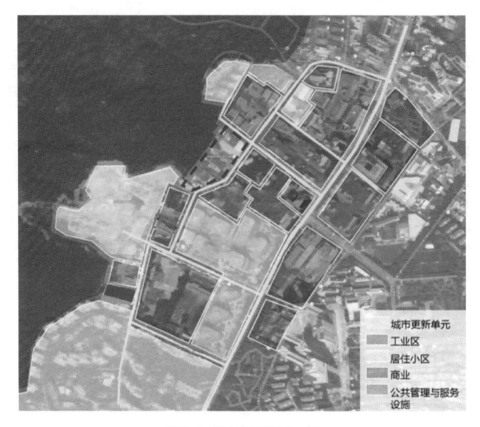

图 12-2 周边建设环境现状图

总体发展方向与目标：本次规划研究依据上层次规划要求、区域发展需求及项目的本体条件，优化片区的城市功能、提升城市形象，打造具有城市活力与魅力的互联网产业与电子商务研发中心，建设开放式、舒适性的复合型产业创新基地。

12.2 工作重难点

12.2.1 项目特殊性与侧重点

更新项目通常范围较小，且道路、周边环境已经建成，因此，在进行此类物理环境研究时，应该充分了解项目所在城市街区肌理、街区尺度。本案例参照《深圳市自然通风评价方法》和气象观测数据进行风热环境模拟与评估，从街区自身的构成要素和布局特征出发，提出改善区域风环境、热环境、光环境、声环境的方案，落实绿色城市基础设施、绿色建筑、建筑节能等的具体措施，解决城市街区设计不当造成的城市风热环境问题。

本项目为微观尺度范围内城市更新项目的物理环境规划研究，工作侧重点在于现有的城市建成条件下，改善规划范围内的人体舒适度、落实绿色建筑设计要求。因此，项目聚焦于研究人行高度处风速与小范围内冷热岛间的空气流通；另外，由于项目地处滨海城市，要考虑建筑表面风速并适当提出建筑防风建议。在本次物理环境研究中，以研究建筑所在区域为中心，考虑街区范围和山体这一特殊地形对更新区域风场的影响，划定了研究范围，研究了更新区域及其周边支路及以上层级道路围合而成的片区的区域小气候及噪声污染情况。

项目本底条件特点在于西侧紧邻山体，山体对风热环境有着主导性的影响，难以通过改变局部建筑布局及形态改变规划区风环境；从另一方面来说，山体植被良好，是理想冷岛，夏季可以有效降低规划区的局部气温。因此，本项目侧重于在现有自然条件与建成条件下，通过改变建筑的设计方式，优化规划区内的物理环境，提高人体舒适度与宜居程度，另一方面，落实绿色建筑，实施节能减排。

12.2.2　基础资料收集难点

通常，构建山体的模型，需要精度 5m 的 dem 数据，其地形数据难以收集。建议下载范围较大的地形数据，以山体形状边框裁剪得到山体的 dem 数据。

12.2.3　技术难点

微观尺度下的物理环境模拟更注重建筑设计的合理性及人身处其中时的直观感受，在周边环境无法改变的情况下，通过优化建筑设计方案与景观设计方案，提高区域宜居性。

在用 SketchUp 构建山体模型时，可采用沙盘模型，但进行风热模拟时，为保证软件准确、高效运算，应确保模型简洁与封闭，因此需要手动删除废线并闭合山体模型的底面，在工作过程中应注意保持模型完整。

为了提高软件运算速度，可对模型进行适度概化，但在模型处理过程中概化尺度如何把握并无量化准则，通常由建模者通过经验判断。在本项目中，由于山体对规划区物理环境影响极大，因此将山体纳入计算范围内。

规划区西侧的山体对当地风热环境起主导性影响作用，难以通过改变建筑形态与布局等常规措施改变局域小气候，但仍可以在一定程度上进行优化。例如，当风环境模拟结果显示建筑表面风速过高时，可以通过增加建筑抗风设计提高建筑防风水平；当热环境模拟结果显示在夏季道路周边温度过高时，可以通过增加绿地、水体等方式降低局域温度；而当热模拟结果显示在夏季建筑表面温度过高时，可以通过增加绿色屋顶和垂直绿化的方式降低建筑表面温度，落实绿色建筑。

12.3　总体规划成果

根据最新测绘的地形图，更新单元在地块划分与道路规划的基础上，共分为 2 个用地地块。根据《深圳市城市规划标准与准则》的相关规定与要求，考虑周边地区的功能发展趋势、项目土地贡献、空间形象等诸多因素，确定用地功能为新型产业用地（M0）及公园绿地（G1）。规划控制要求如下（图 12-3）：

1）用地性质：用于开发建设地块的用地性质为新型产业用地（M0）。

2）容积率：综合考虑片区区域、经济可行性等因素，结合配套服务、市政交通承载

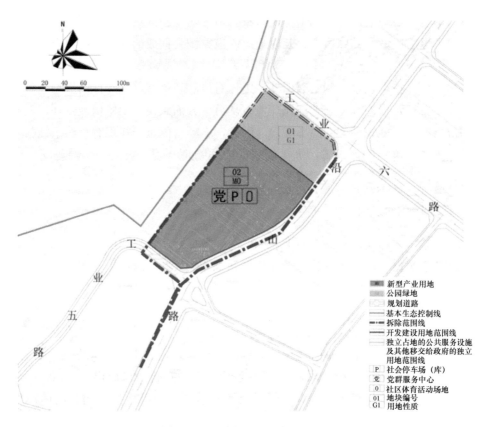

图 12-3   地块划分及指标控制图

力等综合确定开发建设用地的容积率为 5.6。

3）建筑覆盖率：根据《深圳市城市规划标准与准则》的相关要求进行核定。

4）绿化覆盖率：根据《深圳市城市规划标准与准则》的相关要求进行核定。

5）配建机动车停车位：根据《深圳市城市规划标准与准则》的相关要求，项目属于一类地区，按如下标准配建停车位：商业首 2000m² 按 2.0 个/100m²，2000m² 以上部分按 0.4～0.6 个/100m²、宿舍按 0.3～0.4 个/100m²、产业研发用房按 0.3～0.5 个/100m²，项目需配建停车位 211～322 个，本次规划按照上限进行配建，除此之外，配建地下社会公共停车位 60 个，合计停车位 382 个。

自行车停车位按如下标准配建：商业按 0.4～0.6 个/100m²，宿舍按 2.0 个/100m²，产业研发用房按 0.3～0.5 个/100m²，集体宿舍按 2.0 个/100m²，项目需配建自行车停车位 489～584 个，本次规划按照中下限进行配建，占地面积约 284m²。

6）公共配套设施：党群服务中心、社区级公共配套用房、社区体育活动场地。

12.4   物理环境方案：落实绿色建筑、提高人体舒适度

12.4.1   调节风速至人体舒适范围内，降低建筑受强风影响的风险

确保规划区域内人行高度处风速位于体感舒适区内，风速小于 5m/s。另外，由于项

目地处南方滨海，因此对建筑防风必要性及防风设计的优化建议必不可少。

1. 风环境模拟评估

　　经模拟，夏季行人高度 1.5m 处平均风速为 1.69m/s，略低于初始设定风速 2.2m/s；而更新区域内建筑距离较近、建筑空隙与来风方向相同的区域风速较高，更新单元中心建筑小而密集的区域风速较低，其中最高风速为 2.19m/s，最低风速为 1.09m/s，风速位于体感舒适区，空气流通情况整体良好。图 12-4 中黄色部分为风速相对较大的区域，皆是受狭管效应影响。冬季行人高度 1.5m 处平均风速为 1.89m/s，略低于初始设定风速 3m/s；更新区域风速最高为 2.5m/s，低于 5m/s 的标准，最低风速为 0.94m/s，高于 0.5m/s 的标准。

　　根据软件模拟分析，图 12-6 中蓝色部分为风速较低区域。由 10m 处风速云图（图 12-4～7）可以看出，更新项目所在地西侧的山体对规划区内风场的影响较大，尤其是在

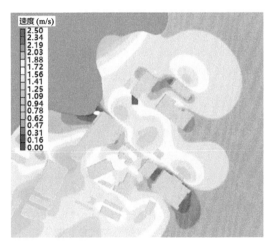

图 12-4　夏季 1.5m 处风速云图　　　　图 12-5　冬季 1.5m 处风速云图

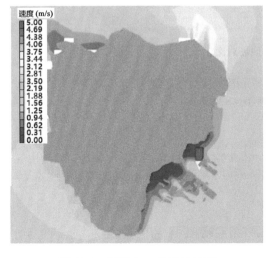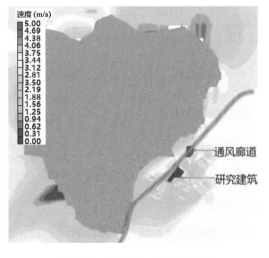

图 12-6　夏季 10m 处风速云图　　　　图 12-7　冬季 10m 处风速云图

327

夏季，主导风向为东南风，研究范围处于山体前形成的风影区中，规划区内风速较来风风速整体略低。冬季主导风向为东北风，规划区内风场受山体的影响相对不大，风速较来风风速的减弱相对夏季不明显。在冬季，由于山体与研究建筑距离较近，来风经过山体与研究建筑时，风速被放大，因此山体与研究建筑之间有局域的风速放大区。然而这一区域的风速约为 3.75m/s，远低于 5m/s，仍在体感舒适区内。另外，在冬季，研究建筑与山体之间有明显的通风廊道，这有利于冬季的空气流通和污染物扩散。

建筑表面风速随建筑的增高而增大。夏季规划区内建筑表面风速最大的地方在研究建筑屋顶处，其风速为 3.0m/s；蓝色区域为风速较小区域，从图 12-8 中可以看出，当位于上风向的建筑迎风面面积较大且高度较高时，下风向的建筑所处区域风速将明显降低。冬季规划区内建筑表面风速最大的地方在研究建筑屋顶处，其风速为 5m/s（图 12-9）。

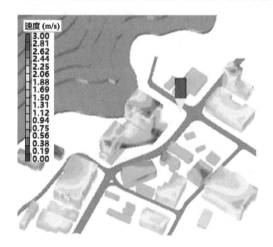

图 12-8　夏季建筑表面风速云图

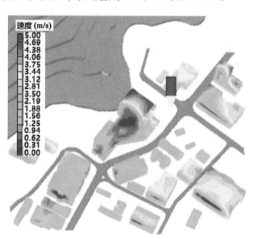

图 12-9　冬季建筑表面风速云图

在夏季，规划区风场受西侧大南山影响较大，但风速整体处于体感舒适区内且空气流通情况良好；在冬季，规划区内风速小于 5m/s，空气流通情况良好，利于污染物扩散（表 12-1）。

规划区夏、冬季风场对比　　　　　　　　　　　　表 12-1

工况	夏季	冬季
1.5m 处风速云图	无明显风速放大或减小区，整体风速位于体感舒适区内	有明显风速放大区
10m 处风速云图	有明显通风廊道、靠近山体处风速明显较低	有明显通风廊道，风速处于体感舒适区内
建筑表面风速云图	整体低于 5m/s	整体低于 5m/s

2. 风环境评价结论：通风状况良好，按规划方案实施

规划区内风场受西侧山体影响较大，导致夏季区域内风速较来风风速略微降低，但其风速仍处于体感舒适区内；在冬季，规划区内有明显风廊道，利于空气流通和污染物扩散。

研究建筑周围通风状况良好，在夏季最低风速高于 1.25m/s；在冬季，通风廊道在研究建筑西侧形成。另外，在夏季，研究建筑表面风速整体处于 0.5～3m/s 之间；在冬季，研究建筑表面风速整体处于 0.5～5m/s 之间，利于空气流通，并且位于体感舒适区内。

规划区内通风状况良好，无优化建议，按规划方案实施即可。

12.4.2　降低局部温度，提高人体舒适度、减少耗能

由于道路和建筑的材质吸热快，通常这些人造构筑物的温度远高于环境温度。在更新项目此类微观尺度研究中，主要通过改变建筑设计和材质、增加垂直绿化以及在区域内增加绿地和水体等小型景观的方式降低区域和局部温度。

1. 热环境模拟结果：建筑和道路温度偏高

由夏季和冬季 1.5m 处温度模拟云图可见，建筑与道路温度明显高于环境温度。在夏季，初始设定温度为 27℃，规划区内 1.5m 处平均温度为 25.14℃，最高温度为 25.6℃，而最低温度为 24.5℃。最高温度在道路上出现而最低温在山体边缘出现。由此可见，山体为区域内主要冷源。另外，在夏季，受研究建筑西侧山体影响，研究建筑西侧区域风速较低，因此研究建筑附近温度较高。在冬季，规划区内 1.5m 处平均温度为 13.83℃，略低于初始设定温度 16℃；最高温度 14.75℃ 在建筑边缘出现，建筑为区域内主要热源。如图 12-10、图 12-11 所示。

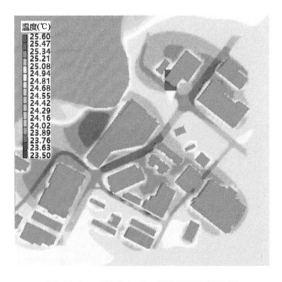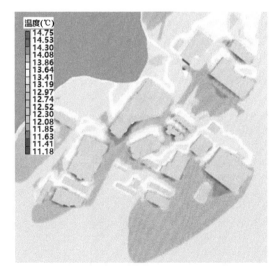

图 12-10　夏季 1.5m 规划区温度云图　　图 12-11　冬季 1.5m 规划区温度云图

由夏季和冬季建筑与道路表面温度云图可见，建筑表面温度远高于初始设定温度。在夏季，初始设定温度为 27℃。建筑表面最高温达到 55℃；在冬季，初始设定温度为 16℃，建筑表面温度最高达到 39℃。屋顶的温度明显高于四周墙面的温度。如图 12-12、图 12-13 所示。

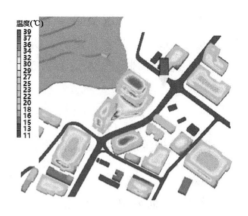

图 12-12　夏季建筑与道路表面温度云图　　　图 12-13　冬季建筑与道路表面温度云图

2. 热环境优化措施建议：增加垂直绿化、绿地和水体等小型景观

由以上分析可知，建筑与道路温度明显高于环境温度，夏季道路附近温度明显较高，冬季建筑温度与环境温度相比也明显较高；建筑屋顶的温度与其高度呈正相关关系。研究建筑东侧为沿山路，且研究建筑高度较高，在冬季和夏季受建筑和道路的影响较大。因此，建议可以通过在道路两侧、建筑屋顶表面、研究建筑东侧增加绿化，在研究建筑西侧增加水体的方式，来调节区域内小气候、缓解热岛效应。如图 12-14～图 12-16 所示。

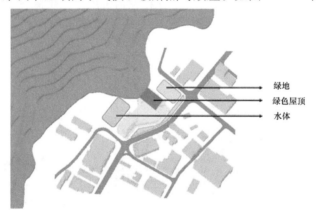

图 12-14　热环境优化示意图

图 12-15　绿色屋顶示意图　　　　　图 12-16　建筑旁景观水体意象图

12.4.3　削弱噪声值，达到噪声评价标准

对规划区内声环境进行模拟，根据其用地性质对其声环境做出评价，声环境评价标准见表 12-2。

各声环境功能区噪声限值　　　　　　　　　　　　　　　表 12-2

类别	昼间（dB）	夜间（dB）	适用区域
0	50	40	疗养区、高级别墅区、高级宾馆区等
1	55	45	以居住、文教机关为主的区域、乡村
2	60	50	用于居住、商业、工业混杂区
3	65	55	工业区
4	70	55	城市中的交通干线道路两侧区域

1. 声环境模拟结果：昼间、夜间噪声结果均符合标准

（1）昼间噪声分析

应用 NoiseSystem 噪声模拟软件对规划区及其周边进行数值模拟计算，并绘制噪声地图。由图 12-17、图 12-18 可见，次干道沿山路的噪声污染值高于城市支路工业五路和工业六路。规划区内建筑整体处于噪声值低于 60dB 的环境中，但沿山路两侧建筑区域内少部分建筑处于噪声值大于 60dB 的环境中。以《声环境质量标准》GB 3096 中 2 类声环境功能区要求，这些建筑的噪声值超标。规划区噪声值整体低于 60dB，符合标准。

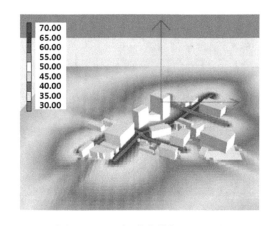

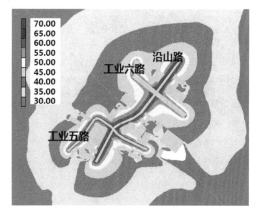

图 12-17　昼间噪声模拟 3D 地图　　　　　　图 12-18　昼间噪声模拟地图

（2）夜间噪声分析

夜间噪声地图如图 12-19、图 12-20 所示。夜间规划区内建筑所处位置噪声值整体低于 50dB，但沿山路两侧仍有部分建筑所处位置噪声值达到 55dB，超过《声环境质量标准》GB 3096 中 2 类声环境功能区要求。工业五路和工业六路两侧建筑所处区域噪声值不高于 50dB，达到《声环境质量标准》GB 3096 中 2 类声环境功能区的标准。

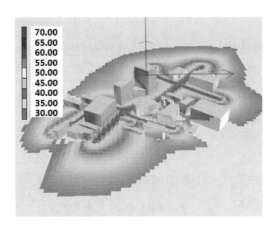

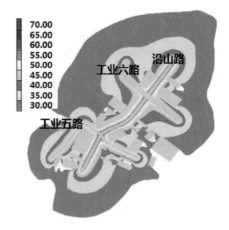

图 12-19　夜间噪声模拟 3D 地图　　　　　　图 12-20　夜间噪声模拟地图

2. 噪声优化措施建议：增加绿化带、采用降噪材料

通过噪声地图分析可见，规划区域内噪声污染普遍较轻。作为污染源，支路工业五路和工业六路对环境产生的噪声污染远小于次干道沿山路。

模拟结果显示公路噪声源对环境噪声的贡献，可通过采取以下措施降低研究建筑内的噪声值：首先，建议在研究建筑靠近沿山路一侧设置绿化带作为声屏障；其次，建议在建造楼房时，采用隔声玻璃，或在建造楼房时采用隔声材料，以进一步降低道路交通噪声对研究建筑的影响；最后，建议在建筑的周围尽量加大绿化建设力度，以发挥绿色植物对噪声的吸收、削减作用。如图 12-21、图 12-22 所示。

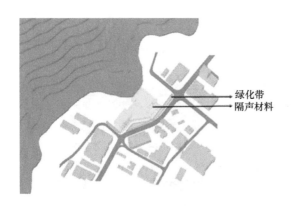

图 12-21　噪声削减措施示意图　　　　　　图 12-22　绿化带意象图

根据上述优化建议，在建筑靠近沿山路一侧设置绿化林带后对计算区域进行噪声数值模拟。模拟结果如下：对比优化前后噪声 3D 地图可以发现（图 12-23～图 12-26），优化前建筑立面上的噪声在白天低于 60dB、在夜晚低于 50dB，已经达到《声环境质量标准》GB 3096 对于 2 类声环境功能区的标准，但研究区域靠近马路的部分噪声值仍偏高；而在建筑靠近沿山路一侧种植高 10m、宽 3m 的绿化林带后，建筑立面上的噪声值略有下降，研究区域地面靠近马路的部分噪声值明显下降。

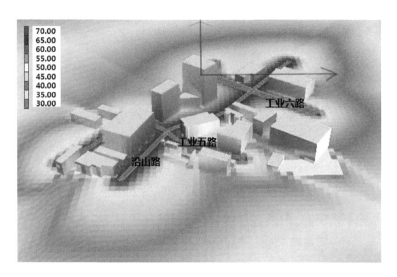

图 12-23　昼间噪声 3D 地图（优化前）

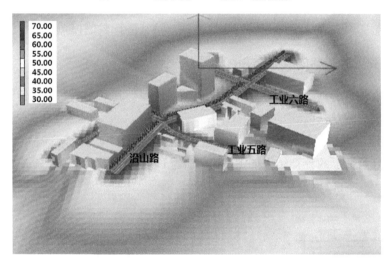

图 12-24　昼间噪声 3D 地图（优化后）

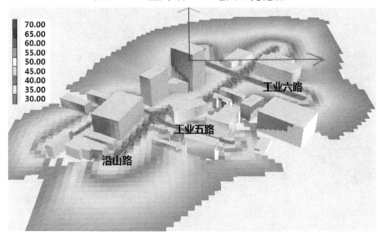

图 12-25　夜间噪声 3D 地图（优化前）

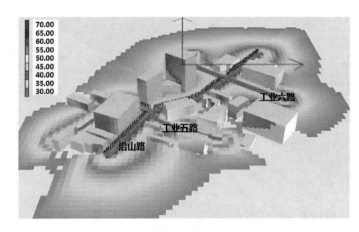

图 12-26　夜间噪声 3D 地图（优化后）

需要注意的是，本次优化模拟只模拟了沿道路一侧增加绿化林带对研究区域噪声的削减情况。如果需要进一步削减研究建筑室内的噪声，可以在建造楼房时使用隔声材料。由于不同的材料对噪声的削减情况不同，此处不一一对其进行数值模拟。

12.4.4　合理安排建筑朝向及布局，优化建筑光照时间

对规划区内建筑受到的日照时数进行模拟预评估，当其不能达到国家标准时，对建筑的朝向和布局进行调整，以满足要求。

1. 光环境模拟结果：日照情况良好

对规划区日照情况的计算结果如图 12-27 所示，依据其结果，项目建筑建成后，能够

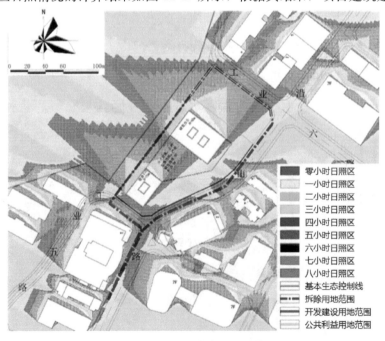

图 12-27　规划区大寒日日照情况

图片来源：深圳市建筑科学研究院有限公司

保证本区建筑物满足大寒日 1h 的日照条件，并满足周边用地大寒日有效日照时数 3h 的标准。

2. 光环境评估结论：良好，按规划实施

研究建筑及规划区内日照情况良好，无优化建议，后续按规划实施。

12.5　创新亮点：微观地块规划导向微气候优化

本案例属于微观地块尺度规划，其风环境模拟与分析较为特殊，当地风场受西侧山体影响极大。在调整建筑布局难以有效改变当地风环境的情况下，仍可以通过增加建筑抗风性来使建筑更加适应当地环境。

在其他物理环境研究项目中，若其地形、气候或其可优化尺度的限制使得改变局域微环境十分困难，可以通过优化建筑设计方案、优化景观设置方案等方式提高建筑的宜居性。

12.6　思考

本研究侧重于对片区内物理环境进行模拟与评价，由于研究范围较小，因此可以进行的调整有限。更新范围内的风环境受西侧山体的主导性影响，虽然夏季在山体前形成明显的风速减小区域，但无法进行有效的改善与优化。尽管如此，由于当地风速在山体影响下依旧处于人体舒适区域内，且山体为天然冷源，因此对人体热舒适度的影响不大。

附录 1　术　　语

1. 城市规划 urban planning

对一定时期内城市的经济和社会发展、土地利用、空间布局以及各项建设的综合部署、具体安排和实施管理。

2. 城市物理环境 urban physical environment

利用物理学的一些基本原理，分析城市环境内部因素的运动变化和存在形态。

3. 城市生态系统 city ecosystem

在城市范围内，由生物群落及其生存环境共同组成的动态系统。

4. 下垫面 underlay surface

下垫面是大气与其下界的固态地面或液态水面的分界面，是大气的主要热源和水汽源，也是低层大气运动的边界面。下垫面是气候形成的重要因素，人类活动对气候的影响首先通过改变下垫面性质来实现。

5. 气候区 climate zone

根据《建筑气候区划标准》GB 50178，以 1 月平均气温、7 月平均气温、7 月平均相对湿度为主要指标，以年降水量、年日平均气温低于或等于 5℃的日数和年日平均气温高于或等于 25℃的日数为辅助指标而划分的七个一级区。

6. 城市规划区 urban planning area

城市市区、近郊区以及城市行政区域内其他因城市建设和发展需要实行规划控制的区域。

7. 城市建成区 urban built-up area

城市行政区内实际已成片开发建设、市政公用设施和公共设施基本具备的地区。

8. 城市用地 urban land

按城市中土地使用的主要性质划分的居住用地、公共设施用地、工业用地、仓储用地、对外交通用地、道路广场用地、市政公用设施用地、绿地、特殊用地、水域和其他用地的统称。

9. 城市道路网 urban road network

城市范围内由不同功能、等级、区位的道路，以一定的密度和适当的形式组成的网络结构。

10. 交通干线 traffic artery

指铁路（铁路专用线除外）、高速公路、一级公路、二级公路、城市快速路、城市主干路、城市次干路、城市轨道交通线路（地面段）、内河航道。应根据铁路、交通、城市等规划确定。

11. 绿源 green source

城市或郊区中有一定面积、能改善气象环境的水体、林地、农田以及城市绿地。

12. 公共空间 public space

具有一定规模、面向所有市民 24 小时免费开放，并提供休闲活动设施的公共场所，一般指露天或有遮盖的室外空间，符合上述条件的建筑物内部公共大厅和通道也可作为公共空间。

13. 容积率 plot ratio，floor area ratio

又称用地容积率。一定地块内，总建筑面积与建筑用地面积的比值。

14. 绿地率 greening rate

城市一定地区内各类绿化用地总面积占该地区总面积的比例（％），不包括屋顶、晒台的人工绿地。

15. 建筑密度 building density

一定地块内所有建筑物的基底总面积占用地面积的比例。

16. 天空开阔度 sky openness

受周边建筑或环境遮蔽的程度，反映了城市中不同街区的几何形态，可影响地表能量平衡关系，改变局地空气流通。

17. 绿色建筑 green building

在全寿命期内，最大限度地节约资源（节能、节地、节水、节材）、保护环境、减少污染，为人们提供健康、适用和高效的使用空间，与自然和谐共生的建筑。

18. 立体绿化 vertical greening

平地绿化以外的所有绿化形式，包括但不限于绿色屋顶、墙面垂直绿化、高架绿化等。

19. 建筑间距 building interval

两栋建筑物或构筑物外墙之间的水平距离。

20. 建筑面宽 projected façade length

建筑物沿控制面的正投影的长度。

21. 层高 storey height

建筑物各层之间以楼、地面面层计算的垂直距离，屋顶层由楼面至檐口或屋面面层计算的垂直距离。

22. 城市风环境 urban wind environment

风环境是指室外自然风在城市地形地貌或自然地形地貌影响下形成的受到影响之后的风场。现阶段风环境最主要在建筑设计和城市规划的科学领域中被研究。城市风环境是指城市区域内的风速风向分布。城市化后，市区内大量的建筑、构筑物使得城市成为一体化的下垫面层，其内的风速与风向分布已经完全不同于大天气系统。

23. 热力环流 thermal circulation

由于地面冷热不均而形成的空气环流，是大气运动的一种简单的形式。

24. 风场 wind field

环境影响评价专业术语，指存在局地风速、风向等因子不同的风。常见的地方性风场有：海陆风、山谷风和城市热岛环流。

25. 狭管效应 narrow tube effect

狭管效应，又称峡谷效应或颈束效应，是指峡谷地形对气流的影响。当气流由开阔地带流入峡谷时，由于空气质量不能大量堆积，于是加速流过峡谷，风速增大，当流出峡谷时，空气流速又会减缓。

26. 城市通风廊道 urban ventilation corridor

由空气动力学粗糙度较低、气流阻力较小的城市开敞空间组成的空气引导通道。

27. 通风量 ventilation volume

单位时间单位面积空气的流量。

28. 通风潜力 ventilation potential

由地表植被、建筑覆盖及天空开阔度确定的空气流通能力。

29. 风屏障 wind barrier

为抵抗大风而设的屏障。当风通过风屏障，形成上、下干扰气流，降低来流风的风速，极大的损失来流风的动能；减少风的湍流度，消除来流风的涡流。

30. 城市热（湿）环境 urban thermal (humid) environment

城市热（湿）环境是近二十几年才出现的新的物理概念。其主要含义是指城市区域（城市覆盖层内）空气的温度分布和湿度分布。随着城市化的高速发展，城市区域的温湿度分布表现出与郊区农村越来越多的不同，出现所谓的城市热污染，直接影响城市区域建筑物的室内热环境。

31. 城市热岛效应 urban heat island effect

城市热岛是随着城市化而同时出现的一种特殊的局部气温分布现象。城市市区气温高于郊区。愈接近市中心气温愈高，市区任一水平面的等温线图是如同热岛等高线一样的一族曲线。将企稳分布的这种特殊现象称作城市热岛。

32. 地表温度反演 land surface temperature retrieval method

自然界任何高于热力学温度的物体都有向外辐射具有一定能量和波长的电磁波的能力，该电磁波的性质与物质表面的状态有关，是物质内部组成和温度的函数。利用热遥感器探测出地表物体的辐射能量，并利用普朗克函数求出对应温度的方法，叫作地表温度反演法。

33. 噪声 noise

影响人们正常生活、工作、学习、休息，甚至损害身心健康的外界干扰声。

34. 声级 sound level

用一定的仪表特性和 A、B、C 计权特性测得的计权声压级。所用的仪表特性和计权特性都必须说明，否则指 A 声级。基准声压也必须指明。

35. 昼间 day-time、夜间 night-time

根据《中华人民共和国环境噪声污染防治法》，"昼间"是指 6：00～22：00 之间的时段；"夜间"是指 22：00 至次日 6：00 之间的时段。

36. 点声源 point sound area

以球面波形式辐射声波的声源，辐射声波的声压幅值与声波传播距离成反比。任何形状的声源，只要声波波长远远大于声源几何尺寸，该声源可视为点声源。在声环境影响评价中，声源中心到预测点之间的距离超过声源最大几何尺寸 2 倍时，可将该声源近似为点声源。

37. 线声源 line sound source

以柱面波形式辐射声波的声源，辐射声波的声压幅值不随传播距离改变。

38. 面声源 area sound source

以平面波形式辐射声波的声源，辐射声波的声压幅值不随传播距离改变。

39. 声影区 sound shadow region（shadow zone）

由于障碍物或折射关系，声线不能到达的区域。

40. 声屏障 sound barrier

阻挡声源和测量点之间视线的某种固体物，它能造成声影区。

41. 声景 soundscape

研究人、听觉、声环境与社会之间的相互关系，与传统的噪声控制不同。声景重视感知，而非仅物理量；考虑积极和谐的声音，而非仅噪声；将声环境看成是资源，而非仅"废物"。

42. 采光 daylighting

为保证人们生活、工作或生产活动具有适宜的光环境，使建筑物内部使用空间取得的天然光照度满足使用、安全、舒适、美观等要求的措施。

43. 采光系数 daylight factor

在室内给定平面上的一点，由直接或间接地接收来自假定和已知天空亮度分布的天空漫射光而产生的照度与同一时刻该天空半球在室外无遮挡水平面上产生的天空漫射光照度之比。

44. 日照标准 insolation standard

根据各地区的气候条件和居住卫生要求确定的，居住建筑正面向阳房间在规定的日照标准日获得的日照量，是编制居住区规划确定居住建筑间距的主要依据。

45. 建筑遮阳 shading

在建筑门窗洞口室外侧与门窗洞口一体化设计的遮挡太阳辐射的构件。

46. 光污染 light pollution

照明装置发出的光中落在目标区域或边界以外的部分或建筑表面反射光线的数量或方向足以引起人们烦躁、不舒适、注意力不集中或降低对于某些重要信息（如交通信号）的感知能力，以及对于动、植物产生不良影响的现象。

附录 2　规 划 编 制 大 纲

本附录重点介绍常见物理环境专题的编制框架，在实际项目中，如需要对特定的风、光、声、热中某一种物理环境进行分析的话，则需要遵从整体规划文本编制框架，按照"基础分析—提出问题—物理环境模拟—优化方案—模拟新方案"的技术路线编制即可。

物理环境专题研究的意义在于分析现状情况，分析规划方案的物理环境状态，以有利于在规划方案制定过程中进行优化调整，有时不作为专题研究，仅作为规划方案的效果评估部分。主要编制大纲如下：

第一部分　项目概况

1.1　地理位置

分析项目区位，了解项目所在城市的基础地理环境、生态环境质量、生态系统特征、经济发展条件、历史文化特征等，为物理环境分析提供基础判断。

1.2　气候特征

收集并分析项目的风频风向、太阳辐射情况、降雨情况、蒸发强度、湿度等背景气候数据和季节特征。

1.3　项目概况

分析项目规划区内部现状情况、拟开展规划情况及项目规划区周边的建设、交通系统等情况。收集项目周边道路的交通流量等数据。衔接分析规划方案的整体定位、用地功能、建设密度、产业分布、交通规划等。

第二部分　风环境分析与评价

2.1　评估意义

从城市通风廊道系统建立、小区域通风环境情况改善等方面分析风环境评估对城市发展、对周边用地和对规划区内部建筑环境的正面意义。

2.2　研究方法

介绍方案采用何种模拟方法、相应的模拟软件，及模拟采用的数学模型。

2.3　模型搭建与计算

介绍建立风模拟建筑模型的过程、模拟范围、参数设置等内容。

2.4　评价准则

以《绿色建筑评价标准》和相关地方标准等作为参考依据，评价模拟后的风环境是否存在问题。

2.5　计算结果分析

展示计算后的风速、风压、风舒适度、吹风感系数等云图、矢量图等模拟结果图片，分析模拟结果暴露出的规划区内的风环境问题并分析规划区内形成的原因。

2.6　优化建议

对规划区内风环境问题提出相应的城市用地布局、绿地水体空间保护、规划区建筑密度、建筑高度控制、排列方式与建筑设计形态等空间落实优化建议。针对规划区特殊问题提出大气污染控制、优化产业、公共空间选址的方案。

视项目需要，可提出多个优化方案，并进行优化方案模拟验证效果分析。

第三部分　热环境分析与评价

3.1　评估意义

从消除热岛效应等方面分析热环境评估对城市发展、对周边用地和对规划区内部环境的正面意义。

3.2　研究方法

介绍方案采用何种模拟方法、相应的模拟软件，及模拟采用的数学模型。

3.3　模型搭建与计算

介绍建立热模拟建筑模型的过程、模拟范围、参数设置等内容。

3.4　评价准则

以相关标准等作为参考依据，评价模拟后的热环境是否存在问题。

3.5　计算结果分析

展示温度、热舒适度等热环境模拟结果图片，分析模拟结果暴露出的规划区内的热岛效应等问题及形成的原因。

3.6　优化建议

对规划区内热环境问题提出相应的规划用地格局与形态、用地功能、绿地水体布局方式与形态、建筑形态与垂直绿化分布等与规划方案空间可衔接落实的优化建议。针对规划区特殊情况可以增加对生态系统产生影响的优化分析。

视项目需要，可提出多个优化方案，并进行优化方案模拟验证效果分析。

第四部分　声环境分析与评价

4.1　评估意义

从保障人的身心健康、满足标准要求等方面分析声环境评估对规划区内部未来居民的意义。

4.2　研究方法

介绍方案采用何种模拟方法、相应的模拟软件，及模拟采用的数学模型。

4.3 模型搭建与计算

介绍建立声模拟建筑模型的过程、模拟范围、参数设置等内容。

4.4 评价准则

以《声环境质量标准》和地方标准等作为参考依据，评价模拟后的声环境是否存在问题。

4.5 计算结果分析

展示水平、竖向、接受点结果的噪声地图，分析模拟结果暴露出的规划区内的噪声问题以及形成的原因。

4.6 优化建议

参考研究对象的噪声影响阈值，对规划区内声环境造成的影响进行分析，进行严重程度分析，针对问题提出相应的交通系统布局、交通流量调整、用地功能布局、建筑形态布局设计、降噪措施选择及分布等优化建议。针对规划区内有珍稀动植物的区域，还需分析噪声对于动物栖息地的影响，提出保护管控及解决替代的方案。

视项目需要，可提出降噪优化方案，并进行降噪措施实施后方案模拟验证效果分析。

第五部分 光环境分析与评价

5.1 评估意义

从科学规划、可持续发展等方面分析光环境对规划方案、规划区内部规划、新能源利用的意义。

5.2 研究方法

介绍方案采用何种模拟方法、相应的模拟软件，及模拟采用的数学模型。

5.3 模型搭建与计算

介绍建立光环境模拟建筑模型的过程、模拟范围、参数设置等内容。

5.4 评价准则

以各地的日照标准为依据，评价日照分析是否满足标准要求。参考太阳辐射分析标准、新能源利用效果等进行比对评价。

5.5 计算结果分析

展示日照时长、太阳能辐射量、太阳能板角度朝向、建筑最佳朝向、绿建技术适宜性等分析结果，分析规划区内的规划方案是否存在日照不达标问题并分析原因，分析规划区内太阳辐射空间差异。

5.6 优化建议

对规划区内日照问题提出相应的优化建议，并提出太阳能利用技术的布局、技术要点、绿建技术应用要点、太阳能相关市政设施布局等建议。

第六部分 总结评估

总体评价规划区的风环境、热环境、声环境、光环境的问题及解决要点，形成相关系统方案的衔接与整合，得出综合的物理环境优化提升方案。

附录3 图片英文翻译对照表

1. 分析图常见翻译

英文	中文	英文	中文
Velocity	速度	Temperature	温度
Age	空气龄	Pressure	压强

2. 软件界面图翻译

	英文	中文	英文	中文
	Geometry	几何	Models	模型
	Properties	物性	Initialisation	初始化
	Help	帮助	Top menu	首页
	Sources	源项	Numerics	数值
	Output	输出	Equation formulation	方程
	Elliptic-Staggered	椭圆交错	Lagrangian Particle Tracker (GENTRA)	拉格朗日粒子跟踪法
	OFF	关闭	Solution for velocity and pressure	速度和压力的解
图 5-9	ON	开启	Energy Equation	能量方程
	TEMPERATURE	温度	TOTAL	总和
	Turbulence Models	湍流模型	KECHEN	KE 模型
	Settings	设置	Radiation Models	辐射模型
	Fan operating point	通风机工况点	System curve	系统曲线
	Solve pollutants	求解污染物	Solve smoke mass fraction	求解烟气质量分数
	Solve specific humidity	求解比湿	Comfort indices	舒适度指数
	Solution control/ Extra variables	求解控制/额外变量	InForm-Group7	自定义组
	Edit InForm7	编辑自定义	Edit InForm8	编辑自定义
	Pollutant settings	污染物设置	Previous panel	上一步
图 5-10	Pollutants are solved as the mass fraction of each species, with units kg/kg _ mixture. Up to 5 species can be defined here.	污染物以每种物质的质量分数表示，单位为 kg/kg（混合物）。最多可定义 5 种污染物。	Detailed solution control settings for those variables can be made from "Models-Solution control/Extra variables". More pollutant species can be added there.	这些变量的详细污染控制设置以及增加其他污染物种类可在"模型——解决方案控制/额外变量"中进行
	Status	状态	Name	名称
	ON	开启	OFF	关闭
	Carrier	载体	Include in gas density calculation	包含气体密度计算

续表

英文	中文	英文	中文
	Comfort indices	舒适指数	Previous panel	上一步
The following quantities are available	可求解的指标如下	Dry Resultant Temperature (TRES)	干合成温度
Apparent Temperature (TAPP)	表观温度	Predicted Mean Vote (PMV)	预测平均评价
Predicted Percent Dissatisfied (PPD)	预测不满意百分比	Draught Rating (PPDR)	吹风感
Turbulence Intensity (%) (TINS)	湍流强度	Percent Productivity Loss (PLOS)	生产率损失百分比
Wet Bulb Globe Temperature (WBGT)	湿球温度	Mean Age of Air (AGE)	平均空气龄
Radiant temperature	辐射温度	User-set	自定义
Deg C	摄氏度	Clothing insulation	服装热阻
Metabolic rate	代谢率	Sedontary _ activity	静态活动
External Work	外功	Relative humidity	相对湿度
Use weather data file	使用气象数据文件	External density is	外部密度
Domain fluid	域流体	External pressure	外部压力
Coefficient	系数	Linear	线性的
External Temperature	外部温度	Wind speed	风速
Wind direction	风向	South-East	东南
Reference height	参考高度	Angle between North and Y	正北与 Y 轴的夹角
Profile Type	剖面类型	Power Law	幂次定律
Power Law index	幂次定律指数	Vertical direction	垂直方向
Effective roughness height	有效粗糙度高度	Low crops, occasional large obstacles	低矮庄稼,偶尔出现的大型阻碍物
Include open sky	包含开阔天空	External Radiative Link	外部辐射链接
T external	外源温度	Include ground plane	包括地平面
Store Wind Amplification Factor (WAMP)	存储风放大系数	Reference height	参考高度
Store Wind Amplification Factor (WAF)	存储风放大系数		
Get North and Up from WIND	北上避风	Angle between North and Y	正北与 Y 轴的夹角
Use weather data file	使用气象数据文件	Latitude	纬度
Direct solar radiation	太阳直接辐射	Constant	固定
Diffuse solar radiation	漫射太阳辐射	Date	日期
Time	时间	Optional extra output	可选额外输出

图 5-11

图 5-17

图 5-18

续表

	英文	中文	英文	中文
图 6-3	Immersol	浸没	Radiation Settings	辐射设置
	Previous panel	上一步	Absorption coefficient per unit length	单位长度吸收系数
	Scattering coefficient per unit length	单位长度漫射系数	Store radiative energy fluxes	储存辐射能通量
图 6-4	Humidity Settings	湿度设置	Previous panel	上一步
	The solved specific humidity equation, MH_2O, has units of kg/kg of mixture. It is the mass fraction of water vapour.	求解的比湿度方程 MH_2O 的单位为 kg/kg（混合物）。它是水蒸气的质量分数。	The following derived quantities can also be activated	可求解的指标如下
	Humidity Ratio (HRAT)	含湿量	Relative Humidity	相对湿度
	Wet Bulb Temperature (TWET)	湿球温度	Dew Point Temperature (TDEW)	露点温度
图 6-5	Comfort indices	舒适指数	Previous panel	上一步
	The following quantities are available	可求解的指标如下	Dry Resultant Temperature (TRES)	干合成温度
	Apparent Temperature (TAPP）	表观温度	Predicted Mean Vote (PMV)	预测平均投票
	Predicted Percent Dissatisfied (PPD)	预测不满意百分比	Draught Rating (DDDR)	吹风感
	Turbulence Intensity （%）(TINS)	湍流强度	Percent Productivity Loss (PLOS)	生产率损失百分比
	Wet Bulb Globe Temperature (WBGT)	湿球温度	Mean Age of Air (AGE)	平均空气龄
	Radiant temperature	辐射温度	User-set	自定义
	Deg C	摄氏度	Clothing insulation	服装保温
	Metabolic rate	代谢率	Sedontary _ activity	静止活动
	External Work	外功	Relative humidity	相对湿度
图 6-6	Geometry	几何形状	Models	模型
	Properties	属性	Initialisation	初始化
	Help	帮助	Top menu	首页
	Sources	来源	Numerics	数值
	GROUND	地面	Output	输出
	Equation formulation	方程	Elliptic-Staggered	椭圆交错的
	The simulation is	模拟是	One-Phase	单相
	Lagrangian Particle Tracker (GENTRA)	拉格朗日粒子跟踪器	Solution for velocity and pressure	速度和压力的解
	Free-surface models	自由表面模型	Energy Equation	能量方程
	Turbulence models	湍流模型	Radiation models	辐射模型
	Combustion/Chemical Reactions	燃烧/化学反应	Mean Age of Air(AGE)	平均空气龄
	Solution control/Extra variables	求解控制/额外变量	Advanced user options	高级用户设置

	英文	中文	英文	中文
图 8-8	Optimum Orientation	最佳朝向	Orientation based on average daily incident radiation on a vertical surface.	基于垂直地表日均辐射的朝向
	Underheated Stress：917.1	过冷时间内各个朝向的总曝辐射量	Overheated Stress：	过热时间内各个朝向的总曝辐射量
	Compromise	最佳朝向	Weather Tool	气候分析工具
图 8-9	Optimum Orientation	最佳朝向	Orientation based on average daily incident radiation on a vertical surface	基于垂直地表日均辐射的朝向
	Underheated Stress：917.1	过冷时间内各个朝向的总曝辐射量	Overheated Stress：	过热时间内各个朝向的总曝辐射量
	Compromise	最佳朝向	Weather Tool	气候分析工具
图 8-10	Psychrometric Chart	焓湿图	Display：Monthly Mean Minimum/Maximum	显示：月平均最小值/最大值
	Barometric Pressure	大气压	Weather Tool	气候分析工具
	Selected Design Techniques	选定的设计技术	Passive solar heating	被动式太阳能采暖
	Thermal mass effects	热物质效应	Exposed mass＋night-purge ventilation	暴露＋夜间净化通风
	Natural Ventilation	自然通风	Direct evaporative cooling	直接蒸发降温
	Indirect evaporative cooling	间接蒸发降温		
图 10-2	Monthly diurnal averages	逐月日平均	Daily conditions-1st January	一月一日逐日数据
	Legend	图例	Comfort：Thermal Neutrality	舒适性：热中性
	Temperature	温度	Direct Solar	直接太阳辐射
	Rel Humidity	相对湿度	Diffuse Solar	漫射太阳辐射
	Wind Speed	风速	Cloud Cover	云层覆盖度
图 10-7	Optimum Orientation	最佳朝向	Orientation based on average daily incident radiation on a vertical surface	基于垂直地表日均辐射的朝向
	Underheated Stress：917.1	过冷时间内各个朝向的总曝辐射量	Overheated Stress：	过热时间内各个朝向的总曝辐射量
	Compromise	最佳朝向	Weather Tool	气候分析工具
图 10-12	Stereographic Diagram	球极平面投影图	Sun Position	太阳位置
	Weather Tool	气候分析工具		
图 10-17	Optimum Orientation	最佳朝向	Orientation based on average daily incident radiation on a vertical surface	基于垂直地表日均辐射的朝向
	Underheated Stress	过冷时间内各个朝向的总曝辐射量	Overheated Stress	过热时间内各个朝向的总曝辐射量
	Compromise	最佳朝向	Weather Tool	气候分析工具

	英文	中文	英文	中文
	Psychrometric Chart	焓湿图	Display：Monthly Mean Minimum/Maximum	显示：月平均最小值/最大值
	Barometric Pressure	大气压	Weather Tool	气候分析工具
图 10-18	Selected Design Techniques	选定的设计技术	Passive solar heating	被动式太阳能采暖
	Thermal mass effects	热物质效应	Exposed mass＋night-purge ventilation	暴露＋夜间净化通风
	Natural Ventilation	自然通风	Direct evaporative cooling	直接蒸发降温
	Indirect evaporative cooling	间接蒸发降温		
图 11-2	Monthly diurnal averages	逐月平均		
图 11-28	Optimum Orientation	最佳朝向	Orientation based on average daily incident radiation on a vertical surface.	基于垂直地表日均辐射的朝向
	Underheated Stress	过冷时间内各个朝向的总曝辐射量	Overheated Stress	过热时间内各个朝向的总曝辐射量
	Compromise	最佳朝向	Weather Tool	气候分析工具
图 11-30	Optimum Orientation	最佳朝向	Orientation based on average daily incident radiation on a vertical surface.	基于垂直地表日均辐射的朝向
	Underheated Stress	过冷时间内各个朝向的总曝辐射量	Overheated Stress	过热时间内各个朝向的总曝辐射量
	Compromise	最佳朝向	Weather Tool	气候分析工具

附录 4 规划编制费用标准建议

1. 总体规划层面（专项规划）编制费用

目前，在国内采用规划计费标准依据主要有两种：一种为中国城市规划协会于 2017 年 12 月修订的《城市规划设计计费指导意见》，但该意见尚未正式发布；另一种为 2004 年发布的《城市规划设计计费指导意见》。下面分别列举如下：

（1）《城市规划设计计费指导意见》（2017 修订版）

城市物理环境规划属生态环境景观类专项规划，该意见中无明确城市物理环境的计费标准，可参考其中生态环境景观类专项规划的计费标准进行计算。

生态环境景观类专项规划包含城市生态、环境保护、城市绿地系统、河道水系等规划。取费标准按照总体规划的 30% 收取，计费基价按照城市规模如附表 4-1 所示。城市物理环境属于城市生态环境保护类别，包含风环境、热环境、光环境、声环境 4 个专业专题内容。

计费基价   附表 4-1

序号	城市规模（万人）	基价（万元）	总体规划参考收费单价（万元/万人）
1	小城市 50 以下	40	6
2	中等城市 50～100	75	5
3	大城市 100～500	120	4
4	特大城市 500～1000	450	3
5	超大城市 1000 以上	协商	协商

注：如编制城市生态环境保护规划，在该计费单项的基础上乘以 1.5 的系数。

（2）《城市规划设计计费指导意见》（2004 版）

该建议中亦无关于城市物理环境规划的计费标准，可参考其中城市单项专业规划中环境保护的计费标准进行计算。详细计费标准如附表 4-2 所示。

计费标准   附表 4-2

序号	城市规模（万人）	计费单价（万元/万人）
1	小城市 20 以下	1.0
2	中等城市 20～50	1.0～0.8
3	大城市 50～100	0.8～0.6
4	特大城市 100 以上	以 60 万元为基数，每增加 10 万人增加 5 万元规划设计费

注：1. 专项规划深度为国家相关专业规划编制办法所规定的深度。
  2. 规划设计计费基价为 15 万元。
  3. 城市规模为城市总体规划确定的人口规模。
  4. 城市人口规模介于中间规模的城市，可采用插入法进行计算。
  5. 委托单位对单项专业规划有特殊要求时，应根据其规划深度和工作量增加情况，乘以 1.1～1.3 的系数。
  6. 专业规划根据本表计费，结合各专业的具体情况乘以如下专业系数：排水、防洪为 1.1；抗震、人防为 0.8；电力、电信、地下空间为 0.9；排水、道路工程为 1.2；环境保护为 1.0（如做生态环境保护内容为 1.5）；其他为 1.0。
  7. 城市综合防灾规划，在该计费单项的基础上乘以 1.5 的系数。

2. 相关专题研究编制费用

目前尚无明确的城市物理环境相关专题研究编制费用计算标准，可参考最新的《城市规划设计计费指导意见》（2017修订版）中"城市总体规划"相关专题研究的计费标准进行计算，具体标准为：超大城市70万元/每个，特大城市50万元/每个，大城市35万元/每个，中等城市25万元/每个，小城市15万元/每个。

3. 分析模型费用

为对方案比选论证和评估规划方案效果，在城市物理环境规划中需采用建筑建模软件、风热环境仿真模拟软件、声环境仿真评估软件等多个软件建模分析。目前尚无关于仿真软件模型费用的计算标准，在编制专项规划、专题研究的同时，由于建模范围大，工作量大，需另计算分析模型的费用。可参考《城市规划设计计费指导意见》（2017修订版）中"海绵城市建设专项规划"中模型计费标准进行计算，具体标准为："委托单位如要求单独建立水力分析模型，按4万元/km^{2}另计"，进行计费。

4. 详细规划编制费用

目前尚无明确的城市物理环境详细规划编制费用计算标准，结合详细规划工作深度和规划范围，可考虑在上述城市物理环境专项规划计费基础上采用工作深度系数法，计取编制费用。

根据最新的《城市规划设计计费指导意见》（2017修订版），控制性详细规划计费单价是分区规划计费单价8.33倍（新区）和10倍（旧城区），城市物理环境详细规划工作深度至少要达到控制性详细规划深度，结合市场价格情况，可考虑在上述城市物理环境专项规划计费基础上，工作深度系数取2.0～4.0，计取编制费用。

2018年9月，《深圳市拆除重建类城市更新单元规划编制技术规定》正式施行。该技术规定明确，所有城市更新单元均应进行建筑物理环境专项研究。如开展城市更新单元规划项目，可参考依据《深圳市城市规划设计计费办法》（初稿）相关取费标准计费，见附表4-3。

取费标准

附表4-3

序号	用地规模（hm^2）	计费单价（元/hm^2）
1	3	20000
2	3～10	18000
3	10～30	16000
4	30～50	14000
5	50以上	12000

注：1. 专项研究计费基价15万元。

2. 专项研究取费＝计费基价＋计费单价×用地规模。

3. 根据《深圳市拆除重建类城市更新单元规划编制技术规定》要求更新项目规模超过一定额度需要做深化的专题研究，专题研究费用可根据工作量增加情况，乘以1.1～1.3的系数。

4. 专项研究根据本表计费，结合各专业的具体情况乘以如下系数：城市设计为1.5；道路交通、海绵城市和市政工程设施为1.2；产业发展为1.0；公共服务设施为0.9；建筑物理环境和历史文化保护为1.0；生态修复为1.5。软件模型编制费用系数为1.2。

5. 实例参考

（1）以广东省某市某重点片区为例，该片区城市物理环境专项规划项目计费情况如下：

1）基本情况

该片区属于城市新城区，规划面积 14.2km²。至 2030 年，规划人口规模为 16 万人。

2）计费依据

依据 1：中国城市规划协会编制的《城市规划设计计费指导意见》（2017 修订版）。

依据 2：中国城市规划协会编制的《城市规划设计计费指导意见》（2004 版）。

3）计算过程

采用依据 1 计算：本案例中，规划面积 14.2km²，对应于《城市规划设计计费指导意见》（2017 修订版）中"6 万元/万人"30％标准进行取费，并取 1.5 专业系数。具体计算过程如附表 4-4 所示，则该片区城市物理环境专项规划的项目收费为 160 万元。

计算过程　　　　　　　　　　　　　　　　附表 4-4

序号	计费内容	计费单位或系数	计算过程	取费（万元）
1	基价	40 万元/项	1×40	40
2	物理环境专项规划	6 万元/万人的 30％	6×16×0.3	28.8
3	模型搭建	4 万元/km²	14.2×4	56.8
4	合计	属于生态环境保护规划系数 1.5	（40+28.8）×1.5+56.8	160

采用依据 2 计算：本案例中，由于规划面积为 14.2km²，人口为 16 万人，故对应于《城市规划设计计费指导意见》（2004 版）中的城市生态环境保护规划进行计费，计费金额为 15+16×1.0=31 万元。取生态环境专业系数 1.5，模型费用 56.8 万元，则该片区城市物理环境规划费用的项目收费为 103.3 万元。

4）最终费用

综上，两种方法计算得到的费用相差约 30％。考虑到城市物理环境属于新型规划且仿真建模工作量大，取两种方法计算费用的高值作为项目最终编制费用，则该片区城市物理环境专项规划的项目最终收费为：160 万元。

（2）以广东省某城市更新单元物理环境专项研究为例，该片区城市物理环境专项研究项目计费情况如下：

1）基本情况

该片区属于城市旧城区更新，规划面积 7.457hm²。

2）计费依据

参考《深圳市城市规划设计计费办法》（初稿）相关取费标准计费，见附表 4-5。

取费标准　　　　　　　　　　　　　　　　　　　　　　附表 4-5

序号	用地规模（hm²）	计费单价（元/hm²）
1	3	20000
2	3～10	18000
3	10～30	16000
4	30～50	14000
5	50 以上	12000

注：1. 专项研究计费基价 15 万元。

2. 专项研究取费＝计费基价＋计费单价×用地规模。

3. 根据《深圳市拆除重建类城市更新单元规划编制技术规定》要求更新项目规模超过一定额度需要做深化的专题研究，专题研究费用可根据工作量增加情况，乘以 1.1～1.3 的系数。

4. 专项研究根据本表计费，结合各专业的具体情况乘以如下系数：城市设计为 1.5；道路交通、海绵城市和市政工程设施为 1.2；产业发展为 1.0；公共服务设施为 0.9；建筑物理环境和历史文化保护为 1.0；生态修复为 1.5。软件模型编制费用系数为 1.2。

3）计算过程

本项目建设用地总面积 7.457hm²（实际建模分析范围为规划区所处街坊），按照 2 万元/hm² 单价计费：

（15 万元＋7.457hm²×1.8 万元/hm²）×1.0(专业系数)×1.2(模型)＝34.10 万元

6. 规划编制费用分期付款比例参考

参考《城市规划设计计费指导意见》（2017 修订版），建议城市物理环境规划编制费用分期付款比例如下：委托方应按进度分期支付城市规划设计费。在规划设计委托合同签订后 10 日内，支付规划设计费总额的 40％作为定金；规划设计方案通过专家评审后 10 日内，支付 40％的规划设计费；提交全部成果时，结清全部费用。

参 考 文 献

[1] Oke TR. The Urban Energy Balance. Progress in Physical Geography [M]. 1988.

[2] 陈杰瑢. 物理性污染控制[M]. 北京：高等教育出版社，2007.

[3] 刘辉. 建筑物理环境与健康住宅[J]. 小城镇建设，2003(12)：40-41.

[4] 丁波涛，唐涛. 2017年全球城市信息化发展报告[J]. 中国建设信息化，2018(3)：66-72.

[5] Howard L. Climate of London Deduced from Metrological Observations (Vol. 1) [M]. 3rd edition. London：Harvey and Dorton Press，1833：348.

[6] 彭少麟. 全球变化与可持续发展[J]. 生态学杂志，1998，17(2)：32-37.

[7] Murakami S，Iwasa Y，Morikawa Y. Study on Acceptable Criteria for Assessing Wind Environment at Ground Level Based on Residents'Diaries[J]. Journal of Wind Engineering & Industrial Aerodynamics，1986，24(1)：1-18.

[8] To AP，Lam KM. Evaluation of Pedestrian-level Wind Environment Around Arow of Tall Buildings Using a Quartile-level Wind Speed Descriptor[J]. Journal of Wind Engineering and Industrial Aerodynamics，1995(54/55)：527-541.

[9] 王宝民，刘辉志，桑建国等. 北京商务中心风环境风洞实验研究[J]. 气候与环境研究，2004，9(4)：631-640.

[10] Xie Z T，Castro I P. Large-eddy Simulation for Flow and Dispersion in Urban Streets[J]. Atmospheric Environment，2009(43)：2174-2185.

[11] 王英童. 中新生态城城市风环境生态指标测评体系研究[D]. 天津：天津大学，2010.

[12] 孙铁钢，肖荣波，蔡云楠，等. 城市热环境定量评价技术研究进展及发展趋势[J]. 应用生态学报，2016，27(8)：2717-2728.

[13] 吴志丰，陈利顶. 热舒适度评价与城市热环境研究：现状、特点与展望[J]. 生态学杂志，2016，35(5)：1364-1371.

[14] L. S. Finegold，M. S. Finegold. Development of Exposure-response Relationships Between Transportation Noise and Community Annoyance[C]. Japan Net-symposium on "Annoyance, Stress and Health Effects of Environmental noise"，2002.

[15] Y. Ando. A Theory of Primary Sensations and Spatial Sensations Measuring Environmental Noise [J]. Journal of Sound and Vibration，2001，241(1)：3-18.

[16] 李英，王玉卓，邹越. 旧住宅小区改造的声环境规划设计研究——以北京市百万庄小区为例[J]. 城市问题，2008(3)：43-47.

[17] 董峻岩. 哈尔滨城市居住区公共空间声环境评价及分析研究[D]. 哈尔滨：哈尔滨工业大学，2013.

[18] 周志宇，金虹，康健. 交通噪声影响下的沿街建筑形态模拟与优化设计研究[J]. 建筑科学，2011(10)：30-35.

[19] 康健. 城市声景观[J]. 华南理工大学学报(自然科学版)，2007，35(10)：11-16.

[20] 罗晓，白宇，陈晓. 城市交通规划的声环境影响评价[J]. 噪声与振动控制，2006，93(4)：

93-96.

[21] 李晔，汤峰. 基于声环境评价的公共交通优先设置形式比选[J]. 同济大学学报（自然科学版），2009，37(10)：1349-1354.

[22] 刘伟民，刘辉. 基于声环境影响的交通利用率研究[J]. 环境科学与技术，2011，34(6)：387-390.

[23] 许丽忠，张江山，王菲凤. 城市声环境舒适性服务功能价值分析[J]. 环境科学学报，2006，26(4)：694-698.

[24] 宋剑玮，杨青，张森，等. 颜色知觉对道路交通噪声烦恼度主观评价影响的研究[J]. 南方建筑，2011，1(141)：77-79.

[25] 李新欣. 城市公共空间环境物理因子及其影响下的声景评价研究[D]. 哈尔滨：哈尔滨工业大学，2011.

[26] 董峻岩. 哈尔滨城市居住区公共空间声环境评价及分析研究[D]. 哈尔滨：哈尔滨工业大学，2013.

[27] 巨天珍，屈鹏举，石培基，等. 从城市规划角度浅议城市道路噪声污染问题解决途径[J]. 中国环境监测，2006(5)：95-98.

[28] 董旭峰，洪宗辉，葛剑敏. 南方旅游城镇镇区声环境规划[J]. 噪声与振动控制，2005(6)：61-63.

[29] Mark Ferroni. Spreading the Word on Noise-compatible Land Use Planning[J]. Tr News，2005(9)：31.

[30] 袁磊. 在高容积率下改善住区日照环境的研究[D]. 天津：天津大学，2003：8.

[31] 王立红等. 绿色住宅概论[D]. 北京：中国环境科学出版社，2003.

[32] (日)吉野正敏. 局地气候原理[M]. 郭可展等，译. 南宁：广西科技出版社，1989：1.

[33] 李晓君. 物理环境分析在多尺度城乡规划中的应用方法研究[A]//中国城市规划学会、杭州市人民政府. 共享与品质——2018中国城市规划年会论文集(05城市规划新技术应用)[C]. 中国城市规划学会，杭州市人民政府：中国城市规划学会，2018：10.

[34] 李燕超. 城市区域噪声地图预测模型及应用研究[D]. 青岛：青岛理工大学，2017.

[35] 李晓君. 光环境分析在城市低碳生态规划中的应用初探——以广东汕头为例[A]//中国城市规划学会，贵阳市人民政府. 新常态：传承与变革——2015中国城市规划年会论文集(04城市规划新技术应用)[C]. 中国城市规划学会，贵阳市人民政府：中国城市规划学会，2015：12.

[36] 李晓君. 噪声分析在城市规划生物保护中的应用研究——以扬州新城为例[A]//中国城市规划学会，沈阳市人民政府. 规划60年：成就与挑战——2016中国城市规划年会论文集(04城市规划新技术应用)[C]. 中国城市规划学会，沈阳市人民政府：中国城市规划学会，2016：15.

[37] 刘加平. 城市环境物理[M]. 北京：中国建筑工业出版社，2011：117.

[38] 杨吾扬，董黎明. 盛行风向与城市布局的关系[J]. 城市规划，1978(5)：21-34.

[39] 崔红蕾. 深圳城市环境气候区划及规划建议研究[D]. 哈尔滨：哈尔滨工业大学，2014.

[40] 鞠丽霞，王勤耕，张美根等. 济南市城市热岛和山谷风环流的模拟研究[J]. 气候与环境研究，2003(4)：467-474.

[41] G Hauser，G Minke，Bansal. Passive Building Design：a Handbook of Natural Climatic Control[M]. Elsevier Science，1994.

[42] 张一平，彭贵芬等. 城市区域屋顶上与地上的风速和温度特征分析[J]. 地理科学，1998，(1)：45-52.

[43]　Kazimierz Kysik，Krzysztof Fortuniak. Temporal and Spatial Characteristics of the Urban Heat Island of Lodz，Poland[J]. Atmospheric Environment，2000(33)：3885-3895.

[44]　Kalnay E，Cai M. Impact of Urbanization and Land-use Change on Climate [J]. Nature，2003(423)：528-531.

[45]　徐祥德，汤绪. 城市化环境气象学引论[M]. 北京：气象出版社，2001：1-8.

[46]　周淑贞，束炯. 城市气候学[M]. 北京：气象出版社，1994：85-168.

[47]　冯婉慧，魏清泉. 广州城市近地风场特征研究[J]. 生态环境学报，2011(10)：1558-1561.

[48]　王绍增，李敏. 城市开敞空间规划的生态机理研究(上)[J]. 中国园林，2001(4)：5-9.

[49]　张艾欣. 基于冬季舒适度的寒地街区空间风屏障系统构建研究[D]. 吉林：吉林建筑大学，2018.

[50]　周钰，赵建波，张玉坤. 街道界面密度与城市形态的规划控制[J]. 城市规划，2012，36(6)：28-32.

[51]　段双平. 基于自然通风的SARS传播和自然通风理论研究[D]. 长沙：湖南大学，2004.

[52]　李晓君. 风热环境模拟在城市新区控制性详细规划中的应用研究[D]. 武汉：华中科技大学，2015.

[53]　希缪. 风对结构的作用——风工程导论. 刘尚培译[M]. 上海：同济大学出版社，1992：348-349.

[54]　李晓君. 基于风环境模拟的城市更新规划方案优化研究——以深圳上步一单元为例[A]//中国城市规划学会. 城乡治理与规划改革——2014中国城市规划年会论文集(04城市规划新技术应用)[C]. 中国城市规划学会：中国城市规划学会，2014：14.

[55]　冯元. 改善室外风环境的高层建筑形态优化设计策略[J]. 绿色环保建材，2016(11)：49.

[56]　冯子炎，张天一，韦宝畏. 基于风环境影响的东北寒地被动式建筑设计策略探析[J]. 甘肃科技，2016(1)：92-95.

[57]　王址，张豪. 夏热冬暖地区高层、超高层建筑综合环境模拟分析及设计优化——以深圳市某办公园区为例[J]. 建筑技艺，2015(6)：120-123.

[58]　杨峰，钱锋，刘少瑜. 高层居住区规划设计策略的室外热环境效应实测和数值模拟评估[J]. 建筑科学，2013(12)：28-34＋92.

[59]　任超. 城市风环境评估与风道规划——打造"呼吸城市"[M]. 北京：中国建筑工业出版社，2016：42.

[60]　章莉，詹庆明，欧阳婉璐. 基于GIS的武汉市夏季风环境研究[J]. 风景园林，2017(3)：89-97.

[61]　孙亚红. 城市下垫面材质变迁对地表热流传输的影响研究[D]. 重庆：重庆大学，2018.

[62]　李雪松. 滨水城市热环境与通风廊道关系研究——以黄石市为例[A]//《环境工程》编委会、工业建筑杂志社有限公司.《环境工程》2018年全国学术年会论文集(下册)[C].《环境工程》编委会，工业建筑杂志社有限公司；《环境工程》编辑部，2018：8.

[63]　李卓然. 中国世界级城市群区域热环境研究[D]. 兰州大学，2019.

[64]　Myint S W，Zheng B，Talen E，et at. Does the Spatial Arrangement of Urban Landscape Matter? Examples of Urban Warming and Coolong in Phoenix and Las Vegas[J]. Ecosystem Health & Sustainability，2015，1(4)：1-15.

[65]　Fan C，Myint S W，Zheng B J. Measuring the Spatial Arrangement of Urban Vegetation and its Impacts on Seasonal Surface Tempetatures[J]. Progress in Physical Geography，2015，39(2)：199-219.

[66]　王美雅，徐涵秋，李霞，等. 不透水面时空变化及其对城市热环境影响的定量分析——以福州市建成区为例[J]. 应用基础与工程科学学报，2018，26(6)：1316-1326.

［67］ Elnahas，MM. The Effect of Urban Configuration on Urban Air Temperatures. Architectual Science Review，2003，46(2)：138.

［68］ 刘姝宇，宋代风，王绍森. 城市气候问题解决导向下的当代德国建设指导规划［M］. 厦门：厦门大学出版社，2014.

［69］ 马晓阳. 绿化对居住区室外热环境影响的数值模拟研究［D］. 哈尔滨：哈尔滨工业大学，2014.

［70］ 段艳文. 基于绿色植物的城市微气候模拟工具测评研究［D］. 南京：南京大学，2017.

［71］ Lindberg F B Holmer，S Thorsson. SOLWEIG 1. 0-Modelling Spatial Variantions of 3D Radiant Fluxes and Mean Radiant Temperature in Complex Urban Settings. International Journal of Biometeorology，2008，52(7)：697-713.

［72］ 张艾欣. 基于冬季舒适度的寒地街区空间风屏障系统构建研究［D］. 吉林建筑大学，2018.

［73］ International Organization for Standardization. Ergonomics of the Thermal Environment：Analytical Determination and Interpretation of Thermal Comfort Using Calculation of the PMV and PPD Indices and Local Thermal Comfort Criteria［M］. International Organization for Standardization，2005.

［74］ D Lai，D Guo，Y Hou，et al. Studies of Outdoor Thermal Comfort in Northern China，Build. Environ［J］. 2014(77)：110-118.

［75］ 梁颢严. 城市控制性详细规划热环境影响因子及评价模型研究［D］. 广州：华南理工大学，2018.

［76］ 潘莹，崔林林，刘昌脉，等. 基于 MODIS 数据的重庆市城市热岛效应时空分析［J］. 生态学杂志，2018，37(12)：3736-3745.

［77］ 李膨利，穆罕默德·阿米尔·西迪基，等. 基于遥感技术的城市下垫面参数与热环境关系的研究——以北京市朝阳区为例［J］. 风景园林，2019，26(5)：18-23.

［78］ 吴文渊，金城，庞毓雯，等. 热红外遥感浙江地表热环境分布研究［J］. 遥感学报，2019，23(4)：796-807.

［79］ 孙宗耀. 土地利用时空格局对城市热环境的影响研究［D］. 济南：山东师范大学，2018.

［80］ 程锐辉. 上海地区河网水系脆弱性及热环境效应研究［D］. 上海：华东师范大学，2019.

［81］ 李晓君，李峰，俞露，等. 一种规划人工水体富营养化预警分析方法：中国，ZL201410033490.5［P］. 2015-3-11.

［82］ Xiaojun Li，Feng Li，Lu Yu，et al. Method for Early Warning Analysis of Eutrophication of a Planned Artificial Water Body. USA，US10，387，586 B2［P］. 2019-08-20.

［83］ 康健. 城市声环境论［M］. 北京：科学出版社，2011.

［84］ 石福良. 寒地城市典型居住区噪声控制研究［D］. 哈尔滨：哈尔滨工业大学，2010(6).

［85］ 张树玲. 城市环境噪声对居住区声环境的影响及优化方法研究［D］. 长春：吉林大学，2011.

［86］ 王连军. SoundPLAN 在噪声预测中的技巧及存在的问题［J］. 北方环境，2013，25(11)：159-164.

［87］ 龚峋. 我国《环境噪声污染防治法》的缺陷及其修订建议——国际与区际比较的视角［D］. 中国社会科学院研究生院，2011.

［88］ 陈延训. 美国、日本噪声标准综述［J］. 重庆建筑工程学院学报，1984(2)：70-82.

［89］ 杜群. 日本环境基本法的发展及我国对其的借鉴［J］. 比较法研究，2002(4)：55-64.

［90］ 汪赟，温香彩，李宪同，等. 日本道路交通噪声监测体系与借鉴［J］. 中国环境监测，2017，33(3)：114-117.

［91］ 赵政阳. 英国城市噪声污染防治管理体系［J］. 建筑与文化，2018(3)：75-76.

［92］ 崔红蕾，俞露，于怀湘，等. 噪声模拟在交通枢纽地区规划中的应用［J］. 建筑工程技术与设计，

2019，12(2)：33-35.

[93] Noise-Environmental Planning Advice ［PPG 24］：http：//www. noisenet. org/Noise ＿ Enviro ＿ planning. htm.

[94] 蔡春颖. 重庆住宅小区声环境模拟及控制研究[D]. 重庆：重庆大学，2006.

[95] 金炜. 声景学在园林景观设计中的应用及探讨[J]. 现代园艺，2019(4)：121-122.

[96] 谢辉，葛煜喆. 中国古典园林声景特征及空间营造研究[J]. 新建筑，2019(2)：124-127.

[97] 陈栋，苏燊燊，汤坤. 公路噪声对东洞庭湖自然保护区水鸟的影响评价[J]. 湖南理工学院学报（自然科学版），2008(3)：78-82.

[98] 赵康. 公路穿越湿地的环境保护对策[J]. 公路工程，2008(3)：155-159.

[99] 杨凤娟，亢燕铭，刘琼，等. 新疆地面太阳辐射及其 CERES/SSF 卫星资料适用性研究[J/OL]. 干旱区研究：1-12[2019-10-05]. http：//kns. cnki. net/kcms/detail/65. 1095. X. 20190927. 1428. 018. html

[100] 邹武，万斌，孙李媛，等. 南昌地区太阳辐射资源分析[J]. 能源研究与管理，2019(3)：24-27 ＋38.

[101] 李勇. 城市建筑物屋顶太阳能利用潜力评估[D]. 上海：华东师范大学，2019.

[102] 张播，赵文凯. 国外住宅日照标准的对比研究[J]. 城市规划，2010，34(11)：70-74.

[103] 史岚. 基于 GIS 的重庆市太阳辐射资源的空间扩展研究[D]. 南京：南京气象学院，2003.

[104] 毛鹤群，王帆，徐桂茹，等. 建筑玻璃幕墙反射光对城市道路的影响[J]. 上海船舶运输科学研究所学报，2019，42(2)：74-78.

[105] 李晓君，俞露，秦海明. 水体富营养化预警仿真研究及实践[J]. 城乡建设，2020(2)：34-47.